应用型本科高校“十四五”规划电子信息类专业教材

单片机原理及应用

（第二版）

主　编　熊才高
副主编　王立新　黄　英　覃事刚
参　编　张　鹤　何军虎

华中科技大学出版社
http://www.hustp.com
中国·武汉

内 容 简 介

本书基于 MCS-51 这一经典单片机，系统介绍单片机的工作原理和应用技术。全书共 10 章，主要包括单片机基础知识概述、单片机应用系统的开发、MCS-51 单片机的硬件结构和原理、单片机的汇编语言与程序设计、单片机的 C51 语言、单片机的中断系统、单片机的定时/计数器、单片机的串行通信技术、单片机系统的扩展、单片机系统综合应用等内容。

本书弱化了单片机汇编语言指令的内容，以 C51 编程语言作为重点贯穿各章节的学习，并将单片机 Keil C51 开发软件和 Proteus 仿真软件紧密结合，每一章节提供的仿真实例兼顾教学与实际应用，大部分实例可以稍加修改直接应用于实际开发中，实例可以通过扫描二维码进行学习和查看仿真视频。每一章都有小结和习题，最后提供了两个综合应用的实例和相关阅读材料，可作为相关专业学生进行毕业设计和工程技术人员的参考资料。

本书既可以作为高等工科院校自动化、电气工程及其自动化、计算机应用、电子信息工程以及机电类等专业教学用书，也可供有关院校师生和从事单片机应用与产品开发等工作的工程技术人员参考。

图书在版编目(CIP)数据

单片机原理及应用/熊才高主编. —2 版. —武汉：华中科技大学出版社，2021.8
ISBN 978-7-5680-7352-3

Ⅰ.①单…　Ⅱ.①熊…　Ⅲ.①单片微型计算机-高等学校-教材　Ⅳ.①TP368.1

中国版本图书馆 CIP 数据核字(2021)第 156120 号

单片机原理及应用(第二版)　　　　熊才高　主编
Danpianji Yuanli ji Yingyong(Di-er Ban)

策划编辑：袁　冲
责任编辑：狄宝珠
封面设计：孢　子
责任监印：朱　玢
出版发行：华中科技大学出版社(中国·武汉)　　电话：(027)81321913
　　　　　武汉市东湖新技术开发区华工科技园　　邮编：430223
录　　排：华中科技大学惠友文印中心
印　　刷：武汉开心印印刷有限公司
开　　本：787mm×1092mm　1/16
印　　张：19
字　　数：474 千字
版　　次：2021 年 8 月第 2 版第 1 次印刷
定　　价：59.00 元

第二版前言

本书是2012年出版的《单片机原理及应用》教材的修订版。在听取读者建议和教学实践过程中总结经验的基础上进行改版，主要体现在以下几个方面。

(1)“单片机原理及应用”课程以应用单片机为主，将C51语言定位为单片机教材的基本语言，解决了学习汇编语言指令后仍然难以尽快入门与开展工程应用的问题。因此删减并重新编排了原书第3、4章(单片机的指令系统及汇编语言的设计)的内容，免去了指令和单片机存储空间的学习，降低了学习51单片机的难度，能够提高学生学习的积极性。原教材第5章中断和定时/计数器分开两章进行编写，增加应用实例，加强片上资源的学习应用。在教材的第2章增加了单片机开发系统的软硬件基础，并提前用一个实例演示，目的是希望读者提前熟悉单片机开发平台，尽快进入学习单片机技术开发的角色。

(2)教学方法与教学设计的变化。传统的《单片机原理及应用》教学方法一般是多媒体讲授理论知识，实验课上再安排实验。该方法使得“教”与“做”分离，其实就是“教”与“学”的分离，不是以学为本的教学方法。改版后，本教材采用以演示和实验为主，每一章都新增了实际案例，包括Keil C51工程源码和Proteus仿真原理图。较好的将这些内容引入教材并与相关章节的知识有机融合，使得单片机教材难教、难学的问题得到有效改善。通过大量的仿真实例的调试和运行，不仅可以加深对抽象概念的理解，也可以使枯燥的编程学习变得更生动有趣。

(3)教材中每章的实例电路图都采用Proteus仿真软件绘制，确保清晰规范，所有实例工程都通过了Keil C51编译调试，保证仿真程序可靠正确运行。同时每个实例都配有二维码，读者随时随地可以通过扫描二维码进行学习。

(4)注意培养自学能力。单片机技术是一门迅速发展的学科，新技术不断出现，必须靠自己继续不断地学习，才能将最新成果运用到工作中去。因此，本教材内容重新进行了编排，每章均有例题详解，加强了习题与教材的呼应。每一章都新增了大量的选择题和思考问答题，提供习题的标准答案和参考提示答案，有意识地培养通过自学获取新知识的能力。

本着“扎实的基础、开放的思想、实战的能力”的思想，本书力求在内容取舍、顺序编排、实例组织和教学方法上有所改进，使读者能够快速理解单片机内部各功能模块的应用特点，掌握控制电路设计和程序开发的基本工具和方法。树立从系统功能需求出发，来构思系统硬件和软件的构成，综合硬件与软件各自优势，对系统各部分构成进行选择，再到实现的产品整体设计思想，进而提高综合运用计算机软硬件知识解决实际问题的能力。

本书从应用角度出发，以C51语言编程为主，强调应用实例，让读者以C51实现单片机系统编程。所采用的实例既兼顾讲课需要,又可以扩展为实际工程应用。同时书中提供了完整的开发实例,并讲解了开发的基本步骤和开发工具,方便读者通过实际应用掌握单片机应用系统的开发。

本书基于 MCS-51 这一经典单片机,系统介绍单片机的工作原理和应用技术。全书共 10 章,主要包括单片机基础知识概述、单片机应用系统的开发、MCS-51 单片机的硬件结构和原理、单片机的汇编语言与程序设计、单片机的 C51 语言、单片机的中断系统、单片机的定时/计数器、单片机的串行通信技术、单片机系统的扩展、单片机系统综合应用等内容。每一章都有小结和习题,第 10 章提供了两个综合应用的设计实例,可作为相关专业学生进行毕业设计和工程技术人员的参考资料。教材还提供了本课程的相关延伸阅读材料,有兴趣的读者可以通过扫描二维码下载学习。

本书既可以作为高等工科院校自动化、电气工程及其自动化、计算机应用、电子信息工程以及机电类等专业教学用书,也可供有关院校师生和有关从事单片机应用与产品开发等工作的工程技术人员参考。读者阅读此书,需要一些电子技术和 C 语言基础。

此次修订工作由熊才高(湖北商贸学院)主持完成。第 1、3、5 章由熊才高编写;第 4、9 章由覃事刚(湖南电气职业技术学院)、王立新(黑龙江科技大学)编写;第 2、6 章由覃事刚、黄英(武汉华夏理工学院)编写;第 7 章由张鹤(武昌首义学院)编写;第 8、10 章由黄英、何军虎(湖北商贸学院)编写。金巧、王振宇负责了全书的仿真实例的设计与调试,金巧、节晓玥参与了部分实例的仿真调试、习题答案整理等工作。全书由熊才高负责整理和统稿。

本书在编写过程中参考了相关企业的产品资料和同行作者的有关文献,在此对书中所引用的参考文献、引用的相关教材与资料的作者、译者一并表示衷心的感谢!本书修订过程中又一次得到了华中科技大学出版社的大力支持和帮助,特别是袁冲编辑,对本书的修订做了大量细致的工作,在此谨致以诚挚的谢意。

由于编者的水平有限,加之单片机及其应用技术也在不断发展,书中难免存在不完善及欠妥之处,漏误在所难免,恳请同行及广大读者批评指正。

编　者

2021 年 4 月

目录

第1章　单片机基础知识概述

计算机是微电子学与计算数学相结合的产物，本章介绍计算机技术的发展、分类、特点与应用；介绍与计算机相关的数学等入门知识；介绍单片机的概念、发展及应用领域，以及典型单片机系列的基本情况。本章是以后各章的基础，对于已掌握这些知识的读者，本章将起到复习和系统化的作用。

1.1　电子计算机概述

1.1.1　电子计算机及其发展历史

世界上第一台电子计算机 ENIAC(electronic numerical integrator and computer)诞生于 1946 年 2 月 15 日，它标志着计算机时代的到来。ENIAC 是电子管计算机，时钟频率只有 100 kHz，在 1 秒钟的时间内能完成 5000 次加法运算。

在第一台计算机研制的过程中，匈牙利籍数学家冯·诺依曼在方案的设计上做出了重要的贡献。1946 年 6 月，他又提出了“程序存储”和“二进制运算”的思想，进一步构建了计算机由运算器、控制器、存储器、输入设备和输出设备组成这一计算机的经典结构。如图 1-1 所示。

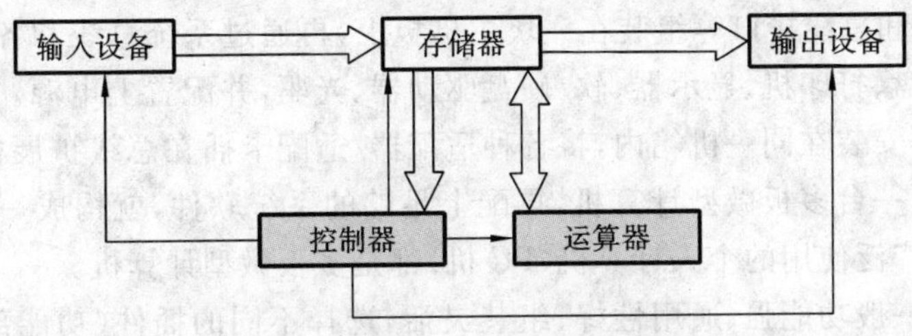

图 1-1　电子计算机的经典结构

与现代的计算机相比，ENIAC 有许多的不足，但它的问世开创了计算机技术的新纪元，对人类社会的生产和生活产生了巨大深远的影响。电子计算机技术的发展，相继经历了五个时代：电子管计算机；晶体管计算机；集成电路计算机；大规模集成电路计算机；超大规模集成电路计算机。计算机的结构仍然没有突破冯·诺依曼提出的计算机的经典结构框架。

第一台计算机诞生至今仅仅几十年的时间,计算机的性能已大大提高,价格在不断下降,已经广泛应用于人类生产生活的各个领域。

1.1.2 微型计算机简介

1. 微型计算机的组成

1971 年世界上第一台微处理器(Intel4004)和微型计算机在美国旧金山南部的硅谷应运而生,从而开创了微型计算机发展的新时代。Intel 公司的技术人员在设计时将微型计算机的运算器和控制器集成在一片硅片上,被称为微处理器,简称 MPU(micro processing unit),也称中央处理器 CPU(central processing unit)。它是微型计算机的核心芯片。

微处理器、存储器和 I/O 接口电路构成微型计算机。各组成部分之间通过系统总线联系起来。系统总线是各部件之间传送信息的公共通道,包括地址总线(AB)、数据总线(DB)和控制总线(CB)。如图 1-2 所示。

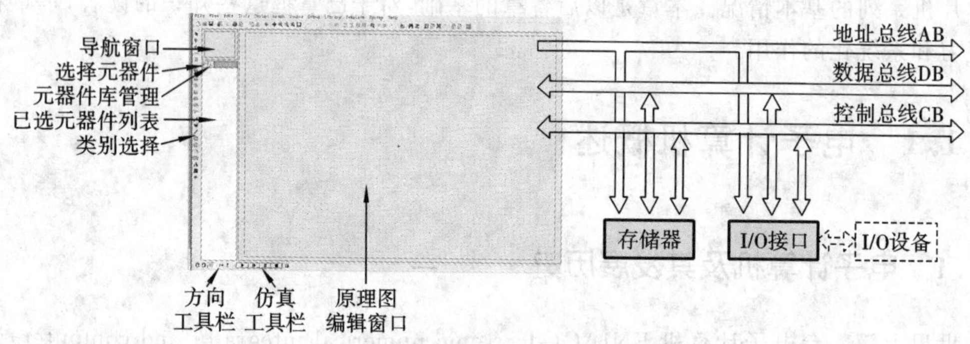

图 1-2 微型计算机的组成

2. 微型计算机的应用形态

从应用形态上,微机可以分成三种:多板机(系统机)、单板机、单片机。

1)多板机(系统机)

多板微型计算机也叫系统机。它是根据系统要求把微处理器、存储器(ROM、RAM)芯片、I/O 接口电路和总线接口等组装在一块主机板上,再通过系统总线和各种外设的适配器及适配卡连接键盘、打印机、显示器、软/硬盘驱动器、光驱,并配置上电源。将主机板、电源、软/硬盘驱动器等安装在同一机箱内,将各种适配器/适配卡插在总线扩展槽上,通过总线相互连接,就构成了一台多板微型计算机,再配上足够的系统软件,就构成一台完整的微型计算机。目前人们广泛使用的个人计算机(PC 机)都是多板微型计算机。

多板微型机一般功能强、通用性好、组装灵活,选择不同的插件(功能部件适配卡)便可构成不同功能和要求的微型计算机系统或升级为高一档微机。

2)单板机

将微处理器、存储器(ROM、RAM)、I/O 接口芯片和简单的输入、输出设备(小键盘、LED 显示器)等装配在一块印刷电路板上,再配上监控程序(固化在 ROM 中),就构成了一台单板计算机,简称单板机。它具有完全独立的微型计算机操作功能,但是,由于 I/O 设备简单,系统软件少,只能用机器语言编程,通常用于简单控制场合。

3)单片机

在一个集成电路芯片上集成微处理器 CPU、存储器 RAM 和 ROM、输入/输出接口、中断、定时器/计数器等电路,从而构成一个完整的微型计算机,简称单片机。

单片机主要应用于测试和控制领域,在国际上,多把单片机称为微控制器(MCU:micro controller unit)。由于单片机在使用时,通常是处于测控系统的核心地位并潜入其中,所以通常也把单片机称为嵌入式微控制器(EMCU:embedded micro controller Unit)。在控制领域中,人们更多地关心计算机的低成本、小体积、运行的可靠性和控制的灵活性。特别是智能仪表、智能传感器、智能家电、智能办公设备、汽车以及军事电子设备等应用系统要求将计算机嵌入这些设备中。嵌入式应用的计算机可分为嵌入式微处理器(如 ARM)、嵌入式 DSP 处理器(如 TMS320 系列)、嵌入式微控制器(即单片机,如 AT89 系列)及嵌入式片上系统 SOC。

(1)通用单片机和专用单片机。

单片机可以分为通用单片机和专用单片机两种机型。其中通用单片机就是含有比较丰富的内部资源,性能全面而且适用性强,能够满足用户的多种需要。用户可以根据实际需要再搭配上适当的外围电路设计成各种不同的控制系统。而专用型单片机是专门针对某一控制电路设计的,它只完成几种特定的功能,功能单一,结构简单,可靠性强。这种芯片是芯片厂商针对某些功能专门设计的,一般是使用厂家和芯片生产厂家联合设计和生产的。

(2)单片机和单片机系统。

单片机一般指的是芯片本身,但仅仅只有单片机什么事情都做不了,因此要完成某项功能还必须要有一些与单片机配合工作的电路以及其他一些芯片,单片机以及这些外围电路、芯片就构成了一个系统,这样的系统就称为单片机系统。

(3)单片机应用系统和单片机开发系统。

单片机应用系统,也就是前面讲的单片机系统,指的是以单片机为核心,能够实现某一特定功能的应用系统。单片机开发系统指的是用来开发单片机系统的系统,在开发单片机系统的过程中,往往需要进行调试、仿真等试验,单片机开发系统就能提供这些功能。图 1-3 所示为单片机应用系统。

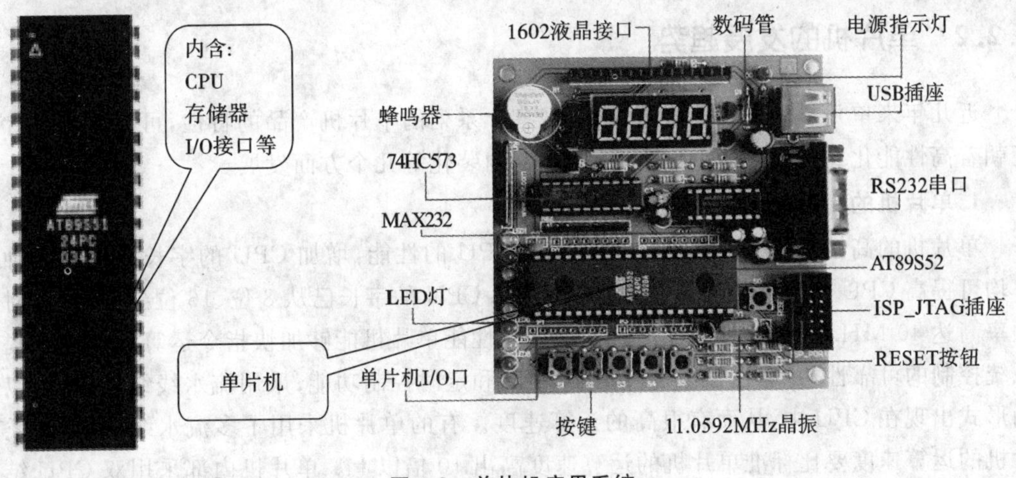

图 1-3　单片机应用系统

1.2 单片机的发展过程及发展趋势

1.2.1 单片机的发展历史

自20世纪70年代中期美国仙童(Fairchild)公司生产出第一台F8单片机到目前为止，单片机作为微型计算机的一个重要分支，其发展主要经历了以下四个阶段。

1. 第一阶段(1974—1976年):单片机初级阶段

因半导体工艺限制，单片机采用双片的形式而且功能比较简单。例如仙童公司生产的F8单片机，实际上只包括了8位CPU、64个字节RAM和两个并行口。因此，还需加1块3815(由1K ROM、定时器/计数器和2个并行I/O口构成)才能组成一台完整的计算机。

2. 第二阶段(1976—1978年):低性能单片机阶段

以Intel公司的MCS-48为代表。这个系列的单片机内集成有8位CPU、并行I/O口、8位定时器、RAM和ROM等，寻址范围在4K内，不足之处是无串行口，中断处理比较简单。

3. 第三阶段(1978—1983年):高性能单片机阶段

在这一阶段推出的单片机普遍带有串行口，有多级中断处理系统、16位定时器/计数器。片内RAM、ROM容量加大，寻址范围可达64K字节，有的片内还带有A/D转换器接口。这类单片机的典型代表是Intel公司的MCS-51系列、Motorola公司的6801系列和Zilog公司的Z8等。这类单片机的性价比较高，目前仍被广泛应用，是目前应用数量较多的单片机。

4. 第四阶段(1983—当今):8位单片机巩固发展以及16位单片机32位单片机推出阶段

此阶段主要特征是一方面发展16位单片机、32位单片机及专用型单片机；另一方面不断完善高档8位单片机，改善其结构，以满足不同的用户需要。16位单片机的典型产品如Intel公司的MCS-96系列。

1.2.2 单片机的发展趋势

近几年来单片机的发展速度很快，纵观各个系列的单片机产品的特性，可以看出单片机正朝着高性能化、存储器大容量化和外围电路内装化等几个方面发展。

1. 单片机的高性能化

单片机的高性能化主要是指进一步改进CPU的性能，增加CPU的字长或提高时钟频率均可提高CPU的数据处理能力和运算速度。CPU的字长已从8位、16位到32位。时钟频率高达40 MHz的单片机也已出现。这些高性能单片机能够加快指令运算的速度和提高系统控制的可靠性，并加强了位处理功能、中断和定时控制功能；采用流水线结构，指令以队列形式出现在CPU中，从而有很高的运算速度。有的单片机采用了多流水线结构，这类单片机的运算速度要比标准单片机的运算速度高出10倍以上。单片机内部采用双CPU结构也能大大提高处理能力，如Rockwell公司的R6500/21和R65C29单片机。由于片内有两

个 CPU 能同时工作，可以更好地处理外围设备的中断请求，克服了单 CPU 在多重高速中断响应时的失效问题。同时，由于双 CPU 可以共享存储器和 I/O 接口的资源，因此，还可更好地解决通信问题。如 Intel 公司的 8044，它的内部实际上是由 8051 和 SIU 通信处理机组成，由 SIU 来管理 SDLC 的通信。这样既加快了通信的速度，同时，还减轻了 8051 的处理负担。

2. 存储器大容量化

以往单片机内部的 ROM 为 1～4 KB，RAM 为 64～128 字节。因此在某些复杂的应用上，存储器容量不够，不得不外接扩充。为了适应这种领域的要求，运用新的工艺，使片内存储器大容量化。目前，单片机的 ROM 多达 16 K 字节，RAM 为 256 字节。

另外，片内 EPROM 开始 EE PROM 化发展。早期单片机内 ROM 有的采用可擦式的只读存储器 EPROM，然而 EPROM 必须要高压编程，紫外线擦除，给使用带来不便。近年来，推出的电擦除可编程只读存储器 EEPROM 可在正常工作电压下进行读写，并能在断电的情况下，保持信息不丢失。使用 EEPROM 或 FLASH RAM 的单片机采用在系统可编程技术（ISP，in system programable），大大方便了系统的调试及应用程序的升级。

3. 更多的外围电路内装化

加强片内输入/输出接口的种类和功能，这也是单片机发展的主要方向。最初的单片机，片内只有并行输入/输出接口、定时器/计数器。在实际应用中往往还要外接特殊的接口以扩展系统功能，增加了应用系统结构的复杂性。随着集成度的不断提高，有可能把更多的各种外围功能器件集成在片内。这不仅大大提高了单片机的功能，还使应用系统的总体结构也大大简化了，且提高了系统的可靠性，降低了系统的成本。例如，有些单片机的并行I/O口，能直接输出大电流和高电压，可直接用以驱动荧光显示管（VFD）、液晶显示管（LCD）和七段码显示管（LED）等。这样就减少了应用系统中的驱动器。再如有些单片机，片内含有 A/D 转换器，则在实时控制系统中可省掉外部 A/D 转换器。目前，在单片机中已出现的各类新颖接口有数十种：如 A/D 转换器、D/A 转换器、DMA 控制器、CRT 控制器、LCD 驱动器、LED 驱动器、正弦波发生器、声音发生器、字符发生器、波特率发生器、锁相环、频率合成器、脉宽调制器等。

4. 加强 I/O 的驱动能力

有的单片机可输出大电流和高电压，直接驱动荧光显示管（VFD）、液晶显示管（LCD）和七段数码显示管（LED）等；对于片内的定时/计数器，有些增加了时间监视器（watchdog）功能；还有的单片机具有锁相环（PLL）控制、正弦波发生器和发声等特殊功能，如 Motorola 公司的 6805T2 就带有 PLL 逻辑。

5. 低功耗化

单片机的制造工艺直接影响其性能。早期的单片机采用 PMOS 工艺，随后逐渐采用 NMOS、HMOS 和 CMOS 工艺。目前，8 位单片机中有二分之一产品已 CMOS 化，16 位单片机也已开始推出 CMOS 型产品。如 68HC200、80C196 等。为了进一步降低功耗，日立公司的 HD63705 和 RCA 公司的 CDP6805E2 还设有等待（wait）和停止（stop）两种工作方式。等待方式下，振荡器工作，CPU 停止，存储器的内容则不变。停止方式下，振荡器和 CPU 都停止工作，存储器和寄存器内容也保持不变。等待方式下，由于 CPU 停止工作，使单片机的总功耗大大下降。停止方式下，则单片机的功耗为最小，例如 RCA 公司的 CDP8605E2，在 5

V 工作电压下，正常功耗为 35 mW，等待和停止方式下的功耗分别仅为 5 mW 和 5 μW。用电池供电的低电压工作、低功耗单片机非常适合野外作业的工控设备。

1.2.3 单片机的产品状况

随着微电子技术及计算机技术的不断发展，单片机产品和技术日新月异。单片机产品近况可以总结如下。

1. 80C51 系列单片机

(1)ATMEL 公司融入 Flash 存储器技术的 AT89 系列；

(2)Philips 公司的 80C51、8XC552 系列；

(3)华邦公司的 W78C51、W77C51 高速低价系列；

(4)ADI 公司的 ADμC8xx 高精度 ADC 系列；

(5)LG 公司的 GMS90/97 低压高速系列；

(6)Maxim 公司的 DS89C420 高速(50MIPS)系列；

(7)Cygnal 公司的 C8051F 系列高速 SOC 单片机；

(8)AMD 公司的 8-515/535 单片机；

(9)Siemens 公司的 SAB80512 单片机等。

2. 非 80C51 结构单片机

(1)Intel 公司的 MCS-96 系列 16 位单片机；

(2)Microchip 公司的 PIC 系列 RISC(精简指令集计算机)结构单片机；

(3)TI 公司的 MSP430F 系列 16 位低电压、低功耗单片机；

(4)ATMEL 公司的 AVR 系列 RISC 结构单片机；

3. MCS-51 系列单片机

MCS-51 系列单片机是 Intel 公司在 MCS-48 系列单片机的基础之上推出的高性能 8 位单片机。它基本上可以满足用户的一般要求，它是工业过程控制、智能化仪器、数控机床、位总线分布式控制，以及通信系统的优选机种。1983 年 Intel 公司又推出了 16 位 MCS-96 系列单片机。MCS-51 系列单片机有多种产品，但经常使用的是基本型和增强型等。

1)基本型(又称 51 子系列)

基本型有 8031、8051、8751、80C31、80C51、87C51 等。8031 与 80C31 的不同点在于前者采用了 HMOS 工艺制造，后者采用了 CHMOS 工艺制造。

2)增强型(又称 52 子系列)

增强型有 8032、8052、8752、80C32、80C52、87C52 等。此种单片机的内部 ROM 和 RAM 容量比基本型的增大一倍。

3)低功耗基本型

低功耗基本型有 80C31BH、80C51BH、87C51 等。这类型号带有“C”字的单片机是采用 CHMOS 工艺，CHMOS 是 CMOS 和 HMOSD 的结合，保持了 HMOS 高速和高密度的特点，又具有 CMOS 低功耗的特点。低功耗基本型采用了两种掉电工作方式：一种是软件启动空闲方式，也就是 CPU 停止工作，其他部分仍继续工作；另一种是软件启动掉电方式，即除片内 RAM 继续保持数据外，其他工作都停止。87C51 还有两级程序存储器保密系统，防

止非法拷贝程序。

表 1-1 列出了 MCS-51 系列单片机的内部硬件资源。

表 1-1　MCS-51 系列单片机的内部硬件资源

类		芯片型号	存储器类型及字节数		片内其他功能单元数量			
			ROM	RAM	并行口	串行口	定时/计数器	中断源
总线型	基本型	80C31	无	128	4 个	1 个	2 个	5 个
		80C51	4K 掩膜	128	4 个	1 个	2 个	5 个
		87C51	4K EPROM	128	4 个	1 个	2 个	5 个
		89C51	4K Flash	128	4 个	1 个	2 个	5 个
	增强型	80C32	无	256	4 个	1 个	3 个	6 个
		80C52	8K 掩膜	256	4 个	1 个	3 个	6 个
		87C52	8K EPROM	256	4 个	1 个	3 个	6 个
		89C52	8K Flash	256	4 个	1 个	3 个	6 个
非总线型		89C2051	2K Flash	128	2 个	1 个	2 个	5 个
		89C4051	4K Flash	128	2 个	1 个	2 个	5 个

4. ATMEL89 系列单片机简介

ATMEL89 系列(以下简称 AT89)单片机是美国 ATMEL 公司生产的 8 位高性能单片机,其主要技术优势是内部含有可编程 Flash 存储器,用户可以很方便地进行程序的擦写操作,在嵌入式控制领域中被广泛应用。AT89 系列单片机与工业标准 MCS-51 系列单片机的指令组和引脚是兼容的,因而可替代 MCS-51 系列单片机使用。此外,AT89 系列的单片机又增加了一些新的功能,如看门狗定时器 WDT、ISP 及 SPI 串行接口等,其中 AT89S52 单片机的时钟频率高达 40 MHz,支持由软件选择的两种掉电工作方式,非常适合电池供电和其他要求低功耗的场合。AT89 系列单片机可分为标准型、低档型和高档型三种类型。表 1-2 列举出 AT89 系列单片机的概况。

表 1-2　AT89 系列单片机的概况

型号	AT89C51	AT89C52	AT89C2051	AT89S51	AT89S52
档次	标准型		低档型	高档型	高档型
Flash/KB	4	8	2	2	8
片内 RAM/KB	128	256	128	128	256
I/O/条	32	32	15	15	32
定时器/个	2	3	2	2	3
中断源/个	6	8	6	6	9
串行接口/个	1	1	1	1	1
M 加密/级	3	3	2	2	3
片内振荡器	有	有	有	有	有
EEPROM/KB	无	无	无	无	无

AT89C51和AT89S51单片机片内有4KB Flash存储器,可使用编程器编程或ISP重复编程,且价格低廉,因此ATMEL公司的AT89系列单片机受到了应用设计者的欢迎。尽管AT89系列单片机有多种机型,由于AT89C51/52单片机不支持ISP(In System Program在系统编程),已经停产,因此掌握好AT89S51是十分重要的。AT89S51是具有8051内核的各种型号单片机的基础,具有典型性、代表性,也是各种增强型、扩展型等衍生品种的基础。

本书以80C51、89C51、89S51为51单片机的代表机型来进行详细介绍,个别地方仍延续使用工业标准的MCS-51的名称表示,请读者注意。

1.2.4 单片机的应用

单片机主要用在控制领域,也可成为单片微控制器(SCM),主要是用来实现各种测试和控制功能。在现代社会,自动控制随处可见,从电视机、空调到汽车、卫星,到处都离不开自动控制,就连家里用的电饭锅在饭熟了后自动跳到保温挡也属于自动控制。单片机就是用来进行这些自动控制的。有专家指出:在2000年一个普通美国家用系统就用到单片机26个,一个自动化办公公司用到了42个单片机,一辆汽车用到了35个单片机。单片机应用为什么如此广泛呢?主要是因为以单片机为核心构成的应用系统与一般的微型计算机相比具有以下特点。

(1)小巧灵活、成本低易于产品化。

(2)可靠性高,抗干扰能力强,适应温度范围宽。

(3)易扩展,很容易构成各种规模的应用系统。

(4)控制功能强。具有位处理指令,有很强的逻辑操作功能。

(5)容易实现多机和分布式控制。

按照单片机的特点,单片机在下述领域得到了广泛应用。

1. 工业应用

用单片机可构成各种工业控制系统、自适应控制系统、数据采集系统等,达到测量与控制的目的。例如:温室人工气候控制、水闸自动控制、电镀生产自动控制、汽轮机电液调节系统、车辆检测系统等。

2. 测控与通信系统

在计算机系统中,特别是较大型的工业测控系统中,如果用单片机进行接口的控制与管理,单片机与主机可并行工作,大大提高了系统的运行速度。例如,在大型数据采集系统中,用单片机对模/数转换接口进行控制不仅可提高采集速度,还可对数据进行预处理,如数字滤波、线性化处理、误差修正等。在调制解调器、各类手机、传真机、程控电话交换机、信息网络与各种通信设备中,单片机也得到了广泛应用。

3. 智能仪器仪表

用单片机改造原有的测量、控制仪表,能推动仪表向数字化、智能化、多功能化、综合化方向发展。通过采用单片机软件编程技术,使长期以来测量仪表中的误差修正、线性化处理等用硬件电路难以实现的难题迎刃而解。

4. 机电一体化产品

单片机与传统的机械产品结合，使传统机械产品结构简化，控制智能化，构成新一代的机电一体化产品。例如在电传打字机的设计中由于采用了单片机可提高可靠性及增强功能，降低控制成本。

5. 消费类电子产品

单片机在家电设备中应用非常普及。目前家电产品不断提高了智能化程度，如洗衣机、电冰箱、空调器、电风扇、电视机、微波炉、消毒柜、医疗设备等。

6. 武器装备

在现代化的武器装备中，如飞机、军舰、坦克、导弹、航空航天系统中都有单片机嵌入其中。

7. 汽车应用

各种汽车电子设备，如汽车安全系统、汽车信息系统、自动驾驶系统、卫星导航系统、汽车防撞系统等，都使用了单片机。

1.3　常用数制、编码和计算机中数的表示

计算机的最基本功能是进行数据的计算和处理加工。数在微型计算机中是以器件的物理状态来表示的，为了使表示更为方便和可靠，在计算机中主要采用了二进制数字系统。或者说，计算机只认得二进制数，即要机器处理的所有的数，都要用二进制数字系统来表示；所有的字母、符号亦都要用二进制编码来表示。所以，我们的分析从二进制数字系统着手。

1.3.1　数制及数制间的转换

1. 进位计数制

所谓数制就是计数的方法。在生产实践中，人们创造了许多计数方法，如二进制、十进制、十六进制等。而计数体制都采用位置计数法，即以特定的一些数字符号（也称数码）排列起来，每个符号处于不同位置作为各位的系数，每个位置都有一定的位权。其数值就是把各位的位权乘以该位的系数之和。

1）十进制数（Decimal，用D表示）

十进制是以十为基数的计数制。十进制数有0、1、2、3、4、5、6、7、8、9十个数码，其进位规则是“逢十进一”。各位的系数为其中之一，各位的位权是以十为底的整数次幂，如：

$$431.25=4\times10^2+3\times10^1+1\times10^0+2\times10^{-1}+5\times10^{-2}$$

式中，10^2、10^1、10^0、10^{-1}、10^{-2}是根据每一位数码所在的位置而定的，所以称之为位权。

任意一个十进制数 D 可展开为

$$D=\sum_{i=-\infty}^{\infty}K_i 10^i \tag{1-1}$$

式(1-1)中：K_i 是第 i 位的系数，它可以是0～9十个数码中的任何一个；10^i 称为第 i 位的权，称之为按权展开式。

通常,对十进制数的表示,可以在数字的右下角标注 10,如$(15)_{10}$。

若以 N 代替式(1-1)中的 10,则可得到任意进制数的展开式:

$$D=\sum_{i=-\infty}^{\infty} K_i N^i \tag{1-2}$$

式(1-2)中:K_i 是第 i 位的系数,N 为计数基数;N^i 称为第 i 位的权。$K_i \times N^i$ 为第 i 位的加权系数,故任意进制数的数值就等于各加权系数之和。

2)二进制数(Binary,用 B 表示)

在数字电路中常采用的是二进制,因为二进制只有两个数码 0 和 1,可以直接与电路的两个状态(导通或截止)直接对应。二进制是以 2 为基数的计数体制,其进位规则是“逢二进一”。各位的系数为 0 或 1,各位的位权是以 2 为底的整数次幂,其按权展开式与十进制相同,如:

$$(101.01)_2=1\times 2^2+0\times 2^1+1\times 2^0+0\times 2^{-1}+1\times 2^{-2}$$

一位二进制数也叫一比特(bit),八位二进制数叫一字节,十六位二进制数叫一个字。二进制数的位数叫字长。例如一字节字长是八位,一字长是十六位等。

3)十六进制数(Hexadecimal,用 H 表示)

在数字系统中,二进制数位往往很长,读写不方便,一般采用八进制或十六进制对二进制数进行读和写。

十六进制数是以 16 为基数的计数体制,其进位规则是“逢十六进一”。各位的系数为 0、1、2、3、4、5、6、7、8、9、A、B、C、D、E 和 F 十六个数码,各位的位权是以 16 为底的整数幂。为便于区分十进制数和十六进制数,人们规定,凡注有下标 16 或 H 的数为十六进制数(H 代表 hexadecimal number)。其按权展开式与十进制相同,如:

$$(3BD.2)_{16}=3\times 16^2+11\times 16^1+13\times 16^0+2\times 16^{-1}$$

十六进制数的主要特点如下。

(1)用 16 个不同的数码符号 0~9 以及 A、B、C、D、E、F 来表示数值。

(2)它是逢“十六”进位的。因此,在不同数位,数码所表示的值是不同的。

(3)如果十六进制数的最高位是 A、B、C、D、E、F 中的符号之一,则应在前面加 0,说明是数字而不是文字,例如十六进制数 A7CBH 应该写成 0A7CBH。

2. 数制之间的转换

1)非十进制数转换为十进制数

将非十进制数转换为十进制数,通常采用“按权展开法”,即将非十进制数的按权展开式按照十进制的规律进行运算,就可以得到等值的十进制数。

【例 1-1】 将$(101.11)_2$ 转换成十进制数。

【解】

$$\begin{aligned}(101.11)_2&=1\times 2^2+0\times 2^1+1\times 2^0+1\times 2^{-1}+1\times 2^{-2}\\&=4+0+1+0.5+0.25\\&=5.75\end{aligned}$$

2)十进制数转换为非十进制数

十进制整数和小数转换成非十进制数的方法是不同的。整数部分可以采用连除法,即将原十进制数连续除以转换计数体制的基数,每次除完所得的余数就作为要转换的系数。先得到的余数为转换数的低位,后得到高位,直到除得的商为 0 为止。这种方法概括起来可

说成“除基数、得余数、作系数、从低位，到高位”。十进制小数部分转换成非十进制小数可采用连乘法，即将原十进制纯小数乘以要转换出的数制的基数，取其积的整数部分作系数，剩余的纯小数部分再乘基数，先得到的整数作新数的高位，后得到的作低位，直至其纯小数部分为 0 或到一定精度为止。这种方法概括起来可说成“乘基数、取整数、作系数、从高位，到低位”。

【例 1-2】 将$(27.75)_{10}$转换成二进制数。

【解】

第一步，先将整数部分转换成二进制数

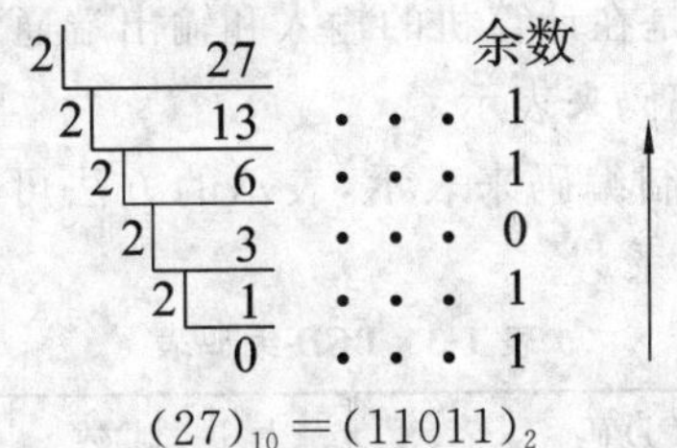

即 $(27)_{10}=(11011)_2$

第二步，再将小数部分转换成二进制数

整数

0.75×2=1.5 · · · · · 1

0.5×2=1.0 · · · · · 1

即 $(0.75)_{10}=(0.11)_2$

所以 $(27.25)_{10}=(11011.11)_2$

3)二进制数与八进制数、十六进制数相互转换

由于 $2^3=8$，所以一位八进制数(十六进制数)相当于 3(4)位二进制数，它们是完全对应的。因此二进制数转换成八进制数(十六进制数)的规则如下：

从小数点算起，向左或向右每 3(4)位分成一组，最后不足 3(4)位用 0 补齐，每组用 1 位等值的八进制数(十六进制数)表示即得到要转换的八进制数(十六进制数)。

【例 1-3】 将$(10111011.01111)_2$转换成八进制数和十六进制数。

【解】

八进制　2 7 3 . 3 6

二进制　010111011 . 01111000

十六进制　B B . 7 8

即 $(10111011.0111)_2=(273.36)_8=(BB.78)_{16}$

反之，八进制数(十六进制数)转换成二进制数时，只要将每位八进制数(十六进制数)分别写成相应的 3(4)位二进制数，按原来的顺序排列起来即可。整数最高位一组左边的 0 及小数最低位一组右边的 0 可以省略。

【例 1-4】 将$(26.35)_8$转换成二进制数。

【解】

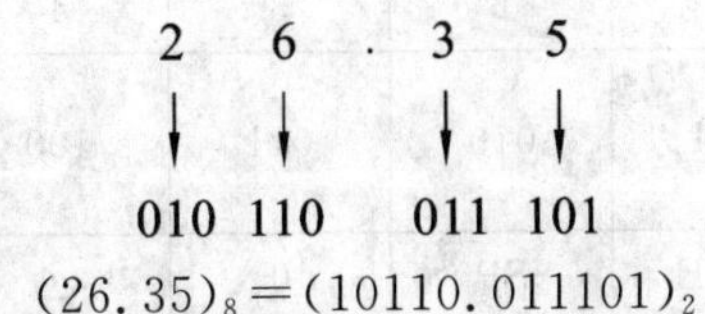

即 $(26.35)_8=(10110.011101)_2$

1.3.2 计算机中常用的编码

如前所述,在计算机中采用的是二进制数,因而,要在计算机中表示的数、字母、符号等都要以特定的二进制码来表示,这就是二进制编码。

1. BCD(binary codeed decimal)码——二进制编码的十进制数

因二进制数实现容易、可靠,二进制的运算规律十分简单。所以,在计算机中采用二进制。但是,二进制数不直观,于是在计算机的输入和输出端通常还是用十进制数表示。不过这样的十进制数,要用二进制编码来表示。

一位十进制数用四位二进制编码来表示,表示的方法可以很多,较常用的是8421BCD码,表1-3列出了一部分编码关系。

表1-3 BCD编码表

十进制数	8421 BCD码	十进制数	8421 BCD码
0	0000	8	1000
1	0001	9	1001
2	0010	10	0001 0000
3	0011	11	0001 0001
4	0100	12	0001 0010
5	0101	13	0001 0011
6	0110	14	0001 0100
7	0111	15	0001 0101

8421 BCD码有十个不同的数字符号,但它是逢"十"进位的,所以,它是十进制数;它的每一位是用四位二进制编码来表示的,因此,称为二进制编码的十进制数(BCD-binary codeed decimal)。

BCD码是比较直观的。

例如:$(0100\ 1001\ 0111\ 1000.0001\ 0100\ 1001)_{BCD}$可以很方便地认出为:4978.149。

由上述可知,只要熟悉了BCD的四位编码,立即可以很容易地实现十进制与BCD码之间的转换。但是BCD码与二进制之间的转换是不直接的,要先经过十进制。即:BCD码先转换为十进制码,然后再转换为二进制;反之亦然。

2. 字母与字符的编码

如上所述,字母和各种字符也必须按特定的规则用二进制编码才能在微型计算机中表示。编码也可以有各种方式。目前在微型机中最普遍的是采用ASCⅡ(American standard code for information interchange 美国信息交换标准代码),编码表如表1-4所示。

表1-4 ASCⅡ(美国信息交换标准代码)表

列	0	1	2	3	4	5	6	7
位654→ ↓3210	000	001	010	011	100	101	110	111
0000	NUL	DLE	SP	0	@	P	、	p

续表

列	0	1	2	3	4	5	6	7
0001	SOH	DC1	!	1	A	Q	a	q
0010	STX	DC2	”	2	B	R	b	r
0011	ETX	DC3	#	3	C	S	c	s
0100	EOT	DC4	$	4	D	T	d	t
0101	ENQ	NAK	%	5	E	U	e	u
0110	ACK	SYN	&	6	F	V	f	v
0111	BEL	ETB	’	7	G	W	g	w
1000	BS	CAN	(	8	H	X	h	x
1001	HT	EM	)	9	I	Y	i	y
1010	LF	SUB	*	:	J	Z	j	z
1011	VT	ESC	+	;	K	[	k	{
1100	FF	FS	,	<	L	\	l	|
1101	CR	GS	—	=	M	]	m	}
1110	SO	RS	.	>	N	↑	n	～
1111	SI	US	/	?	O	←	o	DEL

它是用七位二进制编码，故可表示 128 个字符，其中包括数码(0～9)，以及英文字母等可打印的字符。从表 1-4 中可看到，数码 0～9，它是对应用 0110000～0111001 来表示的。因微型机通常字长为 8 位，所以通常 bit7 用作奇偶校验位，但在计算机中表示时，常认其为零，故用一个字长(即一个字节)来表示一个 ASCⅡ字符。于是 0～9 的 ASCⅡ码为 30H～39H；大写字母 A～Z 的 ASCⅡ码为 41H～5AH。

1.3.3　计算机中数的表示

1. 计算机中二进制数的存储单位

在计算机中，表示数据或信息全部用的是二进制数，数据一般存储在存储器中，常用表示二进制数的 3 个基本单位从小到大依次为：位、字节和字。

1)位(bit)

位是二进制数的最小单位，读作“比特”。在计算机中位仅能存放一位二进制数码 1 或 0，一般可用于表示两种状态，如“开”或“关”，“真”或“假”。

2)字节(byte)

字节由 8 位二进制数构成(1byte＝8bit)，读作“比特”。字节是计算机最基本的数据单位，也是衡量数据量多少的基本单位，计算机中的数据、代码、指令和地址等，通常都是以字节为单位的。

3)字(word)

字是由两个字节的二进制数构成，即 16 位二进制数。将两个字构成的数定义为双字。

这些定义在计算机中只是用于表示二进制数的大小。在计算机系统中，字用于衡量计算机一次性处理数据的能力，把字定义为一台计算机上所能并行处理的二进制数，字的位数因此(或长度)称之为字长。字长必须是字节的整数倍。如：MCS-51 单片机的字长是 8 位，AVR16 单片机的字长是 16 位，ARM 单片机的字长是 32 位。

2. 机器数与真值

上面提到的二进制数，没有提到符号问题，故是一种无符号数的表示。但是在机器中，数显然会有正有负，那么符号是怎么表示的呢？通常是一个数的最高位为符号位。即若是字长为 8 位即 D_7 为符号位，$D_6 \sim D_0$ 为数字位。符号位用 0 表示正，用 1 表示负。如：

$$X=(01011011)_2=+91$$

$$X=(11011011)_2=-91$$

这样连同一个符号位在一起作为一个数，就称为机器数；而它的数值称为机器数的真值。

为了运算方便(带符号数的加减运算)，在机器中负数有三种表示法——原码、反码和补码。

3. 原码

按上所述，正数的符号位用 0 表示，负数的符号位用 1 表示。这种表示法就称为原码。

$$X=+105, [X]_{原}=0\ 1101001$$

$$X=-105, [X]_{原}=1\ 1101001$$

原码表示简单易懂，而且与真值的转换方便。但若是两个带符号数进行加减运算，应用原码就不方便计算使用。为完成上述运算引进了反码和补码。

4. 反码

正数的反码表示与原码相同，最高位为符号位，用“0”表示正，其余位为数值位。如：

$[+4]_{10}$=0 $\underline{0000100}$

符号位　二进制数值

$[+127]_{10}$=0 $\underline{1111111}$

符号位　二进制数值

而负数的反码表示，即为它的正数按位取反(连符号位)而形成的。或其负数的符号位不变，其后面的数据位按位取反而形成。

$(+4)_{10}$ =0 000 0100

$(-4)_{10}$ =1 111 1011 ——反码表示

$(+127)_{10}$=0 111 1111

$(-127)_{10}$=1 000 0000 ——反码表示

$(+0)_{10}$ =0 000 0000

$(-0)_{10}$ =1 111 1111 ——反码表示

8 位二进制数的反码表示如表 1-5 所示。它有以下特点：

(1)“0”有两种表示法。

(2)8 位二进制反码所能表示的数值范围为－127～＋127。

(3)当一个带符号数由反码表示时，最高位为符号位。当符号位为 0(即正数)时，后面的七位为数值部分；但当符号位为 1(即负数)时，一定要注意后面几位表示的不是此负数的数

值，一定要把它们按位取反，才表示它的二进制值。例如一个反码表示的数

$$[X]_{反}=10010100$$

这是一个负数，它不等于$(-20)_{10}$，而等于$-1101011=-(1\times2^6+1\times2^5+1\times2^3+1\times2^1+1)=-(64+32+8+3)=(-107)_{10}$。

5. 补码

正数的补码表示与原码相同，即最高位为符号位，用“0”表示正，其余位为数值位。如：

$[+4]_{补}$=0　0000100
符号位　数值位

$[+127]_{补}$=0　0000100
符号位　数值位

而负数的补码表示即为它的反码，且在最后位（即最低位）加 1 所形成。如：

$$[+4]_{原}=00000100$$
$$[-4]_{反}=11111011$$
$$[-4]_{补}=11111100$$
$$[+127]_{原}=01111111$$
$$[-127]_{反}=10000000$$
$$[-127]_{补}=10000001$$
$$[+0]_{原}=00000000$$
$$[-0]_{反}=11111111$$
$$[-0]_{补}=00000000$$

表 1-5　数的表示法

二进制数码表示	无符号二进制数	原　码	补　码	反　码
00000000	0	+0	+0	+0
00000001	1	+1	+1	+1
00000010	2	+2	+2	+2
⋮	⋮	⋮	⋮	⋮
⋮	⋮	⋮	⋮	⋮
01111100	124	+124	+124	+124
01111101	125	+125	+125	+125
01111110	126	+126	+126	+126
01111111	127	+127	+127	+127
10000000	128	−0	−128	−127
10000001	129	−1	−127	−126
10000010	130	−2	−126	−125
⋮	⋮	⋮	⋮	⋮
⋮	⋮	⋮	⋮	⋮
11111100	252	−124	−4	−3

续表

二进制数码表示	无符号二进制数	原　　码	补　　码	反　　码
11111101	253	−125	−3	−2
11111110	254	−126	−2	−1
11111111	255	−127	−1	−0

8 位带符号位的补码表示也列在表 1-5 中。它有以下特点：

(1)$[+0]_{补}=[-0]_{补}=00000000$。

(2)8 位二进制补码所能表示的数值范围为$+127\sim-128$。

(3)一个用补码表示的二进制数，最高位为符号位，当符号位为“0”(即正数)时，其余七位即为此数的二进制值；但当符号位为“1”(即负数)时，其余几位不是此数的二进制值，把它们按位取反，且在最低位加 1，才是它的二进制值。如：

$$[X]_{补}=10010100$$

它不等于$(-20)_{10}$，它的数值为 0010100 按位取反得 1101011，然后再加 1 为 1101100。即

$$X=-1101100=-(1\times2^6+1\times2^5+1\times2^3+1\times2^2)$$

$$=-(64+32+8+4)=(-108)_{10}$$

当负数采用补码表示时，就可以把减法转换为加法。如：

$$64-10=64+(-10)=64+[-10]_{补}$$

$$+64=01000000$$

$$+10=00001010$$

$$[-10]_{补}=11110110$$

于是

$$\begin{array}{r}01000000\\-\ 00001010\\\hline 00110110\end{array}\qquad\begin{array}{r}01000000\\+\ 00001010\\\hline \boxed{1}00110110\end{array}$$

自然丢失

由于在字长为 8 位的机器中，从第 7 位的进位是自然丢失的，故做减法与补码相加的结果是相同的。

在微型机中，凡是带符号数一律是用补码表示的，所以，一定要记住运算的结果也是用补码表示的。由于计算机的字长是有一定限制的，所以一个带符号数是有一定范围的，在字长为 8 位用补码表示时其范围为$+127\sim-128$。

当运算的结果超出这个表达范围时，结果就不正确了，这就称为溢出。这时数就要用多字节，例如用 16 位或 32 位等来表示。

本 章 小 结

(1)本章就单片机的特点、应用领域及发展情况做了一些简单的介绍，通过本章的学习使读者对单片机技术有了一个大概的了解，为今后章节的学习打下坚实的基础。

(2)单片机即单片微型计算机，是将计算机主机(CPU、内存和 I/O 接口)集成在一小块

硅片上的微型机。

(3)单片机为工业测控而设计,又称微控制器。它具有三高优势(集成度高、可靠性高、性价比高),主要应用于工业检测与控制、计算机外设、智能仪器仪表、通信设备、家用电器等方面,特别适合于嵌入式微型机应用系统。

(4)数制、不同数制转换和计算机中数的表示是单片机学习所必需的基础知识,其中掌握二进制数的规律是关键。连同一个符号位在一起作为一个数,就称为机器数;而它的数值称为机器数的真值。为了运算方便(带符号数的加减运算),在计算机中数有三种表示法——原码、反码和补码。

思考与练习题 1

1. 单项选择题

(1)一个 8 位二进制数所能表示的最大有符号数是________。

A. 256　　B. 255　　C. 128　　D. 127

(2)两位十六进制数所能表示的二进制数范围是________。

A. 00000000B～11111111B　　B. －11111111B～＋11111111B

C. －00000000B～＋1111111B　　D. －1111111B～＋0000000B

(3)1 KB 等于________。

A. 1024×1024 B　　B. 1000 B　　C. 1024 MB　　D. 1024 B

(4)计算机系统的三总线是________。

A. 地址、数据、控制总线　　B. 显示、电源、数据总线

C. 键盘、鼠标、显示总线　　D. USB 线、网线、串口线

(5)存储器中,每个存储单元都被赋予唯一的编号,这个编号称为________。

A. 地址　　B. 字节　　C. 列号　　D. 容量

(6)8 位二进制数所能表示的最大无符号数是________。

A. 256　　B. 255　　C. 128　　D. 127

(7)一位压缩 BCD 码对应的二进制数位数是________。

A. 4 位　　B. 8 位　　C. 1 位　　D. 2 位

(8)字符“C”的偶校验的 ASCⅡ码是________。

A. 01000011B　　B. 11000011B　　C. 01000011　　D. 11000011

(9)十进制数 45,用 ASCⅡ码表示,正确的是________。

A. 3435H　　B. 3435　　C. 45H　　D. 4445H

(10)有一个数 152,它与十六进制数 98 相等,那么该数是________。

A. 二进制数　　B. 八进制数　　C. 十进制数　　D. 四进制数

(11)单片机又称为单片微计算机,最初的英文缩写是________。

A. MCP　　B. CPU　　C. DPJ　　D. SCM

(12)Intel 公司的 MCS-51 系列单片机是________的单片机。

A. 1 位　　B. 4 位　　C. 8 位　　D. 16 位

(13)单片机的特点里没有包括在内的是________。

A. 集成度高　　B. 功耗低　　C. 密封性强　　D. 性价比高

(14)单片机的发展趋势中没有包括的是________。

A. 高性能　　B. 高价格　　C. 低功耗　　D. 高性价比

(15)十进制数 76 的二进制数是________。

A. 01001100B　　B. 01011100B　　C. 11000111B　　D. 01010000B

(16)十六进制数 84 的二进制数是________。

A. 10010011B　　B. 00100011B　　C. 10000100B　　D. 01110011B

(17)二进制数 11000011 的十六进制数是________。

A. B3H　　B. C3H　　C. D3H　　D. E3H

(18)二进制数 11001011 的十进制无符号数是________。

A. 213　　B. 203　　C. 223　　D. 233

(19)二进制数 11001011 的十进制有符号数是________。

A. 73　　B. −75　　C. −93　　D. 75

(20)十进制数 74 的 8421BCD 压缩码是________。

A. 01110100B　　B. 10101001B　　C. 11100001B　　D. 10011100B

(21)十进制数−38 在 8 位微机中的反码和补码分别是________。

A. 00100100B、11011100B　　B. 00100100B、11011011B

C. 10100110B、11011011B　　D. 11011001B、11011010B

(22)十进制数+28 在 8 位微机中的反码和补码分别是________。

A. 00011100B、00011100B　　B. 11100100B、11100101B

C. 00011011B、00011011B　　D. 00011011B、11100101B

(23)字符 7 的 ASCⅡ码是________。

A. 00110111B　　B. 00101001B　　C. 01000111B　　D. 01011001B

(24)二进制数 11101110B 与 01110111B 的“与”、“或”和“异或”结果是________。

A. 01100110B、10011001B、11111111B　　B. 11111111B、10011001B、01100110B

C. 01100110B、01110111B、10011001B　　D. 01100110B、11111111B、10011001B

2. 问答思考题

(1)什么是单片机？它与一般微型计算机在结构上有什么区别？

(2)单片机的发展大概可分几个阶段？各阶段的单片机功能特点如何？

(3)当前单片机的主要产品有哪些？各有何特点？

(4)在众多单片机类型中，8 位单片机为何不会过时，还占据着单片机应用的主导地位？

(5)试计算 50、−100 的原码、反码、补码。

(6)二进制数的位与字节是什么关系？51 单片机的字长是多少？

第2章 单片机应用系统的开发

目前大多数单片机系统本身不具备开发的能力，这一点与PC机不同。单片机系统是按照用户的要求设计的硬件和软件，往往是用于嵌入式系统中，所以单片机系统需借助于外部的软、硬件环境进行产品的研制和开发。本章简要介绍了单片机产品开发的过程、步骤和软硬件开发的环境。着重介绍了 Keil C51 的集成开发环境和支持微处理器芯片仿真的 Proteus VSM 软件。Keil C51 和 Proteus VSM 联合调试使得“零”成本的虚拟单片机数字实验室的实现成为可能，这也是单片机教学和开发的一种趋势。

2.1 单片机应用系统开发过程

2.1.1 指令与目标代码

正确无误的硬件设计和良好的软件功能设计是一个实用的单片机应用系统的设计目标。完成这一目标的过程称为单片机应用系统的开发。

单片机作为一片集成了微型计算机基本部件的集成电路芯片，与通用微机相比，它自身没有开发功能，必须借助开发机（一种特殊的计算机系统）来完成如下任务：①排除应用系统的硬件故障和软件错误；②将程序固化到内部或外部程序存储器芯片中。

1. 指令的表示形式

指令是让单片机执行某种操作的命令。在单片机中，指令按一定的顺序以二进制码的形式存放于程序存储器中。为了书写、输入和显示方便，人们通常将二进制的机器码写成十六进制形式。如：二进制码 0000 0100B 可以表示为 04H。04H 所对应的指令意义是累加器 A 的内容加 1。若写成 INC　A 则要清楚得多，这就是该指令的符号表示，称为符号指令。

2. 汇编或编译

符号指令要转换成计算机所能执行的机器码并存入计算机的程序存储器中，这种转换称为汇编。常用的汇编方法有三种：

(1)手工汇编；

(2)利用开发机的驻留汇编程序进行汇编；

(3)交叉汇编。

现在人们还常常采用高级语言(如 C51)进行单片机应用程序的设计。这种方法具有周期短、移植和修改方便的优点,适合于较为复杂系统的开发。

2.1.2 开发过程

单片机应用系统的开发一般来说要完成以下几个任务。

1. 电路板制作

根据系统的要求或者项目的技术指标参数,利用印制电路板设计软件(如 AltiumDesigner 软件、Orcad 软件、Proteus 软件等)设计系统的电气原理图,印制电路板图、PCB 制板、安装器件、焊接形成系统目标电路板,如图 2-1 所示。

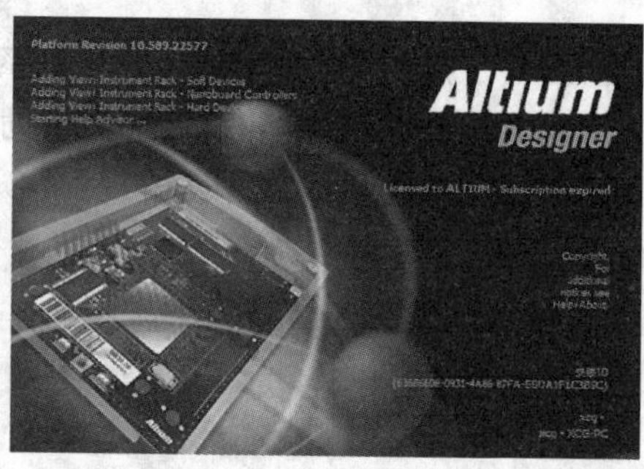

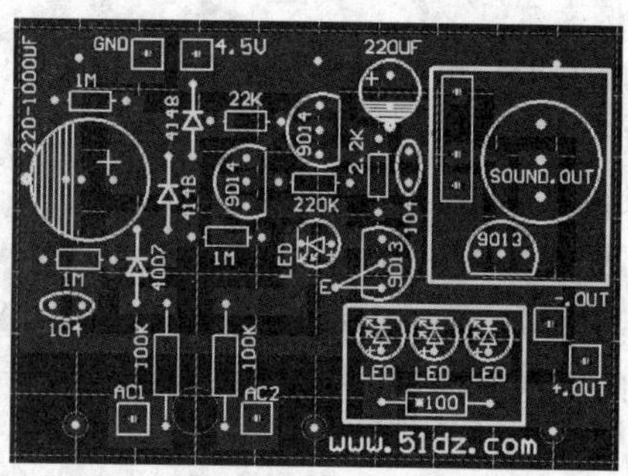

图 2-1 AltiumDesigner 软件和 PCB 板

2. 目标文件生成

利用 PC 机上的集成开发软件,经汇编(编译)生成目标文件(.HEX 文件),此时可以进行仿真调试。仿真可以分为软件模拟和硬件仿真两种方式。图 2-2 所示为软件模拟通常采用的集成开发软件(Keil 公司的 μVision 4 或 μVision 5,简称 μVision);硬件仿真则需要硬件仿真器。

图 2-2 Keil 集成开发软件

3. 目标程序烧写

调试或仿真无误的目标程序代码需要下载到单片机芯片内的存储器中,通常的办法就是利用编程器来实现。随着计算机技术和 Flash 存储器(闪存)技术的发展,使得一些单片机具备了新的程序烧写的方法,即在系统编程技术(ISP)。

具有在系统编程能力的单片机可以先焊接到目标印制电路板上，然后通过普通 PC 机将调试无误的目标代码下载到系统中，从而可以不用编程器就能完成目标代码的下载。ISP 技术极大方便了单片机系统开发的过程和程序的修改调试。典型的具有在系统编程能力的单片机产品有 ATMEL 公司的 AT89S51、AT89S52 等。一个典型的单片机系统开发环境组成如图 2-3 所示。

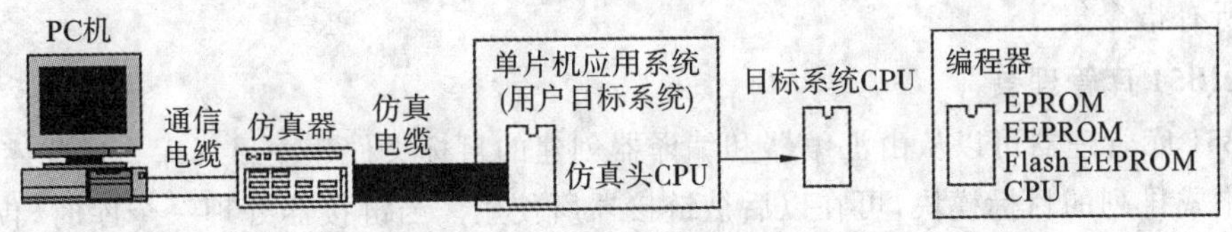

图 2-3　单片机系统开发环境组成

2.2　Keil μVision 集成开发环境简介

Keil C51 μVision 集成开发环境是 ARM 公司开发的基于 80C51 内核的微处理器软件开发平台，内嵌多种符合当前工业标准的开发工具，可以完成从工程建立到管理、编译、连接、目标代码的生成、软件仿真、硬件仿真等完整的开发流程，具有当代典型嵌入式微处理器开发的流行界面。常用的版本是 μVision3，较新的版本是 μVision4、μVision5。目前支持世界上几十个公司的数百种嵌入式处理器（包括 MCS-51 系列的各种单片机、非 51 系列的各种单片机以及 ARM 系列）。尤其 C 编译工具在产生代码的准确性和效率方面达到了较高的水平，而且可以附加灵活的控制选项，在开发大型项目时非常方便。

Keil C51 集成开发环境的主要功能有以下几点。

(1) μVision for WindowsTM：这是一个集成开发环境，它将项目管理、源代码编辑和程序调试等组合在一个功能强大的环境中。

(2) C51 国际标准化 C 交叉编译器：从 C 源代码产生可重定位的目标模块。

(3) A51 宏汇编器：从 80C51 汇编源代码产生可重定位的目标模块。

(4) BL51 连接/定位器：组合由 C51 和 A51 产生的可重定位的目标模块，生成绝对目标模块。

(5) LIB51 库管理器：从目标模块生成链接器可以使用的库文件。

(6) OH51 目标文件至 HEX 格式的转换器：从绝对目标模块生成 Intel HEX 文件。

(7) RTX-51 实时操作系统：简化了复杂的实时应用软件项目的设计。这个工具套件是为专业软件开发人员设计的，但任何层次的编程人员都可以使用，并获得 80C51 微控制器的绝大部分应用。

2.2.1　Keil C51 的安装

第 2 章　C51＋ISIS 原理图模拟仿真

安装 Keil C51 集成开发软件，必须满足一定的硬件和软件要求，才能确保编译器以及其他程序功能正常运行，必须具有 μVision，支持所有的 Keil 80C51 的工具软件，包括 C51 编译器、宏汇编器、链接器/定位器和目标文件至 Hex 格式转换器,μVision 可以自动完成编译、汇编、链接程序等操作。

1. C51 编译器和 A51 汇编器

由 μVision IDE 创建的源文件,可以被 C51 编译器或 A51 汇编器处理,生成可重定位的 object 文件。Keil C51 编译器遵照 ANSI C 语言标准,支持 C 语言的所有标准特性。另外,还增加了几个可以直接支持 80C51 结构的特性。Keil A51 宏汇编器支持 80C51 及其派生系列的所有指令集。

2. LIB51 库管理器

LIB51 库管理器可以从由汇编器和编译器创建的目标文件建立目标库。这些库是按规定格式排列的目标模块,可在以后被链接器所使用。当链接器处理一个库时,仅仅使用了库中程序使用了的目标模块而不是全部加以引用。

3. BL51 链接器/定位器

BL51 链接器使用从库中提取出来的目标模块和由编译器、汇编器生成的目标模块,创建一个绝对地址目标模块。绝对地址目标文件或模块包括不可重定位的代码和数据。所有的代码和数据都被固定在具体的存储器单元中。

4. μVision 软件调试器

μVision 软件调试器能十分理想地进行快速、可靠的程序调试。调试器包括一个高速模拟器,用户可以使用它模拟整个 80C51 系统,包括片上外围器件和外部硬件。当用户从器件数据库选择器件时,这个器件的属性会被自动配置。

5. μVision 硬件调试器

μVision 硬件调试器向用户提供了几种在实际目标硬件上测试程序的方法。安装 MON51 目标监控器到用户的目标系统,并通过 Monitor-51 接口下载程序;使用高级 GDI 接口,将 μVision 硬件调试器同类似于 DP-51PROC 单片机综合仿真实验仪或者 TKS 系列仿真器的硬件系统相连接,通过 μVision 的人机交互环境指挥连接的硬件完成仿真操作。

6. RTX51 实时操作系统

RTX51 实时操作系统是针对 80C51 微控制器系列的一个多任务内核。RTX51 实时内核简化了需要对实时事件进行反应的复杂应用的系统设计、编程和调试。这个内核完全集成在 C51 编译器中,使用非常简单。任务描述表和操作系统的一致性由 BL51 链接器/定位器自动进行控制。此外 μVision 还具有极其强大的软件环境、友好的操作界面和简单快捷的操作方法。

2.2.2 μVision 的界面

安装 Keil C51 软件后,点击桌面 Keil C51 快捷图标即可进入如图 2-4 所示的集成开发环境,各种调试工具、命令菜单都集成在此开发环境中。其中菜单栏为用户提供了各种操作菜单,比如:编辑器操作、工程维护、开发工具选项设置、程序调试、窗体选择和操作、在线帮助等。工具栏按钮可以快速执行 μVision 命令,快捷键(用户可以自己配置)也可以执行 μVision 命令。

μVision 界面包括:①文件菜单和文件命令(File);②编辑菜单和编辑器命令(Edit);

图 2-4　μVision 界面

③视图菜单(View);④工程菜单和工程命令(Project);⑤调试菜单和调试命令(Debug);⑥Flash菜单(Flash);⑦外围器件菜单(Peripherals);⑧工具菜单(Tools);⑨软件版本控制系统菜单(SVCS);⑩视窗菜单(Window);⑪帮助菜单(Help)等。

2.2.3　Keil C51 的应用

1. 建立工程

在 Keil C51 集成开发环境下是使用工程的方法来管理文件的，而不是单一文件的管理模式。

所有的文件包括源程序(包括 C 程序、汇编程序)、头文件，甚至说明性的技术文档都可以放在工程项目文件里统一管理。

鼠标点击工具栏的 Project 选项，如图 2-5 所示，在弹出的下拉菜单中选择 New μVision Project 命令，建立一个新的 μVision 工程，同时为工程取一个名称，工程名应便于记忆且文件名不宜太长；选择工程存放的路径，建议为每个工程单独建立一个文件夹，并且工程中需要的所有文件都放在这个文件夹下，如图 2-6 所示。

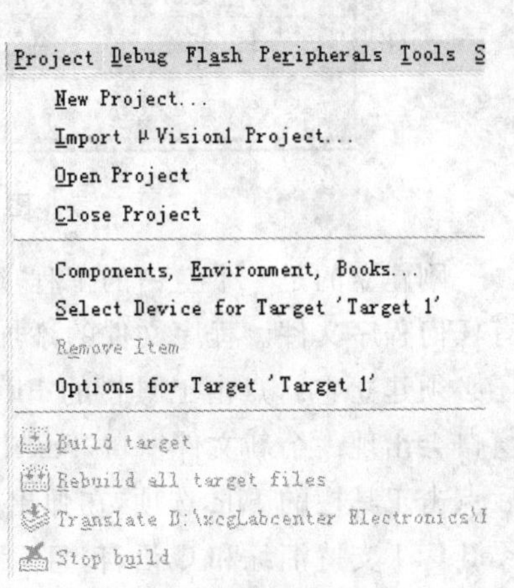

图 2-5　Project 选项

2. 配置工程

工程建立完毕以后，μVision 会立即弹出一个器件选择窗口。器件选择的目的是告诉 μVision 最终使用的单片机芯片的型号是哪一个公司的哪一个型号，因为不同型号的单片机芯片内部的资源是不同的，μVision 可以根据选择进行 SFR 的预定义，在软硬件仿真中提供易于操作的外设浮动窗口等，如图 2-7 所示。

图 2-6 **Creat New Project** 对话框

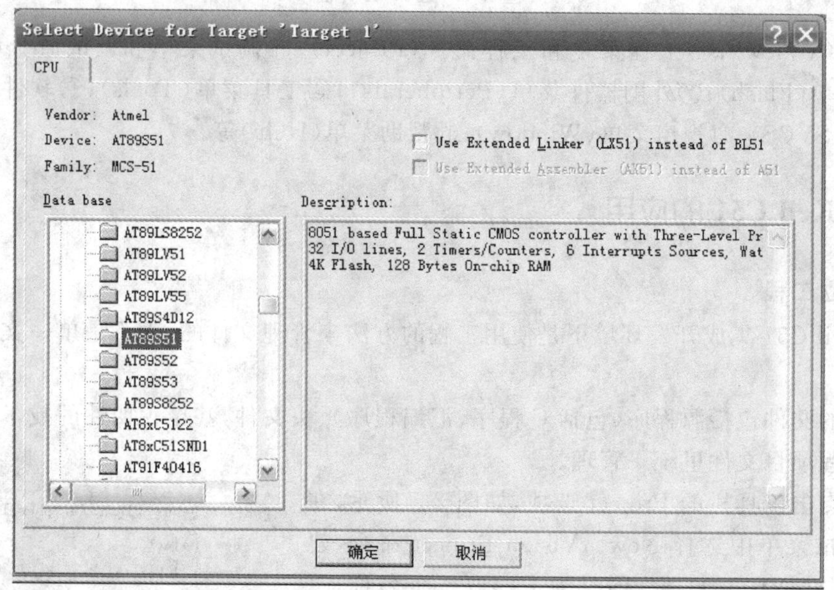

图 2-7 单片机型号选择对话框

刚建立的是一个空白的工程项目文件,并为工程选择好了目标器件,但是这个工程里没有任何程序文件。程序文件的添加必须人工进行,但如果程序文件在添加前没有建立,用户还必须建立它。点击工具栏的 File 选项,在弹出的下拉菜单中选择 New 命令,这时在文件窗口会出现一个新文件窗口 Text1,然后输入自己设计的源程序,如图 2-8 所示。输入完毕后点击工具栏的 File 选项,在弹出的下拉菜单中选择保存命令存盘源程序文件。注意由于 Keil C51 支持汇编和 C 语言,且 μVision 要根据后缀判断文件的类型,从而自动进行处理,因此存盘时应注意输入的文件名应带扩展名. ASM 或. C,如图 2-9 所示。

在 Project Workspace 窗口内,选中 Source Group1 后点击鼠标右键,在弹出的快捷菜单中选择 Add Files to Group 'Source Group1'(向工程中添加源程序文件)命令,此时会出现

```
Text1*
#define LEDS 6
#include "reg51.h"
//led灯选通信号

unsigned char code Select[]={0x01,0x02,0x04,0x08,0x10,0x20};
unsigned char code LED_CODES[]=
 {         0xc0,0xF9,0xA4,0xB0,0x99,//0-4
           0x92,0x82,0xF8,0x80,0x90,//5-9
           0x88,0x83,0xC6,0xA1,0x86,//A,b,C,d,E
           0x8E,0xFF,0x0C,0x89,0x7F,0xBF};//F,空格,P,H,.,-  };
 void main()
{
   int i=0;
  long int j;
  while (1)
 {
  P2=0;
  P1=LED_CODES[i];
  P2=Select[i];
  for ( j=8000;j>0;j--);    //该LED模型靠脉冲点亮，第i位靠脉冲点
//修改循环次数，改变点亮下一位之前的延时，可得到不同的显示效果.
```

图 2-8　程序文本框

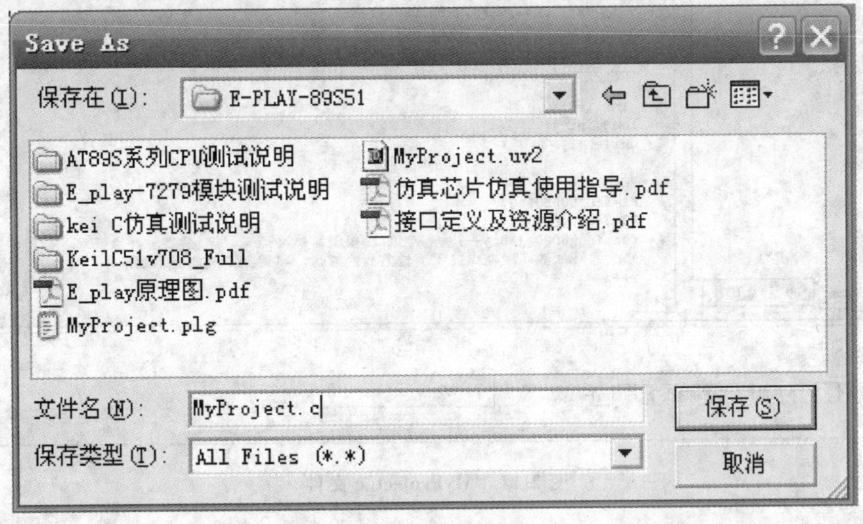

图 2-9　Save As 对话框

添加源程序文件窗口，选择编辑的源程序文件(如 MyProject.c)，单击 Add 命令即可把源程序文件添加到项目中，如图 2-10 所示。由于添加源程序文件窗口中的默认文件类型是 C Source file(＊.c)，这样在搜索显示区中则不会显示汇编源程序文件(文件类型是＊.asm 的源程序)，如果是汇编语言的源程序就要改变搜索文件类型为 Asm SourceFile(＊.a＊;＊.src)，并最终选择汇编源程序文件即可。这时 Source Group1 里就有了事先建立项目时加入的文件了，如图 2-11 所示。

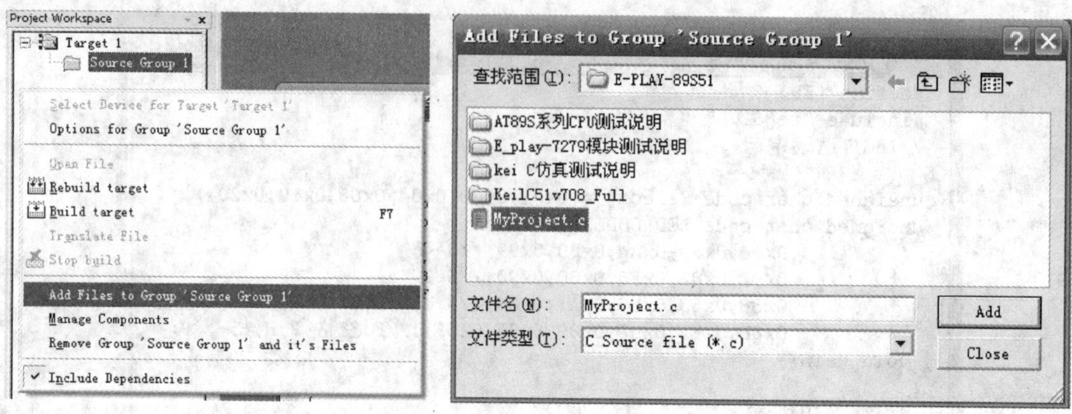

图 2-10　Add Files to Group 'Source Group1'菜单

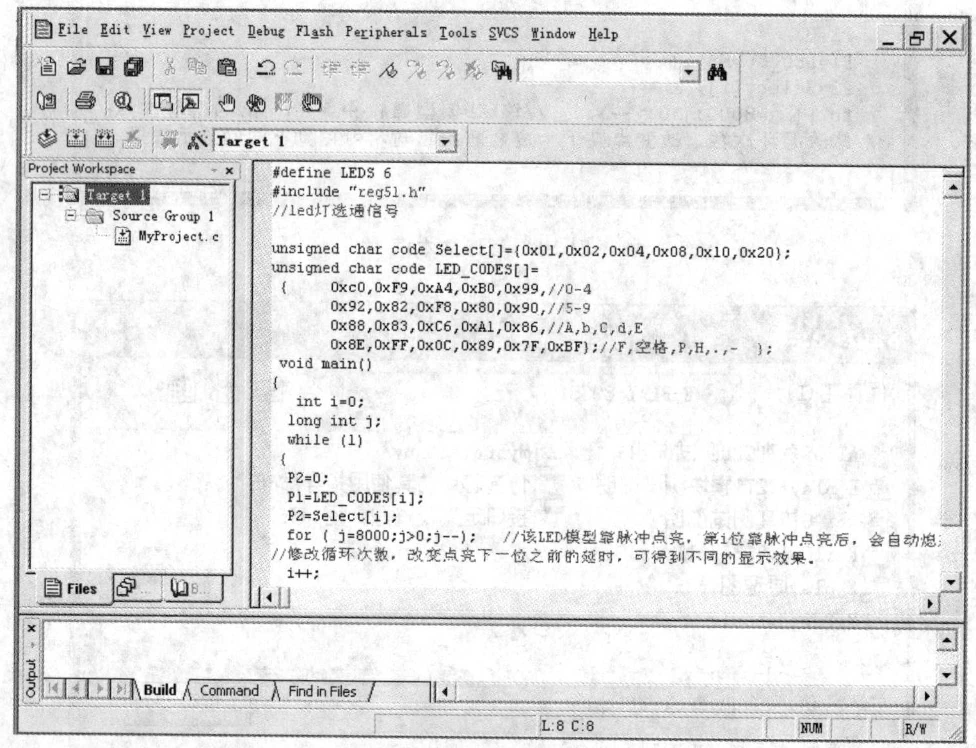

图 2-11　MyProject.c 文件

3. 编译工程

工程的编译是正确生成目标文件的关键，要完成这个任务应该对工程进行一些正确的设置。通过点击工具栏 Project 选项，在弹出的下拉菜单中选择 Options for Target 'Target 1'命令为目标设置工具选项，这时会出现如图 2-12 所示的编译环境设置窗口。点击 Output 选项卡，在出现的窗口中选中 Create HEX File 选项，在编译时系统将自动生成目标代码文件 *.HEX。选择 Debug 选项会出现工作模式选择窗口，在此窗口中我们可以设置不同的仿真模式。

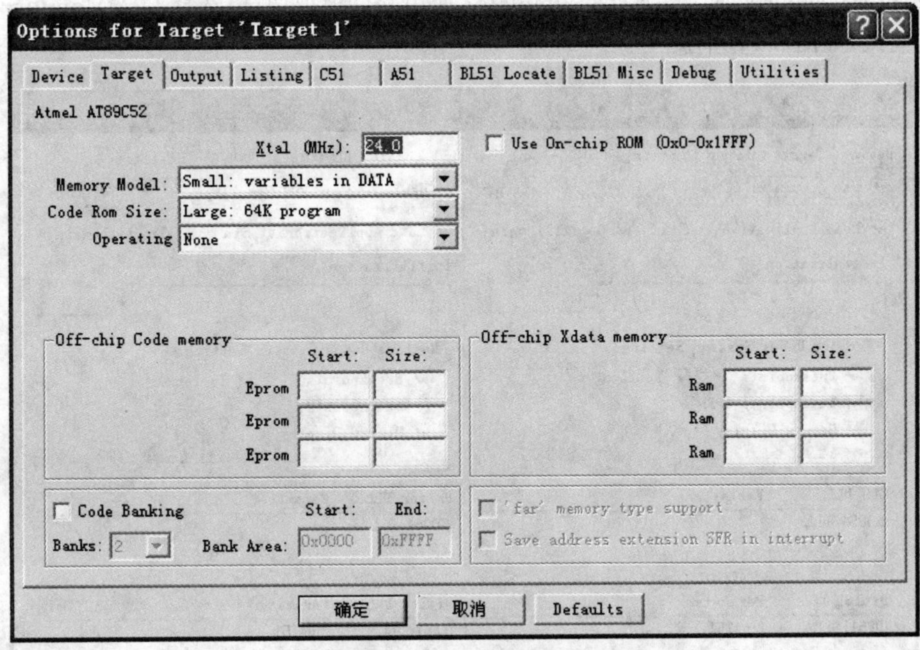

图 2-12　编译设置界面

(1)设置 Device 页面:单片机型号的选择。

(2)设置 Target 页面:设置 CPU 的晶振频率。

(3)设置 Output 页面:Greate HEX File 要选中用于生成可执行代码文件;勾选 Debug Information 选项用来产生调试信息,如图 2-13 所示。

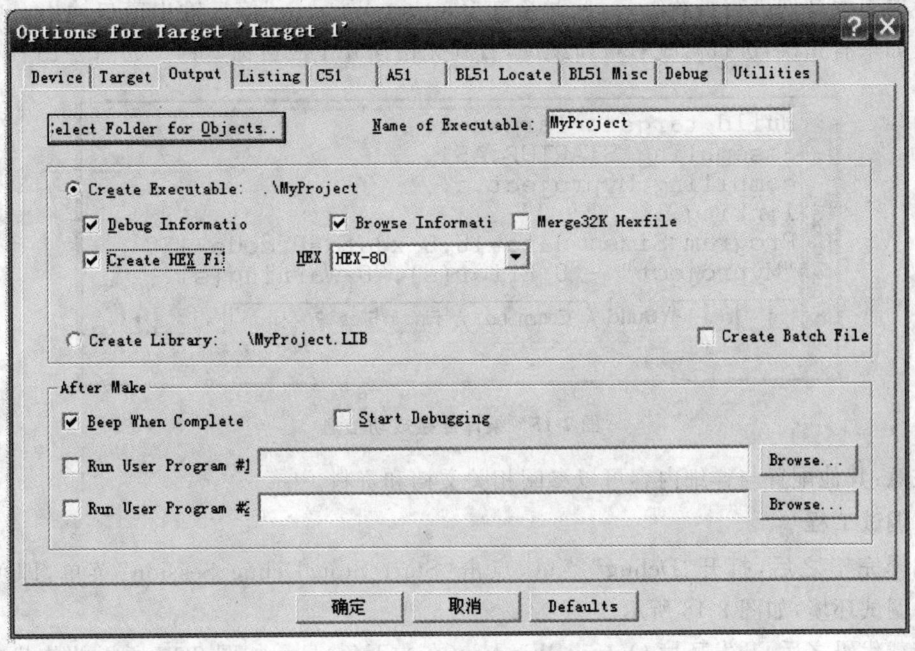

图 2-13　设置 Output 选项卡

(4)设置 Debug 页面:选择 Use Simulator 使用软件模拟调试;选择 Use Monitor 使用硬件仿真调试,如图 2-14 所示。

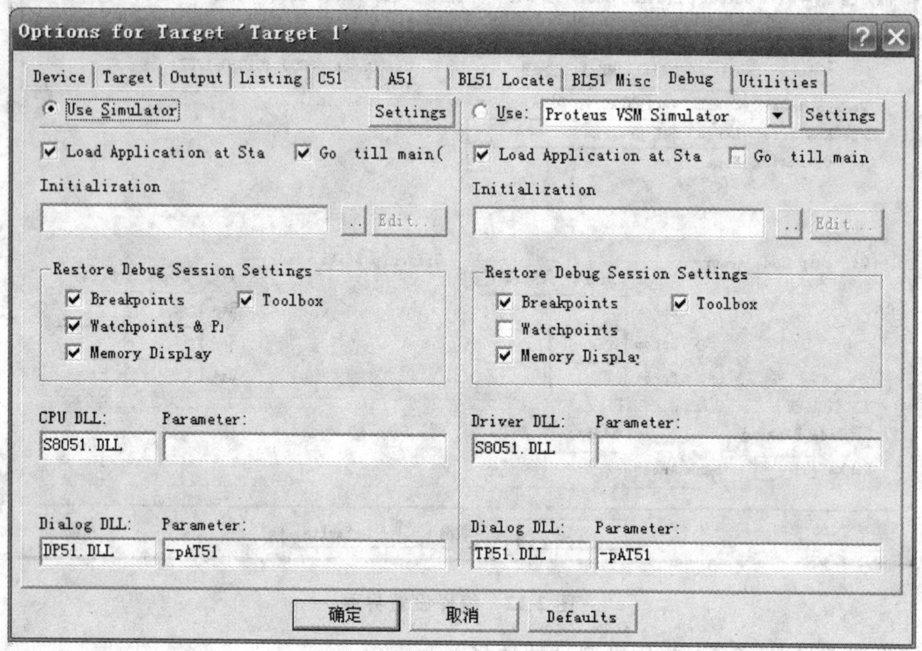

图 2-14　设置 Debug 页面

完成以上的工作就可以编译程序了。点击工具栏 Project 选项,在弹出的下拉菜单中选择 Build Target 命令对源程序文件进行编译,当然也可以选择 Rebuild all target files 命令对所有的工程文件进行重新编译,此时会在"Output Window"信息输出窗口输出一些相关信息。如果有错误,进行修改后重新编译,直到无错误并生成目标文件。如图 2-15 所示。

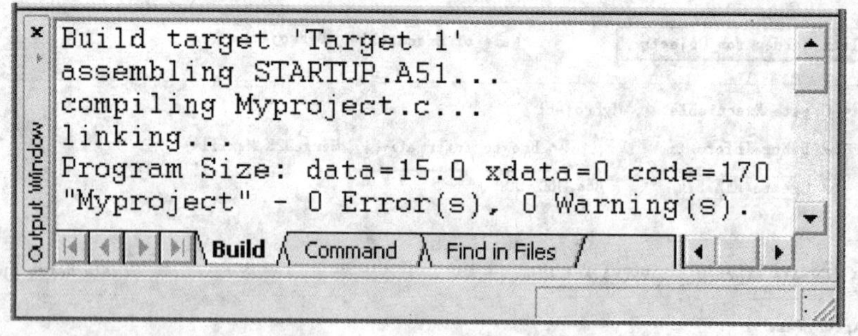

图 2-15　编译连接成功信息

注意:其他配置与详细内容可以参阅相关文档和资料。

4. 调试工程

编译完毕之后,打开"Debug"菜单,点击"Start/Stop Debug Session"菜单,即可进入 Debug 调试环境,如图 2-16 所示。

装载代码之后,开发环境 Output Window(在左下角)显示如图 2-17 所示的装载成功的信息。

Debug　Flash　Peripherals　Tools　SVCS　Window　Help

Start/Stop Debug Session　Ctrl+F5

Go　F5

Step　F11

Step Over　F10

Step Out of current Function　Ctrl+F11

Run to Cursor line　Ctrl+F10

Stop Running　Esc

图 2-16　进入 Debug 调试环境

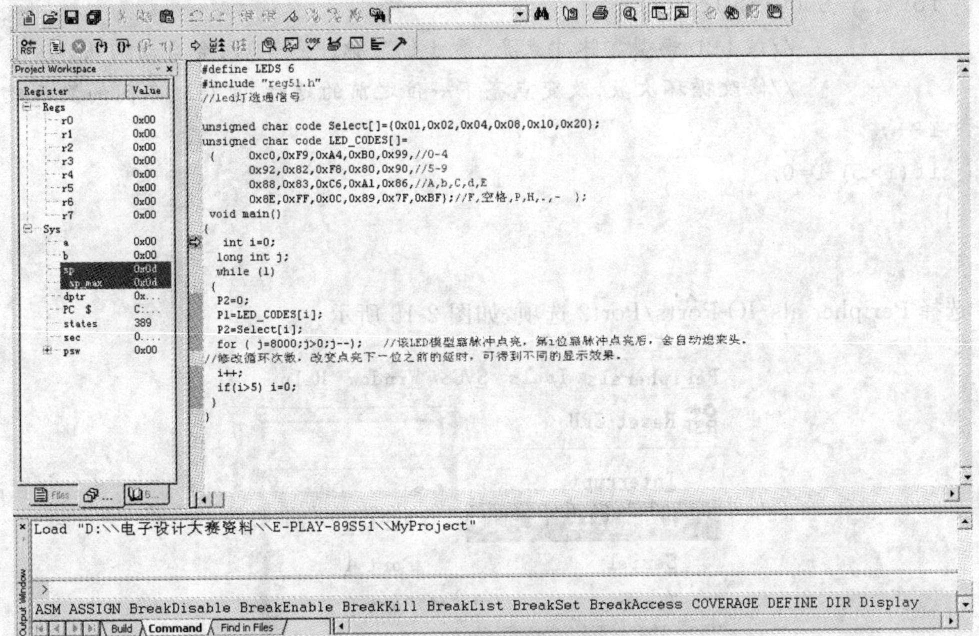

图 2-17　Debug 调试界面

示例程序中是一个 6 位的 LED 数码管轮流显示“0、1、2、3、4、5、6、7、8、9、A、B、C、D、E、F”等十六个字符的程序。Myproject. c 的源程序如下：

```
#define LEDS 6
#include "reg51.h"
unsigned char code Select[]={0x01,0x02,0x04,0x08,0x10,0x20};//led 灯选通信号
unsigned char code LED_CODES[]=
{    0xc0,0xF9,0xA4,0xB0,0x99,           //0、1、2、3、4 段码
     0x92,0x82,0xF8,0x80,0x90,           //5、6、7、8、9 段码
```

```
        0x88,0x83,0xC6,0xA1,0x86,                  //A、B、C、D、E 段码
        0x8E,0xFF,0x0C,0x89,0x7F,0xBF};            //F、空格、P、H、.、-段码
 void main()
 {
  int i=0;
  long int j;
  while (1)
  {
  P2=0;
  P1=LED_CODES[i];
  P2=Select[i];
  for ( j=8000;j>0;j--);
               //该 LED 模型靠脉冲点亮,第 i 位靠脉冲点亮后,会自动回头。
               //修改循环次数,改变点亮下一位之前的延时,可得到不同的显示效果。
  I++;
  if(i>5) i=0;
  }
 }
```

选择 Peripher als/IO-Ports/Port2 选项,如图 2-18 所示。

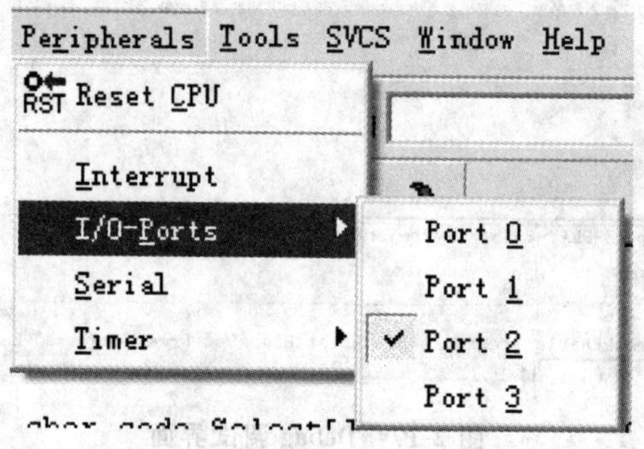

图 2-18　打开 Parallel Port2

按 F5 键启动,可以看到 P2 端口数据变化的情况,如图 2-19 所示。

2.2.4　Keil C51 的仿真、调试及实例

目标文件的正确无误是应用系统的基本要求,一般要经过仿真调试的过程。仿真分为 Simulator 软件模拟和 Monitor 硬件仿真。前者不需硬件仿真器,但无法仿真目标系统的实时功能,常用于算法的模拟;后者需要硬件仿真器,它可以仿真目标系统的实时功能,常用于应用系统的硬件调试。在"Debug"菜单下,点击"Start/Stop Debug Session"菜单可以进入调试状态。程序运行时可以利用 μVision 的调试功能观察存储器、寄存器、片内外设的状态,为应用程序的调试带来极大的方便。

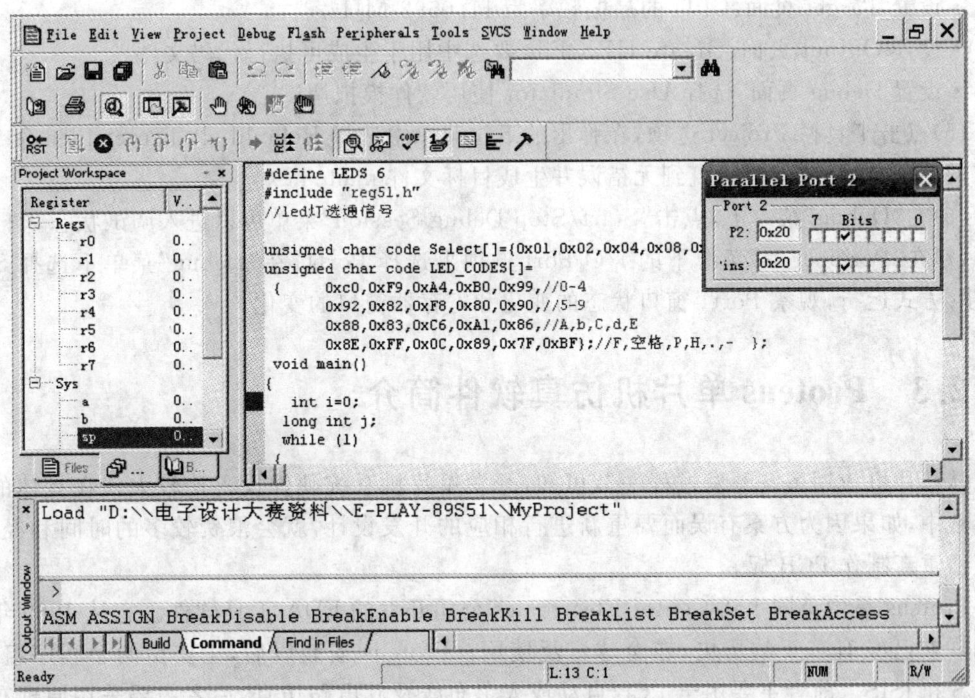

图 2-19　程序连续运行时的窗口显示

示例步骤具体如下。

(1)建立一个过程文件夹:main。

(2)利用 File 菜单下的 New 选项进入源程序编辑状态,输入下面的源程序,以 main.asm 文件存盘。

```
        ORG   0000H
        MOV   A   ,#0FEH ;
MAIN:   MOV   P1 , A      ;给 P1 口送值
        RL     A          ;A 的值左移一位
        LCALL  DELAY      ;调用延时程序
        AJMP   MAIN       ;跳回到 MAIN 重复执行
DELAY:  MOV   R7,#100     ;延时子程序
D1:     MOV   R6,#100
        DJNZ     R6,$
        DJNZ     R7,D1
        RET
        END
```

(3)在 main 文件夹下建立新工程,以工程名 main 存盘(工程的扩展名会自动添加)。

(4)通过点击工具栏 Project 选项,在弹出的下拉菜单中选择 Options For Target 'Target 1'命令为目标设置工具选项。

• 设置 Device 页面:单片机芯片选择 AT89S51。

• 设置 Target 页面:CPU 的晶振频率为 11.0592 MHz。

• 设置 Output 页面:Greate HEX File 要选中用于生成可执行代码文件。

• 设置 Debug 页面:选择 Use Simulator 使用软件模拟调试。

(5)点击工具栏 Project 选项,在弹出的下拉菜单中选择 Rebuild all Target files 命令对所有的工程文件进行编译,直到无错误并生成目标文件 main.hex。

(6)在"Debug"菜单下,点击"Start/Stop Debug Session"菜单可以进入调试状态。

(7)在"Peripherals"菜单下的 I/O Port 选项上选择 Port1,在"Debug"菜单下选择 Step(单步)方式运行,观察 Port1 窗口状态的变化和寄存器窗口的变化。

2.3 Proteus 单片机仿真软件简介

从单片机应用系统开发过程一节可知,开发单片机系统硬件投入比较大。在具体的工程实践中,如果因为方案有误而要重新进行相应的开发设计,就会浪费较多的时间和经费,甚至需重新制作 PCB 板。

Proteus 是由英国 Lab Center Electronics 公司开发的 EDA 工具软件。它从 1989 年出现到现在已经有多年的历史,在全球广泛使用。Proteus 安装以后,主要由两个程序组成:ARES 和 ISIS。前者主要用于 PCB 自动或人工布线及其电路仿真,后者主要采用原理布图的方法绘制电路并进行相应的仿真。除了上述基本应用之外,Proteus 革命性的功能在于它的电路仿真是互动的,针对微处理器的应用,可以直接在基于原理图的虚拟原型上编程,并实现软件代码级的调试,还可以直接实时动态地模拟按钮、键盘的输入,LED、液晶显示的输出,同时配合虚拟工具如示波器、逻辑分析仪等进行相应的测量和观测。

Proteus 软件的应用范围十分广泛,涉及 PCB 制板、SPICE 电路仿真、单片机仿真,在最新的版本中又加入了对 ARM7/LPC2000 的仿真。本节主要以单片机的仿真为例,使大家初步了解该软件的强大功能及其在工程实践和实验教学中的重要作用。Proteus 集编辑、编译、仿真调试于一体。它的界面简洁友好,可利用该软件提供的数千种数字/模拟仿真元器件以及丰富的仿真设备,使得在程序调试、系统仿真时不仅能观察到程序执行过程中单片机寄存器和存储器等内容的变化,还可从工程的角度直观地看到外围电路工作情况,非常接近工程应用。另外 Proteus 还能与第三方集成开发环境(如 Keil 的 μVision)进行联合仿真调试,给予开发人员莫大便利。

Proteus 8 Professional 软件主要包括 ISIS 8 Professional 和 ARES 8 Professional,其中 ISIS(intelligent schematic input system)8 Professional——原理图设计与仿真平台,用于电路原理图的设计以及交互式仿真(SPICE 仿真);ARES(advanced routing and editing software)——高级布线和编辑软件平台,用于印制电路板的设计,并产生光绘输出文件。本书介绍前者。

2.3.1 Proteus 8 Professional 界面介绍

安装完 Proteus 后,运行 ISIS 8 Professional,会出现如图 2-20 所示的窗口界面。窗口内各部分的功能用中文作了标注。ISIS 大部分操作与 Windows 的操作类似。

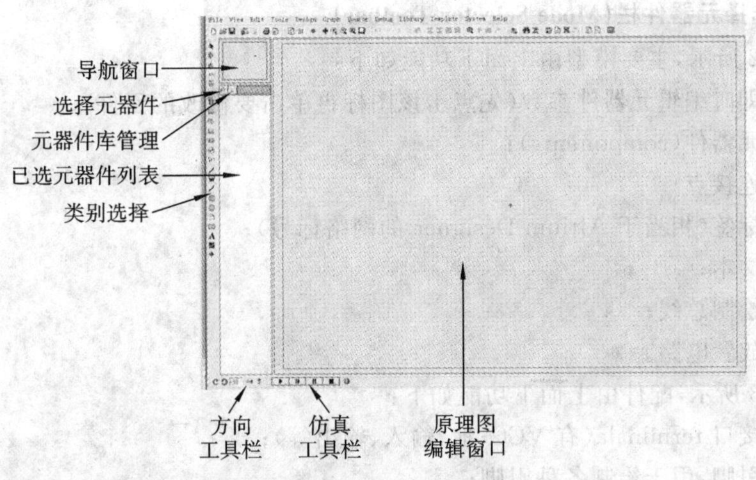

图 2-20　Proteus ISIS 8 的编辑环境

1. 原理图编辑窗口(The Editing Window)

顾名思义,该窗口是用来绘制原理图的。蓝色方框内为可编辑区,元件要放到它里面。与其他 Windows 应用软件不同,这个窗口是没有滚动条的,可以用左上角的预览窗口来改变原理图的可视范围,用鼠标滚轮缩放视图。

2. 预览窗口(The Overview Window)

该窗口可以显示两个内容。一个是:在元件列表中选择一个元件时,它会显示该元件的预览图;另一个是:当鼠标焦点落在原理图编辑窗口时(即放置元件到原理图编辑窗口后或在原理图编辑窗口中点击鼠标后),它会显示整张原理图的缩略图,并会显示一个绿色的方框,绿色方框里面的内容就是当前原理图窗口中显示的内容,因此用户可用鼠标在它上面点击来改变绿色方框的位置,从而改变原理图的可视范围。如图 2-21 所示。

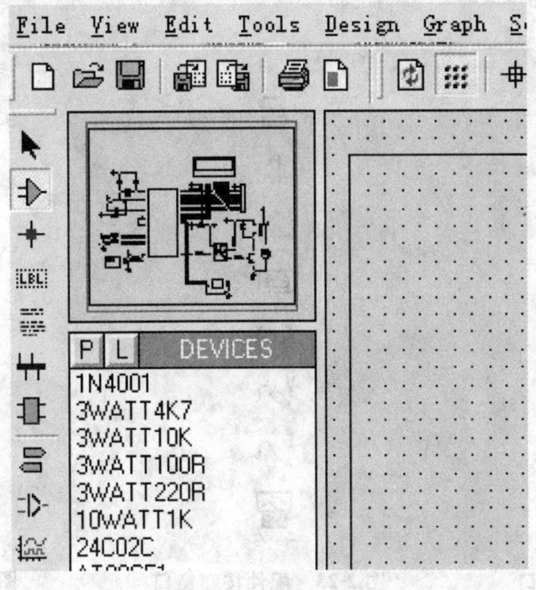

图 2-21　预览窗口

3. 模型选择元器件栏(Mode Selector Toolbar)

如图 2-22 所示,主要模型由上而下功能如下:

(1)用于即时编辑元器件参数(先点击该图标再单击要修改的元件);

(2)选择元器件(components);

(3)放置连接点;

(4)放置标签(相当于 Altium Designer 的网络标号);

(5)放置文本;

(6)用于绘制总线;

(7)用于放置电路。

如图 2-23 所示,配件由上而下功能如下:

(1)终端接口 terminala(有 VCC、地、输入、输出等);

(2)器件引脚,用于绘制各种引脚;

(3)仿真图表,用于各种分析;

(4)录音机;

(5)信号发生器;

(6)电压探针;

(7)电流探针;

(8)虚拟仪表:示波器等。

如图 2-24 所示,2D 图形由上而下功能如下:

(1)画各种直线;

(2)画各种方框;

(3)画各种圆;

(4)画各种圆弧;

(5)画各种多边形;

(6)画各种文本;

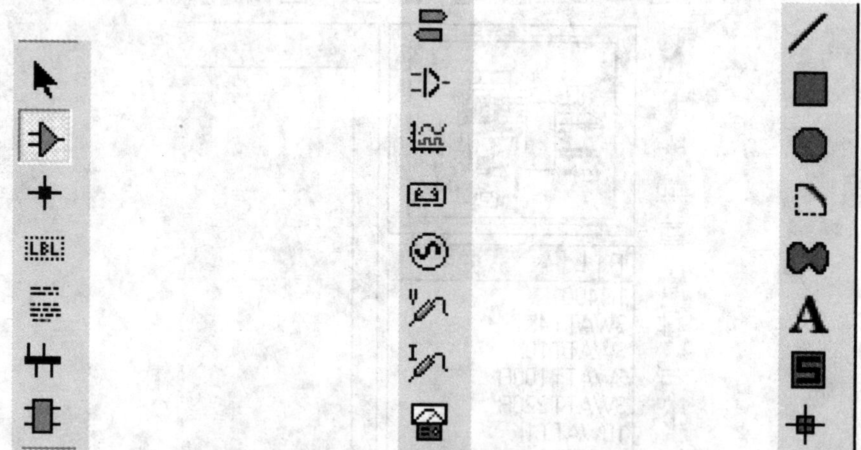

图 2-22　主要模型按钮窗口　　图 2-23　配件按钮窗口　　图 2-24　2D 图形按钮窗口

(7)画符号;

(8)画原点等。

4. 元件列表区(The Object Selector)

元件列表区用于挑选元器件(components)、终端接口(terminals)、信号发生器(generators)、仿真图表(graph)等。例如,当选择“元器件(components)”,单击 P 按钮会打开挑选元器件对话框,选择了一个元器件后(例如选择了盖元器件),盖元器件会在元器件列表中显示,以后要用到该元器件时,只需要在元器件列表区中选择即可。

5. 仿真工具栏

如图 2-25 所示,仿真控制按钮由左向右功能分别为:运行、单步运行、暂停、停止。

图 2-25　仿真控制按钮

2.3.2　绘制电路原理图

1. 将所需元器件加入对象选择器窗口

单击对象选择器按钮 P,在弹出的 Pick Devices 窗口中,使用搜索引擎,在 Keywords 栏中分别输入 AT89C51、3WATT10K、7SEG-MPX6-CA-BLUE,在搜索结果 Results 栏中找到该对象,并将其添加到对象选择器窗口,如图 2-26 所示。

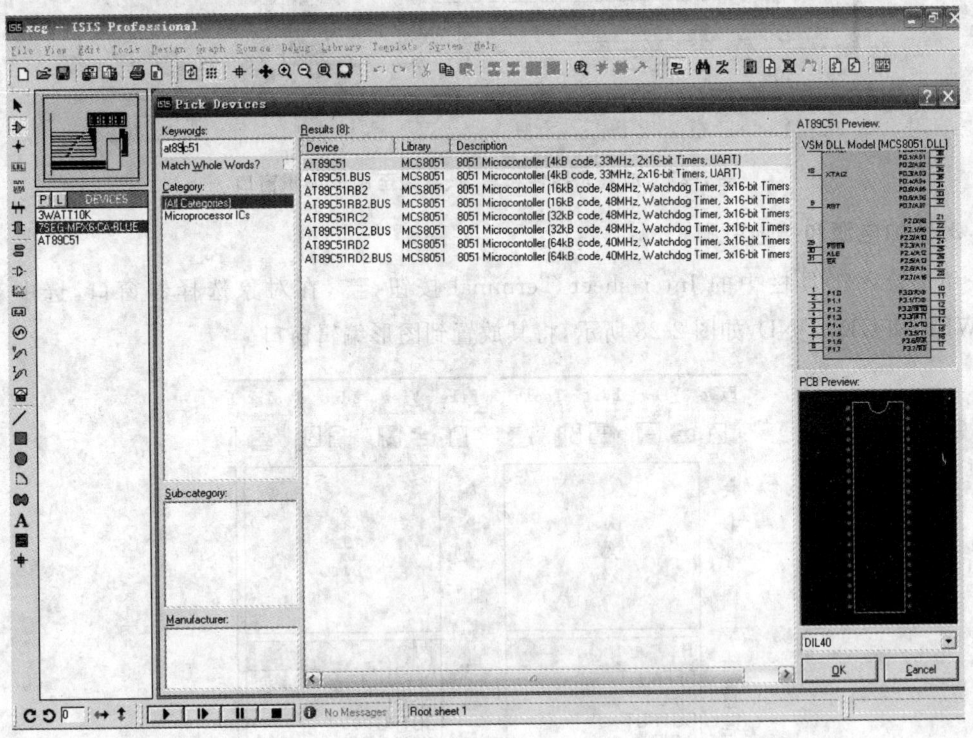

图 2-26　将所需元器件添加到对象选择器窗口

2. 放置元器件和总线、导线至图形编辑窗口

将 AT89C51、3WATT10K、7SEG-MPX6-CA-BLUE 放置到图形编辑窗口,单击绘图工

具栏中的总线按钮，使之处于选中状态，将鼠标置于图形编辑窗口，绘制总线；单击绘图工具栏中的导线按钮，使之处于选中状态，将鼠标置于图形编辑窗口，绘制导线，如图2-27所示。

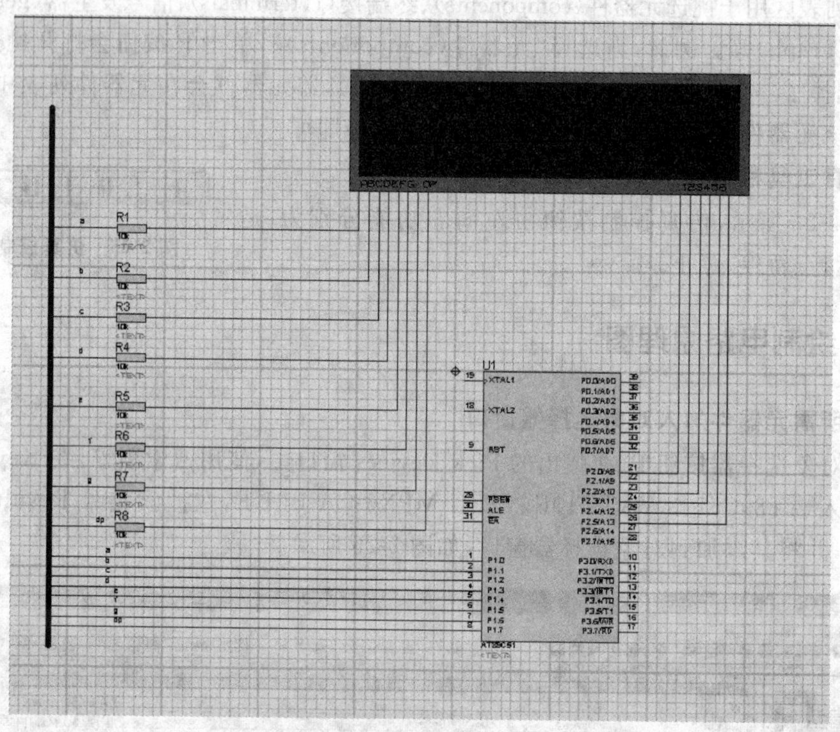

图 2-27　放置元器件和总线、导线至图形编辑窗口

3. 添加电源和接地引脚

单击绘图工具栏中的 Inter-sheet Terminal 按钮，在对象选择器窗口，选中对象 POWER 和 GROUND，如图 2-28 所示，将其放置到图形编辑窗口。

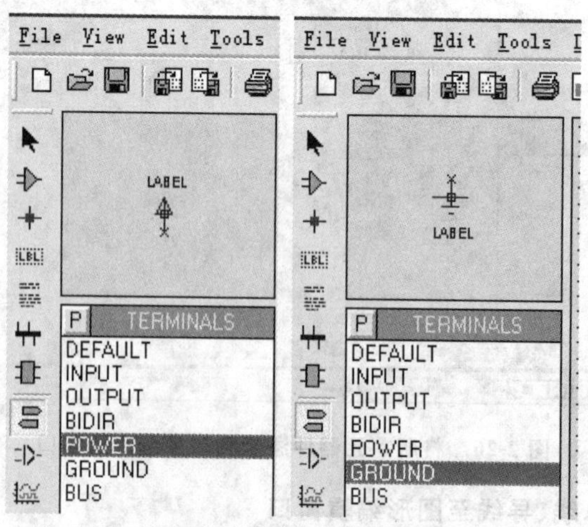

图 2-28　添加电源和接地引脚

注意：Proteus 允许不用添加电源和接地线。

4. 给导线或总线加标签

单击绘图工具栏的导线标签按钮 ，在图形编辑窗口完成导线或者总线的标注，如图 2-29 所示。

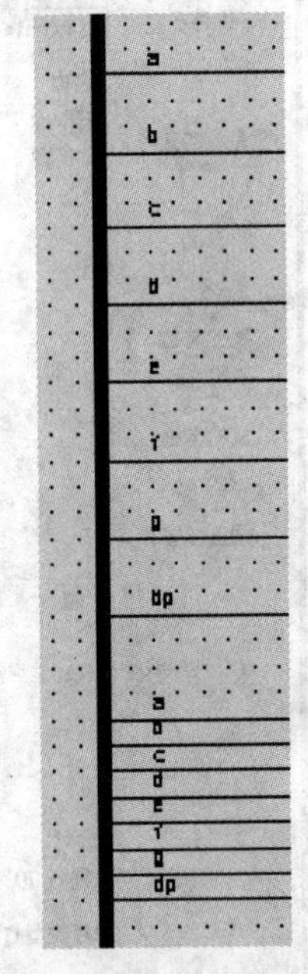

图 2-29　给导线或总线加标签

5. 修改 AT89C51 属性并加载程序文件

双击 U1-AT89C51，打开 Edit Component 对话框，如图 2-30 所示。在 Program File 中选择上节示例项目 Myproject 生成的 hex 文件 Myproject. hex。

在 Clock Frequency 文本框中填入 12 MHz，其他为默认，单击 OK 按钮退出。

从“文件”下拉菜单中选择“保存”项，出现如图 2-31 所示对话框，提示输入文件名，设文件名为 89C51VSM. DSN，点“保存”按钮。

6. 调试运行

单击仿真运行开始按钮 ，进入调试运行窗口。能够清楚地看到数码管显示字符的变化情况，如图 2-32 所示。单击仿真结束按钮 ，仿真结束。

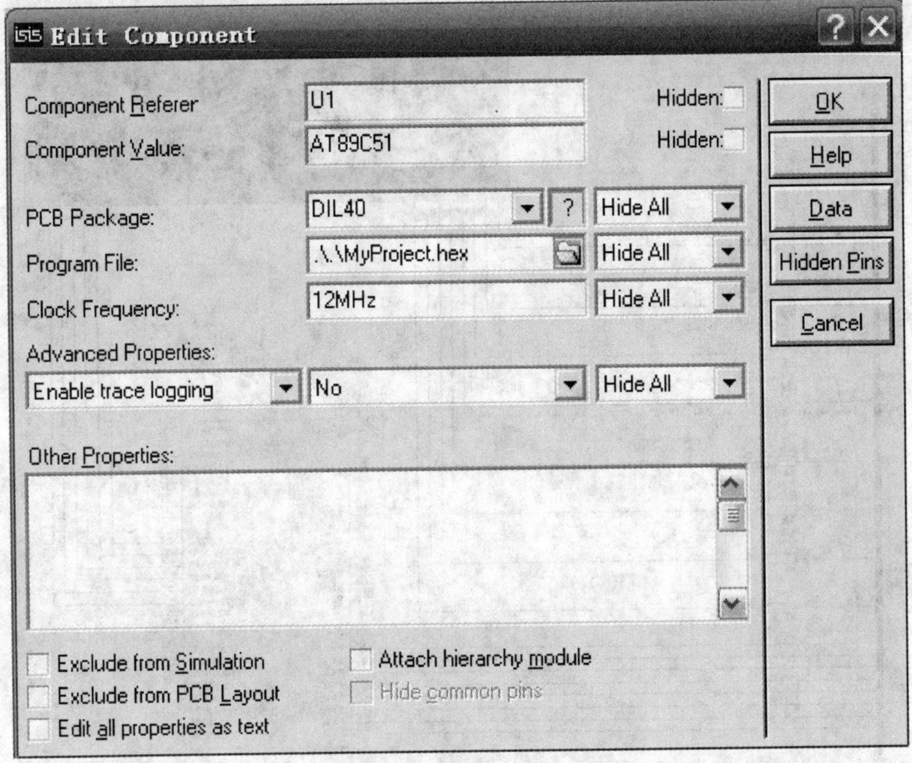

图 2-30　修改 AT89C51 属性并加载程序文件

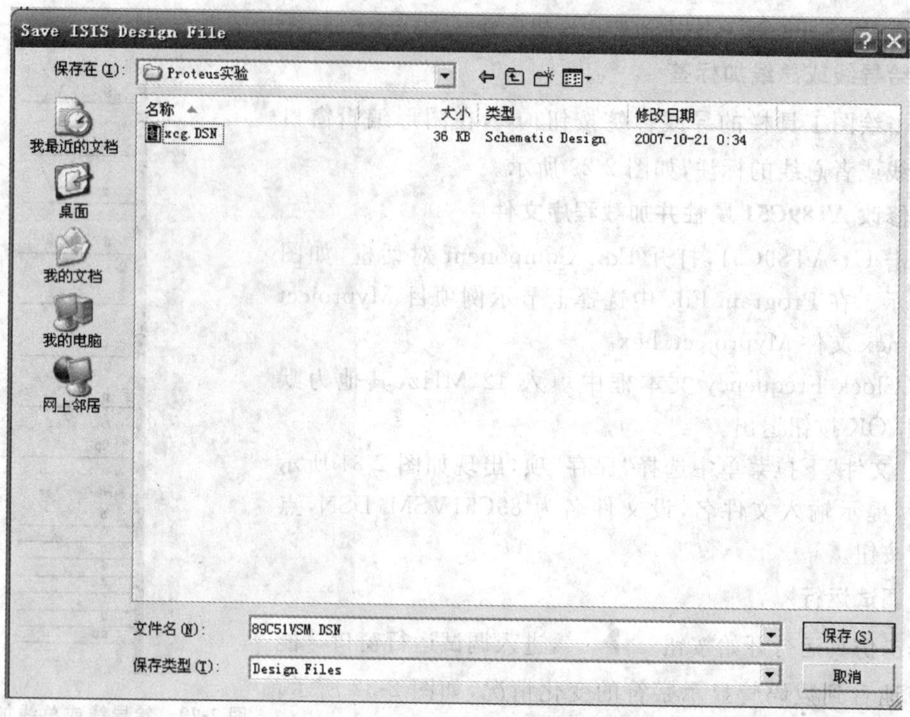

图 2-31　保存文件对话框

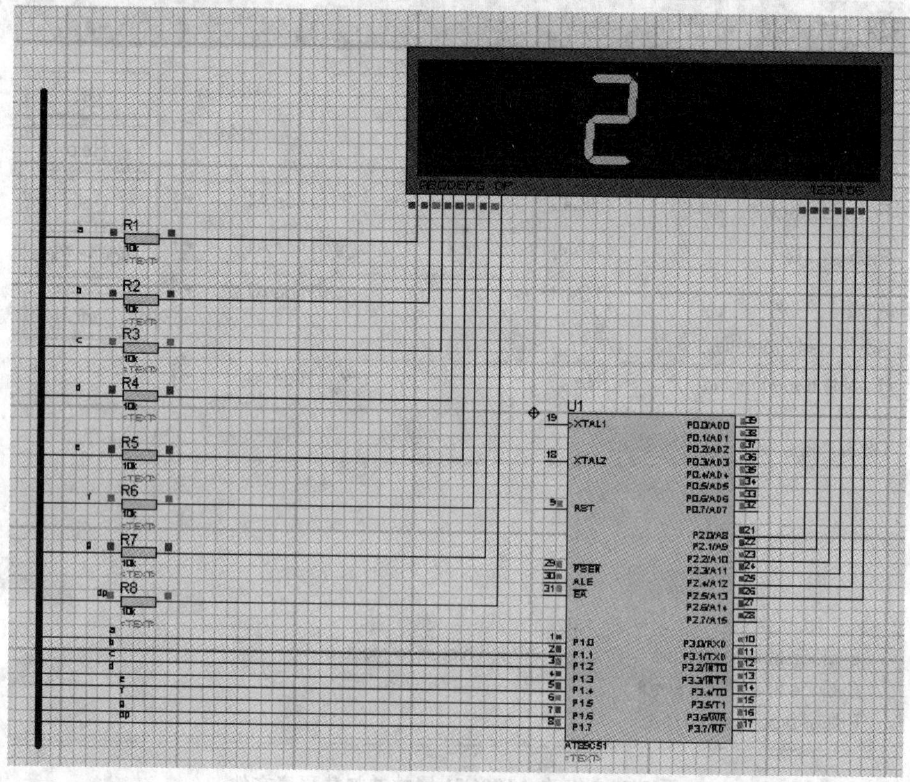

图 2-32　调试运行窗口

2.3.3　ARES 模块应用举例

ARES 的主要功能是完成 PCB 相关设计工作，包括网络表导入、元器件布局、布线、覆铜及输出光绘文件等。下面介绍利用 ARES 模块对完成的计数显示器电路进行 PCB 设计的主要步骤。

1. 启动 ARES

在计数显示器的 ISIS 工作界面上，选择“工具”→“网表到 ARES”菜单项即可启动 ARES 工作界面，如图 2-33 所示，并将计数显示器电路网络表导入进来。

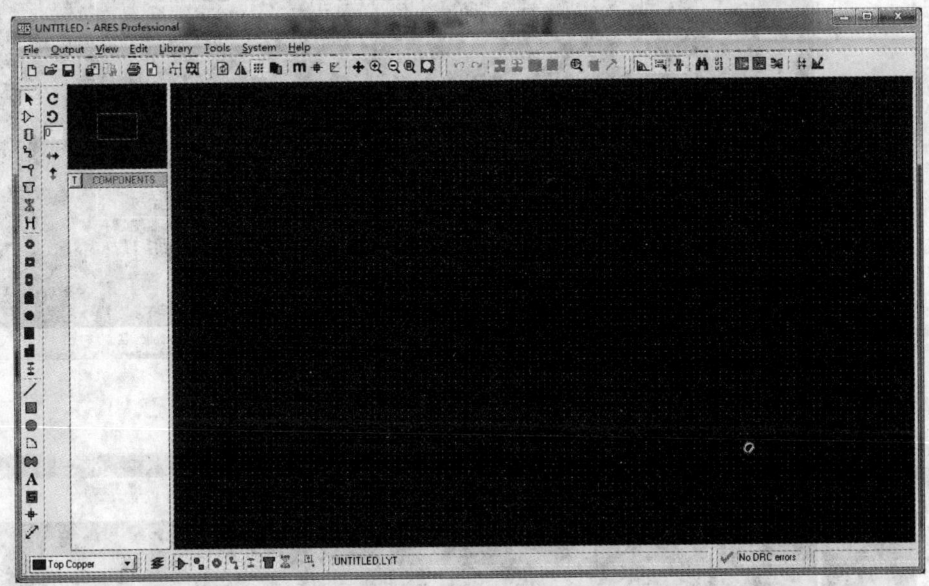

图 2-33　ARES 工作界面

可以看出，ARES 的编辑界面也是 Windows 软件风格，主要包括预览窗口、菜单栏、命令工具栏、编辑工具栏、列表窗口、图层选择栏、旋转/镜像栏、编辑工作区和状态栏等。

2. 元器件布局

利用 ARES 提供的手工布局或自动布局功能可以将计数显示器原理图中的元器件安置在代表电路板大小的框线内，如图 2-34 所示。

3. 元器件布线

利用 ARES 提供的手工布线或自动布线功能可以完成元器件间的正、反面布线工作，如图 2-35 所示。

4. 覆铜

对于布线之间的空白区域可分别进行顶层和底层覆铜，以便增大各处对地电容，减小地线阻抗，降低压降，提高抗干扰能力。双面覆铜后的效果如图 2-36 所示。

5. 三维效果图

从 Proteus 8 开始，ARES 支持 PCB 三维预览功能，这样用户就能提前看到焊接元器件后的电路板整体效果图了，如图 2-37 所示。

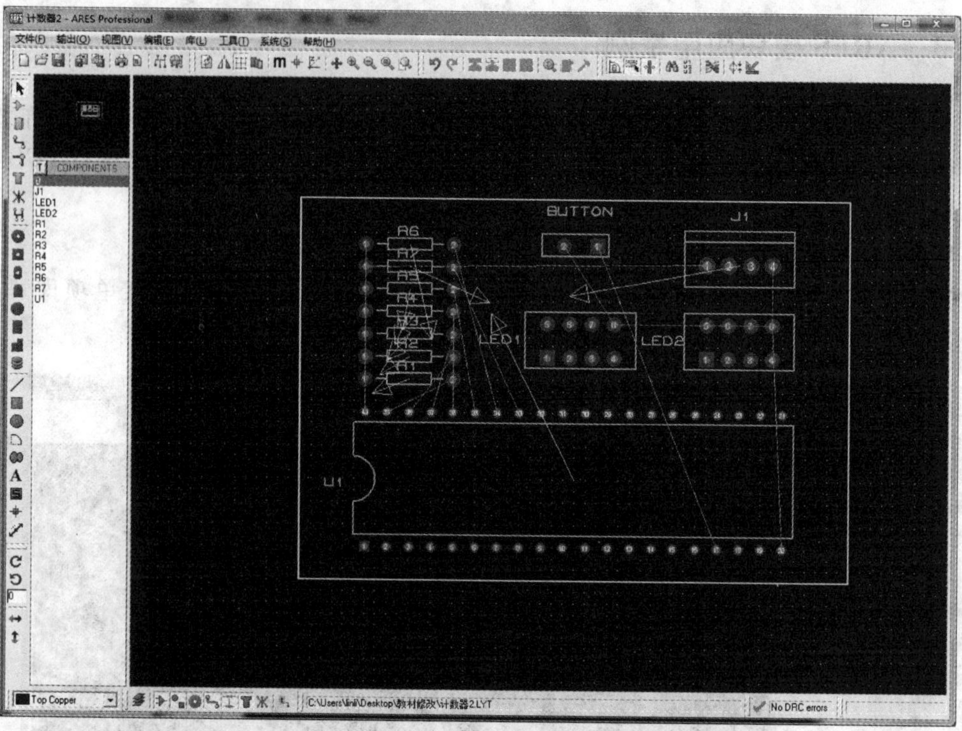

图 2-34　元器件布局图

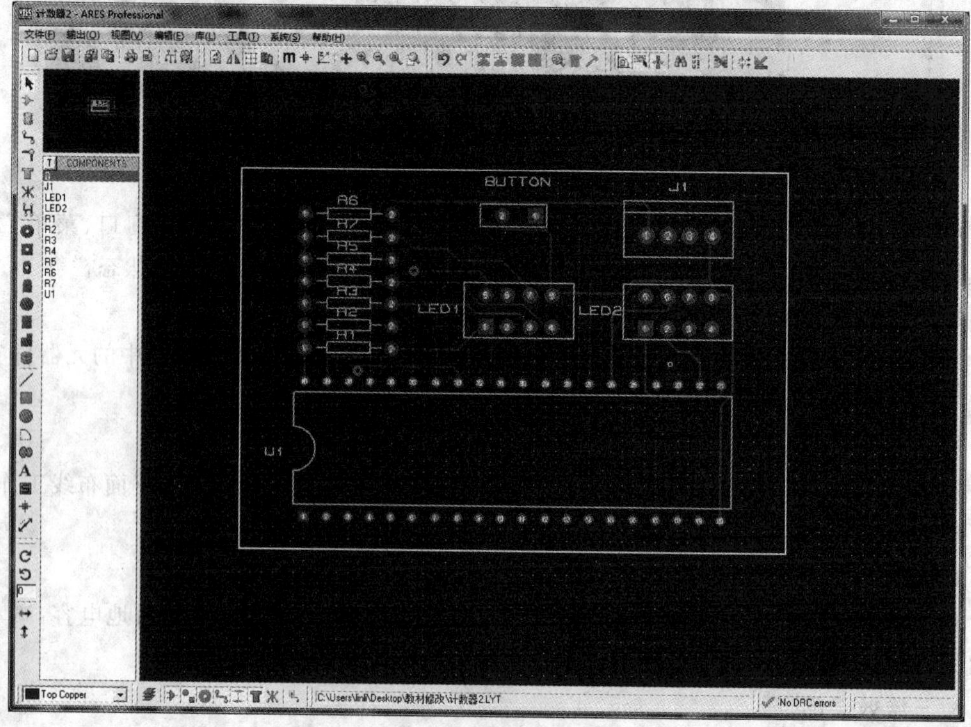

图 2-35　元器件布线图

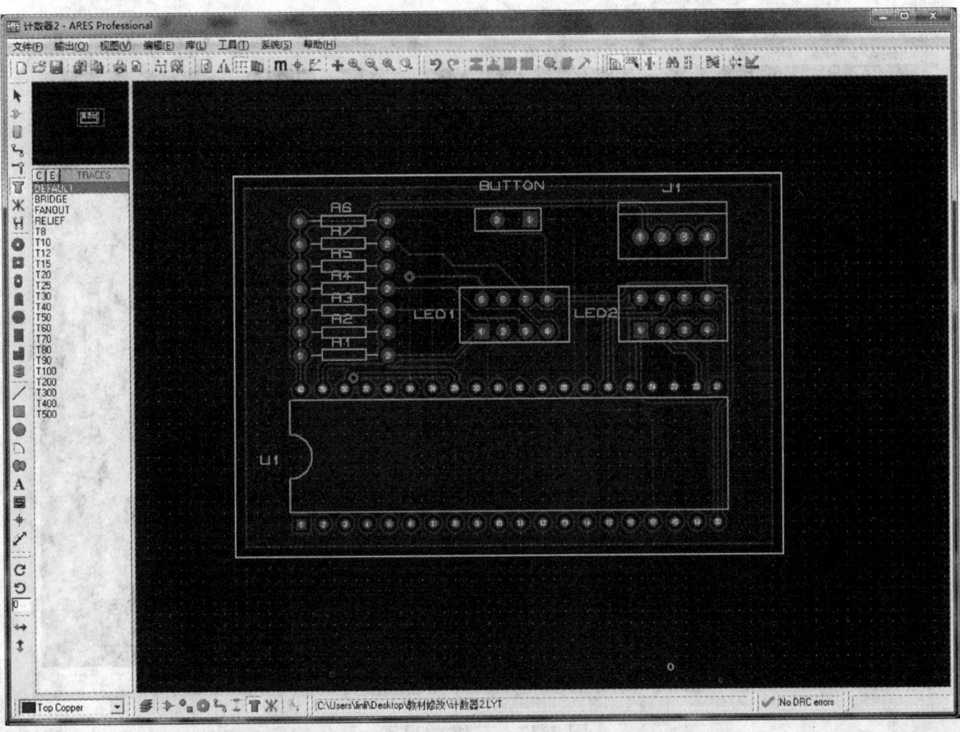

（a）顶层覆铜图

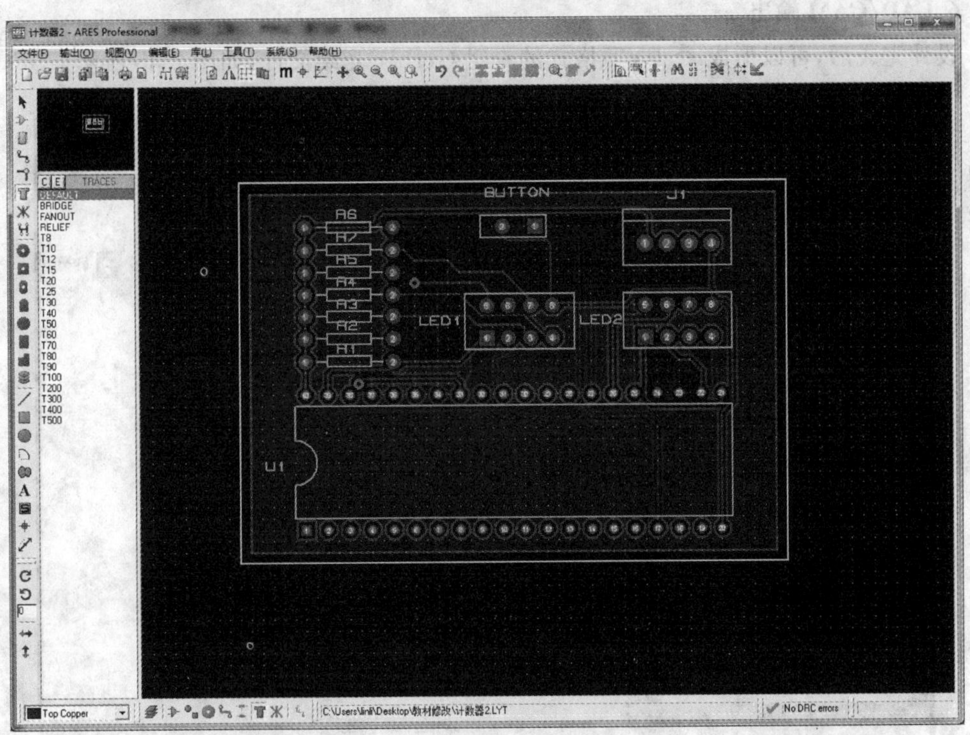

（b）底层覆铜图

图 2-36　顶层和底层覆铜图

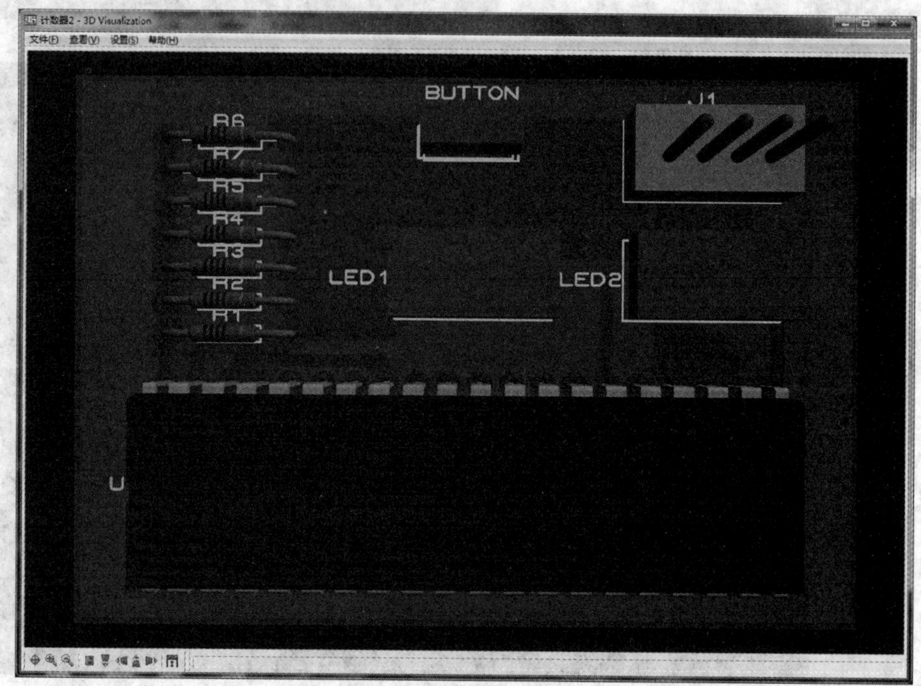

图 2-37　三维效果图

6. CAD/CAM 输出

设计完成后,可以形成 * . LYT 格式的一组 Gerber 光绘文件,如图 2-38 所示。

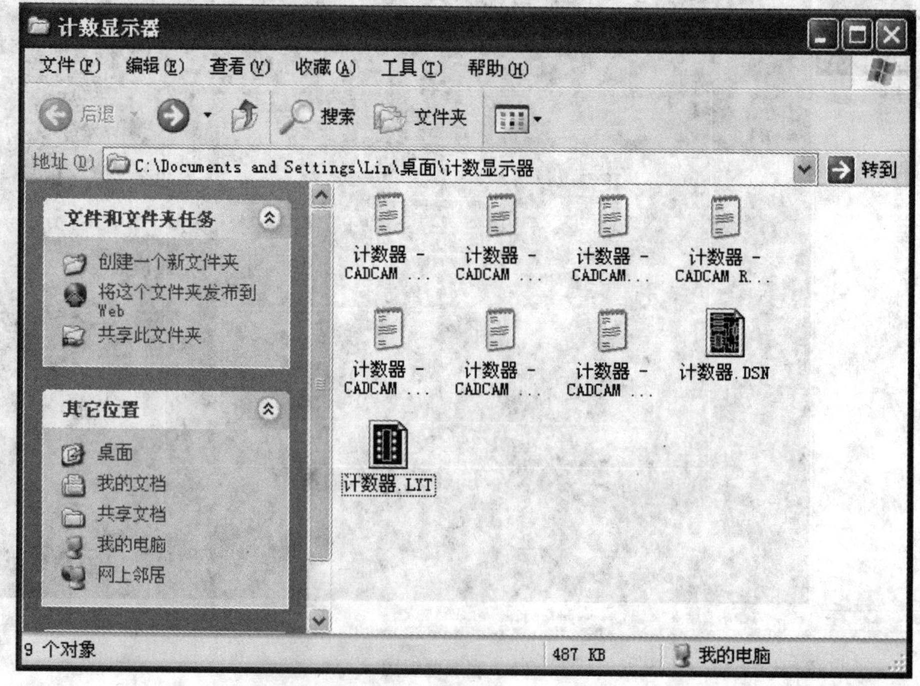

图 2-38　Gerber 光绘文件

至此 PCB 设计结束。接着进行印制电路板加工→元器件焊接→程序下载→实验测试，一个基于单片机的计数显示器产品设计工作便告结束。由此可以看出，利用 Proteus 这个强大的开发工具，可以一气呵成实现从概念到产品的完整开发过程。

本章小结

(1)单片机应用系统的研制步骤和方法大体可分为总体设计、硬件电路的构思设计、软件设计调试等几个阶段。总体设计包括确立应用系统的功能特性指标、单片机的选型(硬件平台)、软件的编写和支持工具(软件平台)。

(2)正确无误的硬件设计和良好的软件功能设计是一个实用的单片机应用系统的设计目标。完成这一目标的过程称为单片机应用系统的开发。Keil C51 μVision 集成开发环境是美国 Keil Software 开发的基于 80C51 内核的微处理器软件开发平台，内嵌多种符合当前工业标准的开发工具，可以完成从工程建立到管理、编译、连接、目标代码的生成、软件仿真、硬件仿真等完整的开发流程。

(3)Keil C51 软件是目前最流行的开发 80C51 系列单片机的软件工具。Keil C51 提供了包括 C 编译器、宏汇编、连接器、库管理和一个功能强大的仿真调试器等在内的完整开发方案，通过一个集成开发环境(μVision IDE)将这些部分组合在一起。掌握这一软件的使用方法对于使用 80C51 系列单片机的爱好者来说是十分必要的，即使不使用 C 语言而仅用汇编语言编程，其方便易用的集成环境、强大的软件仿真调试工具也会令开发者事半功倍。

(4)Lab Center Electronics 公司推出的 Proteus 套件，可以对基于微控制器的设计连同所有的周围电子器件一起仿真。Proteus 支持的微处理芯片(Microprocessors Ics)包括 8051 系列、AVR 系列、PIC 系列、HC11 系列、ARM7/LPC2000 系列以及 Z80 等。Proteus VSM 支持第三方集成开发环境 IDE，两者联调可以提高开发效率，降低开发成本。

思考与练习题 2

1. 单项选择题

(1)下列集成门电路中具有与门功能的是________。

A. 74LS32　　B. 74LS06　　C. 74LS10　　D. 74LS08

(2)下列集成门电路中具有非门功能的是________。

A. 74LS32　　B. 74LS06　　C. 74LS10　　D. 74LS08

(3)已知共阴极 LED 数码显示管中，a 笔段对应于字模的最低位。若需显示字符 H，则它的字模应为________。

A. 0x76　　B. 0x7f　　C. 0x80　　D. 0xf6

(4)为了实现 keil 与 Proteus 的联合仿真运行，需要________。

A. 将 Keil 中形成的 hex 文件加载到 Proteus 中，然后在 Proteus 环境下进行运行

B. 在 Keil 中形成 hex 文件，Proteus 中形成 dsn 文件，然后用 Keil 控制 Proteus 运行

C. 在 Keil 中形成 hex 文件，Proteus 中形成 dsn 文件，然后用 Proteus 控制 Keil 运行

D. 将 Proteus 中形成的 hex 文件和 dsn 文件同时打开，然后在 Keil 环境下进行运行

(5)在 Keil 运行和调试工具条中,左数第二图标的功能是________。

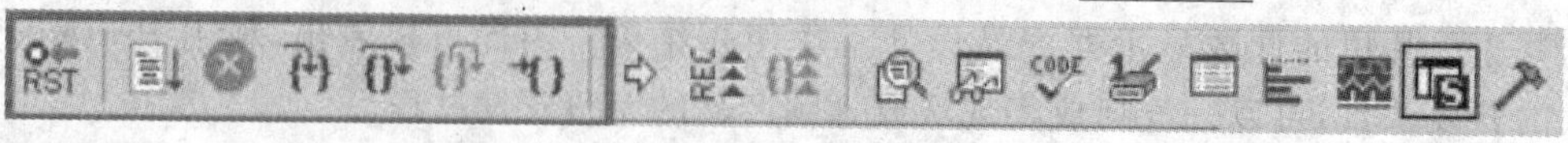

A. 存盘　　B. 编译　　C. 下载　　D. 运行

(6)在 Proteus ISIS 绘图工具条中,包含有电源端子"POWER"的按钮是左数的________。

A. 第 2 个　　B. 第 6 个　　C. 第 7 个　　D. 第 8 个

(7)Keil 开发 C51 程序的主要步骤是:建立工程、________、形成 hex 文件、运行调试。

A. 输入源程序　　B. 保存为 asm 文件　　C. 指定工作目录　　D. 下载程序

(8)Proteus 软件由以下两个设计平台组成________。

A. ISIS 和 PPT　　B. ARES 和 CAD　　C. ISIS 和 ARES　　D. ISIS 和 CAD

(9)ISIS 模块的主要功能是________。

A. 电路原理图设计与仿真　　B. 高级布线和编辑

C. 图像处理　　D. C51 源程序调试

(10)ARES 模块的主要功能是________。

A. 电路原理图设计与仿真　　B. 高级布线和编辑

C. 图像处理　　D. C52 源程序调试

2. 问答思考题

(1)单片机指令的表示形式,常用的汇编方法有几种?

(2)单片机应用系统的开发一般来说要完成哪几个任务?

(3)Keil C51 集成开发环境的主要功能有哪些?

(4)什么是 ISP? 具有 ISP 功能的单片机有什么好处?

(5)单片机编程语言有哪几种? Keil C51 中单片机源程序的扩展名有哪几种?

(6)在 Proteus ISIS 环境中使用 AT89C52 设计一个"走马灯"电路,并编写程序,然后在 μVision IDE 环境下编译调试。要求实现 Proteus VSM 与 μVision 的联调。

(7)简述数字逻辑中的与、或、非、异或的运算规律。

(8)Proteus 仿真软件为何对学习单片机原理及应用具有重要价值?

(9)Proteus ISIS 的工作界面中包含哪几个窗口? 菜单栏中包含哪几个选项?

(10)利用 ISIS 模块开发单片机系统需要经过哪几个主要步骤?

(11)何谓 PCB? 利用 Proteus ARES 模块进行 PCB 设计需要经过哪几个主要步骤?

第3章 MCS-51单片机的硬件结构和原理

本章以80C51单片机为例，详细介绍了单片机内部硬件结构、引脚功能、存储器、CPU时序和最小应用系统等基本知识，使读者对MCS-51系列单片机为用户所提供的硬件资源和各种应用性能有较全面的了解，为读者后续学习单片机应用系统设计、利用单片机解决工程实际问题打下坚实的基础。

3.1 80C51单片机芯片的基本结构

80C51系列单片机在结构上基本相同，只是在个别模块和功能上有些区别。图3-1是80C51单片机的内部组成图。它包含了作为微型计算机所必需的基本功能部件，各功能部件通过片内单一总线连成一个整体，集成在一块芯片上。80C51单片机主要由如下功能部件组成。

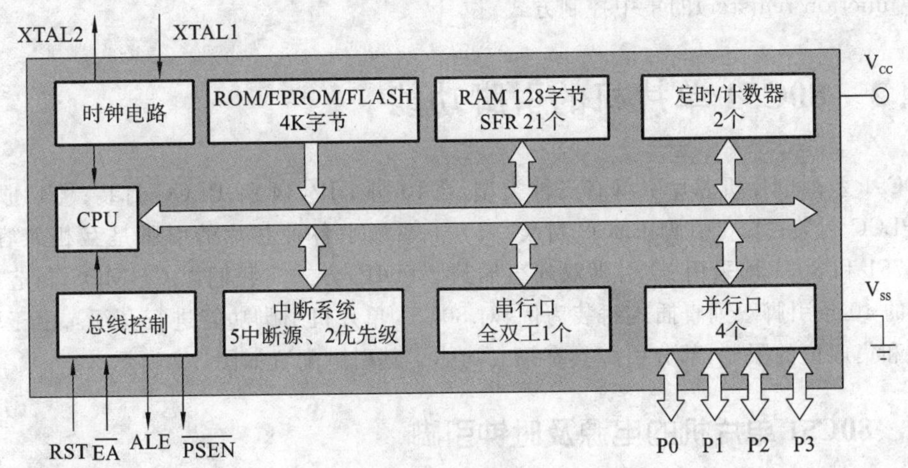

图3-1 80C51单片机的内部组成

1. 面向控制的8位CPU

80C51单片机中有一个8位的CPU，与通用的CPU基本相同，包含了运算器和控制器，增加了面向控制的位处理功能。

2. 片内振荡器及时钟电路

片内振荡器及时钟电路用来产生单片机工作的时序。

3. 程序存储器 ROM

程序存储器 ROM 用来存储程序。80C51 片内集成有 4KB Flash 存储器(80C52 片内集成有 8KB Flash 存储器,80C55 片内集成有 20KB Flash 存储器),如果片内程序存储器容量不够,片外最大可扩展至 64K 外部程序存储器。

4. 数据存储器 RAM

80C51 片内集成有 128B 数据存储器(80C52 片内集成有 256B),片外最大可扩展至 64K 外部数据存储器。

5. 定时器/计数器

2 个 16 位定时器/计数器(80C52 有 3 个 16 位定时器/计数器),具有 4 种工作方式。

6. 32 条可编程的 I/O 线

4 个 8 位并行 I/O 端口:P0 口、P1 口、P2 口和 P3 口。

7. 一个可编程全双工串行口(UART)

UART 具有 4 种工作方式,可以进行串行通信,扩展并行 I/O 口等。

8. 中断系统

中断系统具有五个中断源、两级中断优先级。

9. 特殊功能寄存器(SFR)

共有 21 个特殊功能寄存器,用于 CPU 对片内各功能部件进行管理、控制和监视。

特殊功能寄存器实际上是片内各个功能部件的控制寄存器和状态寄存器。

图 3-1 中各功能部件由内部总线连接在一起,其基本结构依旧是 CPU 加上外围芯片的传统微型计算机结构模式。但 CPU 对各种功能部件的控制是采用特殊功能寄存器(SFR:special function register)的集中控制方式。

3.2 80C51 单片机的引脚功能

80C51 系列单片机芯片引脚有三种类型:①40 脚 DIP,44 脚 PLCC 封装;②48 脚 DIP,52 脚 PLCC 封装;③68 引脚 PLCC 封装。51 子系列中各种芯片的引脚是互相兼容的,如 8051、8751 和 8031 均采用 40 引脚双列直插封装(DIP)方式。我们以 CHMOS 制造工艺的 80C51 的 40 条引脚双列直插式封装为例,对 80C51 单片机引脚功能进行介绍。由于受到引脚数目和集成度的限制,部分引脚具有第二功能。其引脚配置如图 3-2 所示。

3.2.1 80C51 单片机的电源及时钟引脚

V_{CC}(40 脚):+5V 电源接入引脚。

V_{SS}(20 脚):接地引脚。

XTAL1(19 脚):接外部晶体一端,在片内它是反相放大器的输入端。

XTAL2(18 脚):接外部晶体另一端,在片内它是反相放大器的输出端,振荡频率就是晶体固有频率。由这两个引脚加外部晶体和电容构成的时钟电路为 80C51 单片机正常工作所必需的时钟信号。

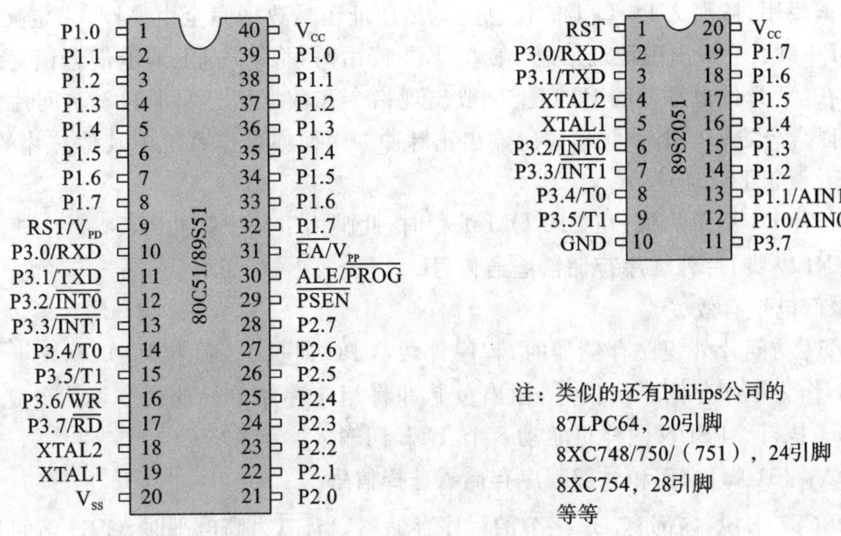

图 3-2 80C51 单片机引脚配置图

3.2.2 80C51 单片机的控制引脚

1. RST/V_{PD}(9 脚)复位信号

时钟电路工作后,在此引脚上出现两个机器周期的高电平,芯片内部进行初始复位,复位后片内寄存器置初值。但初始化不影响片内 RAM 状态,只在该引脚保持高电平,MCS-51 将循环复位。RST/V_{PD}从高电平变低电平时,单片机将从 0000H 单元取指,开始执行程序。另外,该引脚还具有复用功能,只要将 V_{PD}接+5V 备用电源,一旦 V_{CC}电位突然下降或断电,能保护片内 RAM 中的信息不被丢失,使复电后能正常工作。

80C51 通常采用上电复位和开关复位两种方式。其复位电路如图 3-3 所示。上电瞬间,电容两端电压不能突变,此时 RST 端为高电平,随着+5V 通过电阻给电容充电,RST 端电位逐步下降。只要 RST 端电平在高电平段保持两个以上机器周期,单片机即复位,从而实现上电自动复位。开关复位,只要将按键按下,RST 为高电平,复位有效。

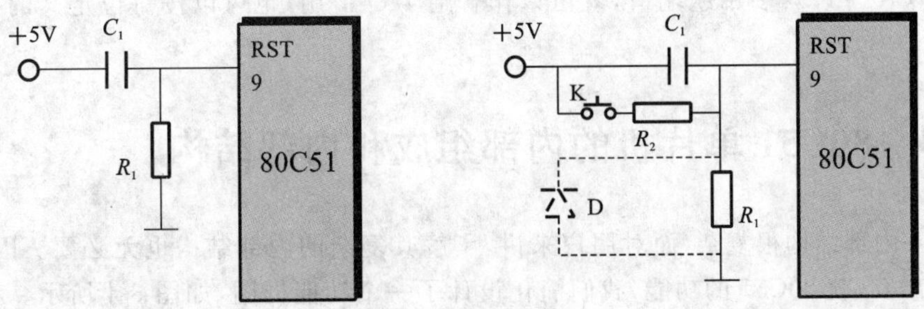

图 3-3 复位电路

2. ALE/$\overline{PROG}$(30 脚)地址锁存信号

当访问外部存储器时,P0 口输出的低八位地址由 ALE 输出的控制信号锁存到片外地址锁存器,P0 口输出地址低八位后,又能与片外存储器之间传送信息。换言之,由于 P0 口作地址/数据复用口,那么P0口上的信息究竟是地址还是数据完全由ALE来定义,ALE高电平期间,P0口上一般出现地址信息,在ALE下降沿时,将P0口上地址信息锁存到片外地址锁存器,在ALE低电平期间P0口上一般出现指令和数据信息。平时不访问片外存储器时,该端也以六分之一的时钟频率固定输出正脉冲。因而亦可作系统中其他芯片的时钟源。ALE可驱动8个TTL门输入。

对于EPROM型单片机,在EPROM编程时,此脚用于编程脉冲$\overline{\text{PROG}}$。

3. $\overline{\textbf{PSEN}}$(29脚)片外程序存储器选通信号

该信号低电平有效。

当80C51访问片外程序存储器时,程序计数器PC通过P2口和P0口输入十六位指令地址,$\overline{\text{PSEN}}$作为程序存储器读信号,输出负脉冲将相应存储单元的指令读出并送到P0口上,供80C51执行。PSEN同样可驱动8个TTL门输入。

4. $\overline{\textbf{EA}}/\textbf{V}_{\textbf{PP}}$(31脚)内部和外部程序存储器选择信号

对于80C51来说,内部有4K字节的程序存储器,当$\overline{\text{EA}}$为高电平时,CPU访问程序存储器有两种情况:

①地址小于4K时访问内部程序存储器。

②地址大于4K时访问外部程序存储器。

若$\overline{\text{EA}}$接地,则不使用内部程序存储器,不管地址大小,取指时总是访问外部程序存储器。

对于E^2PROM型的单片机,在E^2PROM编程时,此引脚用于施加5 V编程电压(V_{PP})。

3.2.3 80C51单片机的I/O引脚

I/O端口为P0、P1、P2和P3。

P0口(39～32):双向I/O口,既可以作地址/数据总线口,也可以作普通I/O口用。

P1口(1～8):准双向口,通用I/O口。

P2口(21～28):准双向口,既可以作地址总线口输出地址高8位,也可以作普通I/O口用。

P3口(10～17):多用途端口,既可以作普通I/O口用,也可以按每位定义的第二功能操作。

3.3 80C51单片机的内部组成和内部结构

80C51内部结构很复杂,而对用户来讲,了解其复杂的内部结构也无必要。因此,从使用的角度出发,就80C51的功能,我们简化设计了一个功能框图,如图3-4所示。我们了解掌握了其功能,也就达到了应用之目的。

3.3.1 80C51单片机CPU结构

CPU是单片机内部的核心部件。MCS-51单片机的CPU由运算器、控制器以及位处理

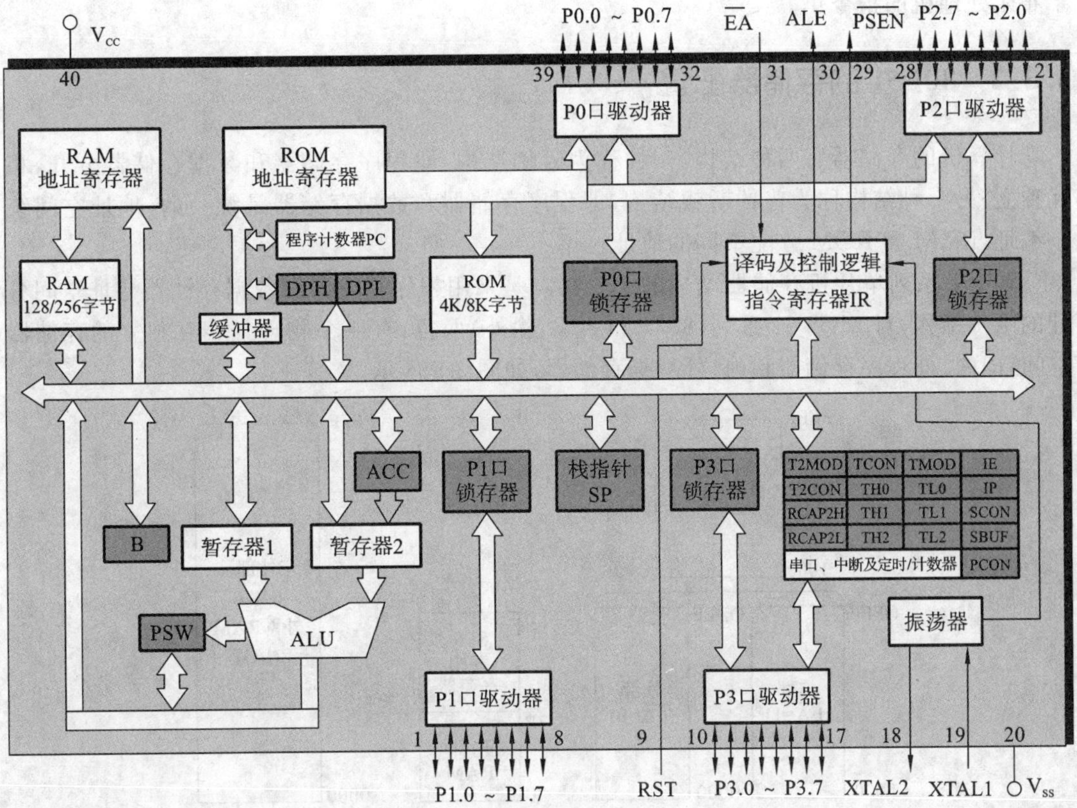

图 3-4　80C51 功能框图

器(布尔处理器)组成。

1. 运算器

运算器包括算术逻辑单元、累加器 A、寄存器 B、暂存器以及程序状态寄存器 PSW 等。运算器的功能是进行算术运算和逻辑运算。可以对半字节(4 位)、单字节等数据进行操作。例如能完成加、减、乘、除、加 1、减 1、BCD 码十进制调整、比较等算术运算和与、或、异或、求补、循环等逻辑操作,操作结果的状态信息送至程序状态寄存器。

2. 控制器

控制器是控制单片机的神经中枢。它包括程序计数器 PC、指令寄存器 IR、指令译码 ID、数据指针 DPTR、堆栈指针 SP、RAM 地址寄存器、时钟发生器、定时控制逻辑等。控制器以主振频率为基准发出 CPU 的控制时序,从程序存储器取出指令,放在指令寄存器寄存,然后对指令进行译码,并通过定时和控制逻辑电路,在规定的时刻发出一定序列的微操作控制信号,协调 CPU 各部分的工作,以完成指令所规定的操作。其中一些控制信号通过芯片的引脚送到片外如 ALE、EA、PSEN 等。

3. 位处理器(布尔处理机)

80C51 有一个强大的位处理器,它实际上是一个完整的位处理微计算机,设有一些特殊的硬件逻辑如位累加器 C,CPU 能按位操作,有自己的位寻址空间。位处理功能在开关决策、逻辑电路仿真和实时控制方面非常有效。80C51 指令系统中有 17 条位操作指令,构成了布尔处理机的指令集。

3.3.2 80C51的存储器配置

计算机的存储器有两种结构：一种称为哈佛结构，即程序存储器和数据存储器分开，相互独立；另一种结构称为普林斯顿结构，即程序存储器和数据存储器是统一的，地址空间统一编址，RAM 和 ROM 分配不同的地址。

80C51 系列单片机存储器结构的主要特点是采用程序存储器和数据存储器寻址空间分开的哈佛结构，对 MCS-51 系列(8031 和 8032 除外)而言，有 4 个物理上相互独立的存储器空间，即内、外程序存储器和内、外数据存储器，如图 3-5 所示。

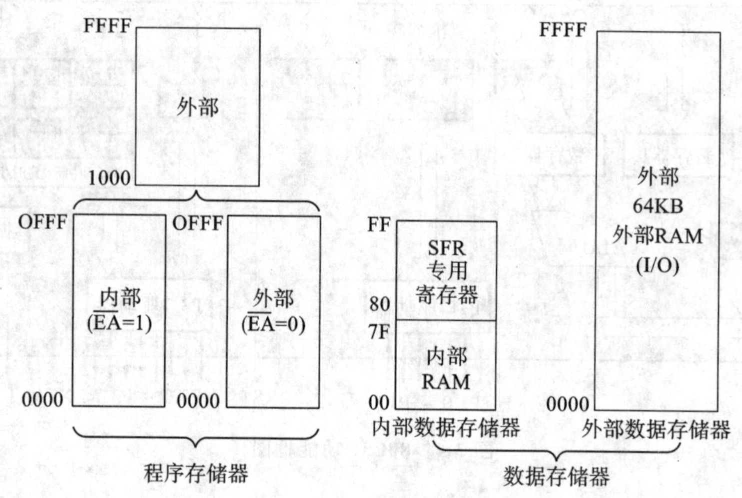

图 3-5　80C51 存储器配置图

从用户编程使用的角度来看，存储器可划分为 3 个逻辑地址空间：①片内外统一编址的 64KB(0000H～0FFFFH)的程序存储器地址空间；②256B(00H～0FFH)的内部数据存储器地址空间(其中 128B 的专用寄存器地址空间仅有部分字节是有实际定义的)；③64KB(0000H～0FFFFH)的外部数据存储器地址空间。为了区分不同的存储器地址空间，采用不同的指令来分别访问这 3 个不同的逻辑空间。为了区分这几种地址，80C51 单片机专门针对不同的地址，设计出了不同的指令，比如：CPU 访问片内外的程序存储器使用指令 MOVC；访问片外数据存储器使用指令 MOVX；访问片内数据存储器使用指令 MOV。

下面分别介绍程序存储器和数据存储器的具体配置特点。以 80C51 为例，其配置图如图 3-5 所示。

1. 程序存储器

程序存储器用于存放编好的程序和表格常数。80C51 内部有 4KB 字节的程序存储器，外部可扩展至 64KB 字节。而这 64KB 字节的地址空间是统一的。在正常运行时，应把EA引脚接高电平使程序从内部 ROM 开始执行，当 PC 值超出内部 ROM 的容量即地址 0FFFH 时会自动转向外部程序空间，外部程序存储器的地址从 1000H 开始，如图 3-6 所示；如果不使用内部 ROM，而直接使用外部 ROM，$\overline{EA}$应始终接低电平，迫使系统从外部程序存储器取指令，地址从 0000H 开始编址，如图 3-7 所示。

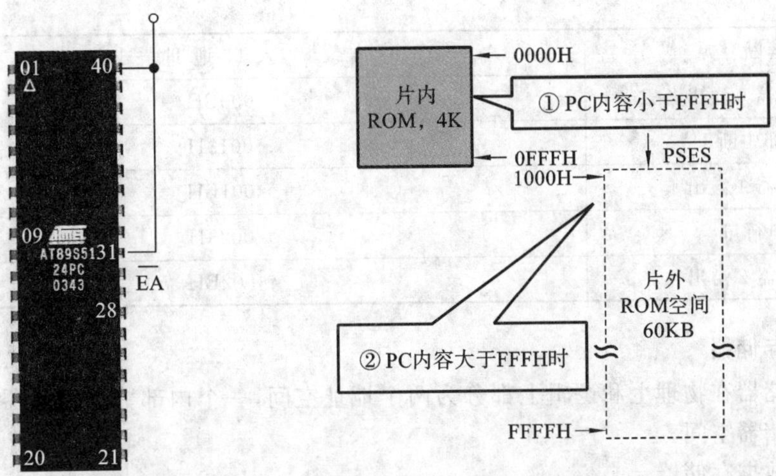

图 3-6　$\overline{\text{EA}}$引脚接高电平

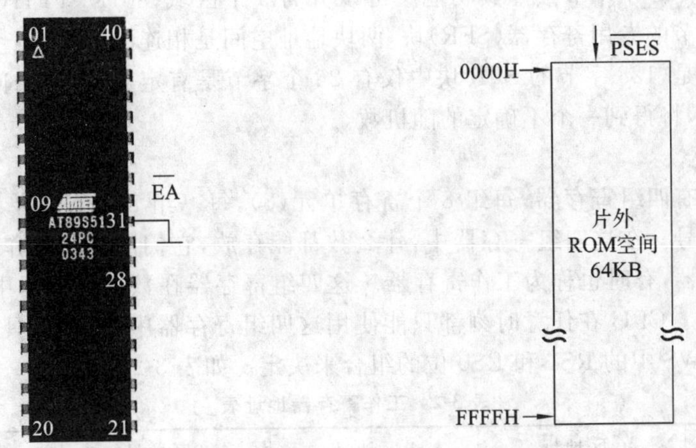

图 3-7　$\overline{\text{EA}}$引脚接低电平

注意：对于增强型单片机如 80C52，当 PC 的地址超过 1FFFH 时系统才转到片外程序存储器中取指令。

64KB 程序存储器中有 7 个单元具有特殊功能。

0000H 单元：MCS-51 复位后程序计数 PC 的内容为 0000H，故系统必须从 0000H 单元开始取指，执行程序。它是系统的起动地址。一般在该单元存放一条绝对跳转指令，而用户设计的主程序从跳转地址开始安放。

除 0000H 单元外，其他 6 个特殊单元分别对应 6 种中断源的中断服务子程序的入口地址，如表 3-1 所示。通常在这些入口地址都安放一条绝对跳转指令，而真正的中断服务子程序从转移地址开始安放。

表 3-1　各种中断服务子程序入口地址

中　断　源	入 口 地 址
外部中断 0	0003H

续表

中　断　源	入 口 地 址
定时器 0 溢出	000BH
外部中断 1	0013H
定时器 1 溢出	001BH
串行口	0023H
定时器 2 溢出	002BH

2. 数据存储器

数据存储器在物理上和逻辑上都分为两个地址空间，一个内部数据存储器空间和一个外部数据存储器空间。

1)内部数据存储器

内部数据存储器共 256 个字节，其中低 128 个字节(地址为 00～7FH)的存储单元可以供用户使用。这 128 个字节按照其功能又可以分为 3 个区域；80H～FFH(128～255)单元组成的高 128 字节的专用寄存器(SFR)块，两块地址空间是相连的。

需要注意的是，128 字节的 SFR 块中仅有 26 个字节是有定义的，若访问的是这一块中没有定义的单元，将得到一个不确定的随机数。

(1)寄存器区。

寄存器区共有四组寄存器，每组 8 个寄存单元(8)，每一组 8 个寄存单元都以 R0～R7 作为寄存器的编号。在这四组寄存器中，什么数都能存放，它们的功能不作预先的规定，因此成为通用寄存器，有时也称为工作寄存器。这四组寄存器在数据存储器中占据了 00H～1FH 单元的地址。CPU 在任意时刻都只能使用这四组寄存器中的一组，具体哪一组，则由状态字寄存器 PWS 中的 RS1 和 RS0 位的组合来决定。如表 3-2 所示。

表 3-2　工作寄存器地址表

寄　存　器	0 区地址	1 区地址	2 区地址	3 区地址
R0	00H	08H	10H	18H
R1	01H	09H	11H	19H
R2	02H	0AH	12H	1AH
R3	03H	0BH	13H	1BH
R4	04H	0CH	14H	1CH
R5	05H	0DH	15H	1DH
R6	06H	0EH	16H	1EH
R7	07H	0FH	17H	1FH

图 3-8 表示了内部数据存储器的配置。其中 00H～1FH(0～31)单元共 32 个字节是 4 个通用工作寄存器区，每个区含 8 个 8 位寄存器，编号为 R0～R7。这给软件设计带来了极大的方便，尤其在发生中断嵌套时很容易实现现场保护。

(2)位寻址区。

内部数据存储器的 20H～2FH 单元称为位寻址区。该区间内的存储单元既可以作为

一般的存储单元以字节的形式来读写，也可以对其中的每一位进行操作，这每一位也有一个地址，称为位地址，共有 128 个位地址，从 00H～7FH。对于位的寻址，通常有两种方式，一种是直接以位地址的方式，另一种是以存储单元地址加位数的形式，如图 3-8、图 3-9 所示，它们可以被直接寻址。

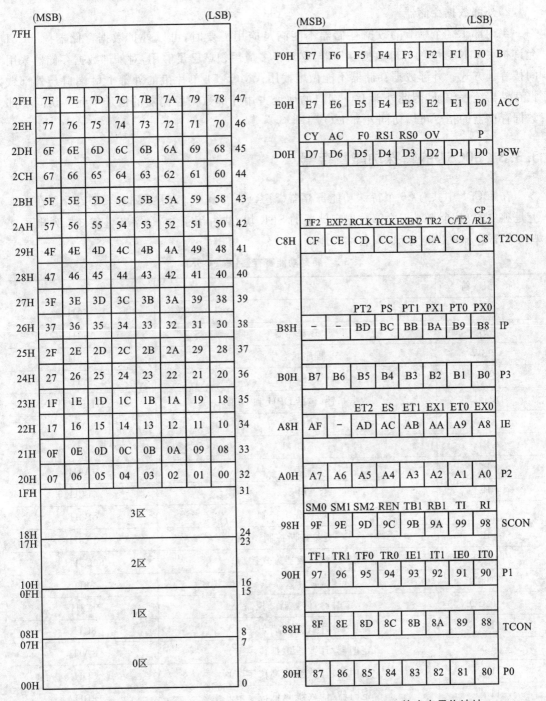

	(MSB)							(LSB)	
7FH									
2FH	7F	7E	7D	7C	7B	7A	79	78	47
2EH	77	76	75	74	73	72	71	70	46
2DH	6F	6E	6D	6C	6B	6A	69	68	45
2CH	67	66	65	64	63	62	61	60	44
2BH	5F	5E	5D	5C	5B	5A	59	58	43
2AH	57	56	55	54	53	52	51	50	42
29H	4F	4E	4D	4C	4B	4A	49	48	41
28H	47	46	45	44	43	42	41	40	40
27H	3F	3E	3D	3C	3B	3A	39	38	39
26H	37	36	35	34	33	32	31	30	38
25H	2F	2E	2D	2C	2B	2A	29	28	37
24H	27	26	25	24	23	22	21	20	36
23H	1F	1E	1D	1C	1B	1A	19	18	35
22H	17	16	15	14	13	12	11	10	34
21H	0F	0E	0D	0C	0B	0A	09	08	33
20H	07	06	05	04	03	02	01	00	32
1FH～18H	3区								31～24
17H～10H	2区								23～16
0FH～08H	1区								15～8
07H～00H	0区								7～0

图 3-8 内部 RAM 块中专用位地址

	(MSB)							(LSB)	
F0H	F7	F6	F5	F4	F3	F2	F1	F0	B
E0H	E7	E6	E5	E4	E3	E2	E1	E0	ACC
	CY	AC	F0	RS1	RS0	OV		P	
D0H	D7	D6	D5	D4	D3	D2	D1	D0	PSW
	TF2	EXF2	RCLK	TCLK	EXEN2	TR2	C/$\overline{T2}$	CP/RL2	
C8H	CF	CE	CD	CC	CB	CA	C9	C8	T2CON
			PT2	PS	PT1	PX1	PT0	PX0	
B8H	–	–	BD	BC	BB	BA	B9	B8	IP
B0H	B7	B6	B5	B4	B3	B2	B1	B0	P3
			ET2	ES	ET1	EX1	ET0	EX0	
A8H	AF	–	AD	AC	AB	AA	A9	A8	IE
A0H	A7	A6	A5	A4	A3	A2	A1	A0	P2
	SM0	SM1	SM2	REN	TB1	RB1	TI	RI	
98H	9F	9E	9D	9C	9B	9A	99	98	SCON
	TF1	TR1	TF0	TR0	IE1	IT1	IE0	IT0	
90H	97	96	95	94	93	92	91	90	P1
88H	8F	8E	8D	8C	8B	8A	89	88	TCON
80H	87	86	85	84	83	82	81	80	P0

图 3-9 SFR 块中专用位地址

(3)用户 RAM 区。

在内部数据存储器中,用户可以使用的 128 个字节中寄存器区占用了 32 个字节,位寻址区占用了 16 个单元,剩下的 80 个单元就是供一般用户使用的区域,其中单元地址为 30H～7FH。如图 3-8、图 3-9 所示。

2)外部数据存储器

当内部 128 个字节的数据存储器不能满足应用需要时,可以外扩数据存储器。80C51 允许扩展 64K 独立的外部数据存储器,这对很多应用领域已足够用,对外部数据存储器采用间接寻址方式。外部数据存储器不能做堆栈用。MCS-51 单片机的外部 I/O 端口与外部数据存储器统一编址,因此外部 I/O 端口的地址占用外部数据存储器的地址单元。访问外部数据存储器的指令可以访问外部 I/O 端口。

3.3.3 80C51 的特殊功能寄存器

在 80C51 中共有 26 个特殊功能寄存器(SFR)(5 个属于 52 子系列)。PC 寄存器在物理上是独立的,其余都属于内部数据存储器的 SFR 块,共占用了 26 个字节。表 3-3 列出了这些专用寄存器的助记标识符、名称和地址。

表 3-3 特殊功能寄存器(除 PC 外)

标 识 符	名 称	地 址
* ACC	累加器	0E0H
* B	B 寄存器	0F0H
* PSW	程序状态字	0D0H
SP	堆栈指针	81H
DPTR	数据指针(包括 DPH 和 DPL)	83H 和 82H
* P0	口 0	80H
* P1	口 1	90H
* P2	口 2	0A0H
* P3	口 3	0B0H
* IP	中断优先级控制	0B8H
* IE	允许中断控制	0A8H
TMOD	定时器/计数器方式控制	80C51H
* TCON	定时器/计数器控制	88H
+ * T2CON	定时器/计数器 2 控制	0C8H
TH0	定时器/计数器 0(高位字节)	8CH
TL0	定时器/计数器 0(低位字节)	8AH
TH1	定时器/计数器 1(高位字节)	8DH
TL1	定时器/计数器 1(低位字节)	8BH
+TH2	定时器/计数器 2(高位字节)	0CDH

续表

标 识 符	名　　称	地　　址
＋TL2	定时器/计数器 2(低位字节)	0CCH
＋RLDH	定时器/计数器 2 自动再装载(高位字节)	0CBH
＋RLDL	定时器/计数器 2 自动再装载(低位字节)	0CAH
* SCON	串行控制	98H
SBUF	串行数据缓冲器	99H
PCON	电源控制	87H

注意：带(*)的寄存器可按字节和按位寻址；带(＋)号的寄存器是与定时器/计数器 2 有关的寄存器，仅在 80X32/80C51S52 芯片中存在。

下面将介绍 PC 寄存器和 SFR 块中的寄存器，大部分寄存器的细节将在相关章节中叙述。

1. 程序计数器 PC

程序计数器 PC 用于安放下一条要执行的指令地址(程序存储器地址)，是一个 16 位专用寄存器，因此寻址范围为 0～64KB(65535)。PC 在物理上是独立的，不属于内部数据存储器的 SFR 块。

2. 累加器 A

累加器 A 是一个最常用的专用寄存器，很多指令会用到累加器(在后边的指令讲述中，大家会有感受)，在指令系统中，采用 A 作累加器的助记符。

3. B 寄存器

在乘除法指令中，会用到 B 寄存器。在其他指令中，B 寄存器可作为 RAM 的一个单元来使用。

4. 程序状态字 PSW

程序状态字 PSW 是一个 8 位寄存器，它包含了程序状态信息。此寄存器各位的含义参见图 3-10，其中 PSW. 1 是保留位，未用。其他各位说明如下。

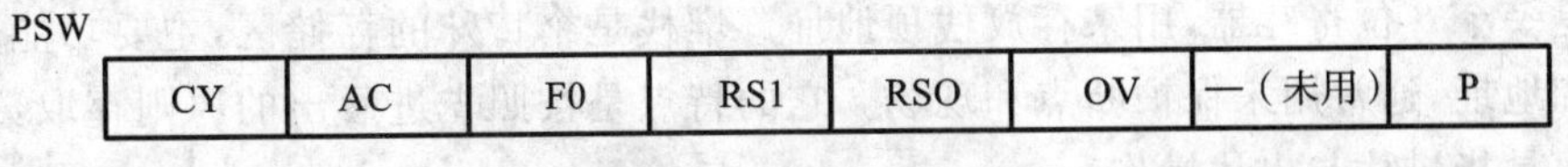

图 3-10　程序状态字

CY(PSW. 7)：进位标志。在执行某些算术和逻辑指令时，可以被硬件或软件置位或清除。在布尔处理机中它被认为是位累加器，它的重要性相当于中央处理机中的累加器 A。详见指令系统。

AC(PSW. 6)：辅助进位标志。当进行加法或减法操作而产生由低 4 位数(十进制的一个数字)向高 4 位数进位或借位时，AC 将被硬件置 1，否则就被清除。AC 被用于十进制调整，详见 DA 指令。

F0(PSW. 5)：标志 0。它是用户定义的一个状态标记，可以用软件来将它置位或清除。以后在程序中会见到其如何使用。

RS1、RS0(PSW.4、PSW.5):寄存器 R0～R7 工作区选择控制位 1 和 0。可以靠软件来置位或清除以确定工作寄存器区。(RS1、RS0)与寄存器区的对应关系如下:

(0,0)——R0～R7 在区 0(00H～07H);

(0,1)——R0～R7 在区 1(08H～0FH);

(1,0)——R0～R7 在区 2(10H～17H);

(1,1)——R0～R7 在区 3(18H～1FH)。

OV(PSW.2):溢出标志。当执行算术指令时,由硬件置位或清除,以指示溢出状态。

当执行加法指令 ADD 时,若以 C'_i 表示位 i 向 $i+1$ 有进位。则

$$OV=C'_6 \oplus C'_7$$

即当位 6 向位 7 有进位而位 7 不向 C 进位时,或位 6 不向位 7 进位而位 7 向 C 进位时,溢出标志 OV 置位,否则清除。

同样,若以 C'_i 表示减法运算时,位 i 向位 $i+1$ 有借位,则执行减法指令 SUBB 时

$$OV=C'_6 \oplus C'_7$$

因此,溢出标志在硬件上可以靠一个异或门获得。

溢出标志常用于对有符号补码数作加减运算。OV=1 表示加减运算的结果已超出一个字节所能表示的范围(-128～+127)。

在 80C51 中,无符号数乘法指令 MUL 的执行结果也会影响溢出标志,若累加器 A 和寄存器 B 的乘积超过 255 时,OV=1,否则 OV=0。此积的高 8 位放在 B 中,低 8 位放在 A 中,故 OV=0 意味着只要从 A 中取得乘积即可,否则要从 BA 寄存器对中取得乘积。

除法指令 DIV 也会影响溢出标志,当除数为 0 时,OV=1,否则 OV=0。

P(PSW.0):奇偶标志。

每个指令周期都由硬件来置位或清零,以表示累加器 A 中值“1”的位数的奇偶性。若 P=1,则 A 中“1”的位数为奇数,否则 P=0。

该标志对串行数据通信中的传输有重要意义。在串行通信中,常用奇偶校验的方法来检验数据传输的可靠性。在发送端可根据 P 值对数据的奇偶位置位或清除。若通信协议中规定采用奇校验的办法,则 P=0 时,应对数据的奇偶位置位,否则置零。

5. 堆栈指针 SP

它是一个 8 位寄存器,用来存放栈顶地址。堆栈是个特殊的存储区,主要功能是暂时存放数据和地址,通常用来保护断点和现场。它的特点是按照先进后出的原则存取数据,这里的进与出是指进栈与出栈操作。

假若有 8 个 RAM 单元,每个单元都在其右面编有地址,栈顶由堆栈指针 SP 自动管理。每次进行压入或弹出操作以后,堆栈指针便自动调整以保持指示堆栈顶部的位置。这些操作可用图 3-11 说明。

80C51 堆栈设在内部 RAM 中,堆栈是一个具有“先进后出”功能,受 SP 管理的存储区域。在程序中断、子程序调用等情况下,用于存放一些特殊信息(亦可作数据传送的中转站)。当数据压入堆栈时,SP 就自动加“1”;当数据从堆栈中弹出时,SP 就自动减“1”。因而 SP 指针始终指向栈顶。

80C51 堆栈深度为 120 个字节,系统复位时硬件使 SP=07H。堆栈在内部 RAM 区中的位置可根据程序要求由 SP 灵活安排。

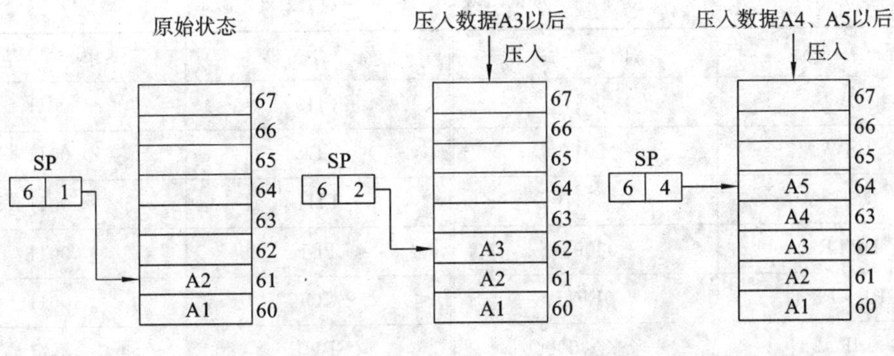

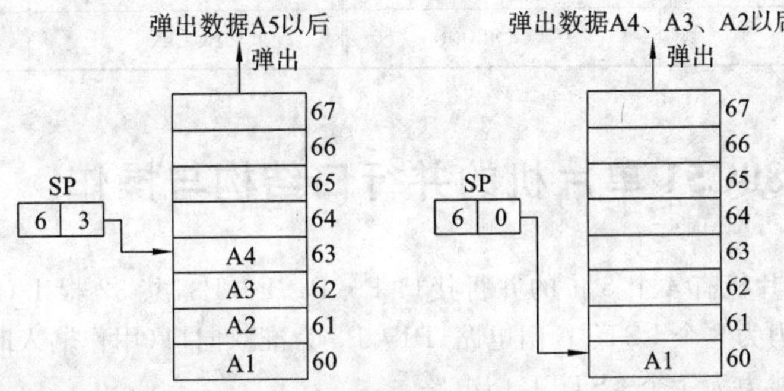

图 3-11　堆栈操作示意图

注意：堆栈栈顶超出内部 RAM 单元时，会引起程序运行出错。对 51 子系列不要超出 7FH，对 52 子系列不要超出 FFH。这常常是单片机初学者和使用高级语言编程者易犯的错误之一。

6. 数据指针 DPTR

它是一个 16 位的专用寄存器，其高位字节寄存器用 DPH 表示，低位字节寄存器用 DPL 表示。它既可作为一个 16 位寄存器（DPTR）来使用，又可作为两个独立的 8 位寄存器（DPH、DPL）来使用。

DPTR 主要用来保持 16 位地址，当对 64KB 外部数据存储器空间寻址时，作间址寄存器用。这时有两条传送指令 MOVX A，@DPTR 和 MOVX @DPTR，A。在访问程序存储器时，DPTR 可作为基址寄存器，采用基址＋变址寻址方式的指令 MOVC A，@A＋DPTR，读取程序存储器内的表格常数。

7. I/O 端口 P0～P3

专用寄存器 P0、P1、P2 和 P3 分别是 I/O 端口 P0～P3 的锁存器。在上面章节已作介绍，这里不再赘述。

其他特殊功能寄存器将在相关章节中介绍。复位后内部寄存器状态如表 3-4 所示。

表 3-4　复位后内部寄存器状态

寄　存　器	内　　容	寄　存　器	内　　容
PC	0000H	TMOD	00H
ACC	00H	TCON	00H

续表

寄存器	内容	寄存器	内容
B	00H	TH0	00H
PSW	00H	TL0	00H
SP	07H	TH1	00H
DPTR	0000H	TL1	00H
P1～P3	0FFH	SCON	00H
IP	×××00000	SBUF	不定
IE	0××00000	PCON	0××00000

3.4 80C51 单片机的并行口结构与操作

80C51 单片机有 4 个 8 位的并行接口 P0、P1、P2、P3，共 32 根 I/O 线。P0 口为三态双向口，负载能力为 8 个 LSTTL 门电路；P1～P3 为准双向口(用作输入时，端口锁存器必须先写“1”)，负载能力为 4 个 LSTTL 门电路。

每个口主要由四部分构成：端口锁存器、输入缓冲器、输出驱动器和引至芯片外的端口引脚。它们都是双向通道，每一条 I/O 线都能独立地用作输入或输出，作输出时数据可以锁存，作输入时数据可以缓冲。但这四个通道的功能不完全相同。

3.4.1 P0 口、P2 口的结构

1. P0 口(P0.0～P0.7，39～32 脚)

P0 口是一个 8 位漏极开路型双向 I/O 口，其位结构如图 3-12 所示，包括 1 个输出锁存器、2 个三态缓冲器、1 个输出驱动电路和 1 个输出控制端。输出驱动电路由一对场效应管

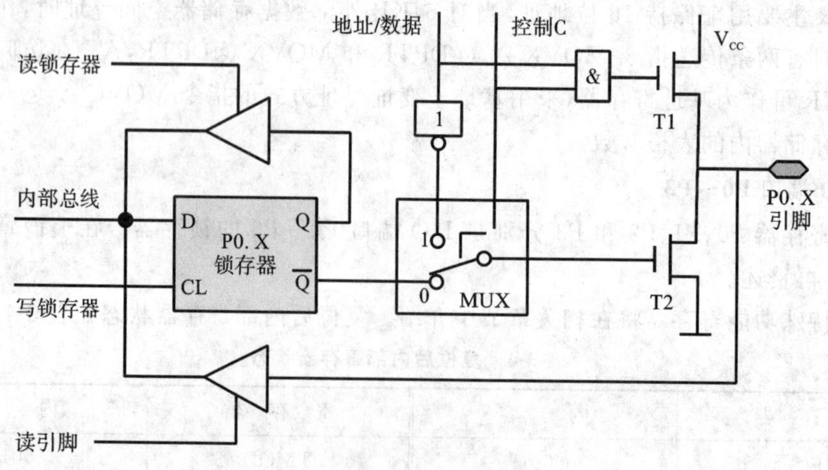

图 3-12 P0 口位结构

组成，其工作状态受输出控制端的控制，它包括1个与门、1个反相器和1个转换开关MUX。P0口既可以作地址/数据复用总线使用，又可以作通用I/O口使用。

1)P0口作地址/数据复用总线使用(C=1)

若从P0口输出地址或数据信息，此时控制端C应该为高电平，转换开关MUX将反相器输出端与输出级T1管接通，同时与门开锁，内部总线上的地址或数据信号通过与门去驱动T0管，又通过反相器去驱动T1管，这时内部总线上的地址或数据信号就传送到P0口的引脚上；若从P0口输入指令或数据时，引脚信号应从输入三态缓冲器进入内部总线。

在访问外部存储器时，它是分时多路转换的地址(低8位)和数据总线，不需要外接上拉电阻。在E^2PROM编程时，它接收指令字节，而在验证程序时，则输出指令字节。验证时，要求外接上拉电阻。

2)P0口作通用I/O口使用(C=0)

对于有内部ROM型的单片机，P0口也可以作通用I/O口，此时控制端C为低电平，转换开关把输出级与锁存器的$\overline{Q}$端接通，同时因为与门输出为低电平，输出级T0管处于截止状态，输出级为漏极开路电路，在驱动NMOS电路时应外接上拉电阻；作输入口用时，应该先将锁存器写"1"，这时输出级两个场效应管均截止，可作为高阻抗输入，通过三态输入缓冲器读取引脚信号，从而完成输入操作。

把P0口作为通用输出口，必须外接上拉电阻。P0口能以吸收电流的方式驱动8个LSTTL门电路输入。

2. P2口(P2.0～P2.7,21～28脚)

P2口是一个带内部上拉电阻的8位双向I/O口，其位结构如图3-13所示。在结构上，P2口比P1口多一个输出控制部分。

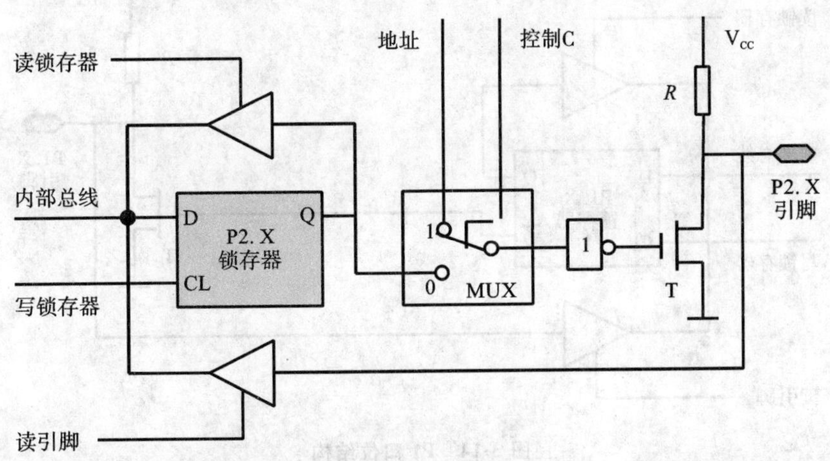

图3-13 P2口位结构

1)P2口作通用I/O口使用(C=0)

当P2口作通用I/O口使用时，是一个准双向口，此时转换开关MUX倒向左边，输出级与锁存器接通，引脚可接I/O设备，其输入/输出操作与P1口完全相同。

2)P2口作地址/数据复用总线使用(C=1)

当系统中接有外部存储器时，P2口用于输出高八位地址A15～A8。这时在CPU的控

制下,转换开关 MUX 倒向右边,接通内部地址总线,P2 口的口线状态取决于片内输出的地址信息,这些地址信息来源于 PCH、DPH 等。在外接程序存储器的系统中,由于访问外部存储器的操作连续不断,P2 口不断送出地址高 8 位,所以 P2 口一般只作地址总线口使用。

在不接外部程序存储器而接有外部数据存储器的系统中,情况有所不同。若外接数据存储器容量为 256B,则可使用 MOVX@DPTR 类指令由 P0 口和 P2 口送出 16 位地址。在读写周期内,P2 口引脚上将保持地址信息,但从结构可知,输出地址时,并不要求 P2 口锁存器锁存“1”,锁存器内容也不会在送地址信息时改变,故访问外部数据存储器周期结束后,P2 口仍然可以在一定限度内作一般 I/O 口使用。

P2 口可以驱动(吸收或输出电流)4 个 LSTTL 门电路。

3.4.2 P1 口、P3 口的结构

1. P1 口(P1.0~P1.7,1~8 脚)

P1 口是一个带有内部上拉电阻的 8 位双向 I/O 口,其位结构如图 3-14 所示。P1 口的每一位端口线能独立地用作输入线或输出线。作输出时:将“1”写入锁存器,使输出级的场效应管截止,输出线由内部上拉电阻提升为高电平,输出为“1”,将“0”写入端口锁存器,使场效应管截止。该端口线由内部上拉电阻提拉成高电平,同时也能被外部输入源拉成低电平,即当外部输入“1”时该端口线为高电平,而输入“0”时,该端口线为低电平、P1 口作输入时,可被任何 TTL 和 MOS 电路所驱动,由于其具有内部上拉电阻,也可以直接被集电极开路和漏极开路电路所驱动,不必外加上拉电阻。

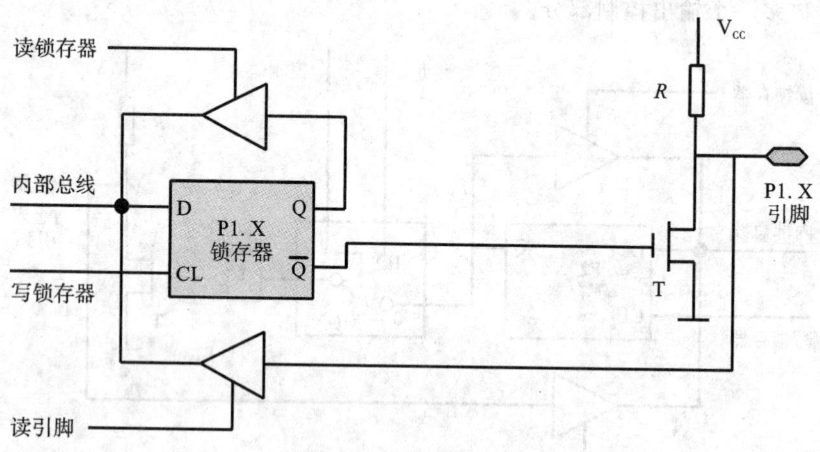

图 3-14 P1 口位结构

对 E2PROM 编程的程序进行验证时,它接收低 8 位地址。P1 口能驱动(吸收或输出电流)4 个 LSTTL 门电路。

2. P3 口(P3.0~P3.7,10~17 脚)

P3 口是一个带内部上拉电阻的 8 位双向 I/O 口,可以同 P1 口一样作为第一功能口,也可以每一位独立定义为第二功能,其位结构如图 3-15 所示。

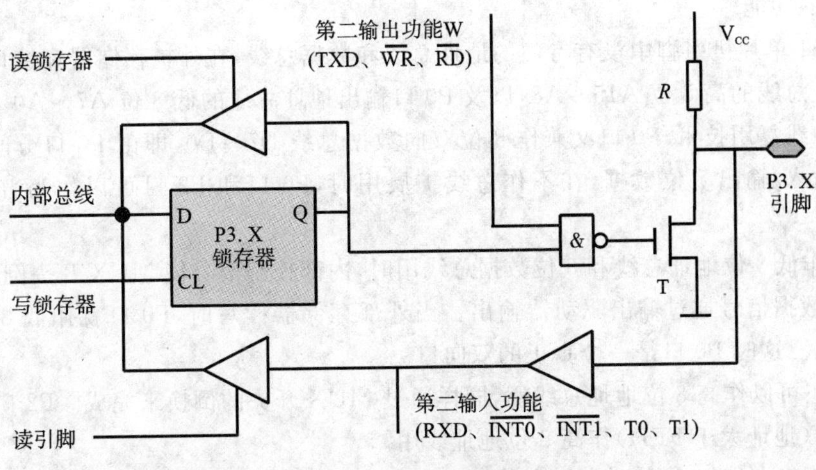

图 3-15　P3 口位结构

1)P3 口作第一功能口使用

P3 口作通用 I/O 口使用时，输出功能控制线为高电平，与非门的输出取决于锁存器的状态，此时锁存器 Q 端的状态与其引脚状态是一致的，在这种情况下，P3 口的结构和操作与 P1 口相同。

2)P3 口作第二功能口使用

P3 口的第二功能实际上就是系统的控制功能控制线。此时相应的端口锁存器必须为"1"状态，与非门的输出由第二功能输出功能线的状态确定，从而 P3 端口线的状态取决于第二输出功能线的电平。在 P3 口的引脚信号输入通道中有两个三态缓冲器，第二功能的输入信号取自第一个缓冲器的输出端，第二个缓冲器仍然是第一功能的读引脚信号缓冲器。

在 MCS-51 中，这 8 个引脚还有专门的功能。这些功能见表 3-5。P3 口能驱动(吸收或输出电流)4 个 LSTTL 门电路。

表 3-5　P3 口第二功能定义

端　口　线	第　二　功　能
P3.0	RXD(串行输入口)
P3.1	TXD(串行输出口)
P3.2	$\overline{INT0}$(外部中断 0 输入)
P3.3	$\overline{INT1}$(外部中断 1 输入)
P3.4	T0(外部计数器 0 触发输入)
P3.5	T1(外部计数器 1 触发输入)
P3.6	$\overline{WR}$(外部数据存储器写选通)
P3.7	$\overline{RD}$(外部数据存储器读选通)

综上所述四个接口工作的一般特性如下。

P0 口为三态双向口，P1、P2、P3 口含内部上拉电阻，只有锁存器置 1 时方能作输入口用，故为准双向口。P1 口无第二功能，只作 I/O 口用，而 P0、P2、P3 口除可作一般 I/O 口外,还有第二功能。

MCS-51 单片机引脚中没有专门的地址总线和数据总线,在外扩存储器和接口时,由 P2 口输出地址总线的高 8 位 A15～A8,以及 P0 口输出地址总线的低 8 位 A7～A0,同时对 P0 口采用了总线复用技术,P0 口又兼作 8 位双向数据总线 D7～D0,即由 P0 口分时输出低 8 位地址或输入/输出 8 位数据,在不作总线扩展用时,P0 口和 P2 口可以作为普通 I/O 口使用。

P0 口作低 8 位地址总线和 8 位数据总线用时,内部控制信号使 MUX 开头倒向上端,从而使地址/数据信号通过输出驱动器输出。当外部存储器读写时,P0 口就作低 8 位地址和数据总线用。这时 P0 口是一个真正的双向口。

P2 口还可以作高 8 位地址总线用,同样通过 MUX 开头的倒换来完成。P2 口在外部存储器读写时(地址大于 FFH)作高 8 位地址线用。

P3 口的每一位都有各自的第二功能,见表 3-5,四个端口的负载能力也不相同。P1、P2、P3 口都能驱动四个 LS TTL 负载,并且不需外加电阻就能直接驱动 MOS 电路。P0 口能驱动八个 LS TTL 负载,但驱动 MOS 电路时若作为地址/数据总线,可以直接驱动,而作为 I/O口时,需外接上拉电阻,才能驱动 MOS 电路。

3.4.3 并行口的负载能力及简单外设的驱动

1. 并行口的负载能力

对于典型的器件(80C51)每根端口线最大可吸收 10 mA 的(灌)电流;但 P0 口所有引脚的吸收电流的总和不能超过 26 mA,而 P1、P2 和 P3 每个口吸收电流的总和限制在 15 mA;全部 4 个口所有端口线的吸收电流总和限制在 70 mA 左右。

2. 驱动简单的输出设备

1)驱动 LED(发光二极管)

LED 典型工作点:1.75 V,10 mA。单个 LED 驱动特性如图 3-16 所示。

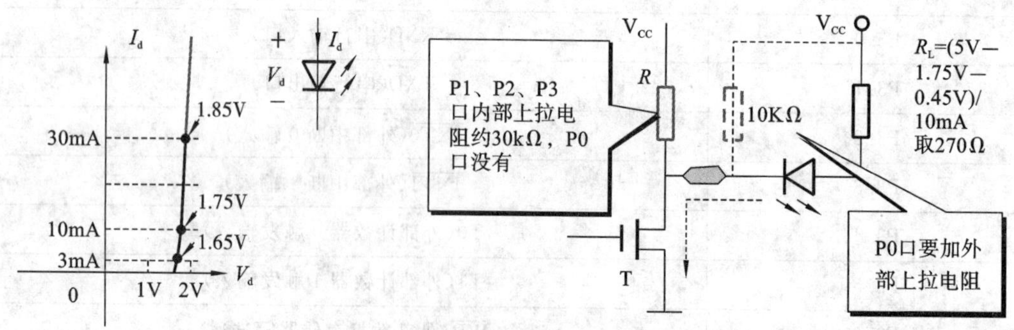

图 3-16　LED 的特性及其灌电流驱动

考虑到单片机并行口的结构,对于 LED 的驱动要采用灌电流的方式。P1、P2 和 P3 口由于内部有约 30 kΩ 的上拉电阻,在它们的引脚上可以不加外部上拉电阻,但 P0 口内部没有上拉电阻,其引脚必须外加上拉电阻。

对于单个 LED，限流电阻 R_L 的值为 270 Ω 时，LED 可以获得较好的亮度，但单根端口线的负载能力达到了极限，接几个 LED 时将超出并口的负载能力。解决办法如下：一是加大限流电阻的阻值，但亮度会变暗，可以减小并口的负担；二是增加并口驱动元件，如增加 74HC245 缓冲驱动器。如图 3-17 所示。

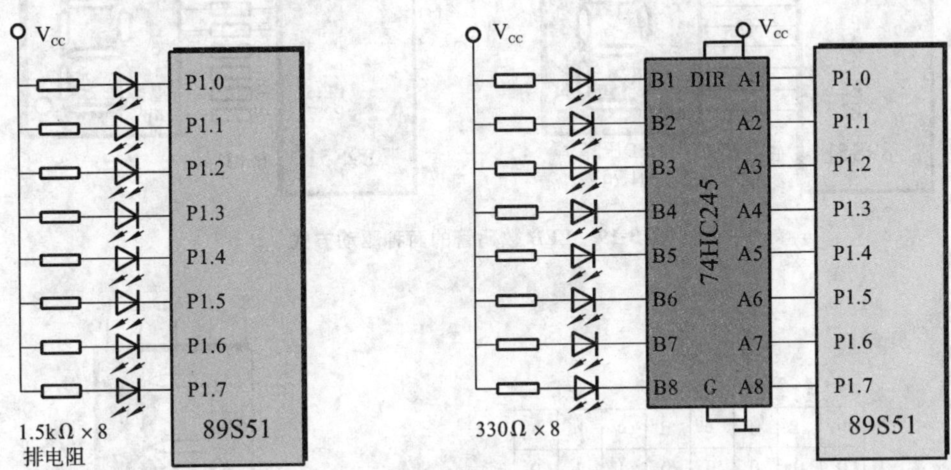

图 3-17　单片机并口驱动 LED 示意图

2)驱动 LED 数码管

LED 数码管通常由 8 个发光二极管组成，简称数码管。当数码管的某个发光二极管导通时，相应的笔段就发光。控制不同的发光二极管的导通就能显示出所要求的字符，如图 3-18所示。

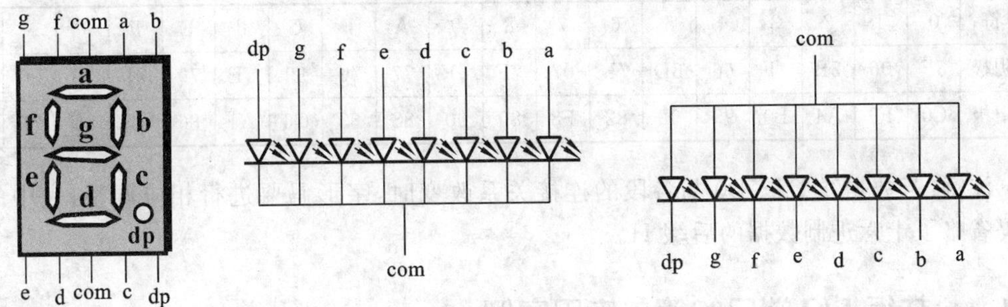

图 3-18　LED 数码管

对于数码管，各段二极管的阴极或者阳极连在一起作为公共端，这样驱动电路简单，将阴极连在一起的称为共阴极数码管，用高电平驱动数码管各段的阳极，其 com 端接地；将阳极连在一起的称为共阳极数码管，用低电平驱动数码管各段的阳极，其 com 端接＋5V。LED 数码管的两种驱动方式如图 3-19 所示。

若数据总线 D7～D0 与 dp、g、f、e、d、c、b、a 按顺序对应相接，要想共阴极数码管显示字形“1”时，共阴极数码管应送数据 0000 0110B 至数据总线，即字形编码示为：06H，如图 3-20 所示；而共阳极数码管应送数据 1111 1001B 至数据总线，即字形编码示为：F9H。常用的字符字形码如表 3-6 所示。

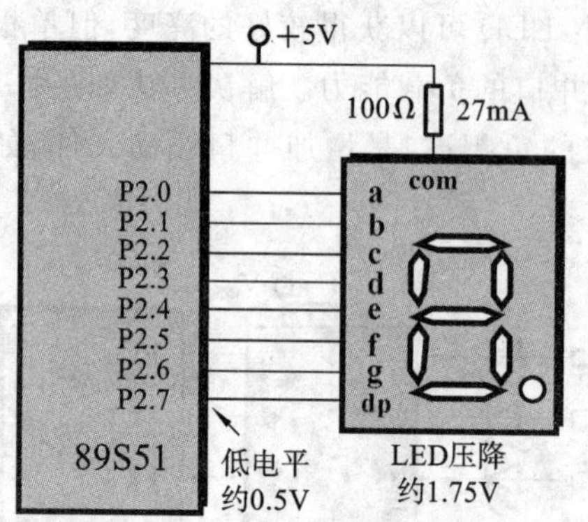

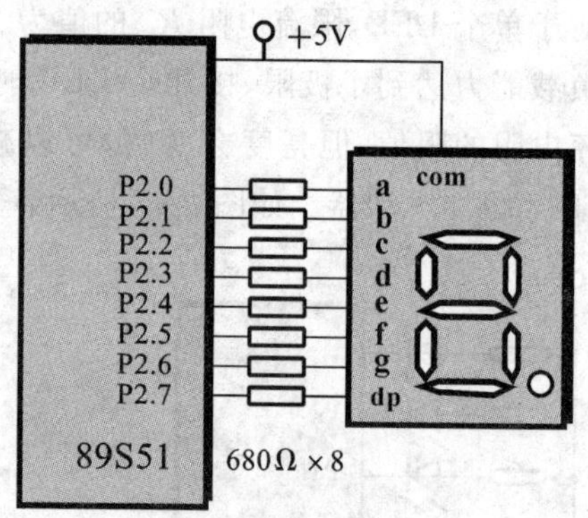

图 3-19　LED 数码管的两种驱动方式

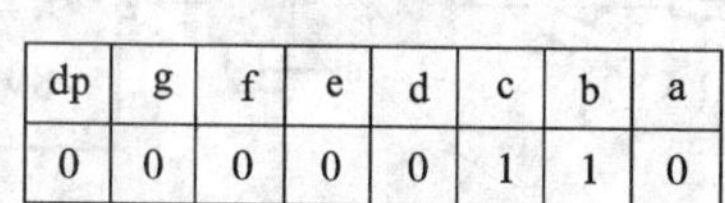

dp	g	f	e	d	c	b	a
0	0	0	0	0	1	1	0

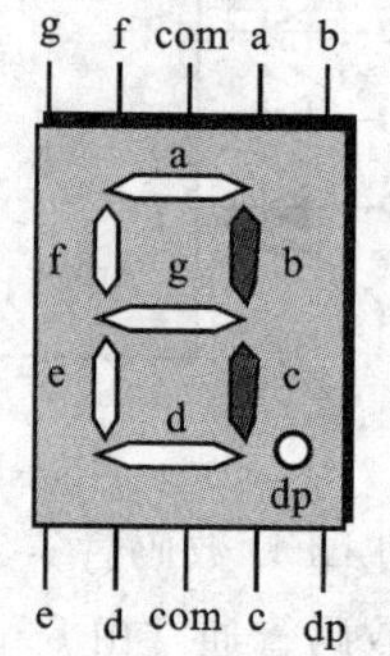

图 3-20　LED 数码管显示“1”的字形码

表 3-6　常用的字符字形码

字符	0	1	2	3	4	5	6	7	8	9	A	b	C	d	E	F	P	·	暗
共阴极	3F	06	5B	4F	66	6D	7F	07	7F	6F	77	7C	39	5E	79	71	73	80	00
共阳极	C0	F9	A4	B0	99	92	82	F8	80	90	88	83	C6	A1	86	8E	8C	7F	FF

注意：若数据线 D7～D0 与各段的连接关系改变时，字形码要进行相应调整；表中的字形码省略了十六进制数据的后缀 H。

3.4.4　并行 I/O 端口的简单应用实例

单片机的 I/O 端口 P0～P3 是单片机与外设进行信息交换的桥梁，可通过读取 I/O 口状态来了解外设状态，也可向 I/O 端口送出命令或数据来控制外设。对单片机 I/O 端口编程控制时，要对 I/O 端口的特殊功能寄存器进行声明，在 C51 的编译器中，这项声明包含在头文件 reg51. h 中，编程时，可通过预处理命令 ＃include＜reg51. h＞，把这个头文件包含进去。下面通过案例介绍如何编程实现对发光二极管的输出和按键的输入控制操作。

第 3 章　例 3-1
流水灯控制仿真

【例 3-1】　如图 3-21 所示，单片机的 P1. 4～P1. 7 接 4 个开关 S0～S3，P1. 0～P1. 3 接 4 个发光二极管 LED0～LED3。编程将 P1. 4～P1. 7 上的 4 个开关状态反映在由 P1. 0～P1. 3引脚控制的 4 个发光二极管上，开关闭

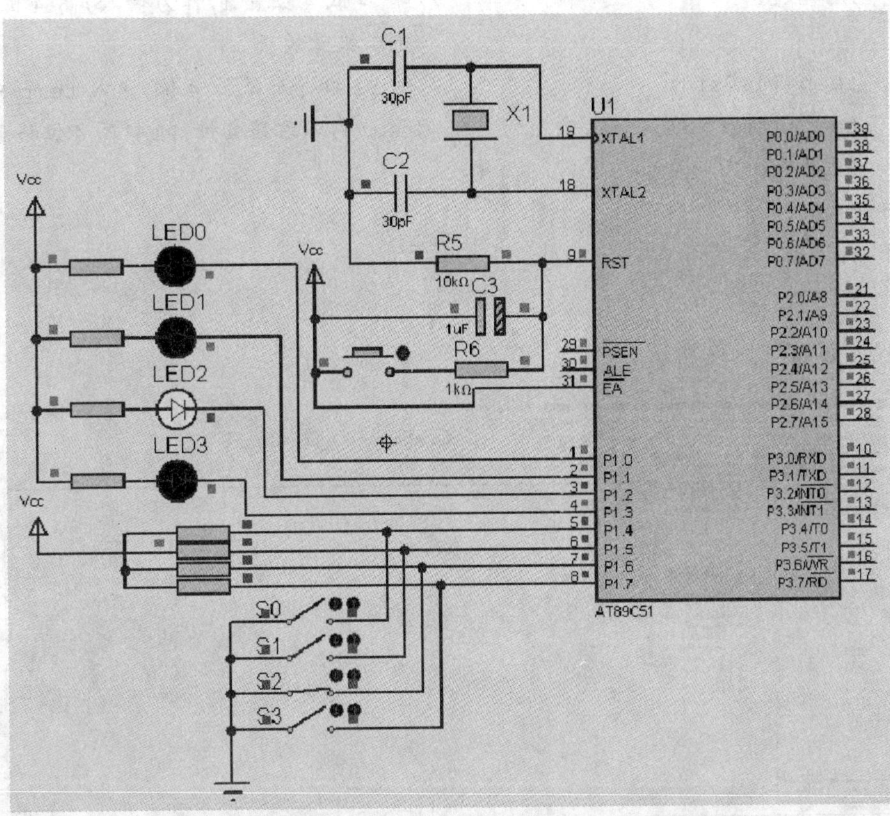

图 3-21　开关、LED 发光二极管与 P1 口的连接

合，对应发光二极管点亮。例如 P1.4 引脚上开关 S0 状态，由 P1.0 脚上 LED0 显示，P1.6 引脚上开关 S2 状态，由 P1.2 脚上 LED2 显示。

参考程序如下：

```
#include  <reg51.h>                  //包括一个 51 标准内核的头文件
#define uchar unsigned char
void delay( )                        //延时函数
{
    uchar i,j;
    for(i=0; i<255; i++)
    for(j=0; j<255;j++);
}
void main( )                         //主函数
{
    while (1)
  {
    unsigned char temp;              //定义临时变量 temp
```

```
        P1=0xff;                        //P1 口低 4 位置 1,作为输入;高 4 位置 1,发
                                          光二极管熄灭
        temp=P1&0xf0;                   //读 P1 口并屏蔽低 4 位,送入 temp 中
        temp=temp >>4;                  //temp 内容右移 4 位,P1 口高 4 位移至低 4 位
        P1=temp;
    delay( )
    }
}
```

编程界面如图 3-22 所示。

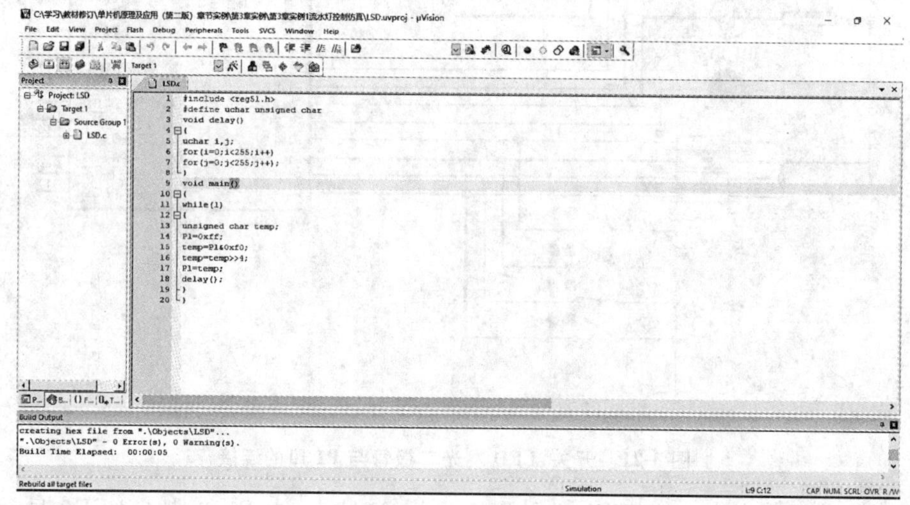

图 3-22 开关、LED 发光二极管与 P1 口的连接编程界面

【例 3-2】 LED 数码管原理与编程。

第 3 章 例 3-2 LED 数码管显示仿真

LED 数码管具有显示亮度高、响应速度快的特点。最常用的是七段 LED 显示器,该显示器内部有七个条形发光二极管和一个小圆点发光二极管。这种显示器分共阴极和共阳极两种:共阳极 LED 显示器的发光二极管的所有阳极连接在一起,为公共端;共阴极 LED 显示器的发光二极管的所有阴极连接在一起,为公共端。单个数码管的引脚中 com 为公共端。LED 数码管的 a~g7 个发光二极管加正电压点亮,加零电压熄灭,不同亮暗的组合能形成不同的字形,这种组合称为段码。

将 80C51 单片机 P0 口的 P0.0~P0.7 引脚连接到一个共阴极数码管上(电路图如图 3-23所示),使之循环显示 0~9 数字,时间间隔为 500 循环步。

【解】

编程原理分析如下:

数码管的显示字模(即段码)与显示数值之间没有规律可循。常用方法是:将字模按显示值大小顺序存入一数组中,例如,数值 0~9 的共阴型字模数组为 led_mod [ ]={0x3f,0x06,0x5b,0x4f,0x66,0x6d,0x7d,0x07,0x7f,0x6f}。使用时,只需将待显示值作为该数组

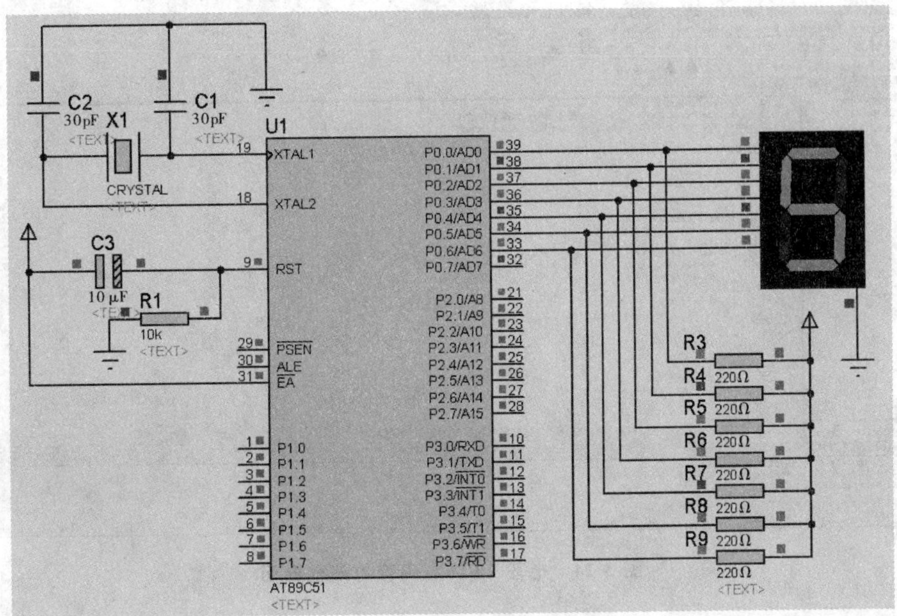

图 3-23　七段 LED 数码管电路图

的下标变量即可取得相应的字模。按顺序提取 0～9 的字模并送 P0 口输出，便可实现题意要求的功能。参考程序如下：

```
#include <reg51.h>                    //包括一个 51 标准内核的头文件
char led_mod[]={0x3f,0x06,0x5b,0x4f,0x66,0x6d,0x7d,0x07,0x7f,0x6f};
                                      //LED 显示字模
void delay(unsigned int time){
    unsigned int j =0;
    for(;time>0;time--)
        for(j=0;j<125;j++);
}
void main(void) {
    char i =0;
    while(1){
        for(i=0;i<=9;i++) {
            P0=led_mod[i];
            delay(500);
        }
    }
}
```

编程界面如图 3-24 所示。

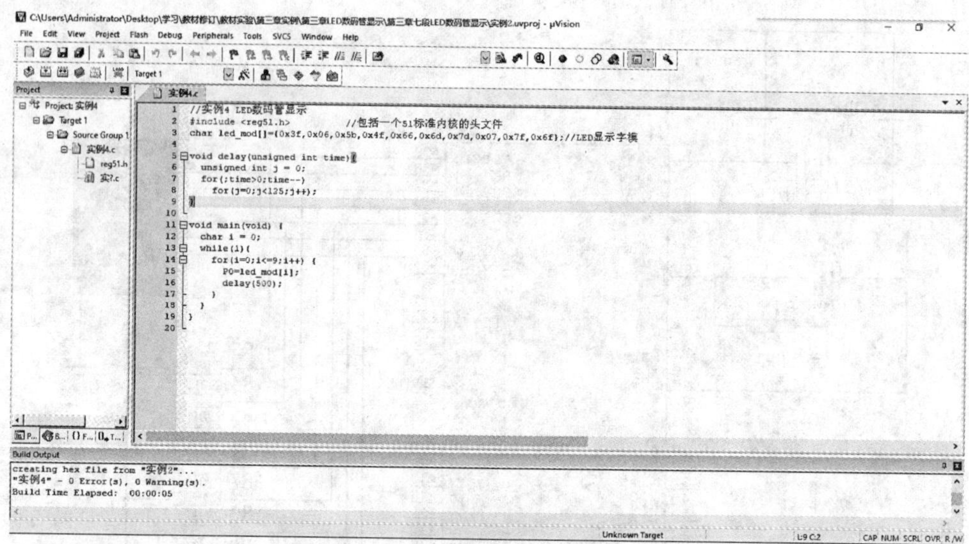

图 3-24　七段 LED 数码管的编程界面

3.5　80C51 单片机的时序与低功耗工作方式

3.5.1　CPU 的时钟与时序

1. 时钟产生的方式

80C51 的时钟有两种产生方式,一种是内部方式,另一种是外部方式。

80C51 片内有一个高增益反相放大器,用于构成振荡器。反相放大器的输入端为 XTAL1,输出端为 XTAL2。在 XTAL1 和 XTAL2 两端跨接石英晶体及两个电容就构了稳定的自激振荡器,这种方式称为内部方式,如图 3-25(a)所示。振荡晶体可在 1.2～12 MHz 间任选,电容 C_1 和 C_2 通常在 20～100 pF 之间选择,典型值为 30 pF 左右。

80C51 也可以把外部时钟信号引入到单片机内部。对于 CHMOS 型的单片机,外部时钟脉冲信号必须从 XTAL1 端引脚输入,XTAL2 端悬空。对于 HMOS 型的单片机,外部时钟脉冲信号必须从 XTAL2 引脚输入,XTAL1 引脚接地。如图 3-25(b)所示。

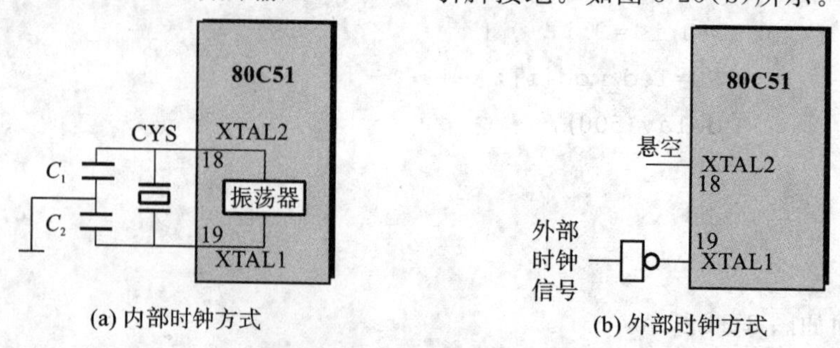

(a) 内部时钟方式　　(b) 外部时钟方式

图 3-25　80C51 单片机的时钟方式

2. 时钟信号

CPU 执行一条指令的时间称为指令周期，指令周期是以机器周期为单位的，MCS-51 典型的指令周期为一个机器周期。

1）机器周期、状态、相位

如图 3-26 所示，80C51 单片机规定：一个机器周期包括 6 个状态 S1～S6，每个状态又分两部分：相位 1(P1)、相位 2(P2)，即每个状态包括两个振荡周期。因此，有下式成立：

1 个机器周期＝6 个状态＝12 个振荡周期

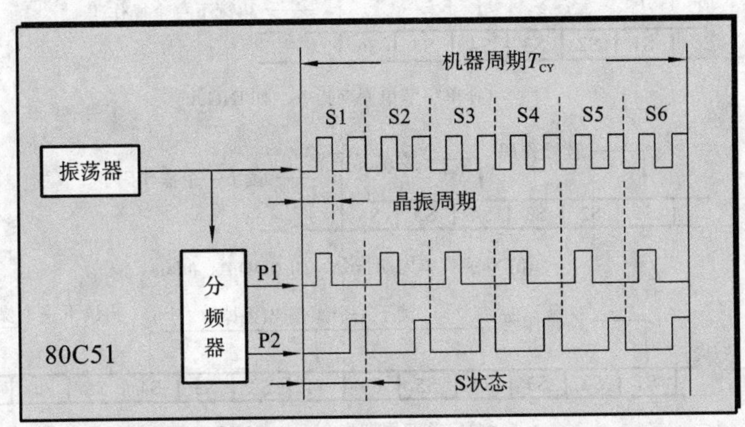

图 3-26　80C51 单片机的时钟信号

这样，一个机器周期包括编号为 S1P1(状态 1，相位 1)到 S6P2(状态 6，相位 2)共 12 个振荡周期。一般来说，算术逻辑运算发生在相位 1(P1)，内部寄存器传送操作发生在相位 2(P2)。若采用 12 MHz 振荡源，则每个机器周器为 1 μs。

2）典型指令的取指和执行时序

由于单片机内部时钟信号外部无法观察，在图 3-26 中以振荡信号 XTAL2 和 ALE 端信号作为参考信号。在每个机器周期，ALE 信号两次有效，一次在 S1P2 到 S2P1 期间，一次在 S4P2 到 S5P1 期间。

(1)单字节单周期指令时序。

单字节单周期指令是指令长度为一个字节，执行时间需要一个机器周期的指令，如图 3-27(a)所示。执行一条单字节单周期指令时，在 S1P2 期间读入操作码并把它锁存在指令寄存器中执行，指令在本周期的 S6P2 期间执行完毕。虽然在 S4P2 期间读了下一个字节(下一条指令操作码)，但 CPU 不予处理，程序计数器 PC 也不加“1”，换言之，此次取指无效。

(2)双字节单周期指令时序。

双字节单周期指令是长度为 2 个字节，执行时间为一个机器周期的指令，如图 3-27(b)所示。执行一个双字节单周期指令时，在 S1P2 期间读入操作码并锁入指令寄存器中，在 S4P2 期间读入指令的第二个字节，指令在本周期 S6P2 期间执行完毕。

(3)单字节双周期指令时序。

单字节双周期指令是指令长度为一个字节，执行时间需要两个机器周期的指令，如图 3-27(c)所示。执行一条单字节双周期指令时，第一个周期，在 S1P2 期间读入操作码并锁存在指令寄存器中开始执行，在本周期的 S4P2 期间和下一机器周期的两次读操作全部无效，

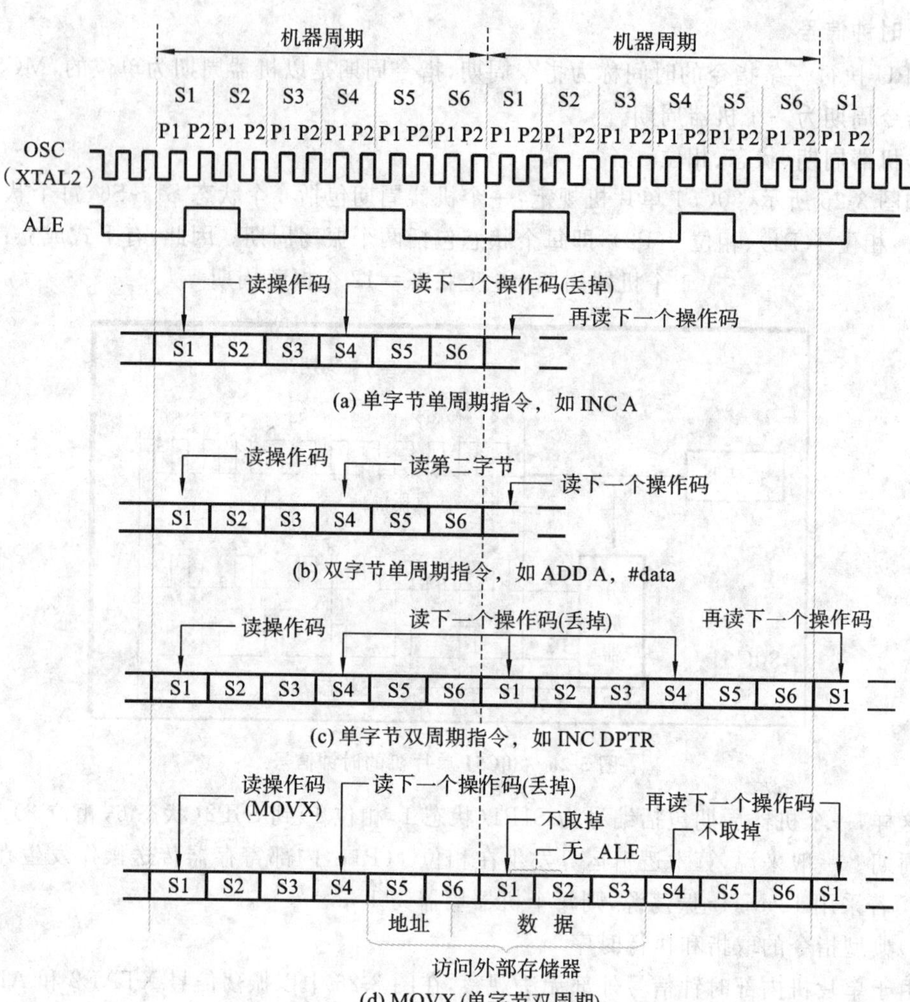

图 3-27 典型指令的取指/执行时序

指令在第二周期 S6P2 期间执行完毕。

图 3-27(d)给出了一个单字节双周期指令实例——MOVX 指令执行情况。在第一周期的 S1P2 期间读取操作码送入指令寄存器，在 S5 期间送出外部数据存储器地址，随后在 S6 期间到下一周期 S3 期间送出或读入数据，访问外部存储器。在读写期间 ALE 端不输出有效信号，第一周期 S4 期间与第二周期 S1、S4 期间的三次取指操作都无效，指令在第二周期的 S6P2 期间执行完毕。

在 80C51 指令系统中，单字节、双字节指令占绝大多数，三字节指令很少(13 条)。单字节或双字节指令可能是单周期或双周期的，三字节指令是双周期的，乘除指令是四周期的，因此，当振荡频率为 12 MHz 时，指令执行时间分别为 1 μs、2 μs、4 μs。

3.5.2 单片机的低功耗工作方式

80C51 单片机具有低功耗运行方式。对于 CHMOS 型单片机有两种低功耗方式：待机

方式与掉电方式；HMOS 型单片机仅有一种低功耗方式，即掉电方式。待机（或称空闲）方式下，电流一般为 1.7～5 mA；掉电（或称停机）方式下，电流一般为 5～50 μA，下面分别加以叙述。

1. HMOS 型单片机掉电运行方式

如图 3-28 所示，正常运行时，HMOS 型单片机由 V_{CC} 供电。当 V_{CC} 掉电时，在 V_{CC} 下降到操作允许极限之前，RST/V_{PD} 接上备用电源，向内部 RAM 供电。当 V_{CC} 恢复时，备用电源仍要保持一段时间，以便完成复位操作，然后重新开始工作。

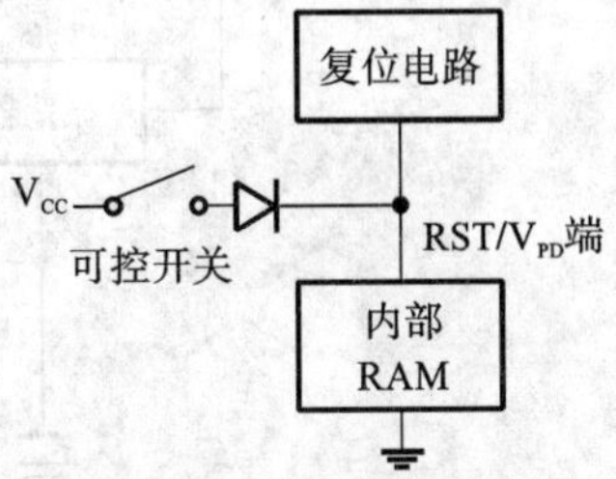

图 3-28　低功耗掉电方式

2. CHMOS 型单片机的掉电运行方式与待机方式

在 CHMOS 型单片机中，待机方式与掉电方式均由特殊功能寄存器 PCON 的有关位控制，其中各位意义如下：

(87H)	7	6	5	4	3	2	1	0	
PCON	SMOD	—	—	—	GF1	GF0	PD	IDL	字节地址 87H

SMOD：(PCON.7)波特率加倍位。当 SMOD＝1 时，串行口方式 1、2、3 的波特率提高一倍。

PCON：6、5、4 保留位，无定义。

GF1：(PCON.3)通用标志位，供用户使用。

CF0：(PCON.2)通用标志位，供用户使用。

PD：(PCON.1)掉电方式位。当 PD＝1 时，机器进入掉电工作方式，由软件设置。

IDL：(PCON.0)待机方式位。当 IDL＝1 时，机器进入待机工作方式，由软件设置。

1)掉电工作方式

当执行了使 PCON 寄存器中 PD 位置“1”的指令后，单片机进入掉电工作方式，如图 3-28所示。当 PD＝1，$\overline{PD}$＝0 时，片内振荡器停止工作。由于时钟冻结，一切功能都停止，只有片内 RAM 内容被保持。退出掉电方式的唯一途径是硬件复位。在掉电方式下 V_{CC} 可降到 2 V，耗电电流仅 50 μA。

值得注意的是，在进入掉电方式前，V_{CC} 不能下降；在结束掉电保护前，V_{CC} 必须恢复正常工作电压。复位终止了掉电方式，同时释放了振荡器。在 V_{CC} 恢复到正常水平之前，不应该复位，要保持足够长的复位时间，通常只需不到 10 毫秒时间，以保证振荡器再起动并达到稳定。

2)待机工作方式

当执行了使 PCON 寄存器 IDL 位为“1”的指令后，单片机就进入了待机工作方式，参见图 3-29。当 IDL＝1，$\overline{IDL}$＝0 时封锁了时钟信号去 CPU 的与门，CPU 处于冻结状态，然而时钟信号仍能提供给中断逻辑、串行口和定时器。在待机期间 CPU 状态被完整保存，如程序计数器 PC、堆栈指针 SP、程序状态字 PSW、累加器 A 及所有的工作寄存器等，而 ALE 和 $\overline{PDEN}$变为无效状态。

有两种方法退出待机工作方式。

(1)任何一个允许的中断请求被响应时，内部硬件电路将 IDL 位清零，结束待机状态，进

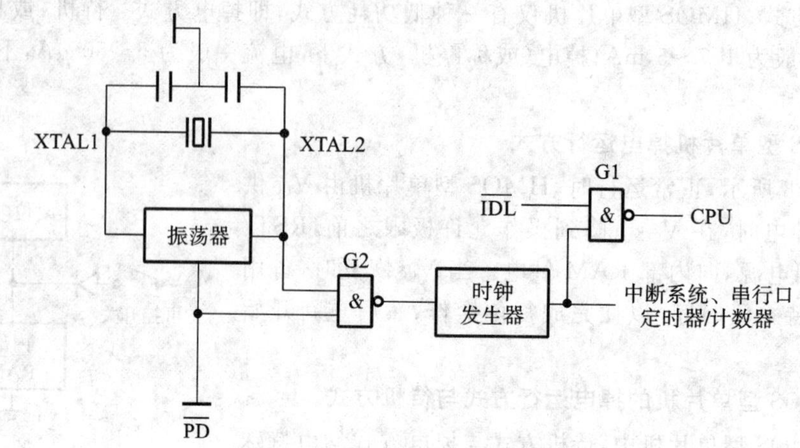

图 3-29　待机和掉电硬件结构

入中断服务程序。

(2)硬件复位。由于时钟振荡器仍在工作,只要复位信号保持两个机器周期以上,便可完成复位,结束待机状态。

3.6　80C51 单片机的最小系统

单片机最小系统就是能使单片机工作的由最少的器件构成的系统,是大多数控制系统所必不可少的关键部分。图 3-30 是由 89C52 构成的单片机最小系统。89C52 单片机只需外接时钟电路和复位电路即可,P0～P3 口为 32 个通用 I/O 口。使用 P0 口需要通过 10～20 kΩ 电阻上拉到 V_{cc},图中未画出。单片机通过三总线扩展外部接口电路,单片机的外部扩展总线接到外部程序存储器的地址总线、数据总线和控制总线,即构成单片机最小系统。关于单

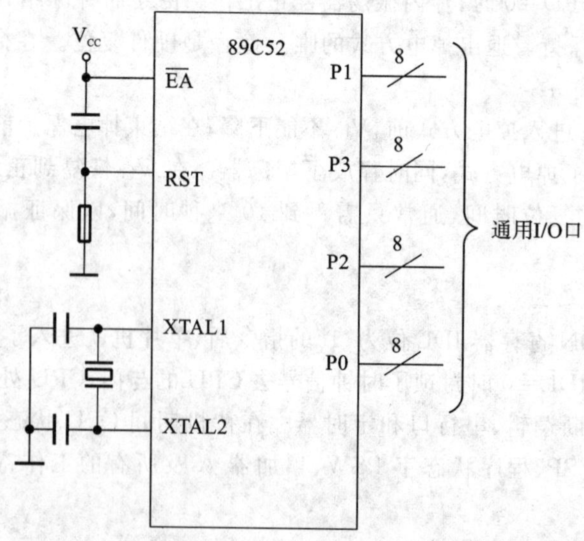

图 3-30　单片机最小系统

片机最小系统，这里仅是建立一个概念，说明其基本构成，至于单片机系统的构成方法及原理将在以后的章节中详细介绍。

本章小结

(1)80C51 单片机的内部组成、CPU 的工作原理、存储器、外部结构及并行 I/O 口的结构和功能。

(2)80C51 单片机内部包含 CPU、ROM、RAM、定时器/计数器和多种功能的 I/O 线等，各功能部件独立地集成在单片机内部，相互之间通过片内总线连接。CPU 作为单片机的控制核心部件，在时钟脉冲的推动下，按一定的时序工作。单片机的时序信号包括振荡周期、时钟周期、机器周期、指令周期。单片机的存储器分为程序存储器 ROM 和数据存储器 RAM，用户除了使用片内存储器外，还可以扩展片外 ROM 和 RAM。

(3)80C51 单片机通过外部引脚与外界进行信息交换，最常用的是 P0 口、P1 口、P2 口、P3 口。通过这四个端口可以实现系统扩展和构建单片机应用系统。

思考与练习题 3

1. 单项选择题

(1)在 51 单片机中，如果采用 6 MHz 晶振，一个机器周期为________。

A. 16 μs　　B. 8 μs　　C. 4 μs　　D. 2 μs

(2)MCS-51 单片机的复位信号是________有效。

A. 下降沿　　B. 上升沿　　C. 低电平　　D. 高电平

(3)AT89C51 单片机的机器周期等于________个时钟振荡周期。

A. 1　　B. 2　　C. 6　　D. 12

(4)若 A 中的内容为 63H，那么，P 标志位的值为________。

A. 1　　B. 0　　C. 2　　D. 3

(5)在 51 单片机的下列特殊功能寄存器中，具有 16 位字长的是________。

A. PCON　　B. TCON　　C. SCON　　D. DPTR

(6)51 单片机程序存储器的寻址范围是由程序计数器 PC 的位数所决定的，因为 51 单片机的 PC 是 16 位的，因此其寻址的范围为________ KB。

A. 4　　B. 8　　C. 16　　D. 64

(7)判断下列________项说法是正确的。

A. 51 单片机的 CPU 是由 RAM 和 EPROM 组成的

B. 区分片外程序存储器和片外数据存储器最可靠的方法是看其位于地址范围的低端还是高端

C. 在 51 单片机中，为使准双向的 I/O 口工作在输入方式，必须保证它被事先预置为 0

D. PC 可以看成是程序存储器的地址指针

(8)以下选项中第________项不是 80C51 单片机的基本配置。

A. 定时/计数器 T2　B. 128B 片内 RAM　C. 4KB 片内 ROM　D. 全双工异步串行口

(9)单片机中的 CPU 主要由________两部分组成。

A. 运算器和寄存器　B. 运算器和控制器　C. 运算器和译码器　D. 运算器和计数器

(10)判断以下有关 PC 和 DPTR 的结论________是错误的。

A. DPTR 是可以访问的，而 PC 不能访问

B. 它们都是 16 位寄存器

C. 在单片机运行时，它们都具有自动加“1”的功能

D. DPTR 可以分为 2 个 8 位的寄存器使用，但 PC 不能

(11)在通用 I/O 方式下，从 P1 口读取引脚电平前应当________。

A. 先向 P1 口写 0　　B. 先向 P1 口写 1

C. 先使中断标志清零　　D. 先开中断

(12)单片机上电复位后，PC 的内容和 SP 的内容为________。

A. 0000H，00H　　B. 0000H，07H　　C. 0003H，07H　　D. 0800H，08H

(13)判断下列说法________项是正确的。

A. 程序计数器 PC 不能为用户编程时直接访问，因为它没有地址

B. 内部 RAM 的位寻址区，只能供位寻址使用，而不能供字节寻址使用

C. 51 单片机共有 21 个特殊功能寄存器，它们的位都是可用软件设置的，因此，是可以进行位寻址的。

D. PC 可寻址 64KB RAM 空间

(14)80C51 单片机的 V_{SS}(20)引脚是________引脚。

A. 主电源+5V　　B. 接地　　C. 备用电源　　D. 访问片外存储器

(15)PC 的值是________。

A. 当前正在执行指令的前一条指令的地址

B. 当前正在执行指令的地址

C. 当前正在执行指令的下一条指令的地址

D. 控制器中指令寄存器的地址

(16)80C51 单片机的内部 RAM 中具有位地址的字节地址范围是________。

A. 0～1FH　　B. 20H～2FH　　C. 30H～5FH　　D. 60H～7FH

(17)80C51 单片机的复位功能引脚是________。

A. XTAL1　　B. XTAL2　　C. RST　　D. ALE

(18)80C51 单片机的 $\overline{EA}$ 引脚接+5V 时，程序计数器 PC 的有效地址范围是(假设系统没有外接 ROM)________。

A. 1000H～FFFFH　B. 0000H～FFFFH　C. 0001H～0FFFH　D. 0000H～0FFFH

(19)当程序状态字寄存器 PSW 中的 R0 和 R1 分别为 0 和 1 时，系统选用的工作寄存器组为________。

A. 组 0　　B. 组 1　　C. 组 2　　D. 组 3

(20)判断下列说法________项是正确的。

A. PC 是一个可寻址的特殊功能寄存器

B. 单片机的主频越高，其运算速度越快

C. 在 51 单片机中，一个机器周期等于 1 μs

D. 特殊功能寄存器内存放的是栈顶首地址单元的内容

2. 问答思考题

(1)80C51 单片机包含哪些主要逻辑功能部件？

(2)对 80C51 复位信号有什么要求？

(3)80C51 的工作寄存器分成几个组？每组为多少个单元？

(4)80C51 复位后工作寄存器位于哪一组？

(5)在 80C51 的 21 个特殊功能寄存器中哪些特殊功能寄存器具有位寻址功能？

(6)80C51 的 EA 端、ALE 端、PSEN 端各有什么用途？

(7)80C51 的时钟周期、机器周期、指令周期是如何分配的？当振荡频率为 10 MHz 时一个机器周期为多少微秒？

(8)80C51 的 P0～P3 口结构有什么不同？作通用 I/O 输入数据时应注意什么？

(9)在 80C51 扩展系统中，片外程序存储器和片外数据存储器共处同一地址空间，为什么不会发生总线冲突？

(10)80C51 的 P3 口具有哪些第二功能？

(11)位地址 7CH 与字节地址 7CH 有什么区别？位地址 7CH 具体在内存中什么位置？

(12)程序状态字 PSW 的作用是什么？常用的状态标志有哪几位？作用是什么？

(13)在程序存储器中，0000H、000H、000BH、0013H、001BH、0023H 这 6 个单元有什么特定含义？

(14)若 P0～P3 口作通用 I/O 口用，为什么把它们称为准双向口？

(15)80C51 单片机复位后，P0～P3 口处于什么状态？

第4章 单片机的汇编语言与程序设计

数字计算机能直接识别的是用二进制数 0 和 1 编码组成的指令,常称为机器码指令。为了解决机器码指令不便于书写、阅读、记忆和编写等问题,可以采用约定的英文助记符代替机器码进行编程。这种用助记符表示指令的计算机语言称为汇编语言,由汇编语言规则编写的程序称为汇编程序。

由于单片机不能直接执行汇编程序,必须通过汇编系统软件将其“翻译”成机器码,这个翻译过程称为编译过程。汇编语言属于面向机器的低级编程语言,不同计算机的汇编语言是不兼容的。本章介绍的是针对 80C51 单片机的汇编语言。

需要特别指出的是,本书是基于 C51 语言的单片机编程,要求能熟练掌握灵活应用,而汇编语言仅要求借助指令手册能读懂汇编程序即可,对复杂深奥难懂的汇编语言指令不做特别要求。

4.1 单片机汇编语言概述

4.1.1 汇编语言指令格式

一条汇编语言指令中最多包含 4 个区段,其一般格式如下:

【标号:】操作码 【操作数 1】,【操作数 2】【;注释】

上述格式中的【】号区段是可以根据需要省略的部分(本书约定,今后六角括【】号内的选项都是可缺省的),因此最简单的汇编指令只有操作码区段。各区段之间要用规定的分隔符分开。

【标号:】是当前指令行的符号地址,其值等于当前指令的机器码首字节在 ROM 中的存放地址,由汇编系统软件在编译时对其赋值。编程时可将【标号:】作为其他指令中转移到本行的地址符号。标号由英文字母开头的 1～6 个字符组成,不区分大小写,以英文冒号结尾。

操作码是指令的操作行为,由助记符表示。80C51 单片机共有 42 个操作码助记符,各由 2～5 个英文字符组成,不区分大小写。

操作数是指令的操作对象。根据指令的不同功能,操作数可以是 3 个、2 个、1 个或无操作数。操作数大于 1 时,操作数之间要用英文逗号隔开。

注释是对指令的解释性说明，用以提高程序的可读性，可以用任何文字描述，以英文分号开始，无须结束符号。

以下举例进行说明：

```
START:MOV  A,#20H  ;机器码为 7420H
```

该条指令的标号为“START”，操作码为“MOV”，操作数为“A，#20H”，注释内容为“机器码为 7420H”。START 对应于机器码“74H”在 ROM 中的存放地址。

```
CJNE  A,R0,START ; 若 A≠R0 转 START
```

该条指令的操作码是“CJNE”，操作数为“A，R0，STAPT”，注释内容为“若 A≠R0 转 START”，其中 START 代表指令的转移地址，即要求转移到标号为 START 所在的指令行。本条指令的标号缺省，表明该行指令的地址不会作为其他指令的转移地址。

汇编语言中的标识符、十六进制地址和立即数在表达时容易混淆，作如下规定：

(1)标识符——标号或汇编符号统称为标识符，由英文字母开头的 1～6 个字符组成。例如 EAH、C6A 等。

(2)十六进制地址——若最高位值>9 时，应加前缀“0”以区别于标识符。例如 0ACH、7BH 等。

(3)立即数——出现在指令中的常数叫作立即数，应加前缀“#”以区别于地址。例如 #0ACH、#7BH 等。

4.1.2　描述操作数的简记符号

在单片机的指令手册中，每条指令的操作数都以简记符号的形式表示，以下是描述指令的符号意义介绍。

Rn——当前选中的寄存器区的 8 个工作寄存器 R0～R7($n=0\sim7$)。

Ri——当前选中的寄存器区中可作地址寄存器的 2 个寄存器 R0、R1($i=0,1$)。

Direct——8 位的内部数据存储器单元的地址。可以是内部的 RAM 单元的地址(0～127/255)或专用寄存器的地址，如 I/O 端口、控制寄存器、状态寄存器等(128～255)。

#data——包含在指令中的 8 位常数。

#data16——包含在指令中的 16 位常数。

addr16——16 位的目的地址。用于 LCALL 和 LJMP 指令中，它的地址范围是 64KB 程序存储器地址空间。

addr11——11 位的目的地址。用于 ACALL 和 AJMP 指令中，它的地址必须放在与下一条指令第一个字节同一个 2KB 程序存储器区地址空间之内。

rel——8 位的带符号的偏移字节。用于 SJMP 和所有的条件转移指令中，偏移字节相对于下一个指令的第一个字节计算，在 $-128\sim+127$ 范围内取值。

DPTR——数据指针，可用作 16 位的地址寄存器。

bit——内部 RAM 或专用寄存器中的直接寻址位。

A——累加器。

B——专用寄存器，用于 MUL 和 DIV 指令中。

C——进位标志或进位位,或者布尔处理机中的累加器。

@——间址寄存器或基址寄存器的前缀,如 @Ri、@DPTR。

$——代表当前指令的首地址。

/——位操作数的前缀,表示对该位操作数取反,如/bit。

(X)——X 中的内容。

((X))——由 X 寻址的单元中的内容。

←——箭头左边的内容被箭头右边的内容所代替。

各类指令的介绍方法采用先说明该类指令的共同特征,然后按助记符逐条描述指令、操作码、执行的具体内容参考应用举例。

4.2 80C51 单片机指令的寻址方式

汇编指令在执行时需要操作数,CPU 读取操作数的方法叫寻址方式。寻址方式有源操作数寻址方式和目的操作数寻址方式。严格来讲,讨论寻址方式时应把源操作数寻址方式和目的操作数寻址方式分别进行讨论。由于两者的寻址方式基本相同,所以除非在特别说明的情况下,一般来讲,寻址方式指的是源操作数的寻址方式。

寻址方式的多少,直接反映了机器指令系统功能的强弱,寻址方式越多,其功能越强,灵活性越大。这是衡量计算机性能的重要指标之一。80C51 单片机共有 7 种寻址方式,分别叙述如下。

1. 立即寻址

寻址空间:

——程序存储器

指令的操作数以指令字节的形式存放在程序存储器中。即操作码后紧跟一个称为立即数(8 位或 16 位)的操作数。它是在编程时由用户给定存放在程序存储器中的常数,这种寻址方式称为立即寻址。

例如:

```
MOV   A,#30H    ;A←#30H
```

指令的功能是把操作码后面的立即数 30H 送入 A 中。

例如:

```
MOV   DPTR,#8000H    ;DPTR←#8000H
```

指令立即数为 16 位,其功能是把立即数 #8000H 的高 8 位送入 DPH,低 8 位送入 DPL。

注意:“#”为立即数指示符号。

2. 直接寻址

寻址空间:

——内部 RAM 的低 128 字节

——特殊功能寄存器 SFR(直接寻址是访问 SFR 的唯一方式)

操作码后面的一个字节是实际操作数地址。这种直接在指令中给出操作数真实地址的方式称为直接寻址。

例如：

```
ANL  30H,#20H    ;30H←(30H)∧#20H
```

3. 寄存器寻址

寻址空间：

——R0～R7

——A、B、CY(位),DPTR

指令选定的寄存器内容就是实际操作数,这种寻址方式称为寄存器寻址。其特点是被寻址的某个寄存器已隐含在操作码中,故有时称寄存器寻址为隐含寻址。

例如：

```
MOV  A,R3    ;A←(R3)
```

其功能是把当前所用的寄存器组 R3 的内容送入累加器 A。

4. 寄存器间接寻址

寻址空间：

——内部 RAM(@R0,@R1,SP)

——外部数据存储器(@R0,@R1,@DPTR)

指令所选中的寄存器内容是实际操作数地址(而不是操作数),这种寻址方式称为寄存器间接寻址。

例如：

```
MOV  @ R0, A
```

例如：

```
MOVX  A,@ DPTR
```

5. 基址寄存器加变址寄存器间接寻址

寻址空间：

——程序存储器(@A＋DPTR,@A＋PC)

这是 80C51 指令系统特有的一种寻址方式,它以 DPTR 或 PC 作基址寄存器,A 作变址寄存器(存放 8 位无符号数),两者相加形成 16 位程序存储器,地址作操作数地址。这种寻址方式是单字节指令,用于读出程序存储器中数据表格的常数。

例如：

```
MOVC  A,@ A+DPTR
```

6. 相对寻址

寻址空间：

——程序存储器

用于程序控制,利用指令修正 PC 指针的方式实现转移。即以程序计数器 PC 的内容为基地址,加上指令中给出的偏移量 rel,所得结果为转移目标地址。

注意:偏移量 rel 是一个 8 位有符号补码数,范围为－128～＋127。从而得知,转移范围应当在当前 PC 指针的－128～＋127 之间某一程序存储器地址中。

7. 位寻址

寻址空间

——片内 RAM 的 20H～2FH

——SFR 中 12 个能被 8 整除的字节地址

以访问触发器的方式对内部 RAM、特殊功能寄存器 SFR 中位地址空间进行访问,这种寻址方式称为位寻址。具体内容将在布尔处理类指令中介绍。

在介绍了 80C51 的寻址方式后,对其寻址方法以及相应的寻址空间作一概括,如表 4-1 所示。

表 4-1　寻址方式与相应的寻址空间

方　式	利用的变量	使用的空间
寄存器寻址	R0～R7,A,B,CY,DPTR	
直接寻址	direct	片内 RAM 的低 128 字节、特殊功能寄存器 SFR
寄存器间接寻址	@Ro,@R1　SP @R0,@R1,@DPTR	片内 RAM 片外 RAM
立即寻址	＃data	程序存储器
基址寄存器加变址寄存器间接寻址	@A＋PC　@A＋DPTR	程序存储器
相对寻址	PC＋rel	程序存储器
位寻址	bit	片内 RAM 的 20H～2FH、部分 SFR

4.3　80C51 单片机指令系统

指令是 CPU 用于指挥功能部件完成某一指定动作的指示和命令。一部 CPU 全部指令的集合称为指令系统。80C51 单片机指令系统共有 111 条指令,按照实现的基本功能可划分为 5 大类,即数据传送与交换类、算术运算类、逻辑运算类、控制转移类和位操作类(也有的教材分为 4 大类,将位操作类指令汇总于逻辑运算类指令)。

4.3.1　数据传送与交换类指令(共 29 条)

数据传送与交换类指令是向 CPU 提供运算操作数据的最基本和最主要的操作。这类指令往往在程序中占据很大比例,80C51 单片机的数据传送与交换类指令相当丰富,共有 29 条。除了可以通过累加器进行传送外,还有不通过累加器的数据存储器之间或工作寄存器与数据存储器之间或工作寄存器与数据存储器之间直接进行数据传送与交换的指令。数据传送与交换类指令的路径如图 4-1 所示,数据传送与交换类指令如表 4-2 所示。

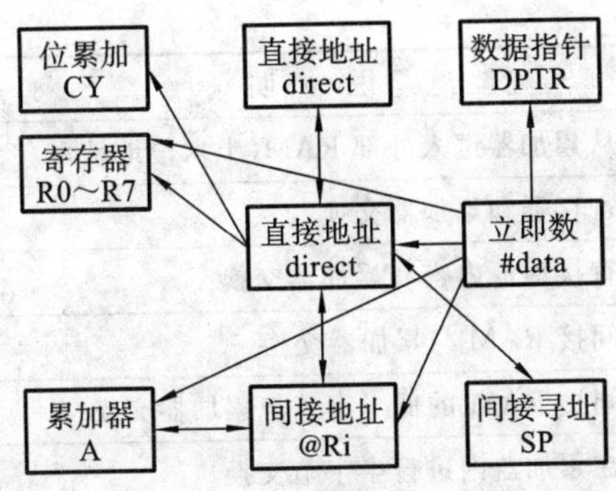

图 4-1　数据传送与交换类指令的路径

数据传送与交换类指令的一般操作是把源操作数传送到目的操作数，指令执行后，源操作数不变，目的操作数修改为源操作数。若要求在进行数据传送时，不丢失目的操作数，80C51 还提供了交换指令。数据传送与交换类指令不影响程序状态字 PSW 的各位(奇偶位 P 除外)，只有堆栈操作可以直接修改 PSW，使 PSW 的某些位发生变化。

表 4-2　数据传送与交换类指令

符号指令	说　明	字　节	振荡周期
MOV　A,Rn	寄存器内容送到累加器	1	12
MOV　A,direct	直接地址中内容送到累加器	2	12
MOV　A,@Ri	间接 RAM 内容送到累加器	1	12
MOV　A,#data	立即数送到累加器	2	12
MOV　Rn,A	累加器内容送到寄存器	1	12
MOV　Rn,direct	直接地址中内容送到寄存器	2	24
MOV　Rn,#data	立即数送到寄存器	2	12
MOV　direct,A	累加器内容送入直接地址	2	12
MOV　direct,Rn	寄存器内容送入直接地址	2	24
MOV　direct,direct	一个直接地址中内容送入另一个直接地址	3	24
MOV　direct,@Ri	间接 RAM 送入直接地址	2	24
MOV　direct,#data	立即数送入直接地址	3	24
MOV　@Ri,A	累加器送入间接 RAM	1	12
MOV　@Ri,direct	直接地址中内容送入间接 RAM	2	24
MOV　@Ri,#data	立即数送入间接 RAM	2	12
MOV　DPTR,#data16	十六位常数装入 DPTR	3	24
MOVC　A,@A+DPTR	以 DPTR 的内容为基地址传送	1	24
MOVC　A,@A+PC	以 PC 为基地址传送	1	24
MOVX　A,@Ri	从外部 RAM(八位地址)送入累加器	1	24
MOVX　A,@DPTR	从外部 RAM(十六位地址)送入累加器	1	24
MOVX　@Ri,A	从累加器送入外部 RAM(八位地址)	1	24

续表

符号指令	说明	字节	振荡周期
MOVX @DPTR,A	从累加器送入外部 RAM(十六位地址)	1	24
XCH A,Rn	寄存器和累加器交换	1	24
XCH A,direct	直接地址内容和累加器交换	2	12
XCH A,@Ri	间接 RAM 与累加器交换	1	12
XCHD A,@Ri	间接 RAM 的低半字节与累加器交换	1	12
SWAP A	在累加器内进行半字节交换	1	12
PUSH direct	把直接地址内容推入堆栈	2	24
POP direct	从堆栈中弹出直接地址	2	24

【例 4-1】 已知相应单元的内容,请指出下条指令执行后各单元内容相应的变化。

累加器 A	40H
寄存器 R0	50H
内部 RAM:40H	30H
内部 RAM:50H	10H

①MOV A,#20H
②MOV A,40H
③MOV A,R0
④MOV A,@R0

【解】

①MOV A,#20H 执行后 A=20H。
②MOV A,40H 执行后 A=30H。
③MOV A,R0 执行后 A=50H。
④MOV A,@R0 执行后 A=10H。

【例 4-2】 已知相应单元的内容,请指出下列指令执行后各单元内容相应的变化。

寄存器 R0	50H
寄存器 R1	66H
寄存器 R6	30H
内部 RAM:50H	60H
内部 RAM:66H	45H
内部 RAM:70H	40H

①MOV A,R6
②MOV R7,70H
③MOV 70H,50H
④MOV 40H,@R0

⑤MOV @R1,＃88H

【解】

①MOV　A,R6　　　执行后 A＝30H。

②MOV　R7,70H　　执行后 R7＝40H。

③MOV　70H,50H　　执行后(70H)＝60H。

④MOV　40H,@R0　　执行后(40H)＝60H。

⑤MOV @R1,＃88H　　执行后(66H)＝88H。

【例 4-3】 把外部数据存储器 2040H 单元中的数据传送到外部数据存储器 2560H 单元中去。

【解】

程序段如下：

```
MOV   DPTR,#2040H
MOVX  A,@ DPTR                ;先将 2040H 单元的内容传送到累加器 A 中
MOV   DPTR,#2560H
MOVX  @ DPTR,A                ;再将累加器 A 中的内容传送到 2560H 单元中
```

【例 4-4】 设堆栈指针为 30H,把累加器 A 和 DPTR 中的内容压入,然后根据需要再把它们弹出,编写实现该功能的程序段。

【解】

①堆栈是用户自己设定的内部 RAM 中的一块专用存储区,使用时一定要先设堆栈指针;堆栈指针缺省为 SP＝07H。

②堆栈遵循后进先出的原则安排数据。

③指令中累加器有两种写法:A 和 ACC。这两种写法是有差别的,A 代表累加器,而 ACC 代表累加器地址(E0H)。堆栈操作必须是字节操作,且只能直接寻址,因此累加器 A 入栈、出栈指令应该写成:PUSH/POP　ACC 或 PUSH/POP　0E0H,而不能写成:PUSH/POP　A。

④堆栈通常用于临时保护数据及子程序调用时保护现场(恢复现场)。

⑤以上指令结果不影响程序状态字寄存器 PSW 标志。

具体程序段如下：

```
MOV     SP,#30H          ;设置堆栈指针,SP=30H,为栈底地址
PUSH    ACC              ;SP+1→SP,SP=31H,ACC →(SP)
PUSH    DPH              ;SP+1→SP,SP=32H,DPH →(SP)
PUSH    DPL              ;SP+1→SP,SP=33H,DPL →(SP)
……
POP     DPL              ;(SP)→DPL,SP- 1→SP,SP=32H
POP     DPH              ;(SP)→DPH,SP- 1→SP,SP=31H
POP     ACC              ;(SP)→ACC,SP- 1→SP,SP=30H
```

4.3.2 算术运算类指令(共24条)

80C51指令系统不仅有加减法指令，而且具有乘除法指令。这四种指令可对8位无符号数直接运算，借助于溢出标志(OV)，可对带符号补码数进行2的补码运算；借助于进位标志(CY)，可实现多字节加减运算；借助于半进位标志(AC)，可方便地对BCD码进行十进制加法调整。算术运算类指令执行的结果，将使进位标志(CY)、半进位标志(AC)、溢出标志(OV)置位或复位，只有增"1"指令和减"1"指令不影响这些标志。算术运算类指令如表4-3所示。

表4-3 算术运算类指令

符号指令	说明	字节	振荡周期
ADD A,Rn	寄存器内容加到累加器	1	12
ADD A,direct	直接地址中内容加到累加器	2	12
ADD A,@Ri	间接RAM内容加到累加器	1	12
ADD A,#data	立即数加到累加器	2	12
ADDC A,Rn	寄存器和进位加到累加器	1	12
ADDC A,direct	直接地址中内容和进位加到累加器	2	12
ADDC A,@Ri	间接RAM和进位加到累加器	1	12
ADDC A,#data	立即数和进位加到累加器	2	12
SUBB A,Rn	从累加器减去寄存器中内容和借位	1	12
SUBB A,direct	从累加器减去直接地址中内容和借位	2	12
SUBB A,@Ri	从累加器减去间接RAM和借位	1	12
SUBB A,#data	从累加器减去立即数和借位	2	12
INC A	累加器增量(加1)	1	12
INC Rn	寄存器增量(加1)	1	12
INC direct	直接地址中内容增量(加1)	2	12
INC @Ri	间接RAM增量(加1)	1	12
DEC A	累加器减1	1	12
DEC Rn	寄存器减1	1	12
DEC direct	直接地址中内容减1	2	12
DEC @Ri	间接RAM减1	1	12
INC DPTR	数据指针增量(加1)	1	24
MUL AB	A乘以B	1	48
DIV AB	A除以B	1	48
DA A	累加器十进制调整	1	12

【例 4-5】　编写计算 12A4H＋0FE7H 的程序，将结果存入内部 RAM 41H 和 40H 单元，40H 存低 8 位，41H 存高 8 位。

【解】

单片机指令系统中只提供了 8 位的加减法运算指令，两个 16 位数（双字节）相加可分为两步进行，第一步先对低 8 位相加，第二步再对高 8 位相加。

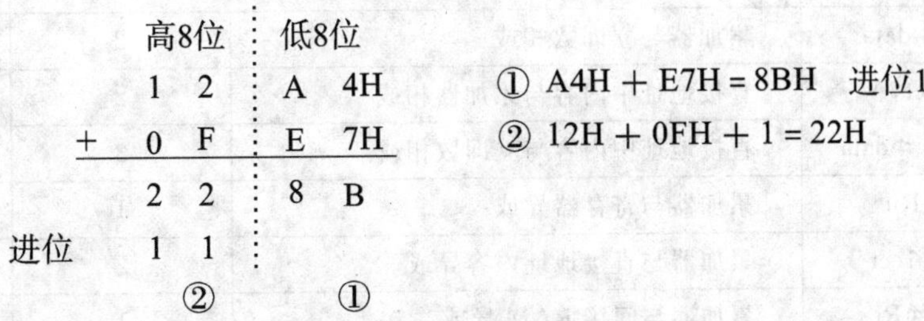

高8位
低8位
1 2
A 4H
+ 0 F
E 7H
2 2
8 B
进位
1 1
②
①
① A4H + E7H = 8BH　进位1
② 12H + 0FH + 1 = 22H

程序段如下：

```
MOV  A,#0A4H        ;被加数低 8 位→A
ADD  A,#0E7H        ;加数低 8 位 E7H 与之相加,A=8BH,Cy=1
MOV  40H,A          ;A→(40H),存低 8 位结果
MOV  A,#12H         ;被加数高 8 位→A
ADDC A,#0FH         ;加数高 8 位+A+Cy,A=22H
MOV  41H,A          ;存高 8 位运算结果
```

【例 4-6】　分别指出指令 INC　R0 和 INC　@R0 的执行结果。设 R0＝30H，(30H)＝00H。

【解】

```
INC  R0      ;R0+1=30H+1=31H→R0,R0=31H
INC  @R0     ;(R0)+1=(30H)+1→(R0),(30H)=01H,R0 中内容不变
```

4.3.3　逻辑运算类指令(共 24 条)

逻辑运算类指令共有 24 条，包括与、或、异或、清零、求反、左右移位等逻辑操作。逻辑运算类指令如表 4-4 所示。

表 4-4　逻辑运算类指令

符号指令	说　明	字　节	振荡周期
ANL　A,Rn	累加器和寄存器相与	1	12
ANL　A,direct	累加器与直接地址中内容相与	2	12
ANL　A,@Ri	累加器与间接 RAM 相与	1	12
ANL　A,#data	累加器和立即数相与	2	12
ANL　direct,A	直接地址中内容和累加器相与	2	12
ANL　direct,#data	直接地址中内容和立即数相与	3	24

续表

符号指令	说明	字节	振荡周期
ORL A,Rn	累加器与寄存器相或	1	12
ORL A,direct	累加器和直接地址中内容相或	2	12
ORL A,@Ri	累加器与间接 RAM 相或	1	12
ORL A,#data	累加器与立即数相或	2	12
ORL direct,A	直接地址中内容与累加器相或	2	12
ORL direct,#data	直接地址中内容与立即数相或	3	24
XRL A,Rn	累加器与寄存器异或	1	12
XRL A,direct	累加器与直接地址内容异或	2	12
XRL A,@Ri	累加器与间接 RAM 异或	1	12
XRL A,#data	累加器与立即数异或	2	12
XRL direct,A	直接地址中内容与累加器异或	2	12
XRL direct,#data	直接地址中内容与立即数异或	3	24
CLR A	清除累加器	1	12
CPL A	累加器求反	1	12
RL A	累加器循环左移	1	12
RLC A	累加器连进位循环左移	1	12
RR A	累加器循环右移	1	12
RRC A	累加器连进位循环右移	1	12

【例 4-7】 设 A 的内容为 11010110B,R3 的内容为 01101100B。

①指令“ANL A,R3”实现下述逻辑运算

$$
\begin{array}{r}
11010110B \\
\wedge \quad 01101100B \\
\hline
01000100B
\end{array}
$$

结果:(A)=01000100B(R3)=01101100B

②指令“ORL A,R3”实现下述逻辑运算

$$
\begin{array}{r}
11010110B \\
\vee \quad 01101100B \\
\hline
11111110B
\end{array}
$$

结果:(A)=11111110B(R3)=01101100B

③指令“XRL A,R3”实现下述逻辑运算

$$
\begin{array}{r}
11010110B \\
\oplus \quad 01101100B \\
\hline
10111010B
\end{array}
$$

结果:(A)=10111010B(R3)=01101100B

【例 4-8】 将累加器 A 的低四位送 P1 口的低四位,而 P1 口的高四位保持不变。

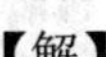

【解】

这种操作可用传送指令，但若用“与”“或”逻辑运算指令将使程序变得更简单，程序如下：

```
ANL  A,#0FH        ;屏蔽 A 的高 4 位
ANL  P1,#0F0H      ;屏蔽 P1 口的低 4 位
ORL  P1,A          ;完成操作
```

在应用中，经常会遇到希望使某个单元某几位内容不变，其余几位为“0”，这种操作常用“与”运算完成，需不变的各位和“1”相与，需变“0”的各位和“0”相与。这就是“读—修改—写”指令，即先读端口锁存器 P1 口的内容，并完成“与”(修改)操作，再写回端口锁存器 P1 口。

4.3.4　控制转移类指令(共 17 条)

控制转移类指令的本质是改变程序计数器 PC 的内容，从而改变程序的执行方向。控制转移类指令分为无条件转移指令、条件转移指令和调用/返回指令。控制转移类指令如表 4-5所示。

表 4-5　控制转移类指令

符号指令	说　明	字　节	振荡周期
ACALL　addr11	绝对调用子程序	2	24
LCALL　addr16	长调用子程序	3	24
RET	从子程序返回	1	24
RETI	从中断返回	1	24
AJMP　addr11	绝对跳转	2	24
LJMP　addr16	长跳转	3	24
SJMP　rel	短跳转(相对地址)	2	24
JMP　@A+DPTR	相对于 DPTR 的间接转移	1	24
JZ　rel	若累加器为零则跳转	2	24
JNZ　rel	若累加器不为零则跳转	2	24
CJNE　A,direct,rel	累加器和直接地址中内容比较若不相等则跳转	2	24
CJNE　A,#data,rel	累加器和立即数比较若不相等则跳转	3	24
CJNE　Rn,#data,rel	寄存器和立即数比较若不相等则跳转	3	24
CJNE　@Ri,#data,rel	间接 RAM 和立即数比较若不相等则跳转	3	24
DJNZ　Rn,rel	寄存器减 1 若非零则跳转	2	24
DJNZ　direct,rel	直接地址中内容减 1 若非零则跳转	3	24
NOP	空操作	1	12

【例 4-9】 指令 KWR:AJMP　KWR1 的执行结果。

【解】

设 KWR 标号地址=1030H,KWR1 标号地址=1100H,该指令执行后 PC 首先加 2 变为 1032H,然后由 1032H 的高 5 位和 1100H 的低 11 位拼装成新的 PC 值=0001000100000000B,即程序从 1100H 开始执行。

【例 4-10】 若 AJMP 指令地址为 3000H。AJMP 后面带的 11 位地址 addr11 为 123H,则执行指令 AJMP　addr11 后转移的目的位置是多少?

【解】

AJMP 指令的 PC 值加 2=3000H+2=3002H=00110 000 00000010B,指令中的 addr11=123H=001 00100011B,转移的目的地址为 00110 001 00100011B=3123H。

【例 4-11】 计算转移指令的目的地址。

(1)835AH　SJMP　35H

【解】

rel=35H=0011 0101B 为正数,因此程序向后转移。

目的地址=(PC)+rel=(835AH+02H)+[35H]补=8391H

(2)835AH　SJMP　0E7H

【解】

rel=0E7H=1110 0111B 为负数,因此程序向前转移。

目的地址=835AH+02H+[0E7H]补=835CH-19H=8343H

【例 4-12】 计算转移指令的相对偏移量 rel,并判断是否超出转移范围?

```
2130H   SJMP   NEXT
        ...
2150H   NEXT:MOV   A,R2
```

相对偏移量 rel=2150H-(2130H+2)=001EH,得出 rel=1EH=+30D(未超出转移范围)。

4.3.5 位操作类指令(共 17 条)

位操作类指令的操作数是“位”,其取值只能是 0 或 1,故又称之为布尔变量操作指令。位操作类指令的操作对象是片内 RAM 的位寻址区(即 20H～2FH)和特殊功能寄存器 SFR 中的 11 个可位寻址的寄存器。片内 RAM 的 20H～2FH 共 16 个单元 128 个位,这 128 个位的每个位均定义 1 个名称,00H～7FH 称为位地址,如表 4-6 所示。对于特殊功能寄存器 SFR 中可位寻址的寄存器的每个位也有名称定义,如表 4-7 所示。

表 4-6　片内 RAM 位寻址区的位地址分布

位地址/位名称								字节地址
D7	D6	D5	D4	D3	D2	D1	D0	
7F	7E	7D	7C	7B	7A	79	78	2FH
77	76	75	74	73	72	71	70	2EH

续表

位地址/位名称								字节地址
D7	D6	D5	D4	D3	D2	D1	D0	
6F	6E	6D	6C	6B	6A	69	68	2DH
67	66	65	64	63	62	61	60	2CH
5F	5E	5D	5C	5B	5A	59	58	2BH
57	56	55	54	53	52	51	50	2AH
4F	4E	4D	4C	4B	4A	49	48	29H
47	46	45	44	43	42	41	40	28H
3F	3E	3D	3C	3B	3A	39	38	27H
37	36	35	34	33	32	31	30	26H
2F	2E	2D	2C	2B	2A	29	28	25H
27	26	25	24	23	22	21	20	24H
1F	1E	1D	1C	1B	1A	19	18	23H
17	16	15	14	13	12	11	10	22H
0F	0E	0D	0C	0B	0A	09	08	21H
07	06	05	04	03	02	01	00	20H

表 4-7　SFR 中的位地址分布

SFR	位地址/位名称								字节地址
	D7	D6	D5	D4	D3	D2	D1	D0	
B	F7H	F6H	F5H	F4H	F3H	F2H	F1H	F0H	F0H
ACC	E7H	E6H	E5H	E4H	E3H	E2H	E1H	E0H	E0H
	ACC.7	ACC.6	ACC.5	ACC.4	ACC.3	ACC.2	ACC.1	ACC.0	
PSW	D7H	D6H	D5H	D4H	D3H	D2H	D1H	D0H	D0H
	CY	AC	F0	RS1	RS0	OV	F1	P	
IP	BFH	BEH	BDH	BCH	BBH	BAH	B9H	B8H	B8H
	—	—	—	PS	PT1	PX1	PT0	PX0	
P3	B7H	B6H	B5H	B4H	B3H	B2H	B1H	B0H	B0H
	P3.7	P3.6	P3.5	P3.4	P3.3	P3.2	P3.1	P3.0	
IE	AFH	AEH	ADH	ACH	ABH	AAH	A9H	A8H	A8H
	EA	—	—	ES	ET1	EX1	ET0	EX0	
P2	A7H	A6H	A5H	A4H	A3H	A2H	A1H	A0H	A0H
	P2.7	P2.6	P2.5	P2.4	P2.3	P2.2	P2.1	P2.0	
SCON	9FH	9EH	9DH	9CH	9BH	9AH	99H	98H	98H
	SM0	SM1	SM2	REN	TB8	RB8	TI	RI	

续表

SFR	位地址/位名称								字节地址
	D7	D6	D5	D4	D3	D2	D1	D0	
P1	97H	96H	95H	94H	93H	92H	91H	90H	90H
	P1.7	P1.6	P1.5	P1.4	P1.3	P1.2	P1.1	P1.0	
TCON	8FH	8EH	8DH	8CH	8BH	8AH	89H	88H	88H
	TF1	TR1	TF0	TR0	IE1	IT1	IE0	IT0	
P0	87H	86H	85H	84H	83H	82H	81H	80H	80H
	P0.7	P0.6	P0.5	P0.4	P0.3	P0.2	P0.1	P0.0	

对于位寻址,有以下三种不同的写法:

第一种是直接地址写法,如

```
MOV  C,0D2H
```

其中0D2H表示PSW中的OV位地址。

第二种是点操作符写法,如

```
MOV  C,0D0H.2
```

第三种是位名称写法,在指令格式中直接采用位定义名称,这种方式只适用于可以位寻址的SFR,如

```
MOV  C,OV
```

位操作类指令如表4-8所示。

表4-8 位操作类指令

符号指令	说明	字节	振荡周期
CLR C	清除进位	1	12
CLR bit	消除直接位	2	12
SETB C	置进位位	1	12
SETB bit	置位直接位	2	12
CPL C	进位求反	1	12
CPL bit	直接位求反	2	12
ANL C,bit	进位和直接位相与	2	24
ANL C,/bit	进位和直接位的反码相与	2	24
ORL C,bit	进位和直接位相或	2	24
ORL C,/bit	进位和直接位的反码相或	2	24
MOV C,bit	直接位送入进位位	2	24
MOV bit,C	进位位送入直接位	2	24
JC rel	若进位位置位则转移	2	24

续表

符号指令	说　明	字　节	振荡周期
JNC　rel	若进位位不置位则转移	2	24
JB　bit,rel	若直接位置位则转移	3	24
JNB　bit,rel	若直接位不置位则转移	3	24
JBC　bit,rel	若直接位置位则转移并清除该位	3	24

【例 4-13】　用位操作类指令编程计算逻辑方程 P1.7=ACC.0×(B.0+P2.1)+/P3.2,其中"+"表示逻辑或,"×"表示逻辑与。

【解】

程序段如下:

```
MOV    C,B.0      ;B.0→C
ORL    C,P2.1     ;C 或 P2.1→C
ANL    C,ACC.0    ;C 与 ACC.0→C,即 ACC.0×(B.0+P2.1)→C
ORL    C,/P3.2    ;C 或/P3.2,即 ACC.0×(B.0+P2.1)+/P3.2→C
MOV    P1.7,C     ;C→P1.7
```

4.3.6　伪指令

伪指令又称汇编系统控制译码指令或指示性指令,仅用于指示汇编系统软件要完成的操作,故一般不产生机器代码(定义字节或字的伪指令除外)。例如为机器代码指定存储区、指示程序开始和结束、定义数据存储单元等。表 4-9 为 80C51 单片机常用的几种伪指令。

表 4-9　80C51 单片机常用的几种伪指令

伪指令名称	格　式	功能描述
ORG(Oringin) 程序起始地址	ORG 16 位地址	用于定义汇编程序或查表数据在 ROM 中存放的起始地址
EQU(Equate) 等值指令	标识符 EQU 数或汇编符号	用于将一个数值或汇编符号赋给该标示符
DATA(Data) 数据地址赋值	标识符 DATA 内存字节地址	用于将一个片内 RAM 的地址赋给该标示符
BIT(Bit) 位地址赋值	标识符 DATA 位地址或位名称	用于将一个位地址或位名称赋给该标示符
DB(Define Byte) 定义字节	[标号:]　DB　<项或项表>	用于把项或项表中的字节(8 位)数值依次存入标号开始的存储单元中
END(End) 结束汇编	END	用于指示汇编源程序段结束

上述伪指令的具体应用将结合本章实例(例 4-14)进行介绍。

4.4 汇编语言的程序设计

4.4.1 汇编语言程序设计步骤

用汇编语言进行程序设计的过程和用高级语言进行程序设计的过程类似,一般都需要经过以下几个步骤。

1. 分析问题,确定算法或解题思路

实际问题是多种多样的,不可能有统一的模式,必须具体问题具体分析。对于同一个问题,也存在多种不同的解决方案,通过认真分析、论证、比较从中挑选最佳方案。

2. 画流程图

流程图又称程序框图,可以直观地表示出程序的执行过程或解题步骤和方法。同时,它给出程序的结构,体现整体与部分之间的关系,将复杂的程序分成若干简单的部分,给编程工作带来方便。流程图还充分地表达了程序的设计思路,将问题与程序联系起来,便于我们阅读、理解程序,查找错误。画流程图是程序设计的一种简单、易行、有效的方法。

常用的流程图图形符号见表 4-10。

表 4-10 常用的流程图图形符号

图形符号	名 称	说 明
▭	过程框	表示这段程序要做的事
◇	判断框	表示条件判断
⬭	始终框	表示流程的起始或终止
○	连接框	表示程序连接流向
⬠	页连接框	表示程序换页连接
→ ← ↑ ↓	程序流向	表示程序流向

3. 编写程序

根据流程图完成源程序的编写,即用汇编指令对流程图中的各部分加以具体实现。如果流程复杂,可以采取分别编写各个模块程序,然后汇总成完整程序的做法。

4. 调试与修改

最初完成的程序通常都会存在许多语法错误和逻辑错误,必须进行反复调试和修改,直

至问题完全排除。如前所述，Proteus 仿真软件具有 51 单片机从概念到产品的全套开发功能，也是汇编程序设计的重要软件工具，应当熟练掌握，灵活应用。

4.4.2　汇编程序应用举例

【例 4-14】　在 80C51 单片机 P3 口外接 8 个发光二极管（低电平驱动）。试编写一个汇编程序，实现 LED 循环点亮功能：按 P3.0→P3.1→P3.2→P3.3→…→P3.7→P3.6→P3.5→…→P3.0 的顺序，无限循环。要求采用软件延时方式控制闪烁时间间隔（约 100 ms）。

第 4 章　例 4-14 LED 循环点亮

【解】

仿真开发过程如下。

1. 电路原理图设计

利用 Proteus 软件的 ISIS 模块绘制原理图。考虑到 LED 低电平驱动要求，硬件电路设计时需使 LED 的负极接 P3 口，正极通过限流电阻与＋5V 电源相接。电路原理图如图 4-2 所示。

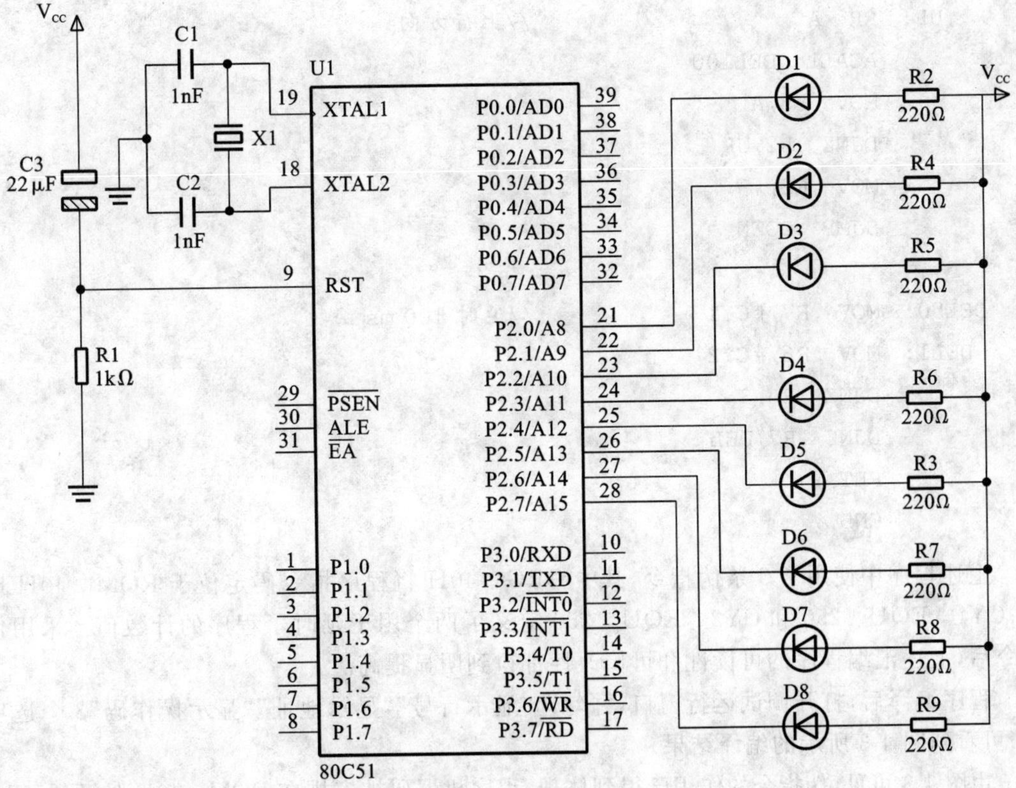

图 4-2　例 4-14 电路原理图

2. 汇编程序设计

编程思路：P3 口的亮灯编码初值应能保证 P3.0 位输出低电平，其余位均为高电平。根据电路要求，这一编码初值应为 0FEH，即 D1 为亮，D2～D8 皆为暗。此后，不断将亮灯编码值进行循环左移输出,亮灯位将随之由上向下变化;循环左移 7 次后改为循环右移,则亮灯位将随之由下向上变化。如此反复进行便可实现题意要求的流水灯功能。

根据题意,依次写出相应的汇编指令,并在适当指令行处设置符号地址(标号),在条件转移指令中加入相应标号,便可完成汇编程序编写。本题参考程序如下:

```
          ORG  40H
          CY1  EQU  250
          CY2  EQU  250
          MOV  A,#0FEH ;            //LED亮灯编码初值
          MOV  P3,A
          MOV  R2,#7
   DOWN:  RL  A                     //下行方向
          ACALL  DEL100
          MOV  P3,A
          DJNZ  R2,DOWN
          MOV  R2,#7
     UP:  RR  A                     //上行方向
          ACALL  DEL100
          MOV  P3,A
          DJNZ  R2,UP
          MOV  R2,#7
          SJMP  DOWN

  DEL50:  MOV  R7,#CY1              //延时 100 ms 函数
   DEL1:  MOV  R6,#CY2
          DJNZ  R6,$
          DJNZ  R7,DEL
          RET
          END
```

上述程序中使用了 3 条伪指令,其中 ORG　40H 将程序指令码定位于 ROM　40H 地址;CY1　EQU　250 和 CY2　EQU　250 定义了两个用于延时子程序的计数值。采用伪指令后,上述汇编程序的可读性和可修改性都得到明显提高。

程序编译后,打开调试运行窗口,并勾选"显示行号""显示地址""显示操作码"3 个选项后,可看到图 4-3 所示的编译结果。

由图 4-3 可见,伪指令的作用已得到体现,程序机器码被安排在 ROM　40H 处开始,CY1 和 CY2 的定义值被编译到第 19～25 行的代码中,伪指令确无相应机器码。

3. 仿真运行情况

程序仿真运行结果如图 4-4 所示,实现了 LED 循环点亮的功能。

实例14.ASM

```
        ORG      40H
        CY1      EQU  250
        CY2      EQU  250
        MOV      A,#0FEH //LED亮灯编码初值
        MOV      P3,A
        MOV R2,#7
DOWN:      RL   A   //下行方向
        ACALL    DEL100
        MOV      P3,A
        DJNZ     R2,DOWN
        MOV      R2,#7
UP: RR  A        //上行方向
        ACALL    DEL100
        MOV      P3,A
        DJNZ     R2,UP
        MOV R2,#7
        SJMP     DOWN

DEL   :   MOV        R7,#CY1;延时100ms
DEL1:     MOV        R6,#CY2
        DJNZ     R6,$
        DJNZ     R7,DEL1
        RET
        END
```

图 4-3　例 4-14 程序编译结果

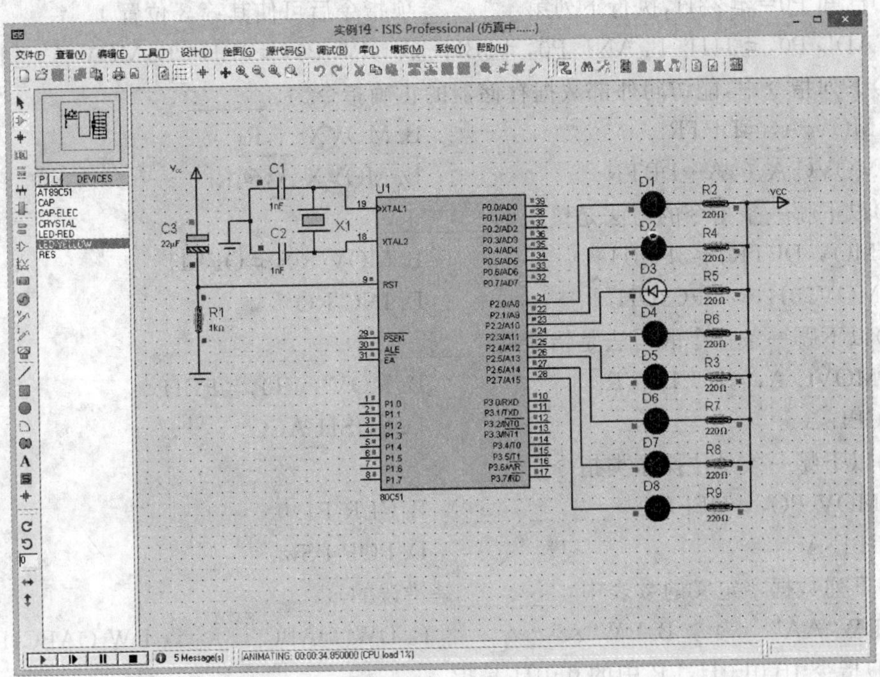

图 4-4　例 4-14 程序仿真运行结果

本章小结

(1)程序由指令组成,一台计算机能够提供的所有指令的集合称为指令系统。指令有机器码指令和助记符指令两种形式,机器能够直接执行的指令是机器码指令。

(2)寻找操作数地址的方式称为寻址方式。80C51 指令系统共使用了 7 种寻址方式,包括寄存器寻址、直接寻址、立即寻址、寄存器间接寻址、基址寄存器加变址寄存器间接寻址、相对寻址和位寻址等。

(3)80C51 单片机指令系统包括 111 条指令,按功能可以划分为以下 5 类:数据传送与交换类指令、算术运算类指令、逻辑运算类指令、控制转移类指令和位操作类指令。

(4)本章简单介绍了指令系统中所包含的每一条指令,让读者初步了解指令的概念和基本功能,掌握汇编语言编程的方法和步骤,能读懂和编写简单的汇编语言程序。

思考与练习题 4

1. 单项选择题

(1)指令 SJMP 的跳转范围是________。

A. 2KB　　B. 256B　　C. 128B　　D. 64KB

(2)LJMP 跳转空间最大可达________。

A. 2KB　　B. 256B　　C. 128B　　D. 64KB

(3)下面指令寻址方式为基址寄存器加变址寄存器间接寻址的是________。

A. MOV A,30H　　B. MOVX @DPTR,A

C. MOVC A,@A+PC　　D. JC rel

(4)已知 P0=＃23H,执行下列第________项指令后可使其第 3 位置 1。

A. ADD P0,＃34H　B. ANL P0,＃3BH　C. ORL P0,＃3BH　D. MOV A,@DPTR

(5)下列指令中,能访问外部数据存储器的正确指令为________。

A. MOV A,@DPTR　　B. MOVX A,Ri

C. MOVC A,@A+DPTR　　D. MOVX A,@Ri

(6)以下哪一条指令的写法是错误的________。

A. MOV DPTR,＃3F98H　　B. MOV R0,＃OFEH

C. MOV50H,＃OFC3DH　　D. INC RO

(7)以下哪一条指令的写法是错误的________。

A. MOVC A,@A+DPTR　　B. MOV @R0,＃FEH

C. CPL A　　D. PUSH ACC

(8)以下哪一条是位操作类指令________。

A. MOV PO,＃OFFH　　B. CLR P1.0

C. CPL A　　D. POP PSw

(9)下列数据字定义的数表中,________是错误的。

A. DW“AA”　　B. DW“A”　　C. DW“OABC”　　D. DW OABCH

(10)指令 JB 0E0H,LP 中的 0E0H 是指________。

A. 累加器 A　　B. 累加器 A 的最高位

C. 累加器 A 的最低位　　D. 一个字节地址

(11)下列指令中条件转移指令是指________。

A. AJMP addr11　　B. SJMP rel　　C. JNZ rel　　D. LJMP addr16

(12)MOV A,R1 的寻址方式为________。

A. 立即寻址　　B. 直接寻址　　C. 寄存器寻址　　D. 寄存器间接寻址

(13)下面哪条指令是错误的________。

A. CPL A　　B. MOVC A,@A+PC

C. MOVX A,@R2　　D. POP ACC

(14)下面哪条指令是错误的________。

A. MOVX @RO,＃30H　　B. MOVC A,@A+PC

C. CPL A　　D. POP ACC

(15)以下指令中,哪条指令执行后使标志位 CY 清 0 ________。

A. MOVA,＃00H　　B. CLR A　　C. ADDA,＃00H　　D. CLR C

(16)以下哪一条指令的写法是错误的________。

A. MOV DPTR,＃3F98H　　B. MOV RO,＃OFEH

C. MOV 50H,＃0FC3DH　　D. INC RO

(17)设 A=0AFH,(20H)=81H,指令 ADDC A,20H 执行后的结果是________。

A. A=81H　　B. A=30H　　C. A=0AFH　　D. A=20H

(18)已知 A=0DBH,R4=73H,CY=1,指令 SUBB A,R4 执行后的结果是________。

A. A=73H　　B. A=0DBH　　C. A=67H　　D. A=68H

(19)将内部数据存储器 53H 单元的内容传送到累加器 A,其指令是________。

A. MOV A,53H　　B. MOV A,＃53H　　C. MOVC A,53H　　D. MOVX A,＃53H

(20)下列指令或指令序列中,不能实现将 PSW 内容送 A 的是________。

A. MOV　A,PSW　　B. MOV　A,0D0H

C. MOV　R0,0D0H
　MOV　A,@R0　　D. PUSH　PSW
　POP　ACC

(21)在相对寻址方式中,"相对"两字是指相对于________。

A. 地址偏移量 rel　　B. 当前指令的首地址

C. 下一条指令的首地址　　D. DPTR 值

(22)下列指令或指令序列中,能将外部数据存储器 3355H 单元内容传送给 A 的是________。

A. MOVX　A,3355H　　B. MOV　DPTR,＃3355H
　MOVX　A,@ DPTR

C. MOV　P0,＃33H
　MOV　R0,＃55H
　MOVX　A,@ R0　　D. MOV　P2,＃33H
　MOV　R2,＃55H
　MOVX　A,@ R2

(23)对程序存储器的读操作,只能使用________。

A. MOV 指令　　B. PUSH 指令　　C. MOVX 指令　　D. MOVC 指令

(24)执行返回指令后,返回的断点是________。

A. 调用指令的首地址　　　　　　　　　B. 调用指令的末地址
C. 调用指令的下一条指令的首地址　　　D. 返回指令的末地址

(25)以下各项中不能用来对内部数据存储器进行访问的是________。

A. 数据指针 DPTR　　　　　　　　　　B. 按存储单元地址或名称
C. 堆栈指针 SP　　　　　　　　　　　D. 由 R0 或 R1 作间址寄存器

2. 问答思考题

(1)MCS-51 单片机有哪几种寻址方式？分别适用于什么地址空间？

(2)如果 MCS-51 单片机的 PSW 程序状态字中无 ZERO(零)标志，怎样判断某片内 RAM 单元内容是否为零？

(3)指出下列每条指令的寻址方式和功能。

①MOV　A,#40H　　　　②MOV　A,40H
③MOV　A,@R1　　　　④MOV　A,R3
⑤MOV　A,@A+PC　　　⑥SJMP　LOOP

(4)DA　A 指令有什么作用？怎样使用？

(5)写出下列指令的机器码，并指出执行下列程序段后各单元内容变为什么？累加器 A 及 PSW 中的内容变为什么？

①
```
MOV   A,#2
MOV   R1,#30H
MOV   @R1,A
MOV   35H,R1
XCH   A,R1
```
②
```
MOV   A,#0F5H
MOV   30H,#9BH
MOV   R0,30H
ADD   A,#28H
ADDC  A,@R0
```

(6)写出能完成下列数据传送的指令或指令序列：

①R1 中内容传送到 R2；
②内部 RAM 单元 50H 的内容传送到寄存器 R4；
③外部 RAM 单元 2000H 的内容传送到内部 RAM 单元 70H；
④外部 RAM 单元 0800H 的内容传送到寄存器 R5；
⑤外部 RAM 单元 2000H 的内容传送到外部 RAM 单元 2100H。

(7)试写出能完成如下操作的指令或指令序列：

①使 20H 单元中数的高两位变“0”，其余位不变。
②使 20H 单元中数的高两位变“1”，其余位不变。
③使 20H 单元中数的高两位变反，其余位不变。
④使 20H 单元中数的所有位变反。

(8)什么是伪指令？常用的伪指令功能是什么？

第5章 单片机的C51语言

本章从 C51 语言的程序结构入手，着重分析不同于标准 C 语言的 C51 数据结构组成内容，以及 C51 编程方法。在使用 Keil μVision 和 Proteus 仿真开发软件环境的基础上，详细探讨单片机 I/O 接口的工作原理，及其用 C51 语言实现的编程方法，让读者能快速对 80C51 单片机的应用打下基础。

5.1 C51 的程序结构

5.1.1 C51 程序设计语言概述

第 4 章讲述的汇编语言是面向机器的编程语言，能直接操作单片机的系统硬件，具有指令效率高、执行速度快的优点。但汇编语言属于低级编程语言，程序可读性差，移植困难，且编程时必须具体组织、分配存储器资源和处理端口数据，因而编程工作量大。

C51 是为 80C51 系列单片机设计的一种 C 语言，是标准 C 语言的子集。C51 在功能、结构、可读性、可维护性上有明显的优势，因而易学易用；使用 C51 还可以缩短开发周期，降低开发成本，可靠性高，可移植性好。

C51 程序的特点如下。

(1)汇编语言是一种面向机器的程序设计语言，虽然编程麻烦，但具有描述准确和目标程序质量高的优点，而 C51 吸取了汇编语言的这些优点。

①C51 提供了对位、字节以及地址的操作，使程序可以直接对内存及指定的寄存器进行操作。

②C51 吸取了宏汇编技术中某些灵活的处理方法，提供宏代换 # define 和文件蕴含 # include 的预处理命令。

③C51 很方便与汇编语言连接。在 C51 程序中引用汇编程序与引用 C51 函数一样，这为某些特殊功能程序的设计提供了方便。

(2)C51 的规模适中、语言简洁，其编译程序简单、紧凑。

(3)C51 的移植性好，程序不加或稍加改动就可以从一个环境移动到另一个完全不同的环境中运行。

(4)生成的代码质量高,在代码效率方面可以和汇编语言相媲美。

5.1.2 C51程序结构

C51程序由一个或多个函数组成,其中至少要包含一个主函数main。程序从主函数开始执行,调用其他函数后又返回到主函数,被调用函数如果位于主函数前面,可以直接调用,否则应先说明后调用。被调用的函数可以是用户自编的函数,或是C51编译器提供的库函数。

以下通过一个可实现LED灯闪烁控制的源程序说明C51程序的基本结构(硬件电路原理图如图5-1所示)。通常C51编写的C语言程序的一般格式如下,开始先声明两个头文件,reg51.h中定义了80C51单片机的特殊功能寄存器及特殊功能寄存器中的可位寻址单元,在声明了这个头文件后,程序中就可以使用特殊功能寄存器的名称来访问相应的特殊功能寄存器。如P0=0x23,表示将23H送P0口。

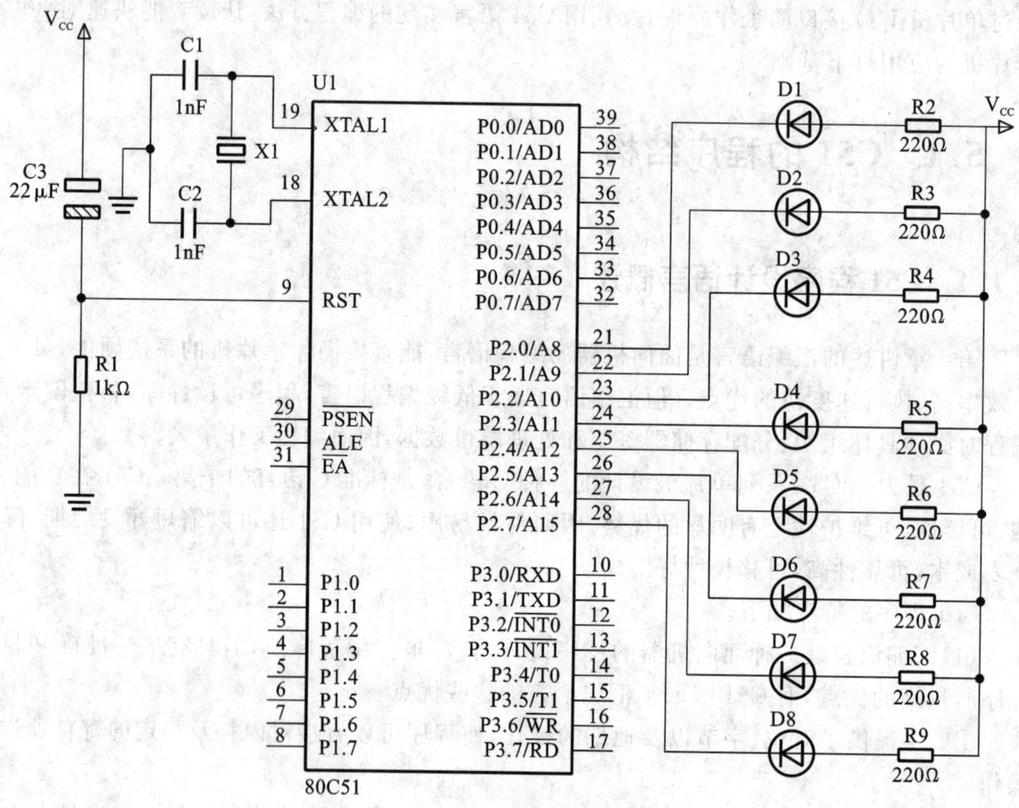

图5-1 LED指示灯闪烁电路原理图

典型示例程序如下:

```
#include <reg51.h>                  //51单片机头文件
#include <stdio.h>
void delayms(unsigned);             //延时函数声明
void main( )
```

```
{
 unsigned char i;
 P2=0x01;                          //P2 口赋初值
 do
  {for (i=0;i<=7;i++)              //循环延时
    {
     delayms(5000);                //延时函数调用
     P2=P2<<1;                     //P2 口值左移一位
        if(P2==0x00){P2=0x01;}     //P2 口值等于 0,赋初值
    }
  }while(1);                       //无限循环体
}
void delayms(unsigned x)
{
 unsigned char j;                  //字符型变量 j 定义
 while(x--)
  {
   for(j=0;j<123;j++){;}           //循环延时
  }
}
```

在本例的开始处使用了预处理命令＃include，它告诉编译器在编译时将头文件 reg51. h 读入一起编译。在头文件 reg51. h 中包括了对 80C51 型单片机特殊功能寄存器名的集中说明。

本例中 main()是一个无返回、无参数型函数，虽然参数表为空，但一对圆括号()必须有，不能省略。其中：

(1)unsigned char j 是局部变量定义，它说明 j 是位于片内 RAM 且长度为 8 位的无符号字符型变量；

(2)while(1)是循环语句，可实现死循环功能；

(3)for(j=0;j＜123;j＋＋)是没有语句体的循环语句，这里起到软件延时的作用。

综上所述，C51 语言程序的基本结构为：

```
包含<头文件>
函数类型说明
全局变量定义
main( ) {
局部变量定义
        }
   <程序体>
func1 ( ) {
```

```
局部变量定义
          }
    <程序体>
       ⋮
funcN( )  {
局部变量定义
          }
<程序体>
```

其中,func1( ),…,funcN( )代表用户定义的函数,程序体指C51提供的任何库函数调用语句、控制流程语句或其他函数调用语句。

5.2 C51的数据结构

5.2.1 C51的数据类型

C51的数据分常量和变量。常量,即在运行中其值不变的量,可以为字符、十进制数或十六进制数(用0x表示)。常量分为数值常量和符号型常量,如果是符号型常量,需用宏定义指令(#define)对其进行定义(相当于汇编EQU伪指令),例如:#define PI 3.1415 那么程序中只要出现PI的地方,编译程序都将其替换为3.1415。

变量就是在程序运行中其值可以改变的量。一个变量由变量名和变量值构成,变量名是存储单元地址的符号表示,而变量值是该单元存放的内容。定义一个变量,编译系统会自动为它安排一个存储单元,具体的地址值用户不必在意。

标准C语言的数据类型分为基本数据类型和组合数据类型,组合数据类型由基本数据类型构造而成。标准C语言的基本数据类型有字符型char、整型int、长整型long、浮点型float和双精度型double。组合数据类型有结构体类型、共同体类型和枚举类型,另外还有指针类型和空类型。C51的数据类型也分为基本数据类型和组合数据类型,情况与标准C语言中的数据类型基本相同。另外,C51中还有专门针对51单片机的特殊功能寄存器型和位类型。表5-1列出了Keil C51编译器能够识别的基本数据类型。

表5-1 Keil C51编译器能够识别的基本数据类型

数据类型	位数	字节数	取值范围
bit	1		0 or 1
signed char	8	1	−128～+127
unsigned char	8	1	0～255
enum	8/16	1 or 2	−128～+127 or −32768～+32767
signed short int	16	2	−32768～+32767
unsigned short int	16	2	0～65535

续表

数据类型	位　数	字节数	取值范围
signed int	16	2	−32768～+32767
unsigned int	16	2	0～65535
signed long int	32	4	−2147483648～+2147483647
unsigned long int	32	4	0～4294967295
float	32	4	±1.175494E−38～±3.402823E+38
double	32	4	±1.175494E−38～±3.402823E+38
sbit	1		0 or 1
sfr	8	1	0～255
sfr16	16	2	0～65535

从表5-1中可见signed char、unsigned char、signed short int、unsigned short int、signed int、unsigned int、signed long int、unsigned long int、float、double、enum是标准C语言的基本数据类型。而其中，bit、sbit、sfr和sfr16数据类型专门用于51单片机硬件和C51编译器，并不是ANSI C的一部分，不能通过指针进行访问。它们用于访问51单片机的特殊功能寄存器和位地址区。

sfr和sfr16两种类型用于访问51单片机中的特殊功能寄存器数据。其中sfr为字节型特殊功能寄存器类型，占一个字节单元，利用它可以访问51单片机内部的所有特殊功能寄存器；sfr16为双字节型特殊功能寄存器类型，占用两个字节单元，利用它可以访问51单片机内部的所有两字节的特殊功能寄存器。在C51中对特殊功能寄存器的访问必须先用sfr或sfr16进行声明。

例如，对字节特殊功能寄存器的变量定义：

```
sfr  P0 =0x80;     /* Port- 0, address 80h * /
sfr  P1 =0x90;     /* Port- 1, address 90h * /
sfr  P2 =0xA0;     /* Port- 2, address 0A0h * /
sfr  P3 =0xB0;     /* Port- 3, address 0B0h * /
```

“sfr P0＝0x80;”语句用于定义变量P0，并将其分配特殊功能寄存器地址0x80，在80C51单片机上这是P0口的地址，详见第3章内容。

对16位特殊功能寄存器的定义：

```
sfr16  T2 =0xCC;        /* Timer 2: T2L 0CCh, T2H 0CDh * /
sfr16  RCAP2 =0xCA;     /* RCAP2L 0CAh, RCAP2H 0CBh * /
```

bit型和sbit型用于访问51单片机中可寻地址的位单元。在C51中两者在存储单元中都只能存放一位二进制数“1”或“0”。其中用bit定义的位变量在C51编译器编译时，由编译器自动分配对应的51单片机位寻址区的位地址，而用sbit定义的位变量必须与51单片机可位寻址特殊功能寄存器的某一位联系在一起，在C51编译器编译时，其对应的地址与定义时一样。

对特殊位地址的定义(三种方法):

```
sfr  PSW =0xD0;          //定义特殊功能程序状态标志寄存器
sfr  IE =0xA8;           //定义特殊功能中断使能寄存器

sbit OV =PSW^2;          //单元符号地址加位置号,溢出位
sbit CY =PSW^7;          //进位位
sbit EA =IE^7;           //全局中断开关位

sbit OV =0xD0^2;         //单元地址加位置号
sbit CY =0xD0^7;
sbit EA =0xA8^7;

sbit OV =0xD2;           //直接指明位地址
sbit CY =0xD7;
sbit EA =0xAF;
```

位寻址区位变量的定义:

```
bit  switch;             //定义的位变量,具体的位地址在编译时确定
```

当结果表示不同的数据类型时,C51 编译器自动转换数据类型。例如,位变量在整数分配中就被转换成一个整数。除了数据类型的转换之外,带符号变量的符号扩展也是自动完成的。C51 允许任何标准数据类型的隐式转换,隐式转换的优先级顺序如下:

bit → char→int→long→float

signed→unsigned

也就是说,当 char 型数据与 int 型数据进行运算时,先自动对 char 型扩展为 int 型,然后与 int 型进行运算,运算结果为 int 型。C51 除了支持隐式类型转换外,还可以通过强制类型转换符"()"对数据类型进行任意的强制转换。例如:

```
int  a=10,c;char b =9;
c  =  a +b;              //b 自动转换 char→int
c  =a  +(int)b;         //b 强制转换 char→int
```

C51 编译器除了能支持以上这些基本数据类型之外,还能支持一些复杂的组合型数据类型,如数组类型、指针类型、结构类型和联合类型等。这些与标准 C 语言基本一样,可参考相关资料。

5.2.2 C51 的数据存储类型

1. C51 的变量存储种类和类型

C51 定义的变量除了支持标准 C 语言的自动(auto)、外部(extern)、静态(static)和寄存器(register)4 种存储种类外,在 80C51 单片机中,变量还需要定位到相应确定的存储区,也就是必须定义存储类型,否则没有意义。因此在定义变量类型时,还必须定义它的存储类

型，C51 变量支持的存储类型如表 5-2 所示。由表可见各存储类型对应着 80C51 单片机不同的存储区。

表 5-2　C51 变量支持的存储类型

存储器类型	长度/位	对应单片机存储器	
bdata	1	片内 RAM	位寻址区，共 128 bit(亦能以字节为单位访问)
data	8		直接寻址，共 128B
idata	8		间接寻址，共 256B
pdata	8	片外 RAM	分页寻址，共 256B(MOVX　@Ri)
xdata	16		间接寻址，共 64KB(MOVX　@DPTR)
code	16	ROM	间接寻址，共 64KB(MOVC　A，@A+DPTR)

访问内部数据存储器(idata)比访问外部数据存储器(xdata)相对要快一些，因此，可将经常使用的变量置于内部数据存储器中，而将较大及很少使用的数据变量置于外部数据存储器中。例如定义变量 x 的语句“data char x;”(等价于“char data x;”)，如果用户不对变量的存储类型进行定义，则编译器默认存储类型，默认的存储类型由编译控制命令的存储模式部分决定。

定义变量时也可以省略“存储类型”，省略时 C51 编译器将按编译模式默认存储器类型，具体编译模式的情况在后面介绍。

变量定义存储种类和存储器类型相关情况可参见下面的例子。

C51 存储类型的例子：

```
char code text[] ="ENTER PARAMETER:";    //在 ROM 空间定义字符变量 text,此
                                           变量是只读的
char data var1;                          //在片内 RAM 低 128B 定义用直接寻
                                           址方式访问的字符型变量 var1
float idata x,y,z;                       //在片内 RAM 256 B 定义用间接寻址
                                           方式访问的浮点型变量 x,y,z
char bdata flags;                        //在片内 RAM 位寻址区 20H～2FH 单
                                           元定义可字节处理和位处理的无符
                                           号字符变量 flags
unsigned long xdata array[100];          //外部数据存储区无符号长整型一维
                                           数组变量 array
unsigned char xdata vector[10][4][4];    //外部数据存储区无符号字符型三维
                                           数组变量 vector
unsigned int pdata dimension;            //分页 (256 B) 外部数据存储区无符号
                                           整型变量 dimension
```

2. C51 的存储模式

C51 编译器支持三种存储模式：SMALL 模式、COMPACT 模式和 LARGE 模式。不同的存储模式对变量默认的存储器不同，如表 5-3 所列。

(1)SMALL 模式，称为小编译模式。在 SMALL 模式下，编译时函数参数和变量被默

认在片内RAM中,存储器类型为data。

(2)COMPACT模式,称为紧凑编译模式。在COMPACT模式下,编译时函数参数和变量被默认在片内RAM的低256 B空间,存储器类型为pdata。

(3)LARGE模式,称为大编译模式。在LARGE模式下,编译时函数参数和变量被默认在片外RAM的64 KB空间,存储器类型为xdata。

在程序中,变量的存储模式的指定通过#pragma预处理命令来实现。函数的存储模式可通过在函数定义时后面带存储模式说明。如果没有指定,则系统都隐含为SMALL模式。

表5-3　C51的存储器模式

存储模式	默认存储类型	特　点
SMALL	data	小编译模式。变量默认在片内RAM。空间小,速度快
COMPACT	pdata	紧凑编译模式。变量默认在片内RAM的低256B空间
LARGE	xdata	大编译模式。变量默认在片外RAM的64KB范围。空间大,速度慢

变量的存储模式示例如下:

```
#pragma small
unsigned char uchA1;      //存储模式为SMALL,存储类型为data
unsigned int xdata uintB1;

#pragma compact
char chA2;                //存储模式为COMPACT,存储类型为pdata
int xdata intB2;
```

5.2.3　C51指针的概念

标准C语言指针的一般定义形式为:

```
数据类型*指针变量名;
```

其中,“*指针变量名”表示这是一个指针变量,它指向一个由“数据类型”说明的变量。被指向变量和指针变量都位于C编译器默认的存储区中。例如:

```
int a='B';
int * PT1=&a;
```

这表示PT1是一个指向int型变量的指针变量,此时PT1的值为int型变量a的地址,而a和PT1两个变量都位于C编译器默认的内存区域中。

对于C51来讲,指针定义还应包括以下信息:

(1)指针变量自身位于哪个存储区中?

(2)被指向变量位于哪个存储区中?

故C51指针的一般定义形式为:

```
数据类型 {存储类型1}  * {存储类型2} 指针变量名;
```

其中,"数据类型"是被指向变量的数据类型,如 int 型或 char 型等;"存储类型 1"是被指向变量所在的存储区类型,如 data、code、xdata 等,缺省时根据该变量的定义语句确定;"存储类型 2"是指针变量所在的存储区类型,如 data、code、xdata 等,缺省时根据 C51 编译模式的默认值确定;指针变量名可按 C51 变量名的规则选取。

下面举几个具体的例子(假定都是在 SMALL 编译模式下),说明 C51 指针定义的用法。

【例 5-1】

```
char  xdata  a='C';
char * PTR=&a;
```

【解】

在这个例子里,PTR 是一个指向 char 型变量的指针变量,它本身位于 SMALL 编译模式默认的 data 存储区里,它的值是位于 xdata 存储区里的 char 型变量 a 的地址。

【例 5-2】

```
char  xdata  a='C';
char  * PTR=&a;
char  idata  b='D';
PTR=&b;
```

【解】

在这个例子里,前两句与例 5-1 相同,而后两句里,由于变量 b 位于 idata 存储区中,所以当执行完 PTR=&b 之后,PTR 的值是位于 idata 存储区里的 char 型变量 b 的地址。

由此可看出,以 char * PTR 形式定义的指针变量,其数值既可以是位于 xdata 存储区的 char 型变量的地址,也可以是位于 idata 存储区的 char 型变量的地址,具体结果由赋值操作关系决定。

【例 5-3】

```
char xdata a='A';
char xdata * PTR=&a;
```

【解】

这里变量 a 是位于 xdata 存储区里的 char 型变量,而 PTR 是位于 data 存储区且固定指向 xdata 存储区的 char 型变量的指针变量,此时 PTR 的值为变量 a 的地址(不能像例 5-2 那样再将 idata 存储区的 char 型变量 b 的地址赋予 PTR)。

【例 5-4】

```
char xdata a='A' ;
char xdata * idata ptr=&a;
```

【解】

这里表示,ptr 是固定指向 xdata 存储区的 char 型变量的指针变量,它自身存放在 idata 存储区中,此时 ptr 的值为位于 xdata 存储区中的 char 型变量 a 的地址。

5.3 C51应用编程实例

I/O 口是单片机最重要的系统资源之一,也是单片机连接外设的窗口。本节以发光二极管、开关、数码管、键盘等典型 I/O 设备为例介绍单片机 I/O 口的基本应用。使读者在具体实例分析过程中能尽快熟悉并掌握 C51 语言编程方法,在学习单片机部分原理之后能及早了解单片机的相关应用。本节内容按由易到难循序渐进的方式展开,以便让读者获得较好的学习效果。

5.3.1 发光二极管与按键(开关)I/O 端口的应用

1. 基本输入/输出口编程

按键检测与控制是单片机应用系统中的基本输入/输出功能。

发光二极管(简称 LED)作为输出状态显示设备具有电路简单、功耗低、寿命长、响应速度快等特点。发光二极管与单片机接口可以采用低电平驱动和高电平驱动两种方式(见图 5-2)。对应图 5-2(a)所示的低电平驱动,I/O 端口输出“0”电平可使其点亮,反之输出“1”电平可使其关断。同理,对应图 5-2(b)所示的点亮电平和关断电平分别为“1”和“0”。由于低电平驱动时,单片机可提供较大输出电流,故低电平驱动最为常用。发光二极管限流电阻通常取值为 100～200 Ω。

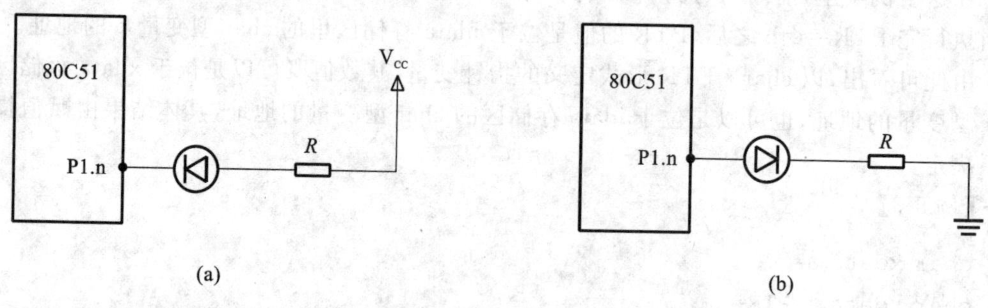

图 5-2　发光二极管与单片机的简单接口

按键或开关是最基本的输入设备,与单片机相连的简单方式是直接与 I/O 口线连接(见图 5-3)。当按键或开关闭合时,对应口线的电平就会发生反转,CPU 通过读端口电平即可识别是哪个按键或开关闭合。需要注意的是,P0 口工作在 I/O 方式时,其内部结构为漏极开路状态,因此与按键或开关接口时需要有上拉电阻,而 P1～P3 端口均不存在这一问题,故不需要上拉电阻(如图 5-3 中的 Px. n 端口,x=1～3)。

【例 5-5】　独立按键识别。

参考图 5-4 所示电路编写程序,要求实现如下功能:开始时 LED 均为熄灭状态,随后根据按键动作点亮相应 LED(在按键释放后能继续保持该亮灯状态,直至新的按键压下时为止)。

第 5 章　例 5-5
独立按键识别

【解】

参考程序如下:

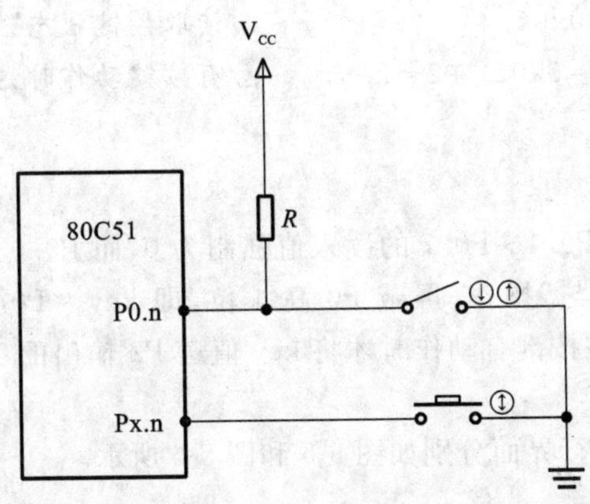

图 5-3　按键或开关与单片机的简单接口

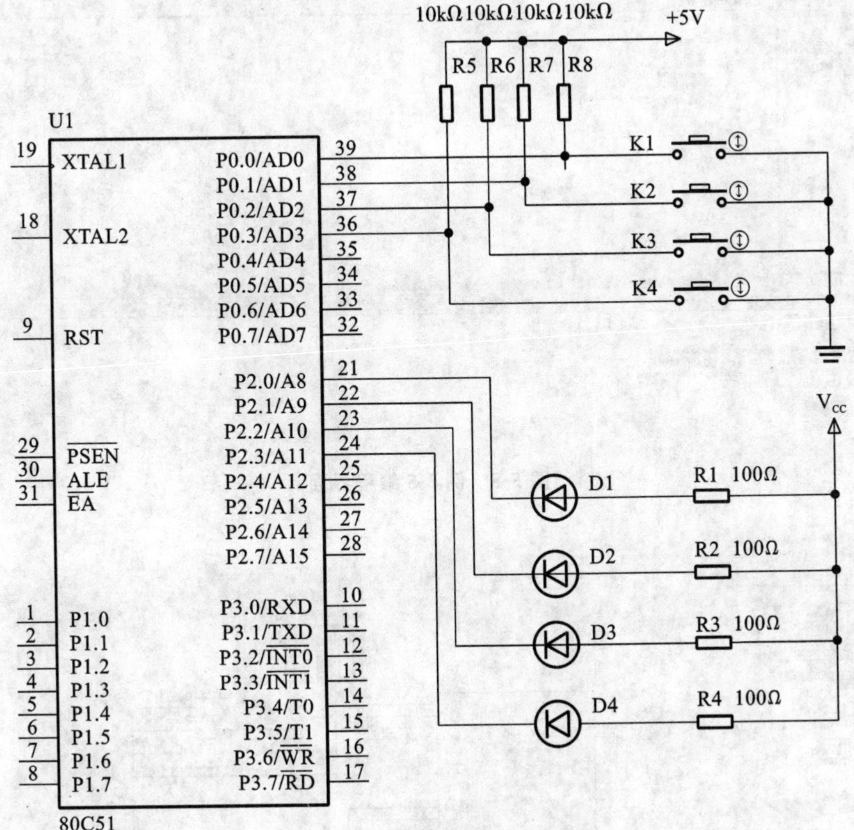

图 5-4　例 5-5 电路图

```
//例 5-5 独立按键识别
#include<reg51.h>
void main() {
  char key=0;                          //定义按键变量
  while(1){
```

```
        key = P0 & 0x0f;                //读取按键状态,高 4 位清零
        if (key ! = 0x0f) P2 = key;     //有按键动作时,P0 状态值送 P2
    }
}
```

程序分析:为使端口 P0.4～P0.7 的读入值强制为 0,而 P0.0～P0.3 的读入不受影响,可对读取的端口值进行“与”操作,屏蔽 P0 高 4 位,即 key＝P0&0x0f。语句 if(key! ＝0x0f)P2＝key 可实现仅在按键有动作时才将 key 值送 P2 输出的功能,否则 P2 将维持前次的输出状态。

建立的编程界面和运行界面分别如图 5-5 和图 5-6 所示。

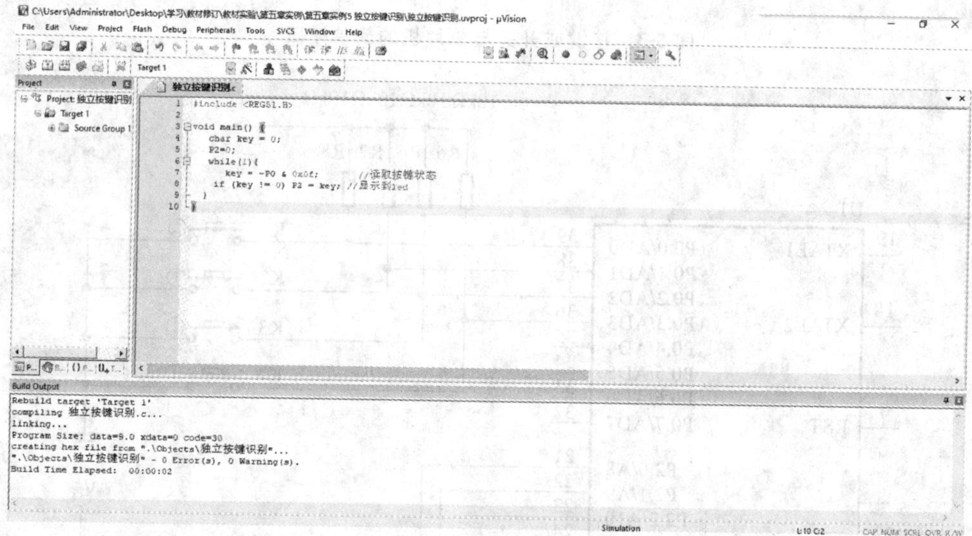

图 5-5　例 5-5 编程界面

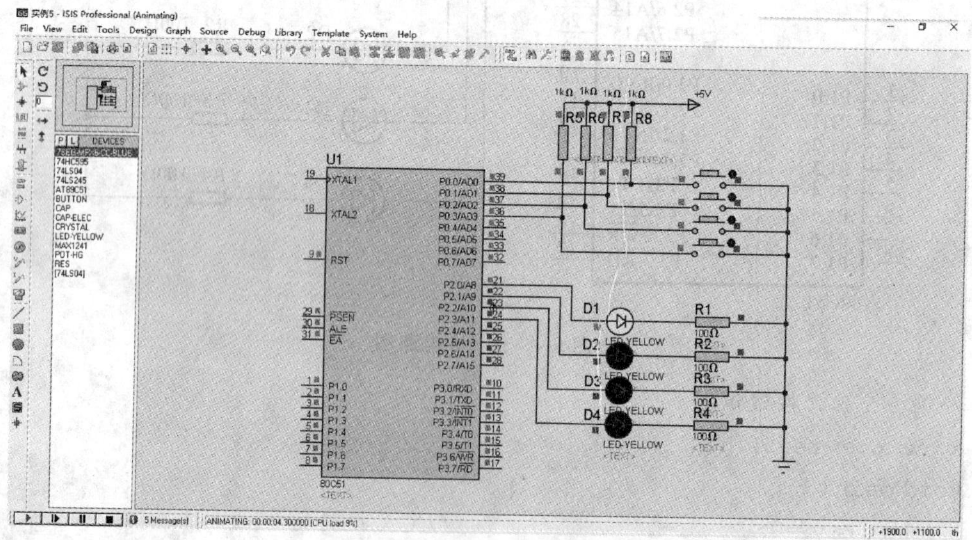

图 5-6　例 5-6 运行界面

【例 5-6】　单片机与 4 个独立按键 K1～K4 以及 8 个 LED 指示灯构成一个独立式键盘系统。4 个按键接在 P1.0～P1.3，P3 口接 8 个 LED 指示灯，控制 LED 指示灯的亮与灭，其原理电路见图 5-7。当按下 K1 按键时，P3 口的 8 个 LED 正向(由上至下)流水点亮；按下 K2 按键时，P3 口的 8 个 LED 反向(由下而上)流水点亮；K3 按键按下时，高、低 4 个 LED 交替点亮；按下 K4 按键时，P3 口的 8 个 LED 闪烁点亮。

第 5 章　例 5-6 虚拟仿真独立式键盘

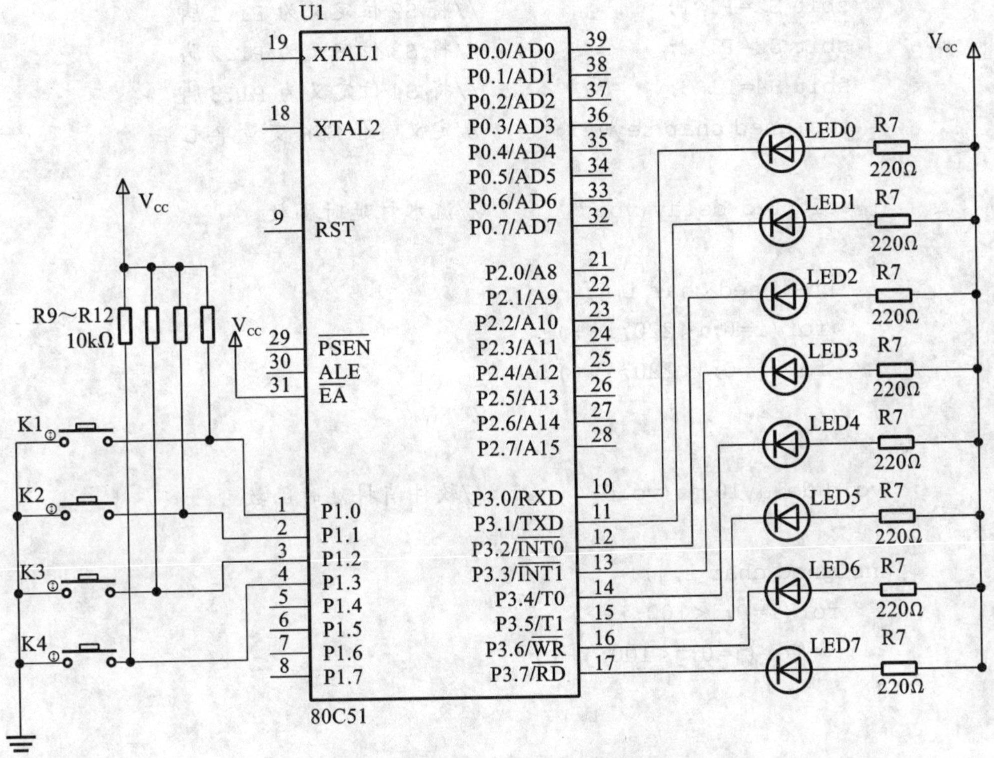

图 5-7　虚拟仿真的独立式键盘的接口原理电路

由于本例中的 4 个按键分别对应 4 个不同的点亮功能，且具有不同的按键值“keyval”，具体如下：

按下 K1 按键时，keyval＝1；

按下 K2 按键时，keyval＝2；

按下 K3 按键时，keyval＝3；

按下 K4 按键时，keyval＝4。

本例的独立式键盘的工作原理如下。

(1)首先判断是否有按键按下。将接有 4 个按键的 P1 口低 4 位(P1.0～P1.3)写入“1”，使 P1 口低 4 位为输入状态。然后读入低 4 位的电平，只要有一位不为“1”，则说明有键按下。读取方法如下：

```
P1 =0xff;
if( (P1&0xf0) ! =0x0f) ;//读入的 P1 口低 4 位按键的值，按位“与”运算后的结果不
是 0x0f，表明低 4 位必有 1 位是“0”，说明有键按下
```

(2)按键去抖动。当判别有键按下时,调用软件延时子程序,延时约 10 ms 后再进行判别,若按键确实按下,则执行相应的按键功能,否则重新开始进行扫描。

(3)获得键值。确认有键按下时,可采用扫描的方法,来判断哪个键按下,并获取键值。

首先通过 Keil μVision5 建立工程,再建立源程序“*.c”文件,参考程序如下:

```
#include<reg51.h>                //包含 51 单片机寄存器定义的头文件
sbit S1=P1^0;                    //将 S1 位定义为 P1.0 脚
sbit S2=P1^1;                    //将 S2 位定义为 P1.1 脚
sbit S3=P1^2;                    //将 S3 位定义为 P1.2 脚
sbit S4=P1^3;                    //将 S4 位定义为 P1.3 脚
unsigned char keyval;            //定义键值储存变量单元

void led_delay(void)             //流水灯延时函数
{
 unsigned char i,j;
  for(i=0;i<220;i++)
  for(j=0;j<220;j++);
}

void delay10 ms(void)            //软件消抖延时函数
{
unsigned char i,j;
   for(i=0;i<100;i++)
      for(j=0;j<100;j++);
}

void forward(void)               //正向流水灯点亮 LED 函数
{
 P3=0xfe;                        //LED0 亮
 led_delay( );
 P3=0xfd;                        //LED1 亮
 led_delay();
 P3=0xfb;                        //LED2 亮
 led_delay();
 P3=0xf7;                        //LED3 亮
 led_delay();
 P3=0xef;                        //LED4 亮
 led_delay();
 P3=0xdf;                        //LED5 亮
 led_delay();
 P3=0xbf;                        //LED6 亮
```

```
    led_delay();
    P3=0x7f;                    //LED7 亮
    led_delay();
    }

    void backward(void)         //反向流水点亮 LED 函数
    {
     P3=0x7f;                   //LED7 亮
     led_delay();
     P3=0xbf;                   //LED6 亮
     led_delay();
     P3=0xdf;                   //LED5 亮
     led_delay();
     P3=0xef;                   //LED4 亮
     led_delay();
     P3=0xf7;                   //LED3 亮
     led_delay();
     P3=0xfb;                   //LED2 亮
     led_delay();
     P3=0xfd;                   //LED1 亮
     led_delay();
     P3=0xfe;                   //LED0 亮
     led_delay();
    }

  void Alter(void)              //交替点亮高四位与低四位的 LED 函数
   {
  P3=0x0f;
 led_delay();
  P3=0xf0;
  led_delay();
 }

  void flash(void)              //闪烁点亮 LED 的函数
  {
   P3=0xff;;
   led_delay();
   P3=0x00;
   led_delay();
  }
```

```
void key_scan(void)                //键盘扫描函数
{
P1=0xff;
if((P1&0x0f)!=0x0f)                //检测到有键按下
        {
          delay10 ms();           //延时 10 ms 再去检测
          if(S1==0)               //按键 K1 被按下
            keyval=1;
          if(S2==0)               //按键 K2 被按下
            keyval=2;
          if(S3==0)               //按键 K3 被按下
            keyval=3;
          if(S4==0)               //按键 K4 被按下
            keyval=4;
        }
    }

void main(void)                    //主函数
{
    keyval=0;                      //键值初始化为 0
    while(1)
    {
        key_scan();
         switch(keyval)
         {
            case 1:forward();
                   Break;
            case 2:backward();
                   Break;
            case 3:Alter();;
                   Break;
            case 4:flash();
                   Break;
         }


    }
}
```

本例的程序仿真和原理电路仿真如图 5-8 和图 5-9 所示。

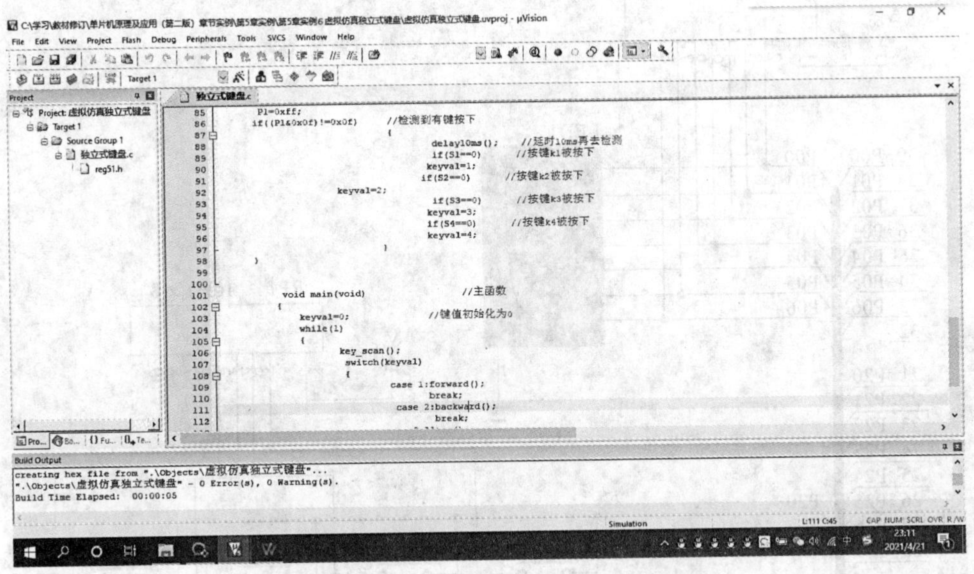

图 5-8　虚拟仿真的独立式键盘的程序仿真

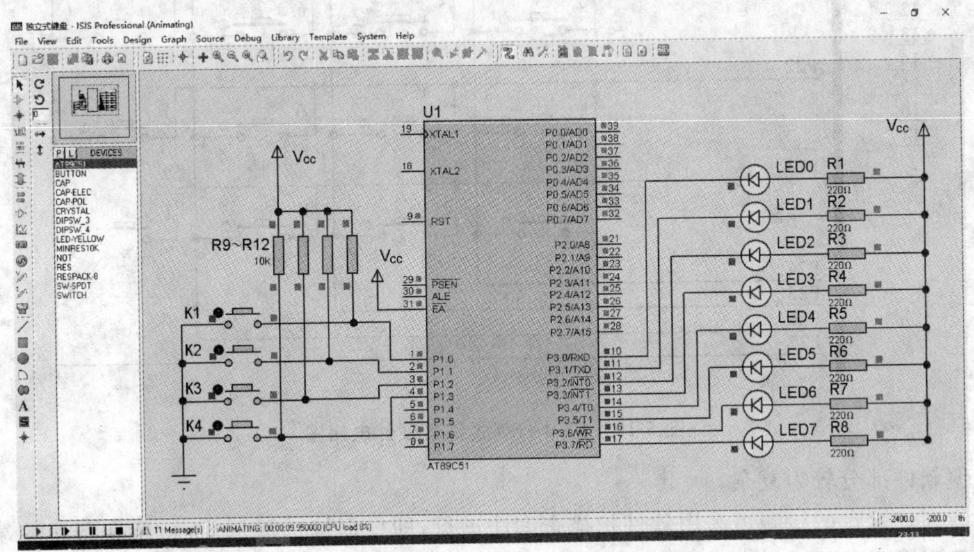

图 5-9　虚拟仿真的独立式键盘的接口原理电路仿真

2. 行列式键盘原理与编程

本节例 5-5 和例 5-6 中介绍的按键都是每只键单独接在一根 I/O 口线上，构成所谓的独立式键盘。其特点是电路简单，易于编程，但占用的 I/O 口线较多，当需要较多按键时可能产生 I/O 资源紧张问题。为此，可采用行列式键盘方案，具体做法是，将 I/O 口分为行线和列线，按键设置在跨接行线和列线的交点上，列线通过上拉电阻接正电源。4×4 行列式键盘的典型电路原理图如图 5-10 所示。

行列式键盘的特点是占用 I/O 口线较少（例如，图 5-10 中 16 个按键仅用了 8 个 I/O 口

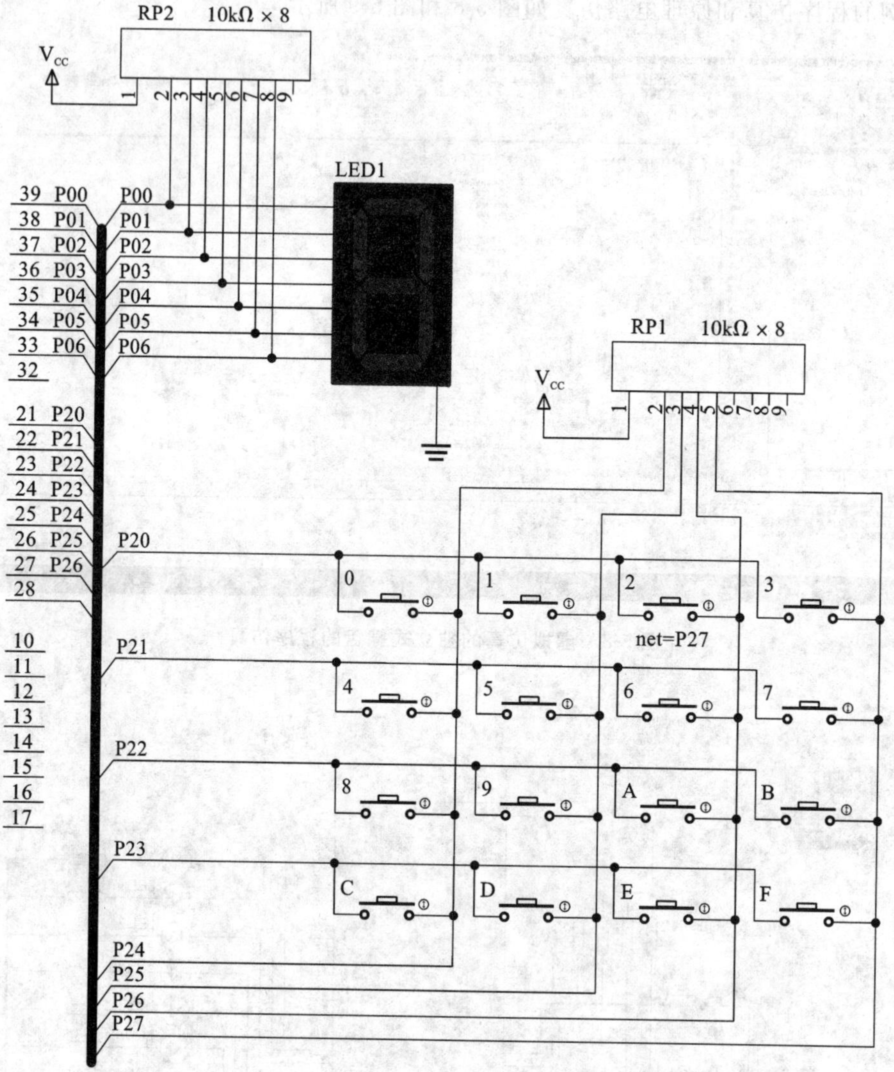

图 5-10　4×4 行列式键盘硬件电路图

线),但软件部分较为复杂。

行列式键盘的检测可采用软件扫描查询法进行,即根据按键压下前后,所在行线的端口电平是否出现反转,判断有无按键闭合动作。下面以外接于 P2 口的 4×4 行列式键盘为例说明其检测过程。

1)键盘列扫描

由 P2 口循环输出一键扫描码(事先存放在扫描数组变量中,如 key_ scan[ ]={0xef,0xdf,0xbf,0x7f},使键盘的 4 行电平全为 1,4 列电平轮流有一列为 0,其余为 1。

2)按键判断

利用(P2&0x0D)算法判断有无按键压下。若行线低 4 位不全为 1,说明至少有一个按键压下,此时 P2 口的读入值必为根据按键闭合规律确定的键模数组 key_buf[ ]值之一。

```
key_buf[]={0xee, 0xde, 0xbe, 0x7e,
           0xed, 0xdd, 0xbd, 0x7d,
           0xeb, 0xdb,0xbb, 0x7b,
           0xe7, 0xd7, 0xb7,0x77};
```

3)键值计算

若将行列式键盘中自左至右，自上而下的排列顺序号作为其键值，则通过逐一对比 P2 读入值与键模数组，可求得闭合按键的键值 j，即

```
for(j=0;j<16;j++) {
if (key buf[j]==P2) return j};
return- 1;                    //无键闭合时定义键值为- 1
```

上述 4×4 行列式键盘的检测过程可以流程图形式示于图 5-11。

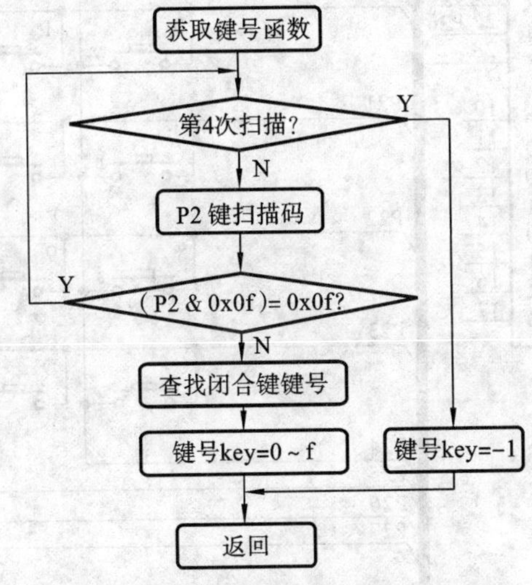

图 5-11　4×4 行列式键盘的检测流程

第 5 章　例 5-7 行列式键盘

【例 5-7】 4×4 行列式键盘编程。

图 5-12 为 4×4 行列式键盘和 1 位共阴极数码管电路原理图。要求开机后数码管暂为黑屏状态，按下任意按键后，显示该键的键值字符(0～F)。若没有新键按下，则维持前次按键结果。

【解】

基于上述扫描查询原理分析，本例的程序如下：

```
#include <reg51.h>
char led_mod[] ={0x3f,0x06,0x5b,0x4f,0x66,0x6d,0x7d,0x07,      //显示字模
                 0x7f,0x6f,0x77,0x7c,0x58,0x5e,0x79,0x71};
char key_buf[] ={0xee, 0xde, 0xbe, 0x7e,0xed, 0xdd, 0xbd, 0x7d,  //键模
                 0xeb, 0xdb, 0xbb, 0x7b,0xe7, 0xd7, 0xb7, 0x77};
```

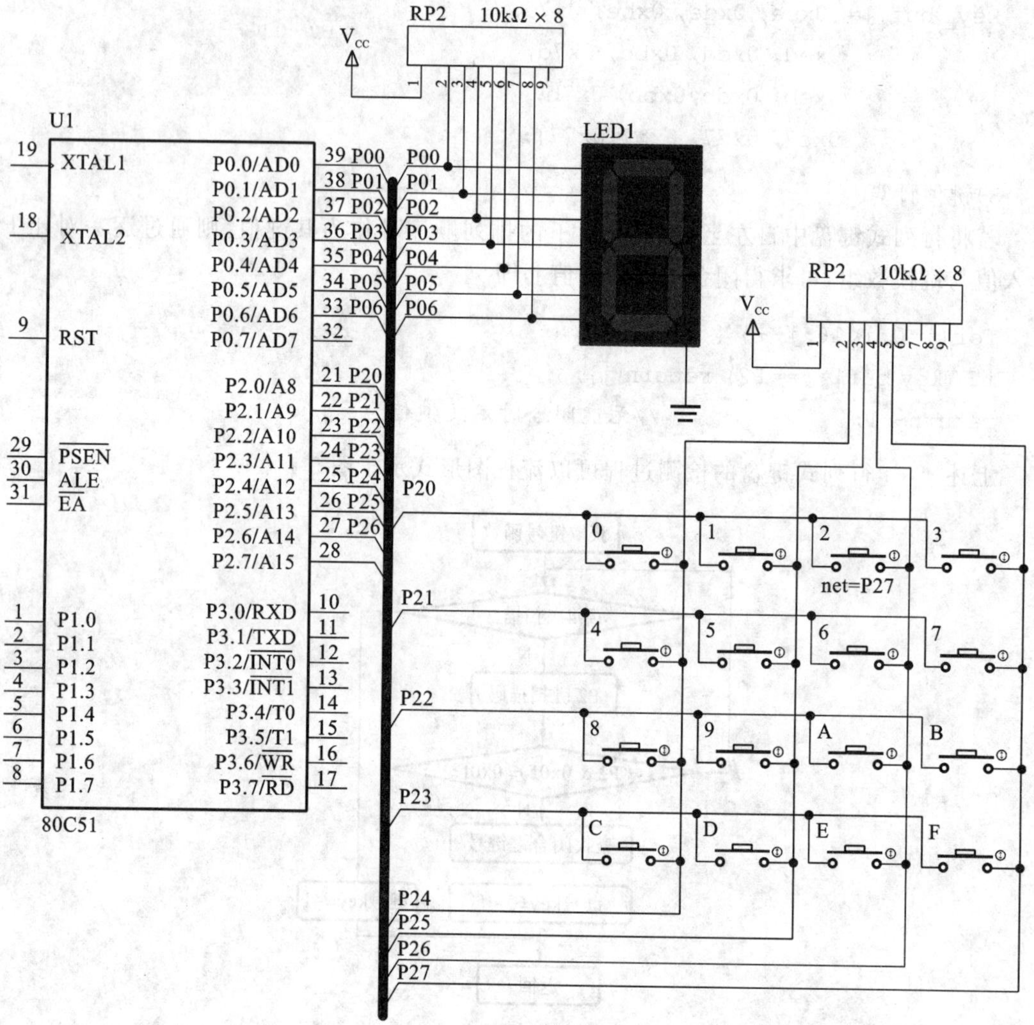

图 5-12　例 5-7 电路原理图

```
char getKey(void) {
    char key_scan[] ={0xef, 0xdf, 0xbf, 0x7f};              //键扫描码
    char i =0, j =0;
    for (i =0; i <4 ; i++) {
        P2 =key_scan[i];                                    //P2送出键扫描码
        if ((P2 & 0x0f) ! =0x0f) {                          //判断有无键按下
            for (j =0 ; j <16 ;j++) {
                if (key_buf[j]==P2) return j;               //查找按下键键值
            }
        }
    }
    return - 1;                                             //无键闭合
```

```
}

void main(void) {
    char key = 0;
    P0 = 0x00;                                   //显示器黑屏
    while(1) {
        key = getKey();                          //获取键值
        if (key ! = - 1) P0 = led_mod[key];      //显示键值
    }
}
```

仿真运行界面如图 5-13 所示。

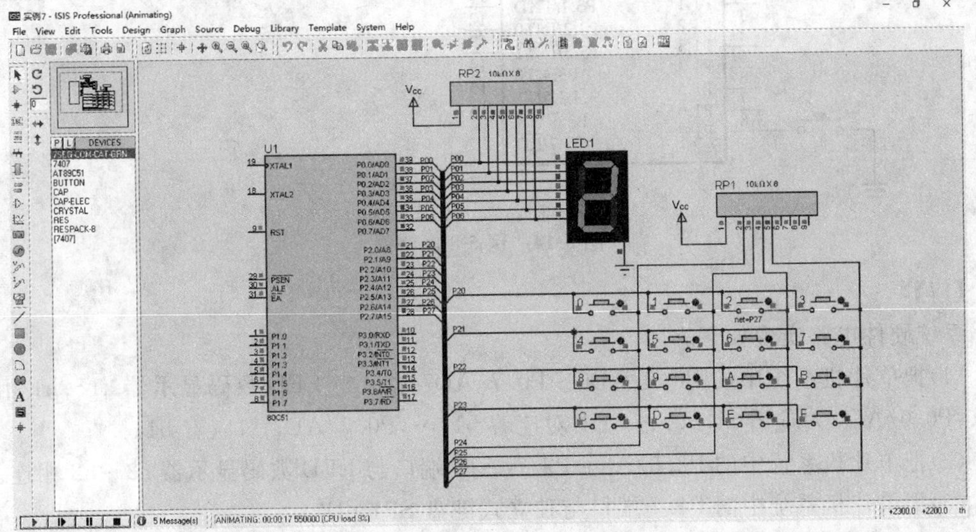

图 5-13　例 5-7 仿真运行界面

5.3.2　LED 数码管的应用

1. 静态显示

LED 数码管与单片机的接口方式有静态显示接口和动态显示接口之分。静态显示接口是一个并行口接一个数码管。采用这种接法的优点是被显示数据只要送入并行口后就不再需要 CPU 干预，因而显示效果稳定。但该方法占用资源较多，例如，n 个数码管就需要 n 个 8 位的并行口。

【例 5-8】　计数显示器。

第 5 章　例 5-8 计数显示器

利用 80C51 单片机来制作一个手动计数器，在 80C51 单片机的 P1.7 管脚接一个轻触开关，作为手动计数的按钮，用单片机的 P2.0～P2.7 接一个共阴数码管，作为 00～99 计数的个位数显示，用单片机的 P0.0～P0.7 接一个共阴数码管，作为 00～99 计数的十位数显示，硬件电路图如图 5-14 所示。

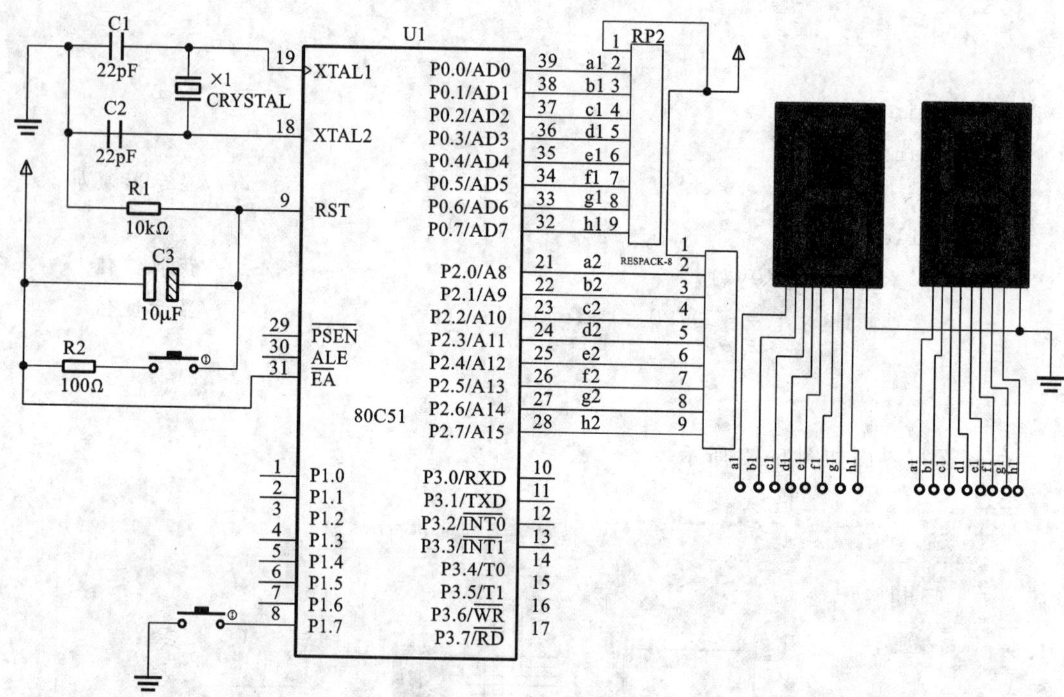

图 5-14　例 5-8 电路图

【解】

系统硬件电路实现如下。

(1)把单片机系统中的 P0.0/AD0～P0.7/AD7 端口与 LED 数码显示器 a1～h1 相连；要求：P0.0/AD0 对应着 a1,P0.1/AD1 对应着 b1,…,P0.7/AD7 对应着 h1。

(2)把单片机系统中的 P2.0/A8～P2.7/A15 端口与 LED 数码显示器 a2～h2 相连。

(3)把单片机系统中的 P1.7 端口与独立式键盘 SP1 相连。

程序设计内容如下。

(1)单片机对按键识别的过程处理。

(2)单片机对正确识别的按键进行计数，计数满时，又从零开始计数。

(3)单片机对计数的数值要进行数码显示，计数值是十进数，含有十位和个位，我们要把十位和个位拆开分别送出这样的十位和个位数值到对应的数码管上显示。如何拆开十位和个位呢？可以把所计得的数值对 10 求余，即可得到个位数字；对 10 整除，即可得到十位数字。

(4)通过查表方式，分别显示出个位和十位数字。

参考程序如下：

```
#include<reg51.h>                         //插入 51 寄存器头文件
unsigned char code LEDcode[]={0x3f,0x06,0x5b,0x4f,0x66,0x6d,0x7d,0x07,
0x7f,0x6f};
                                          //定义"0~9"十个数据的共阴极 LED 七段
                                            显示码
```

```
unsigned char Count;                  //定义字符型计数器变量
    sbit SP1=P1^7;                    //定义输入按键
void delay(unsigned int time){
        unsigned int j=0;
        for(;time>0;time- - )
        for(j=0;j<125;j++);
    }
    void main(void){
        Count=0;                      //计数器清零
        P0=LEDcode[Count/10];         //计数器十位值送十位显示
        P2=LEDcode[Count% 10];        //计数器个位值送个位显示
        while(1)
      {
            if(SP1==0)                //判断是否有键按下
        {
               delay(10);
        if(SP1==0)                    //判断是否是干扰
        {
               Count++;               //计数器加 1
            if(Count==100)            //判断计数器是否加到 100
        {
        Count=0;}
        P0=LEDcode[Count/10];         //计数器十位值送十位显示
        P2=LEDcode[Count% 10];        //计数器个位值送个位显示
        while(SP1==0);                //如果按键没有松开就等待
        do {
            delay(10);
        }
         while(SP1==0);               //如果干扰就循环等待延时
        }
        }
      }
      }
```

程序运行界面和原理图运行界面如图 5-15 和图 5-16 所示。

2. 动态显示

动态显示过程采用循环导通或循环截止各位显示器的做法。当循环显示时间间隔较小(如 10 ms)时,由于人眼的暂留特性,就将看不出数码管的闪烁现象。动态显示接口的突出特点是占用资源较少,但由于显示值需要 CPU 随时刷新,故其占用机时较多。动态显示接

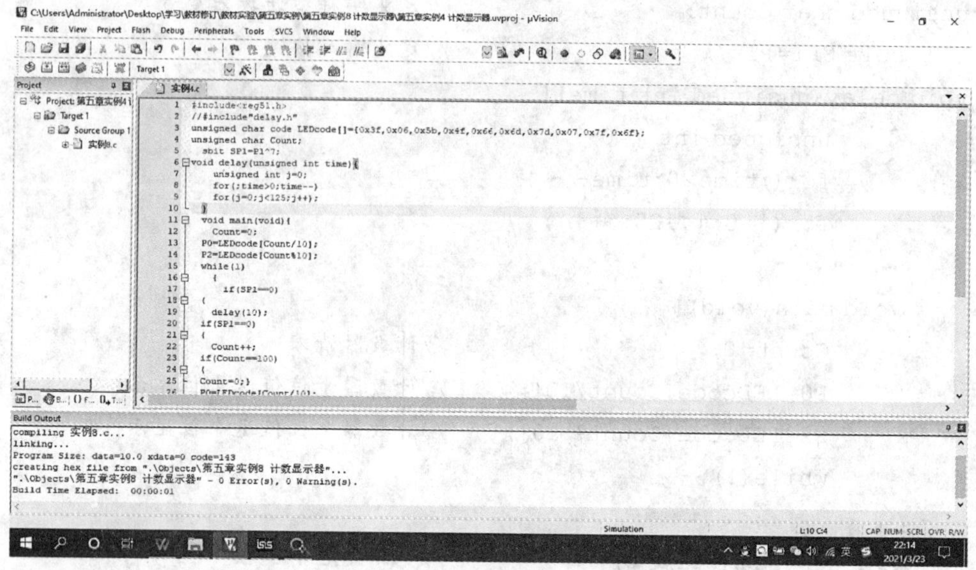

图 5-15　例 5-8 程序运行界面

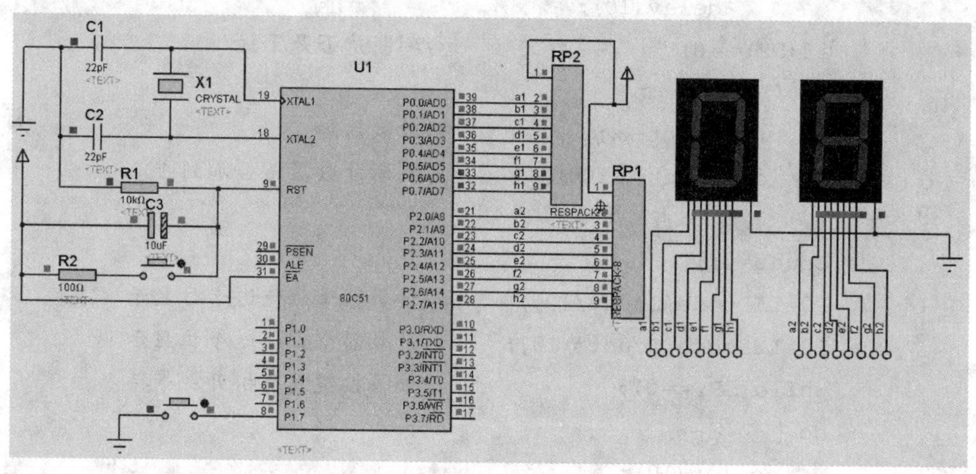

图 5-16　例 5-8 原理图运行界面

口采用的做法则完全不同,它是将所有数码管的段码线对应并联起来接在一个 8 位并行口上,而每只数码管的公共端分别由一位 I/O 线控制。

【例 5-9】　数码管动态显示。

第 5 章　例 5-9
数码管动态显示

用如图 5-17 所示的电路来实现动态数码显示技术,把 P0 端口接动态数码管的字形码笔段,P2 端口接动态数码管的数位选择端,P1.7 接一个开关,当开关接高电平时,显示“12345678”字样;当开关接低电平时,显示“－HELLO－－”字样。

【解】

系统硬件电路实现如下。

(1)把单片机系统中的 P0.0/AD0～P0.7/AD7 用 8 芯排线与动态数码显示中的 a～h

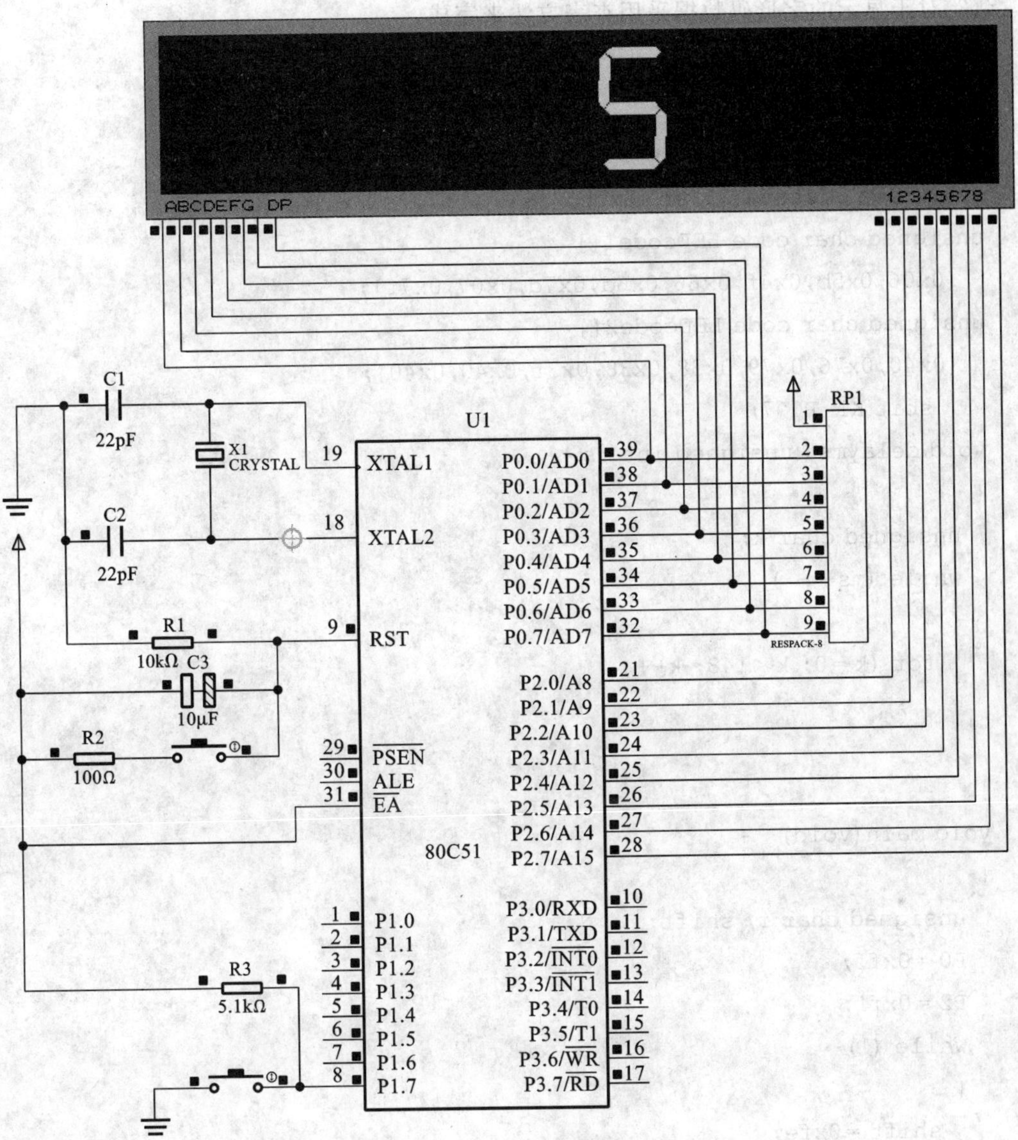

图 5-17　例 5-9 电路原理图

端口相连。

(2)把单片机系统中的 P2.0/A8～P2.7/A15 用 8 芯排线与动态数码显示中的 S1～S8 端口相连。

(3)把单片机系统中的 P1.7 端口用导线与独立式键盘的 SP1 相连。

程序设计内容如下。

(1)动态扫描方法。动态接口采用各数码管循环轮流显示的方法，当循环显示频率较高时，利用人眼的暂留特性，看不出闪烁显示现象，这种显示需要一个接口完成字形码的输出(字形选择)，另一接口完成各数码管的轮流点亮(数位选择)。

(2)在进行数码显示的时候，要对显示单元开辟 8 个显示缓冲区，每个显示缓冲区装有显示的不同数据即可。

(3)对于显示的字形码数据采用查表方法来完成。

例 5-9 的参考程序如下：

```
#include <reg52.h>
#include <intrins.h>
char code reserve[3]_at_ 0x3b;
unsigned char code LEDcode1[]=
  {0x06,0x5b,0x4f,0x66,0x6d,0x7d,0x07,0x7f};
unsigned char code LEDcode2[]=
  {0x40,0x76,0x79,0x38,0x38,0x3f,0x40,0x40};
   sbit K1=P1^7;
void delayms( unsigned int ms )
{
  unsigned char k;
  while (ms--)
  {
    for (k=0; k<148; k++)
      ;
  }
}
void main(void)
{
  unsigned char i, shift;
  P0=0xff;
  P2=0xff;
  while (1)
  {
    shift=0xfe;
    P2=0xff;
    for (i=0; i<8; i++)
    {
            if(K1==1)
            {P0=LEDcode1[i];}
            else
            {P0=LEDcode2[i];}

      //P0=display[k];
      P2=shift;
      shift=_crol_(shift, 1);
```

```
        delayms(200);
      }
    }
  }
```

程序运行界面如图 5-18 所示。

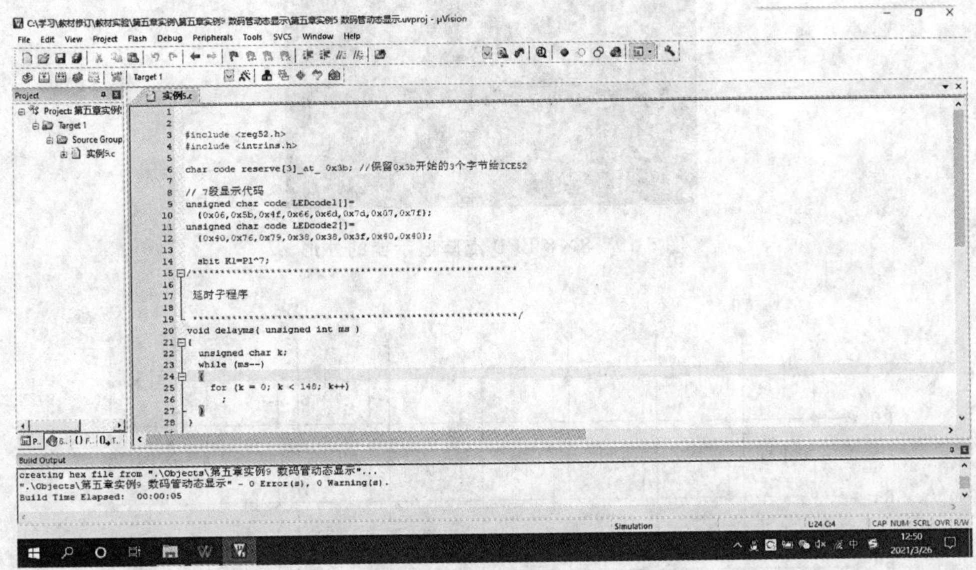

图 5-18　例 5-9 程序运行界面

5.3.3　LED 点阵显示器的应用

目前，LED 点阵显示器的应用非常广泛，在许多公共场合，如商场、银行、车站、机场、医院随处可见。LED 点阵显示器不仅能显示文字、图形，还能播放动画、图像、视频等信号，LED 点阵显示器分为图文显示器和视频显示器，不仅有单色显示，还有彩色显示。下面仅介绍单片机如何来控制单色 LED 点阵显示器的显示。

LED 点阵显示器是由若干个发光二极管按矩阵方式排列而成。按阵列点数可分为 5×7、5×8、6×8、8×8 点阵；按发光颜色可分为单色、双色、三色；按极性排列可分为共阴极和共阳极。

1. LED 点阵结构

以 8×8 LED 点阵显示器为例，8×8 LED 点阵显示器的外形如图 5-19 所示，它的内部结构如图 5-20 所示，由 64 个发光二极管组成，且每个发光二极管处于行线(R0～R7)和列线(C0～C7)之间的交叉点上。

2. LED 点阵显示原理

如何控制 LED 点阵显示器来显示一个字符？一个字符是由一个个点亮的 LED 所构成。点亮 LED 点阵中的一个发光二极管的条件是：对应的行为高电平，对应的列为低电平。如果在很短的时间内依次点亮很多个发光二极管，LED 点阵就可以显示一个稳定的字符、

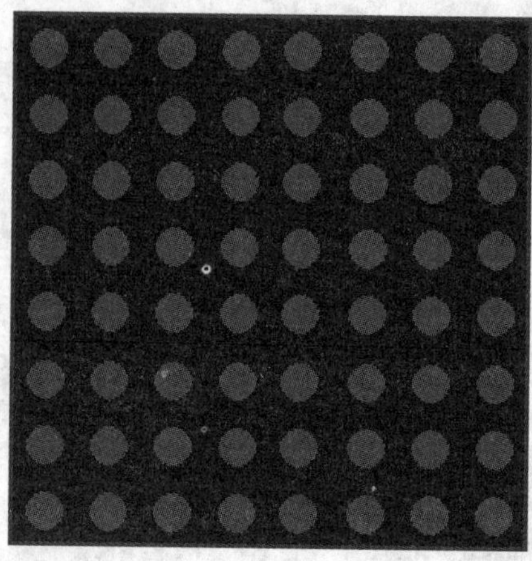

图 5-19　8×8 LED 点阵显示器的外形

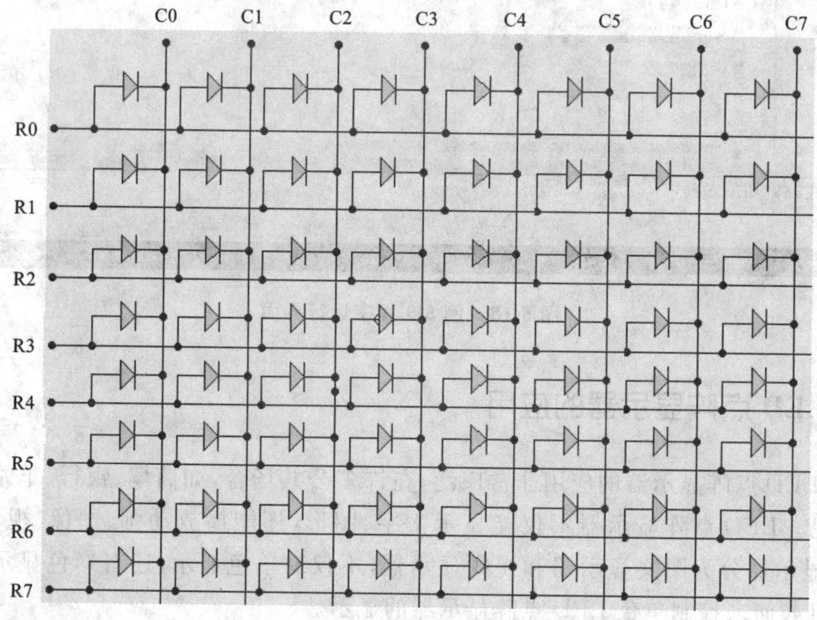

图 5-20　8×8 LED 点阵显示器(共阴极)的内部结构

数字或其他图形。控制 LED 点阵显示器的显示,实质上就是控制加到行线和列线上的编码,编码控制点亮某些发光二极管(点),从而显示出由不同发光的点组成的各种字符。

16×16 LED 点阵显示器的结构与 8×8 LED 点阵显示器内部结构及显示原理是类似的,只不过行和列均为 16。16×16 LED 点阵是由 4 个 8×8 LED 点阵组成,且每个发光二极管也是放置在行线和列线的交叉点上,当对应的某一列置 0 电平,某一行置 1 电平时,该发光二极管点亮。

下面以 16×16 LED 点阵显示器显示字符“人”为例(见图 5-21)来进行说明。

显示过程如下:先给 LED 点阵的第 1 行送高电平(行线高电平有效),同时给所有列线送高电平(列线低电平有效),从而第 1 行发光二极管全灭;延时一段时间后,再给第 2 行送高电平,同时给所有列线送“1111 1110 1111 1111”,列线为 0 的发光二极管点亮,从而点亮 1

个发光二极管，显示出汉字“人”的第一行；延时一段时间后，再给第 3 行送高电平，同时加到列线的编码为“1111 1110 1111 1111”，点亮 1 个发光二极管……延时一段时间后，再给第 16 行送高电平，同时给列线送“11101111 1111 0111”，显示出汉字“人”的最下面的一行，点亮 1 个发光二极管。然后再重新循环上述操作，利用人眼的视觉暂留效应，一个稳定的字符“人”就显示出来了，如图 5-21 所示。

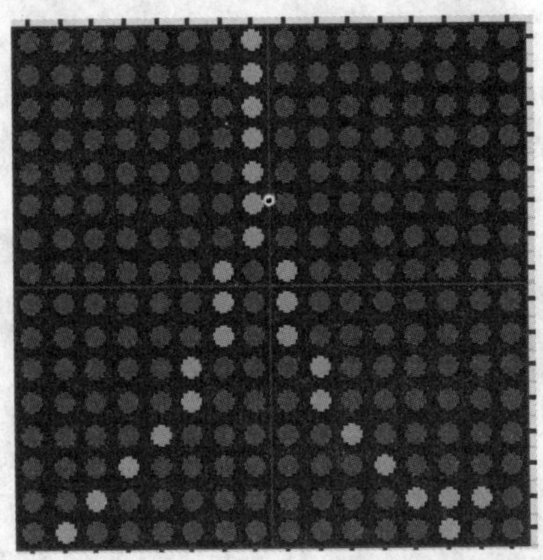

图 5-21　16×16 LED 点阵显示器显示字符“人”

3. 控制 16×16 LED 点阵显示屏的案例

第 5 章　例 5-10
16×16LED 显示

下面是一个单片机控制 16×16 LED 点阵显示屏显示字符的案例。

【例 5-10】　如图 5-22 所示，利用单片机及 74HC154(4-16 译码器)、AT89C51、16×16LED 点阵显示屏来实现字符显示，编写程序，循环显示字符“人工智能学院欢迎您！”。

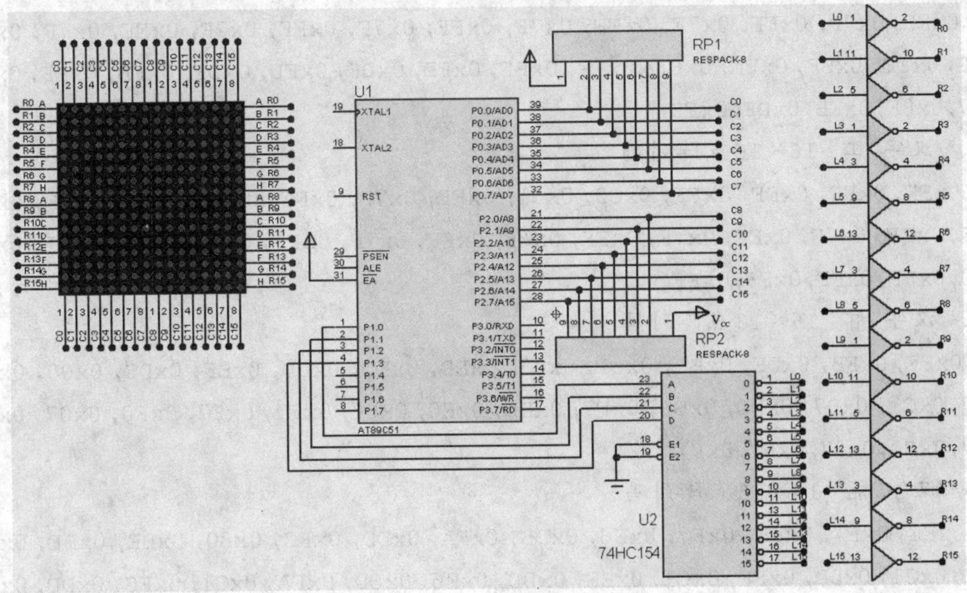

图 5-22　控制 16×16 LED 点阵显示屏(共阴极)显示字符

图中 16×16 LED 点阵显示屏的 16 行行线 R0～R15 的电平，由 P1 口的低 4 位经 4-16 译码器 74HC154 的 16 条译码输出线 L0～L15 经驱动后的输出来控制。16 列列线 C0～C15 的电平由 P0 口和 P2 口控制。剩下的问题就是如何确定显示字符的点阵编码，以及控制好每一屏逐行显示的扫描速度(刷新频率)。

参考程序如下：

```
#include<reg51.h>
#define uchar unsigned char
#define uint unsigned int
#define out0 P0
#define out2 P2
#define out1 P1
void delay(uint j)                //延时函数
{
   uchar i=250;
   for(;j>0;j--)
   {
      while(--i);
      i=100;
   }
}
uchar code string[]={
//汉字“人”16×16点阵列码
0xFF, 0x7F, 0xFF, 0x7F, 0xFF, 0x7F, 0xFF, 0x7F, 0xFF, 0x7F, 0xFF, 0x7F, 0xFF,
0x7F, 0xFE, 0xBF, 0xFE, 0xBF, 0xFE, 0xBF, 0xFD, 0xDF, 0xFD, 0xDF, 0xFB, 0xEF, 0xF7,
0xF7,0x8F,0xFB,0xDF,0xFD
//汉字“工”16×16点阵列码
0xFF, 0xFF, 0xEF, 0xFF, 0xC0, 0x01, 0xFF, 0x7F, 0xFF, 0x7F, 0xFF, 0x7F, 0xFF,
0x7F, 0xFF, 0x7F, 0xFF, 0x7F, 0xFF, 0x7F, 0xFF, 0x7F, 0xFF, 0x7F, 0xDF, 0x7F, 0x80,
0x00,0xFF,0xFF,0xFF,0xFF
//汉字“智”16×16点阵列码
0xFF, 0xFB, 0xDF, 0xBB, 0x81, 0x03, 0xDD, 0xED, 0xDD, 0xEF, 0xDC, 0x00, 0xDD,
0xF7, 0xC1, 0xD7, 0xDD, 0xBB, 0xF7, 0xBD, 0xE0, 0x06, 0xF7, 0xF7, 0xF0, 0x07, 0xF7,
0xF7,0xF0,0x07,0xF7,0xF7
//汉字“能”16×16点阵列码
0xFE, 0xF7, 0xEE, 0xF7, 0xE6, 0xDB, 0xFA, 0xDD, 0xFC, 0x80, 0xDE, 0xBF, 0xDE,
0xC1,0xC1, 0xDD, 0xFF, 0xC1, 0xEE, 0xDD, 0xE6, 0xDD, 0xFA, 0xC1, 0xFC, 0xDD, 0xBE,
0xDD,0xBE,0xD5,0x81,0xED
//汉字“学”16×16点阵列码
```

```
    0xEF,0xBB,0xEF,0x77,0xF7,0x77,0xFB,0xFF,0x80,0x01,0xBF,0xFD,0xDF,0xFE,
0xF8,0x07,0xFD,0xFF,0xDE,0x7F,0x80,0x00,0xFF,0x7F,0xFF,0x7F,0xFF,0x7F,
0xFF,0x5F,0xFF,0xBF
    //汉字"院"16×16点阵列码
    0xFE,0xFF,0xFD,0xE1,0x80,0x0D,0xBF,0xD5,0xD7,0xE5,0xE0,0x39,0xFF,0xF5,
0xEF,0xED,0xC0,0x0D,0xFA,0xED,0xFA,0xE9,0xFA,0xF5,0xBB,0x7D,0xBB,0x7D,
0x87,0xBD,0xFF,0xCD
    //汉字"欢"16×16点阵列码
    0xFE,0xFF,0xFE,0xFF,0xFE,0xC0,0xC0,0xDF,0xDF,0x5D,0xED,0x9D,0xFD,
0xEB,0xFD,0xEB,0xFD,0xF7,0xFD,0xEB,0xFA,0xDB,0xFA,0xDD,0xF7,0x7E,0xEF,
0x7F,0x8F,0xBF,0xDF,0xCF
    //汉字"迎"16×16点阵列码
    0xFF,0xFF,0xDE,0x7D,0x81,0x9B,0xDD,0xD7,0xDD,0xDF,0xDD,0xDF,0xDD,
0xD0,0xDC,0xD7,0xDD,0x57,0xD5,0x97,0xED,0xD7,0xFD,0xF7,0xFD,0xF7,0x9D,
0xEB,0xC0,0x1D,0xFF,0xFF
    //汉字"您"16×16点阵列码
    0xFF,0x77,0xFF,0x77,0xFF,0x77,0xC0,0x3B,0xDF,0xBB,0xEF,0xD9,0xFD,0xEA,
0xFD,0xFB,0xF5,0x7B,0xED,0x7B,0xCD,0xBB,0xDD,0xDB,0xFD,0xFB,0xFD,0xFB,
0xFD,0x7B,0xFE,0xFB
    //汉字"!"16×16点阵列码
    0xFF,0xFF,0xFE,0x7F,0xFC,0x3F,0xFC,0x3F,0xFC,0x3F,0xFC,0x3F,0xFC,
0x3F,0xFE,0x7F,0xFE,0x7F,0xFE,0x7F,0xFF,0xFF,0xFE,0x7F,0xFC,0x3F,0xFE,
0x7F,0xFF,0xFF,0xFF,0xFF
        };
   };
   void main()
   {
   uchar i,j,n;
   while(1)
       {
         for(j=0;j<9;j++) //共显示 9 个汉字
         {
      for(n=0;n<40;n++)        //每个汉字整屏扫描 40 次,延时时间
  {
         for(i=0;i<16;i++)        //逐行扫描 16 行
         {
         out1=i% 16;                   //输出行码
         out0=string[i* 2+1+j* 32]; //输出列码到 C0~ C7,逐行扫描
         out2=string[i* 2+j* 32];        //输出列码到 C8~ C15,逐行扫描
```

```
            delay(4);            //显示并延时一段时间
            out0=0xff;       //列线 C0~ C7 为高电平,熄灭发光二极管
            out2=0xff;      //列线 C8~ C15 为高电平,熄灭发光二极管
          }
        }
      }
    }
  }
```

程序运行界面和原理图运行界面如图 5-23 和图 5-24 所示。

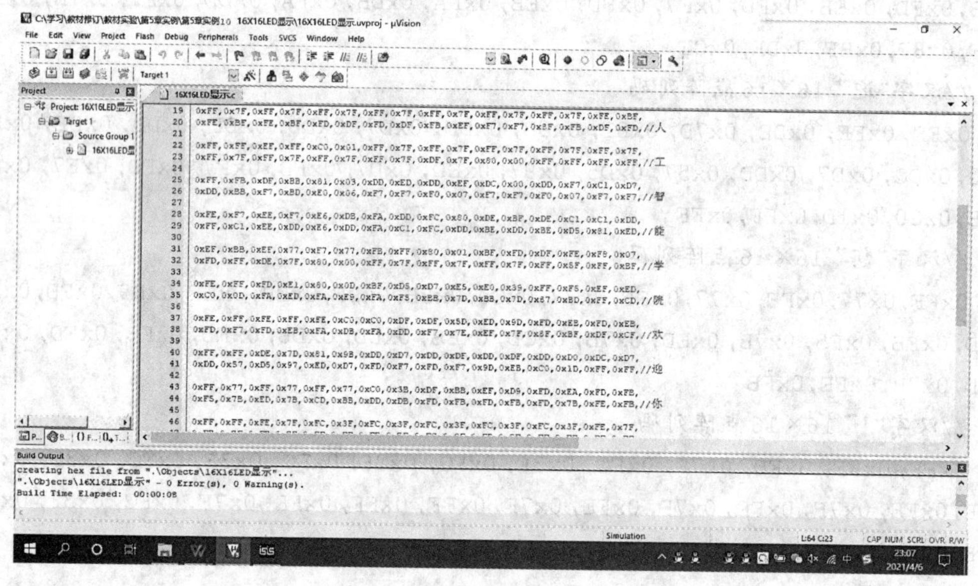

图 5-23　例 5-10 程序运行界面

扫描显示时,单片机通过 P1 口低 4 位经 4-16 译码器 74HC154 的 16 条译码输出线 L0～L15 经驱动后的输出来控制,逐行为高电平,来进行扫描。由 P0 口与 P2 口控制列码的输出,从而显示出某行应点亮的发光二极管。

以显示汉字"人"为例,说明显示过程。由上面程序可看出,汉字"人"的前 3 行发光二极管的列码为"0xFF,0xFF,0x03,0xF0,0xFF,0xFB……",第一行列码为"0xFF,0xFF",由 P0 口与 P2 口输出,无点亮的发光二极管。第二行列码为"0x03,0xF0",通过 P0 口与 P2 口输出后,0x03 加到列线 C7～C0 的二进制编码为"0000 0011",这里要注意加到 8 个发光二极管上的对应位置。按照图 5-20 和图 5-21 连线关系,加到从左到右发光二极管应为 C0～C7 的二进制编码为"1100 0000",即最左边的 2 个发光二极管不亮,其余的 6 个发光二极管点亮。

同理,P2 口输出的 0xF0 加到列线 C15～C8 的二进制编码为"1111 0000",即加到 C8～C15 的二进制编码为"0000 1111",所以第二行的最右边的 4 个发光二极管不亮,如图 5-21 所示。对应通过 P0 口与 P2 口输出加到第 3 行 16 个发光二极管的列码为"0xFF,0xFB,",对应于从左到右的 C0～C15 的二进制编码为"1111 1111 1111 1011",从而第 3 行从左边数

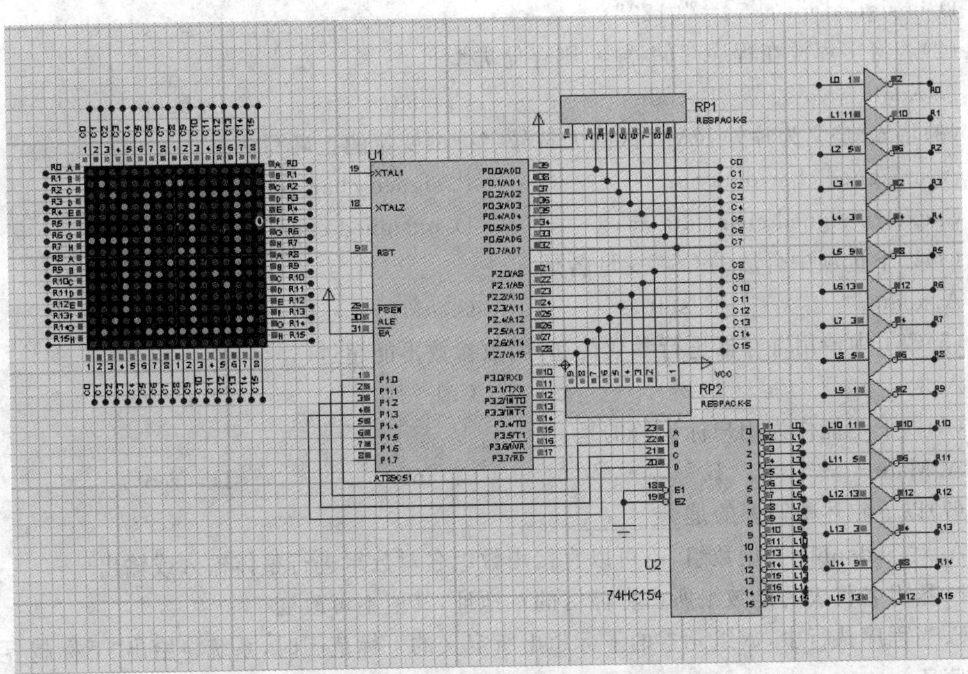

图 5-24 例 5-10 原理图运行界面

第 14 个发光二极管被点亮，其余均熄灭，如图 5-19 所示。其余各行点亮的发光二极管，也是由 16×16 点阵的列码来决定。

本章小结

(1)本章介绍了 C51 的程序结构、C51 的数据结构、C51 仿真开发环境以及 C51 初步应用编程等内容。在 C51 语言编程中，对数据类型与变量的定义，必须要与单片机的存储结构相关联，而不必像汇编语言那样需具体组织、分配存储器资源和处理端口数据。

(2)讲述了 C51 与标准 C 语言的不同点，对 C51 中的六种存储类型与单片机存储区关系进行了详细讲解，对编译器的三种存储模式进行了讲解，介绍了 C51 中三种绝对地址的定义方式，介绍了 C51 函数格式和中断函数编写方法。

(3)在使用 Keil μVision 和 Proteus 仿真开发软件环境的基础上，详细介绍了单片机I/O 接口的工作原理，结合流水灯、按键和键盘、LED 数码管显示和点阵电子显示屏等 I/O 接口实例，讲解了 Proteus 和 Keil 两个开发工具如何使用，使读者尽快熟悉 80C51 单片机的开发与应用。

思考与练习题 5

1. 单项选择题

(1)以下能正确定义一维数组的选项是________。

A. unsigned int a[5]={0,1,2,3,4,5};

B. unsigned char a[ ]={0,1,2,3,4,5};

C. unsigned char a={'A','B','C'};

D. unsigned int a[5]="0123";

(2)若将字库放在程序存储器中,则存储类型是________。

A. Xdata　　B. code　　C. pdata　　D. bdata

(3)将 aa 定义为片外 RAM 区的无符号字符型变量的正确写法是________。

A. unsigned char data aa;　　B. signed char xdata aa;

C. extern signed char data aa;　　D. unsigned char xdata aa;

(4)以下选项中合法的 C51 变量名是________。

A. xdata　　B. sbit　　C. start　　D. interrupt

(5)C51 中使用寄存器进行参数传递,函数参数不能超过(　　)个。

A. 3　　B. 2　　C. 1　　D. 4

(6)以下不能作为用户标识符的是________。

A. Main　　B. _0　　C. _int　　D. sizeof

(7)以下叙述中错误的是________。

A. 对于 double 类型数组,不可以直接用数组名对数组进行整体输入或输出

B. 数组名代表的是数组所占存储区的首地址,其值不可改变

C. 当程序执行中,数组元素的下标超出所定义的下标范围时,系统将给出"下标越界"的出错信息

D. 可以通过赋初值的方式确定数组元素的个数

(8)下列类型中,________是 51 单片机特有的类型。

A. char　　B. int　　C. bit　　D. float

(9)已知 P0 口第 0 位的位地址是 0x90,将其定义为位变量 P1_0 的正确命令是________。

A. bit P1_0=0x90;　　B. sbit P1_0=0x90;

C. sfr P1_0=0x90;　　D. sfr16 P1_0=0x90;

(10)将 bmp 定义为片内 RAM 区的有符号字符型变量的正确写法是________。

A. char data bmp;　　B. signed char xdata bmp;

C. extern signed char data bmp;　　D. unsigned char xdata bmp;

(11)设编译模式为 SMALL,将 csk 定义为片内 RAM 区的无符号字符型变量的正确写法是________。

A. char data csk;　　B. unsigned char csk;

C. extern signed char data csk;　　D. unsigned char xdata csk;

(12)下列关于 LED 数码管动态显示的描述中________是正确的。

A. 一个并行口只接一个数码管,显示数据送入并行口后就不再需要 CPU 干预

B. 动态显示只能使用共阴极型数码管,不能使用共阳极型数码管

C. 一个并行口可并列接 n 个数码管,显示数据送入并行口后还需要 CPU 控制相应数码管导通

D. 动态显示具有占用 CPU 机时少、发光亮度稳定的特点

(13)下列关于行列式键盘的描述中________是正确的。

A. 每只按键独立接在一根 I/O 口线上,根据口线电平判断按键的闭合状态

B. 按键设置在跨接行线和列线的交叉点上，根据行线电平有无反转判断按键闭合状态

C. 行列式键盘的特点是无须 CPU 的控制，可以自行适应各种单片机的输入接口

D. 行列式键盘的特点是占用 I/O 口线较多，适合按键数量较少时的应用场合

(14)C 程序总是从________开始执行的。

A. 主函数　　B. 主程序　　C. 子程序　　D. 主过程

(15)4×4 矩阵键盘和单片机直接连接时，需要________个 I/O 口。

A. 4　　B. 8　　C. 12　　D. 16

(16)下列关于 C51 与汇编语言混合编程的描述中，________是不正确的。

A. C51 可生成高效简洁的目标代码，无须采用混合编程就能满足一般应用问题

B. 在 C51 中调用汇编程序的做法只适用于两种程序间无参数传递的应用场合

C. 在 C51 中嵌入汇编代码时需要对 Keil 编译器进行生成 SRC 文件的设置

D. 混合编程对涉及 I/O 口地址处理和中断向量地址安排等应用具有重要价值

(17)在 xdata 存储区里定义一个指向 char 类型变量的指针变量 px，下列语句中，________是不正确的。

A. char * xdata px;　　B. char xdata * px;

C. char xdata * data px;　　D. char * px xdata;

(18)源程序编译链接后生成可下载文件的扩展名通常是________。

A. hex　　B. C　　C. h　　D. s

(19)下列选项中，正确的 C51 语言定义语句是________。

A. bit * a　　B. sbit PO. 0＝0x90

C. bit a[5]　　D. unsigned char x＝256

(20)已知某程序代码如下，该程序运行多少次________。

```
#include <reg51.h>
unsigned char i=0;
for (i=0;i<256;i++)
```

A. 256 次　　B. 255 次

C. *n* 次(*n* 趋向于无穷大)　　D. 0 次

2. 问答思考题

(1)C 语言的优点是什么？C 程序的主要结构特点是什么？

(2)在 C51 中为何要尽量采用无符号的字节变量或位变量？

(3)为了加快程序的运行速度，C51 中频繁操作的变量应定义在哪个存储区？

(4)C51 的变量定义包含哪些要素？其中哪些是不能省略的？

(5)C51 数据类型中的关键词 sbit 和 bit 都可用于位变量的定义，但两者有何不同之处？

(6)简述利用 μVision5 进行 C51 程序调试的方法。

(7)简述数码管静态显示与动态显示的特点及实现方法。

(8)独立式键盘与行列式键盘的特点和不足之处是什么？

第6章 单片机的中断系统

中断技术是单片机中重要的技术之一，它既和硬件有关，也和软件有关，中断系统是在CPU 和程序共同控制下，按照其约定的中断机制有序地工作。正因为有了“中断”才使得单片机的工作更加灵活、效率更高。

本章是片上可编程资源的首度深入接触，只有深刻理解中断概念，才能把握中断的本质，以及把握采用中断编程的时机。只有掌握中断子系统的工作机制，才能为我们编程提供理论性、规律性、方向性指导，并为后续定时器/计数器、串行口学习奠定基础。只有结合具体应用，才能提升学习的动力。

6.1 中断概念

6.1.1 中断引入

什么是中断，中断现象在现实生活中也会经常遇到。例如，你正在家中看书，突然电话铃响了，你放下书本，去接电话，和来电话的人交谈，然后放下电话，回来继续看你的书，这就是一个中断过程。简单来说中断就是正常的工作过程被外部的事件打断了，通过中断，一个人在一特定的时间内，同时完成了看书和打电话两件事情。

计算机在应用中，必然要同各种各样的外设打交道。当它被用于管理、生产过程的检测与控制以及科学计算时，都要求把控制程序和原始数据通过相应的输入设备送入计算机。为了实现 CPU 与外设之间的数据传送，单片机一般采用程序查询传送方式和中断传送方式。

单片机如何确定它所感兴趣的外部事件是否发生(我们是否靠近了银行玻璃门)？以便做出合适的处理方式(如有人靠近，应自动开门迎客)。一方面，依赖它的输入/输出端口P0/P1/P2/P3，并在硬件接口电路支持下，把外界事件转换成符合单片机电气特性要求的TTL 电平信号(如高电平代表有人靠近，低电平代表无人靠近)。另一方面，需要单片机对其标志进行查询，一旦确认有效，通过执行有关程序，在硬件及设备的配合下，完成相应的动作。

单片机查询最为直观的方式，就是把相应输入端口映像的特殊寄存器 P0/P1/P2/P3 中的数据位编程查询判断，称为软件查询工作机制，简称为查询。软件查询工作机制不但占用 CPU 操作时间，而且响应速度慢。如此直白的查询，在有些场合或许是可行的（如开门之类的小事情）。但是，在很多场合，单片机应用系统需要处理很多业务，查询周期可能较长，影响反应的实时性，甚至造成事件丢失。尤其对 CPU 外部随机或定时出现的紧急事件，常常需要 CPU 能马上响应。另外，如对多个事件是否发生采用软件查询工作机制，破坏了程序的模块化逻辑结构，加大了编程和调试的困难。51 系列单片机采用中断机制，即利用自备的 CPU 硬件查询工作机制（CPU 对中断标志的检测是在程序指令执行的周期中顺带执行的查询，不影响指令的连续执行），又称之为中断，即中断能较好地解决了上述存在的问题。

查询和中断两种工作方式的特点，可以用电话的例子来说明：一个人有一部只有指示灯而没有铃声的电话，为了不遗漏来电，在他工作的时候必须时时查看电话的指示灯，这就是查询工作方式，而时时查看指示灯，势必降低他的工作效率。另一个人的电话有铃声，当有来电时，电话铃声就会自动响起来。他会停下手中的工作去接电话，电话打完之后，他又继续回来工作，这就是中断工作方式。这种工作方式比查询工作方式的效率要高得多，同时也能更快地处理引起中断的事件。

我们在应用开发中，具有下列特征之一，在程序规划时，应优先考虑采用中断方式编程。

(1)每隔一段时间间隔就必须做某件特定的事情。

(2)当某个条件（不论软件或硬件线路）成立时，就让 CPU 立即处理。

(3)CPU 正以多任务的模式，同时处理数个程序或信号。

(4)某项状态正常情况下不出现，可是一旦出现时，CPU 必须立即停止原先的操作，马上处理这个状态。

总之，采用中断系统改善了单片机的性能，主要表现在以下几个方面。其一，分时操作。有效地解决了快速 CPU 与慢速外设之间的矛盾，可使 CPU 与外设并行工作，大大提高了工作效率。其二，实时响应。可以及时处理控制系统中许多随机产生的事件与信息，从而提高了控制系统的性能。其三，可靠性高。使系统具备了处理故障及掉电等突发性事件的能力，提高了系统自身的可靠性。

6.1.2　中断有关概念

用计算机语言来描述，所谓中断就是当 CPU 正在处理某项事务时，如果内部（定时器事件、串行通信的发送和接收事件）或外部发生了紧急事件，中断管理系统通过自动检测判断会置位相应标志位通知 CPU 暂停正在处理的工作，而去迅速处理紧急事件，待处理完后再回到原来中断的地方继续执行原来被中断的程序，这个过程称作中断。

CPU 在处理某一事件 A 时，发生了另一事件 B 请求 CPU 迅速去处理，称之为中断请求；能引起 CPU 中断的事件（根源），称为中断源；单片机原来正常运行的程序称为主程序；主程序被断开的位置或地址称为断点；CPU 暂时中断当前的事务 A，转去处理事件 B，称之为中断响应或中断服务；中断之后所执行的处理程序通常称为中断服务程序；待

CPU 将事件 B 处理完毕后，再回到原来事件 A 被中断的地方(断点)继续处理事件 A 称为中断返回。实现上述中断功能的部件称为中断系统或中断机构，其工作过程示意如图 6-1 所示。

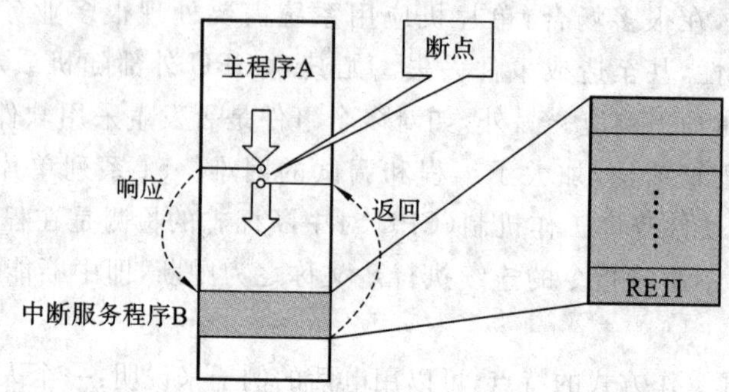

图 6-1　单片机中断工作过程

【例 6-1】 以图 6-2 所示的单片机开关状态检测单元为例进一步说明中断的概念。图中 P2.0 引脚处接有一个发光二极管 D1，P3.2 引脚处接有一个按键。要求分别采用一般方式和中断方式编程实现按键压下一次，D1 的发光状态反转一次的功能。

(查询方式)
第 6 章　例 6-1
单片机开关状态检测单元

(中断方式)
第 6 章　例 6-1
单片机开关状态检测单元

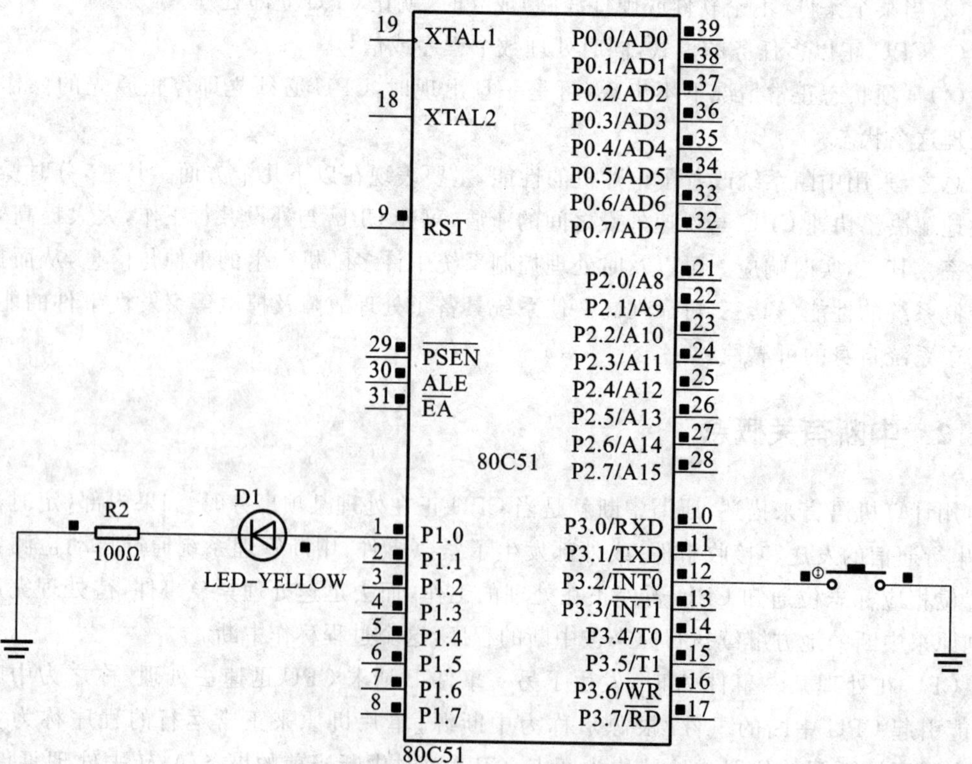

图 6-2　单片机开关状态检测单元

【解】

按照一般编程方法，不难写出如下程序：

```
#include <reg51.h>            //单片机头文件
sbit p2_0=P2^0;               //定义 P2.0 位变量
sbit p3_2=P3^2;               //定义 P3.2 位变量
main(){
  p2_0=1;
  while(1){                   //无限循环
     if(p3_2==0) {            //判断 P3.2 按键是否按下
        p2_0=! p2_0;          // P2.0 取反
     }
  }
}
```

程序运行时，主函数需要不断查询 P3.2 引脚的电平状态。若 p3_2 为 0，则将 p2_ 0 值取反，显然这一过程要占用大量主函数机时。

采用中断方式编写的程序如下：

```
#include <reg51.h>            //单片机头文件
sbit p2_0=P2^0;               //定义 P2.0 位变量
int0_srv () interrupt 0{      //外部中断 0 函数
  p2_0 =! p2_0;               // P2.0 取反
}
main(){
  IT0=1;                      // 外部中断 0 边沿触发
  EX0=1;                      //外部中断 0 允许中断
  EA=1;                       //开总中断
  while(1);                   //无限循环
}
```

这一程序由主函数和中断函数组成，中断函数 int0_ srv()完成 p2_ 0 电平翻转作用，主函数中的 while(1)语句则模拟任意任务的语句。中断方式编程的运行效果如图 6-3 所示。

可见该程序也可以实现按键压下一次，D1 的发光状态翻转一次的功能，该主函数中没有按键检测语句。故不会占用主函数机时。但没有按键检测语句，中断服务的函数是如何自动执行的呢？该主函数中的两条变量赋值语句起什么作用？要回答这些问题，需要进一步了解中断控制系统的内容。

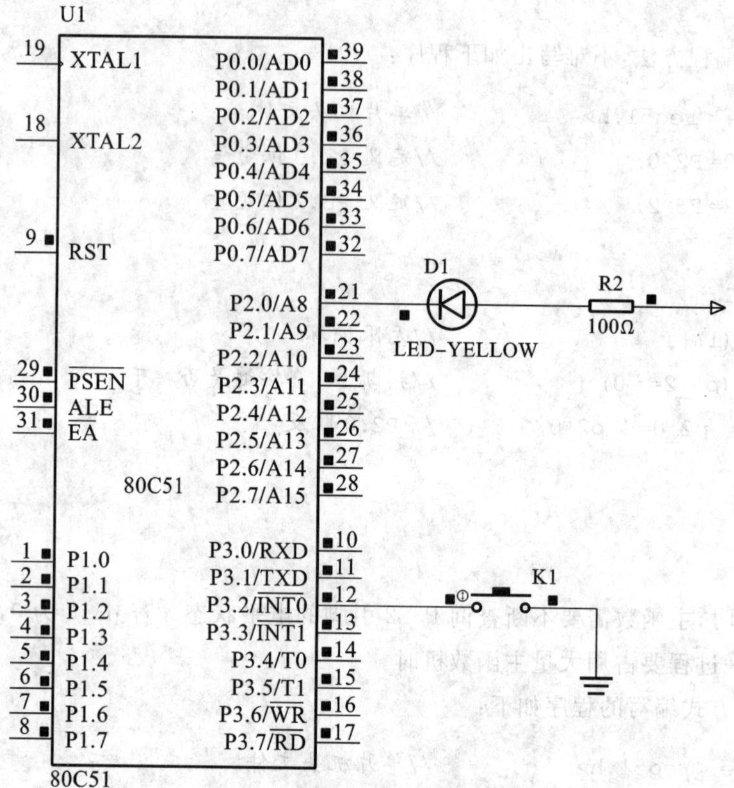

图 6-3 例 6-1 的程序运行效果图

6.2 80C51 单片机的中断控制系统

6.2.1 80C51 中断系统的结构

单片机之所以像我们一样具有中断处理能力，首先依赖于其内置的中断子系统，掌握中断系统的结构及工作机制是编程应用的基础。80C51 中断控制系统主要由几个与中断有关的特殊功能寄存器、中断入口、顺序查询与逻辑电路等组成，它反映了中断控制系统的功能和控制情况，其结构框图如图 6-4 所示。

从图 6-4 中可看出 80C51 中断系统有 5 个中断源，提供两个优先级，可实现二级中断服务程序嵌套。每个中断源都可以设置为高优先级或低优先级的中断。中断的标志位 IE0、IE1、TF0、TF1、TI、RI 分别由控制寄存器 TCON 和 SCON 的相关位提供。IE 为中断允许控制寄存器，决定中断的开放和禁止。IP 是中断优先级控制寄存器，用来设定各个中断源的优先级别。

6.2.2 80C51 中断源

80C51 单片机有 5 个中断源，两个外部中断源由 $\overline{INT0}$、$\overline{INT1}$ 输入，两个片内定时/计数

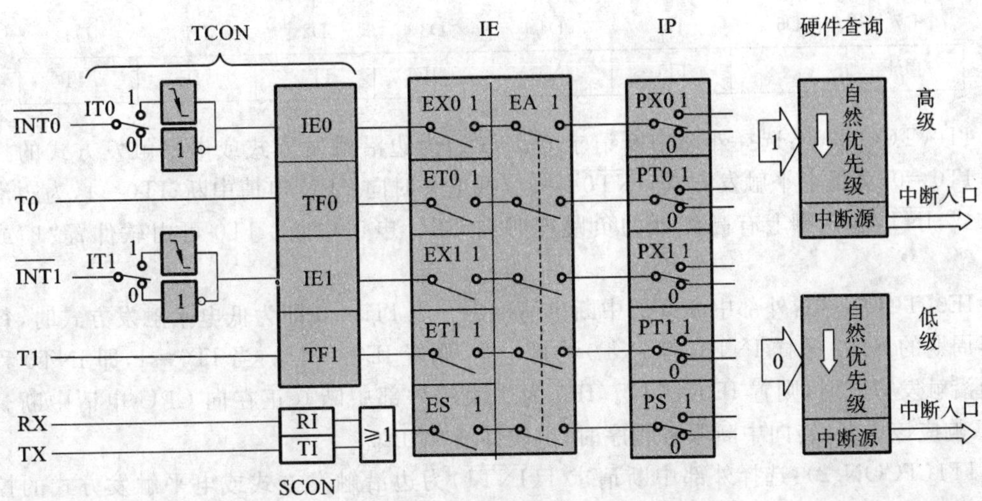

图 6-4　80C51 系列单片机中断系统结构框图

器溢出中断源，一个片内串行口中断源，CPU 通过中断源对应的中断标志位提出中断申请。(它们在程序存储器中各有固定的中断程序入口地址，这个地址也称为矢量地址。当 CPU 响应中断时，硬件会自动形成各自的入口地址，由此进入中断服务程序，从而实现了正确的转移。)

(1)外部中断 0 $\overline{INT0}$(P3.2)：P3.2 外部中断 0 请求信号输入端。可由 IT0(TCON.0)选择其为低电平有效还是下降沿有效，当 CPU 检测到 P3.2 引脚上出现有效信号时，使中断标志 IE0(TCON.1)置 1，向 CPU 申请中断。

(2)外部中断 1 $\overline{INT1}$(P3.3)：P3.3 外部中断 1 请求信号输入端。可由 IT1(TCON.2)选择其为低电平有效还是下降沿有效，当 CPU 检测到 P3.3 引脚上出现有效信号时，使中断标志 IE1(TCON.3)置 1，向 CPU 申请中断。

(3)定时器/计数器 T0 中断 TF0(TCON.5)：片内定时器/计数器 T0 溢出中断请求标志位。当定时/计数器 T0 产生溢出时，置位 TF0，并向 CPU 申请中断。

(4)定时器/计数器 T1 中断 TF1(TCON.7)：片内定时器/计数器 T1 溢出中断请求标志位。当定时/计数器 T1 产生溢出时，置位 TF1，并向 CPU 申请中断。

(5)串行口中断 RI(SCON.0)或 TI(SCON.1)：串行口请求标志位。当串行口接收完一帧串行数据时置位 RI；当串行口发送完一帧串行数据时置位 TI，并向 CPU 申请中断。

6.2.3　80C51 中断请求标志寄存器

5 个中断源都对应有一个中断请求标志位来反映中断请求状态，这些标志位分布在特殊功能寄存器 TCON 和 SCON 中。

1. 定时器/计数器控制寄存器 TCON

TCON(88H)为定时器/计数器的控制寄存器，它同时也锁存 T0、T1 溢出中断源标志、外部中断请求标志，与这些中断请求源相关的位含义如下：

D7	D6	D5	D4	D3	D2	D1	D0
TF1		TF0		IE1	IT1	IE0	IT0

IT0(TCON.0):选择外部中断请求 0($\overline{INT0}$)为边沿触发方式或电平触发方式的控制位。IT0=0,为低电平触发方式,$\overline{INT0}$引脚位低电平时向 CPU 申请中断;IT0=1,为边沿触发方式,$\overline{INT0}$输入脚上有高到低的负跳变时向 CPU 申请中断。IT0 可由软件置"1"或清"0"。

IE0(TCON.1):外部中断 0 的中断申请标志。当 IT0=0 即为低电平触发方式时,每个机器周期的 S5P2 采样 INT0,若 INT0 为低电平,则置 IE0="1"。当 IT0=1,即 INT0 程控为边沿触发方式时,则置 IE0="1"。IE0 为 1 表示外部中断 0 正在向 CPU 申请中断。当 CPU 响应该中断,转向中断服务程序时,由硬件清"0"IE0。

IT1(TCON.2):选择外部中断请求 1($\overline{INT1}$)为边沿触发方式或电平触发方式的控制位,其作用和 IT0 类似。

IE1(TCON.3):外部中断 1 的中断申请标志。其意义和 IE0 相同。

TF0(TCON.5):80C51 片内定时器/计数器 0 溢出中断申请标志。当启动 T0 计数后,定时器/计数器 0 从初始值开始计数,当最高位产生溢出时,由硬件置"1"TF0,向 CPU 申请中断,CPU 响应 TF0 中断时,会自动清"0"TF0。

TF1(TCON.7):80C51 片内定时器/计数器 1 溢出中断申请标志,功能和 TF0 类似。

当 80C51 系统复位后,TCON 各位会被清 0。

2. 串行口控制寄存器 SCON

SCON(98H)为串行口控制寄存器,SCON 的低两位锁存串行口的接收中断和发送中断标志,其格式如下:

D7	D6	D5	D4	D3	D2	D1	D0
						TI	RI

TI(SCON.1):80C51 串行口的发送中断标志。TI=1 表示串行口发送器正在向 CPU 申请中断,向串行口的数据缓冲器 SBUF 写入一个数据后,就立即启动发送器继续发送。值得注意的是,CPU 响应发生器中断请求,转向执行中断服务程序时,并不清"0"TI,TI 必须由用户的中断服务程序清"0"。

RI(SCON.0):80C51 串行口接收中断标志。RI 为 1 表示串行口接收器正在向 CPU 申请中断,同样 RI 必须由用户的中断服务程序清"0"。

一般情况下,以上 5 个中断源的中断请求标志是由中断机构硬件电路自动置位的,但也可以人为的指令(SETB BIT),对以上两个控制寄存器的中断标志位置位,即"软件代请中断",这是单片机中断系统的一大特点。

6.2.4　80C51 中断允许和中断优先级的控制

1. 中断允许控制 IE(interrupt enable)寄存器

IE 寄存器的字节地址为 A8H 字节地址,而且可位寻址,每位的位名称及定义如下:

D7	D6	D5	D4	D3	D2	D1	D0
EA	×	×	ES	ET1	EX1	ET0	EX0

EA:这个位是 IE 寄存器中最重要的位,若 EA=0 则禁止系统中所有的中断要求,如 EA=1 时代表允许 CPU 接收中断,至于接收哪些中断请求,还需视下述 IE 寄存器中 5 个有关数据位的设置值而定,即如设为 1 代表此中断源开放,而设为 0 此中断源被屏蔽。

ES:决定是否允许串行传输端口的中断请求。

ET1:决定是否允许定时器/计数器 T1 的中断请求。

EX1:决定是否允许外部中断$\overline{\text{INT1}}$的中断请求。

ET0:决定是否允许定时器/计数器 T0 的中断请求。

EX0:决定是否允许外部中断$\overline{\text{INT0}}$的中断请求。

IE 寄存器的 D6、D5 位未定义,可视为后续功能扩展预留位,其他特殊寄存器也有类似预留位。

2. 中断优先控制 IP(interrupt priority)寄存器

事有分大小轻重,单片机处理中断信号亦有轻重之分,80C51 将优先顺序归成两类:高优先级中断和低优先级中断,优先级由 IP 寄存器来决定。IP 的状态由指令设定,IP 的某位设定为 1 时,则相应的中断源为高优先级中断;某位设定为 0 时,则相应的中断源为低优先级中断。当系统复位后,自行将各个中断的优先顺序都设成低优先级顺序中断。IP 寄存器(字节地址为 B8H,并可位寻址)各位的定义如下:

D7	D6	D5	D4	D3	D2	D1	D0
			PS	PT1	PX1	PT0	PX0

PX0(IP. 0):外部中断$\overline{\text{INT0}}$中断优先级设定位。

PT0(IP. 1):定时器/计数器 T0 中断优先级设定位。

PX1(IP. 2):外部中断$\overline{\text{INT1}}$中断优先级设定位。

PT1(IP. 3):定时器/计数器 T1 中断优先级设定位。

PS(IP. 4):串行口中断优先级设定位。

如果两个优先级相同的中断信号同时发生,其中断优先级还有内部排队问题,由中断系统硬件规定的自然优先级形成,其排列顺序如表 6-1 所示。

表 6-1　80C51 中断源和入口地址及中断自然优先级顺序

中断源及标志位名称	使能、优先级设定位名称	入口地址	中断自然优先级
外部中断 0、IE0	EX0、PX0	0003H	最高级
定时器/计数器 T0 中断、TF0	ET0、PT0	000BH	↓
外部中断 1、IE1	EX1、PX1	0013H	
定时器/计数器 T1 中断、TF1	ET1、PY1	001BH	
串行传输中断、RI+TI	ES、PS	0023H	最低级

若系统完成优先顺序的设置且允许中断后,将依所设置的中断优先顺序来处理中断请求,80C51 单片机的中断优先级遵循下面三条原则。

(1)CPU 同时接收到几个中断事件申请时,首先响应优先级别最高的中断请求。

(2)正在进行的中断过程不能被新的同级或低优先级的中断请求所中断。

(3)正在进行的低优先级中断服务程序,能被高优先级中断请求所中断。

6.3 80C51 中断处理过程

中断处理包括中断请求、中断响应、中断服务、中断返回等环节。其中中断请求在前面已有介绍,中断返回与 C51 编程关系不大,故本节仅对与中断响应、中断服务有关的内容进行介绍。

1. 中断响应

中断响应是指 CPU 从发现中断请求,到开始执行中断函数的过程。CPU 响应中断的基本条件为:

(1)有中断源发出中断请求;

(2)中断总允许位 EA=1,即 CPU 开中断;

(3)申请中断的中断源的中断允许位为 1,即没有被屏蔽。

满足以上条件后,CPU 一般都会响应中断。但如果遇到一些特殊情况,中断响应还将被阻止,例如 CPU 正在执行某些特殊指令,或 CPU 正在处理同级的或更高优先级的中断等。待这些中断情况撤销后,若中断标志尚未消失,则 CPU 还可继续响应中断请求,否则中断响应将被中止。

CPU 响应中断后,由硬件自动执行如下功能操作:

(1)中断优先级查询,对后来的同级或低级中断请求不予响应;

(2)保护断点,即把程序计数器 PC 的内容压入堆栈保存;

(3)清除可清除的中断请求标志位(见中断撤销);

(4)调用中断函数并开始运行;

(5)返回断点继续运行。

可见,除中断函数运行是软件方式外,其余中断处理过程都是由单片机硬件自动完成的。

2. 响应时间

从查询中断请求标志到执行中断函数第一条语句所经历的时间,称为中断响应时间。不同中断情况,中断响应时间是不一样的,以外部中断为例,最短的响应时间为 3 个机器周期。这是因为,CPU 在每个机器周期的 S6 期间查询每个中断请求的标志位。如果该中断请求满足所有中断条件,则 CPU 从下一个机器周期开始调用中断函数,而完成调用中断函数的时间需要 2 个机器周期。这样中断响应共经历了 1 个查询机器周期加 2 个调用中断函数周期,总计 3 个机器周期,这也是对中断请求做出响应所需的最短时间。

如果中断响应受阻,则需要更长的响应时间,最长响应时间为 8 个机器周期。一般情况下,在一个单中断系统里,外部中断的响应时间在 3~8 个机器周期之间。如果是多中断系统,且出现了同级或高级中断正在响应或正在服务中,则需要等待响应,那么响应时间就无法计算了。

这表明，即使采用中断处理突发事件，CPU 也存在一定的滞后时间。在可能的范围内提高单片机的时钟频率（缩短机器周期），可减少中断响应时间。

3. 中断撤销

中断响应后，TCON 和 SCON 中的中断请求标志应及时清 0，否则中断请求将仍然存在，并可能引起中断误响应。不同中断请求的撤销方法是不同的。

对于定时器/计数器中断，中断响应后，由硬件自动对中断标志位 TF0 和 TF1 清 0，中断请求可自动撤销，无须采取其他措施。

对于脉冲触发的外部中断请求，在中断响应后，也由硬件自动对中断请求标志位 IE0 和 IE1 清 0，即中断请求的撤销也是自动的。

对于电平触发的外部中断请求，情况则不同。中断响应后，硬件不能自动对中断请求标志位 IE0 和 IE1 清 0。中断的撤销，要依靠撤除 $\overline{\text{INT0}}$ 和 $\overline{\text{INT1}}$ 引脚上的低电平，并用软件使中断请求标志位清 0 才能有效。由于撤除低电平需要有外加硬件电路配合，比较烦琐，因而采用脉冲触发方式便成为常用的做法。

对于串口中断，其中断标志位 TI 和 RI 不能自动清 0。因为在中断响应后，还要测试这两个标志位的状态，以判定是接收操作还是发送操作，然后才能清除。所以串口中断请求的撤销是通过软件方法实现的。

4. 中断函数

中断服务是针对中断源的具体要求进行设计的，不同中断源的服务内容及要求各不相同，故中断函数必须由用户自己编写。中断服务函数的定义格式是统一的，C51 提供的中断函数定义格式如下：

```
void 函数名 (void) interrupt n {using m}
{函数体语句}
```

这里 interrupt 和 using 都是 C51 的关键词，interrupt 表示该函数是一个中断函数，整数 n 是与中断源对应的中断号，对于 80C51 单片机，n=0～4。

using 表示指定 m 号工作寄存器组存放中断相关数据，m=0～3。若每个中断函数都指定不同的工作寄存器组，则中断函数调用时就不必进行相关参数的现场保护，从而可简化编程。using m 选项缺省时，m 默认为当前工作寄存器组号（由 PSW 中的 RS0 和 RS1 位确定）。

在 C51 中使用中断函数时，应注意以下几点。

（1）中断函数既没有返回值，也没有调用参数。

（2）中断函数只能由系统调用，不能被其他函数调用。

（3）为提高中断响应的实时性，中断函数应尽量简短，并避免使用复杂变量类型及复杂算术运算。一种常用的做法是，在中断函数调用过程中刷新标志变量，而在主函数或其他函数中根据该标志变量值再做相应处理，这样就能较好地发挥中断对突发事件的应急处理能力。

（4）若要在执行当前中断函数时禁止更高优先级中断，可在中断函数中先用软件关闭 CPU 对中断的响应，在完成中断任务后再开放中断。

6.4　中断的编程和应用举例

前几节内容,通过对 80C51 单片机中断的基本概念、硬件结构、工作原理、特殊寄存器功能、工作流程关系等中断基本知识的学习,初步建立起中断工作机制具有约定性和可编程性的基本特点,为我们使用中断奠定了理论基础。只有理论联系实际,学以致用,才能真正掌握所学内容,提升应用能力。

从软件的角度看,中断控制实质上就是对 4 个与中断有关的特殊功能寄存器 TCON、SCON、IE 和 IP 进行管理和控制。只要这些寄存器的相应位按照人们的要求进行状态设置,CPU 就会按照人们的意志对中断源进行管理和控制。

6.4.1　中断程序设计举例

【例 6-2】　在单片机 P1 口上接有 8 只 LED。在外部中断 0 输入引脚(P3.2)接一只按钮开关 K1。要求将外部中断 0 设置为电平触发方式。程序启动时,P1 口上的 8 只 LED 全亮。每按一次按钮开关 K1,使引脚接地,产生一个低电平触发的外中断请求,在中断服务程序中,让低 4 位的 LED 与高 4 位的 LED 交替闪烁 5 次。然后从中断返回,控制 8 只 LED 再次全亮。原理电路及仿真结果如图 6-5 所示。

第 6 章　例 6-2 中断控制 LED 交替闪烁

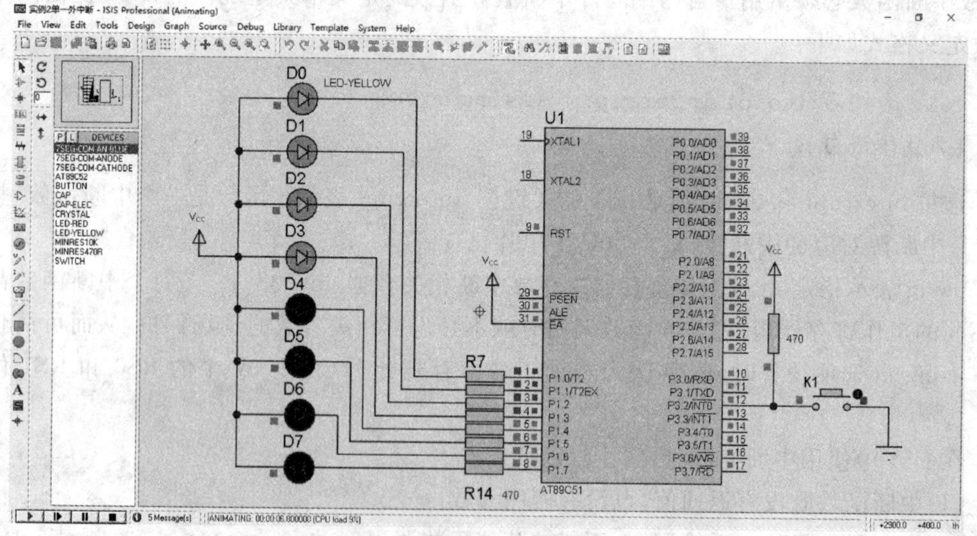

图 6-5　利用中断控制 8 只 LED 交替闪烁 1 次的电路

参考程序如下:

```
#include <reg51.h>
#define uchar unsigned char
void Delay(unsigned int i)        //延时函数 Delay( ),i 为形式参数,不能赋
                                  初值
```

```
{
    unsigned int j;
    for(;i >0;i- - )
    for(j=0;j<333;j++)                //晶振为 12MHz,j 的选择与晶振频率有关
    {;}                               //空函数
}
void main( )
{
    EA=1;                             //总中断允许
    EX0=1;                            //允许外部中断 0 中断
    IT0=1;                            //选择外部中断 0 为跳沿触发方式
    while(1)                          //循环
    { P1=0;}                          //P1 口的 8 只 LED 全亮
}
void int0( ) interrupt 0 using 0      //外中断 0 的中断服务函数
{
    uchar m;
    EX0=0;                            //禁止外部中断 0 中断
    for(m=0;m<5;m++)                  //交替闪烁 5 次
    {
        P1=0x0f;                      //低 4 位 LED 灭,高 4 位 LED 亮
        Delay(400);                   //延时
        P1=0xf0;                      //高 4 位 LED 灭,低 4 位 LED 亮
        Delay(400);                   //延时
    EX0=1;                            //中断返回前,打开外部中断 0 中断
    }
}
```

本例包含两部分:一部分是主程序段,完成了中断系统初始化,并把 8 个 LED 全部点亮;另一部分是中断函数部分,控制 4 个 LED 交替闪烁 1 次,然后从中断返回。

【例 6-3】 中断扫描法行列式键盘。

第6章 例6-3 中断扫描法行列式键盘

【解】

在第 5 章中已介绍过行列式键盘的工作原理,并编写了相应的键盘扫描程序。但应注意的是,在单片机应用系统中,键盘扫描只是 CPU 工作的内容之一。CPU 在忙于各项工作任务时,需要兼顾键盘扫描,既保证不失时机地响应键操作,又不过多地占用 CPU 时间。因此,可以采用中断扫描方式来提高 CPU 的效率,即只有在键盘有键按下时,才执行键盘扫描程序;如果无键按下,则将键盘视为不存在。

图 6-6 所示为采用中断方式的键盘接口。

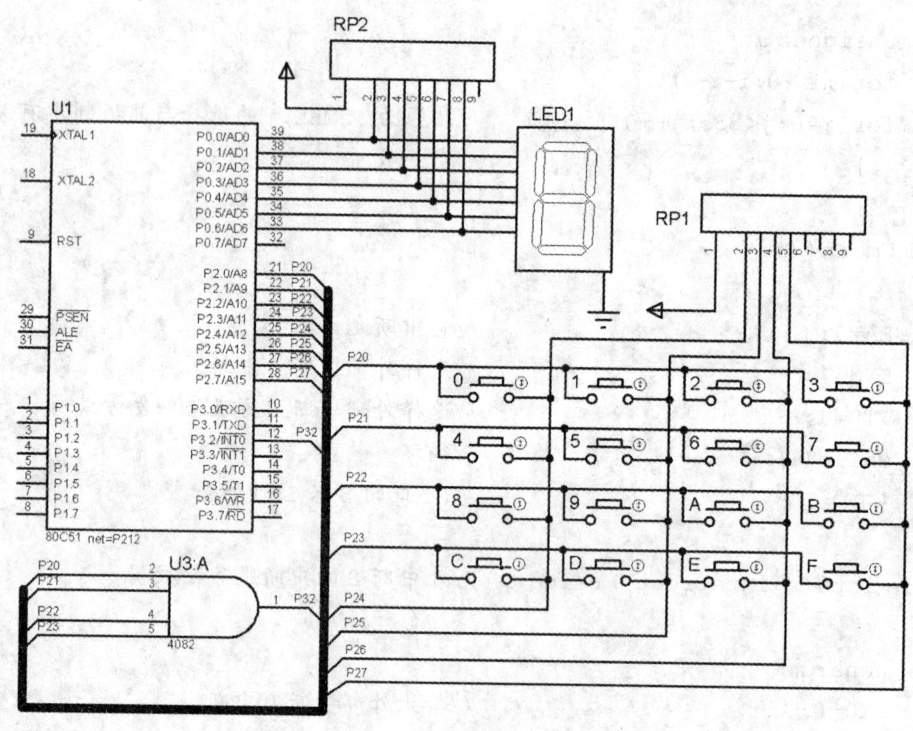

图 6-6　使用中断方式的键盘接口

由图 6-6 可见，电路中增加了一个型号为 4082 的 4 与门集成元件。4 个与门输入端分别与 4 条行线并联，与门输出端则与$\overline{\text{INT0}}$(P3.2)引脚相连。

当各列电平都为 0 时，无论压下哪个按键，与门的输出端都可形成$\overline{\text{INT0}}$的中断请求信号。这样便可将按键的扫描查询工作放在中断函数中进行，从而就能达到既快速响应按键动作，又提高 CPU 工作效率的目的。

例 6-3 的参考程序如下：

```
#include <reg51.h>
char led_mod[] ={0x3f,0x06,0x5b,0x4f,0x66,0x6d,0x7d,0x07,     //LED字模
                 0x7f,0x6f,0x77,0x7c,0x58,0x5e,0x79,0x71};
char key_buf[] ={0xee,0xde,0xbe,0x7e,0xed,0xdd,0xbd,,0x7d,    //键值
                 0xeb,0xdb,0xbb,0x7b,0xe7,0xd7,0xb7,0x77};
void getKey () interrupt 0{                         //INT0中断函数
    char key_scan[] ={0xef,0xdf,0xbf,0x7f};  //键扫描码
    char i =0,j =0;
    for (i =0;i <4 ; i++) {
        P2=key_scan[i];                              //输出扫描码
        for (j =0; j <16 ;j++) {
            if (key_buf[j]==P2){                     //读键值并判断键号
```

```
                P0=led_mod[j];                          //显示闭合键键号
                Break;
            }
        }
    }
    P2=0x0f;                                            //为下次中断做准备
}
void main(void) {
    P0 =0x00;                                           //开机黑屏
    IT0=1;                                              //脉冲触发
    EX0=1;                                              //INT0允许
    EA=1;                                               //总中断允许
    P2 =0x0f;                                           //为首次中断做准备,列线全
                                                          为 0,行线全为 1

    while(1);                                           //模拟其他程序功能
}
```

例 6-3 的程序界面及运行界面分别如图 6-7 和图 6-8 所示。

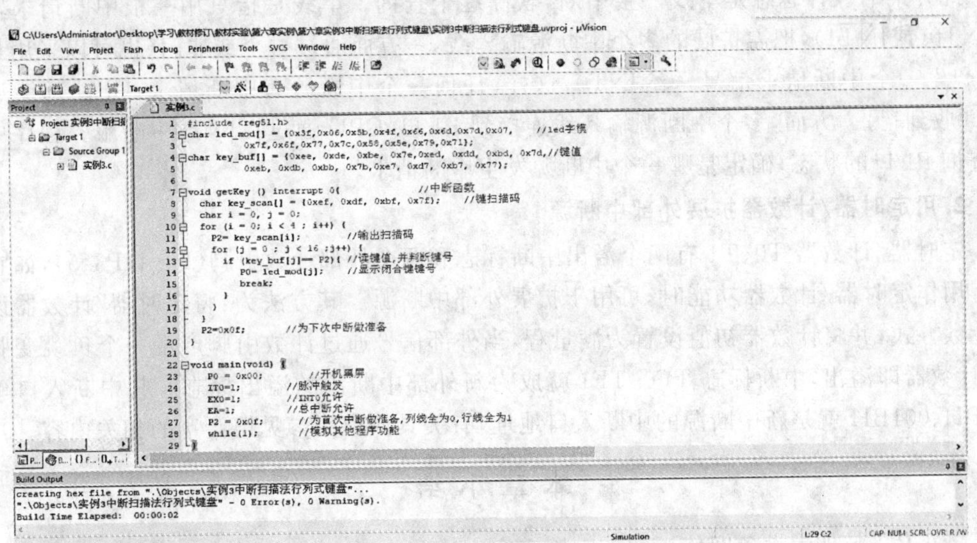

图 6-7　例 6-3 程序界面

6.4.2　外部中断源的扩展

由于 80C51 单片机只能直接提供两个外部中断源，不能满足有些场合多个外部中断事件的工程应用。另外，由于只有两个中断优先级，而处于同级别的中断源不能相互中断，有时也不能满足工程要求，因此需要对外部中断源进行扩展。由于 80C51 单片机具有丰富的接口、良好的扩展性和可编程性，通过外围硬件接线和软件有机配合，可实现外部中断源扩

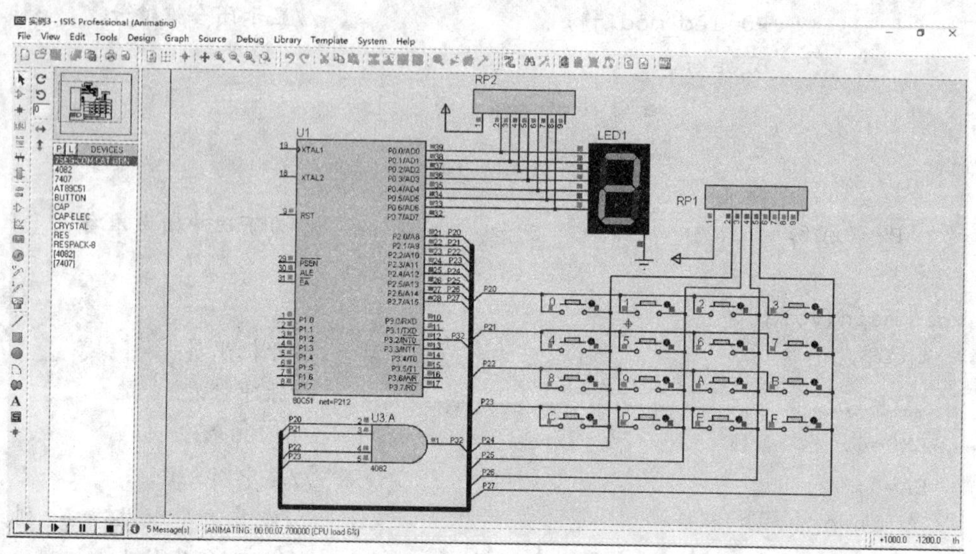

图 6-8　例 6-3 运行界面

展。下面介绍两种常用的外扩中断源的方法。

1. 用查询法扩展中断源接口逻辑

此方案的设计思想是单线产生中断,软件逐个查询。单线是指只用一根中断请求输入线$\overline{\text{INT0}}$(或$\overline{\text{INT1}}$),把需扩展的多个中断源输入线,一方面通过一个或非门(也可以采用与非门)产生一个中断请求信号送给$\overline{\text{INT0}}$,这样,任何一个中断源有中断请求,CPU 都能通过$\overline{\text{INT0}}$收到;另一方面,多个中断源输入线连接到 P1 口,CPU 通过在$\overline{\text{INT0}}$中断服务程序中顺序查询 P1 口的状态,确定是哪一个中断源发生中断请求。

2. 用定时器/计数器扩展外部中断源

定时器/计数器 T0、T1 有两个溢出中断标志和两个外部计数引脚(P3.4、P3.5),如它们没有用作定时器/计数器功能时,可用于扩展外部中断源。其方法为:将定时器/计数器设置为计数方式,并将计数器初值设置为满量程,当外部信号通过计数引脚产生一个负跳变脉冲时,计数器即溢出,中断标志 TF0、TF1 就成为新外部中断源的溢出标志。其中断入口单元 000BH、001BH 就是新中断源的中断入口地址,有关具体应用参见第 7 章的相关内容。

本章小结

(1)CPU 与外围设备间传送数据常用查询方式和中断方式,两者都能实现 CPU 与速度不匹配的外设进行正确的数据传送,并为今后应用提供宏观性指导。

(2)中断是单片机应用中的一种重要技术手段,在自动检测、实时控制、应急处理等方面都要用到,即在执行多个任务时,单片机通常采用中断的方式,以提高单片机的工作效率。

(3)单片机实施中断,由中断工作机制协调硬件及软件实现中断处理,而中断处理一般包括中断请求、中断响应、中断服务和中断返回四个环节。

(4)80C51 系列单片机中断系统提供了 5 个中断源,即外部中断 0 和外部中断 1、定时器/计数器 T0 和 T1 的溢出中断、串行口的接收和发送中断。它们分为两个优先级,由中断优先级寄存器 IP 设定它们的优先级。同一优先级别的中断优先权,按系统硬件确定的自然优先级排队。CPU 对所有中断源以及某个中断源的开放和禁止，由中断允许寄存器 IE 实现管理。

(5)本章在介绍了 80C51 系列单片机中断工作机制的基础上，最后介绍了中断应用程序开发的一般步骤和外部中断的扩展及应用示例。

思考与练习题 6

1. 单项选择题

(1)外部中断 0 允许中断的 C51 语句为________。

A. RI=1　　B. TR0=1　　C. IT0=1　　D. EX0=1

(2)用定时器 T1 工作方式 2 计数，要求每计满 100 次向 CPU 发出中断请求，TH1、TL1 的初始值应为________。

A. 0x9c　　B. 0x20　　C. 0x64　　D. 0xa0

(3)下列关于中断优先级的描述中________是不正确的。

A. 80C51 每个中断源都有两个中断优先级，即高优先级中断和低优先级中断

B. 低优先级中断在运行过程中可以被高优先级中断所打断

C. 相同优先级的中断运行时，自然优先级高的中断可以打断自然优先级低的中断

D. 51 单片机复位后 IP 初值为 0，此时默认为全部中断都是低级中断

(4)当 CPU 响应定时器 $\overline{INT0}$ 中断请求时，程序计数器 PC 里自动装入的地址是________。

A. 0003H　　B. 000BH　　C. 0013H　　D. 001BH

(5)当 CPU 响应定时器 $\overline{INT1}$ 中断请求时，程序计数器 PC 里自动装入的地址是________。

A. 0003H　　B. 000BH　　C. 0013H　　D. 001BH

(6)0023H 是 51 单片机的________中断入口地址。

A. 外部中断 0　　B. 外部中断 1　　C. 定时器中断 1　　D. 定时器中断 0

(7)51 单片机在同一优先级的中断源同时申请中断时，CPU 首先响应________。

A. 外部中断 0　　B. 外部中断 1　　C. 定时器 0 中断　　D. 定时器 1 中断

(8)为使 P3.2 引脚出现的外部中断请求信号能得到 CPU 响应，必须满足的条件是________。

A. ET0=1　　B. EX0=1　　C. EA=EX0=1　　D. EA=ET0=1

(9)MCS-51 单片机响应外部中断 0 的中断时，程序应转移到的地址是什么________。

A. 0003H　　B. 000BH　　C. 0013H　　D. 001BH

(10)51 单片机的串行中断入口地址为________。

A. 0003H　　B. 0013H　　C. 0023H　　D. 0033H

(11)当外部中断请求的信号方式为脉冲方式时，要求中断请求信号的高电平状态和低电平状态都应至少维持________。

A. 1 个机器周期　　B. 2 个机器周期　　C. 4 个机器周期　　D. 10 个晶振周期

(12)51 单片机的定时器 1 的中断请求标志是________。

A. ET1　　B. TF1　　C. IT1　　D. IE1

(13)外部中断 INT0 的触发方式控制位 IT0 置 1 后,其有效的中断触发信号是________。

A. 高电平　　B. 低电平　　C. 上升沿　　D. 下降沿

(14)80C51 单片机外部中断$\overline{\text{INT1}}$和外部中断$\overline{\text{INT0}}$的触发方式选择位是________。

A. TR1 和 TR0　　B. IE1 和 IE0　　C. IT1 和 IT0　　D. TF1 和 TF0

(15)在中断响应不受阻的情况下,CPU 对外部中断请求做出响应所需的最短时间为________机器周期。

A. 1 个　　B. 2 个　　C. 3 个　　D. 8 个

(16)80C51 单片机定时器 T0 的溢出标志 TF0,当计数满在 CPU 响应中断后________。

A. 由硬件清 0　　B. 由软件清 0　　C. 软硬件清 0 均可　　D. 随机状态

(17)串行口发送中断标志位为________。

A. TI　　B. RI　　C. IEO　　D. IE1

(18)下列关于 C51 中断函数定义格式的描述中________是不正确的。

A. n 是与中断源对应的中断号,取值为 0～4

B. m 是工作寄存器组的组号,缺省时由 PSW 的 RS0 和 RS1 确定

C. interrupt 是 C51 的关键词,不能作为变量名

D. using 也是 C51 的关键词,不能省略

(19)外部中断 1 中断优先级控制位为________。

A. PX0　　B. PX1　　C. PT1　　D. PS

(20)51 单片机可分为两个中断优先级别,各中断源的优先级别设定是利用哪个寄存器________。

A. IE　　B. PCON　　C. IP　　D. SCON

2. 问答思考题

(1)什么是单片机的中断系统?

(2)简述 MCS-51 系列单片机的中断响应过程。

(3)简述 MCS-51 系列单片机有几个中断源?各中断标志是如何产生的?又是如何复位的?CPU 响应各中断时,其中断入口地址为多少?

(4)MCS-51 外部中断有哪两种触发方式?它们对触发脉冲或电平有什么要求?

(5)什么是中断优先级,MCS-51 系列单片机中断优先级的基本原则是什么?

(6)中断响应时间是否确定不变?为什么?

(7)响应中断的条件是什么?

(8)MCS-51 系列单片机中断服务程序能否存储在 64K 字节程序存储器的任意区域?若可以如何实现?

(9)试编写一段中断系统初始化程序使之允许外部中断 0、外部中断 1、T0 中断,并使 T0 中断为高优先级中断。

第7章 单片机的定时/计数器

在单片机的控制领域中，定时/计数器的应用占了相当重要的地位；其功能不仅涉及定时、计数；还能用于控制中断及串行口通信波特率的设置；将其配合中断与串行传输，即成为单片机相当成功的应用典范。

本章首先介绍定时/计数器的结构和工作原理；然后介绍定时/计数器的控制和工作方式等理论知识；最后介绍定时/计数器的几个应用示例，使读者对定时/计数器有一个全面的了解。

本章是片上可编程资源的再度深入接触，一方面需要了解单片机引入定时/计数器的必要性，掌握其结构和工作原理等基本知识；另一方面，强调定时/计数器与中断系统及串行通信承上启下的关系；最后，通过几个应用示例，提升分析问题、解决问题及综合应用的能力。

7.1 定时/计数器的结构与工作原理

定时和计数在日常生活中司空见惯，而在控制领域，常常要求有一些定时或延时控制，如定时输出、定时检测、定时扫描等；也往往要求有计数功能，能对外部事件进行计数，并进一步实现相关流程切换及完成执行动作。要实现定时功能可采用软件定时、不可编程的硬件定时、可编程的外扩定时器、单片机自带的可编程定时/计数器；要实现计数功能可采用外扩数字计数器和单片机自带的可编程定时/计数器。所谓可编程定时/计数器是指其功能如工作方式、预置定时时间/计数初值、是否中断请求、启动方式等均可由指令来确定和改变。

利用单片机自带的可编程定时/计数器不仅降低单片机应用系统成本，提高系统工作可靠性和工作效率；而且使得单片机的定时/计数器的控制灵活性发挥得淋漓尽致。80C51 单片机片内集成有两个可编程的定时/计数器：定时/计数器 0(T0)和定时/计数器 1(T1)，它们都可编程设定为内部定时器，也可设定为对外部事件(脉冲)进行计数的计数器，T1 还可设为串行口的波特率发生器。

7.1.1 定时/计数器的结构

80C51 定时/计数器的原理结构框图如图 7-1 所示。

从定时/计数器结构框图可以看出，每一个定时/计数器实质上是特殊功能寄存器中一

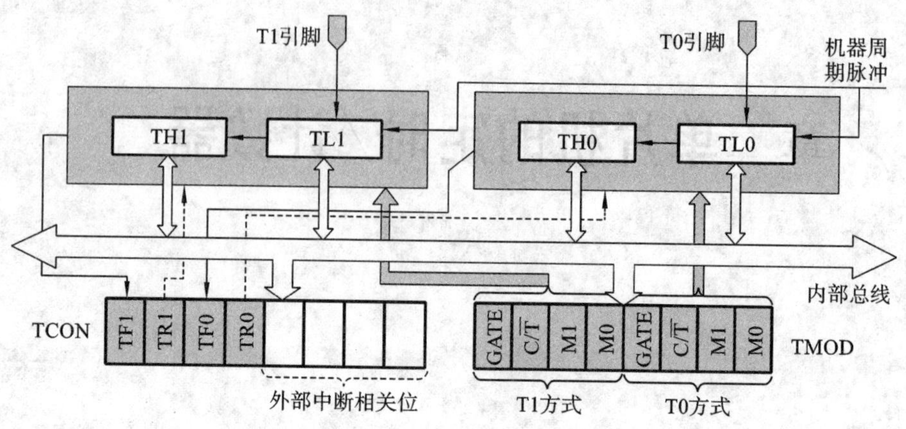

图 7-1 定时/计数器结构框图

个 16 位加 1 计数器;由高 8 位和低 8 位两个寄存器组成,T0 由 TH0 和 TL0 组成,T1 由 TH1 和 TL1 组成,其地址编号为 8AH～8DH,每个寄存器均可单独访问;这些寄存器用于存放定时/计数器的初值。此外,TMOD 是定时/计数器的工作方式寄存器,由它确定定时/计数器的工作方式和功能;TCON 是定时/计数器的控制寄存器,用于控制 T0、T1 的启动或停止、产生溢出及中断标志;这些寄存器之间是通过内部总线和控制逻辑电路连接起来的。当定时/计数器工作于计数方式时,外部事件(合适的电脉冲计数信号)通过引脚 T0(P3.4)或 T1(P3.5)输入。

7.1.2 定时/计数器的工作原理

掌握定时/计数器的工作原理可为编程和应用提供理论指导,其关键在于理解加 1 计数器脉冲源和计数器容量及溢出机制,参考图 7-1 及后面有关工作方式的结构图有助于理解定时/计数器的工作原理。定时/计数器的核心部件是加 1 计数器,其输入的计数脉冲有两个来源:一个是由系统的时钟脉冲振荡器输出脉冲经 12 分频送来;另一个是 T0 或 T1 端输入的外部脉冲源。每来一个脉冲,计数器加 1,当加到计数器为全 1 时(二进制数据位),再输入一个脉冲,就使计数器回 0 溢出,且计数器的溢出使 TCON 中 TF0 或 TF1 置 1,向 CPU 发出中断请求(定时/计数器中断允许时),整个工作过程由单片机固有的工作机制自动实行。如果定时/计数器工作于定时方式,则表示定时时间已到;若工作于计数方式,则表示计数值已满。由此可见,由溢出时的计数值减去计数初值才是加 1 计数器的实际计数值,而且由于定时/计数器采用 16 位二进制数,因此其最多计数脉冲为 65536 个。

假设有一个闹钟需定时 1 小时后闹响,换言之,也就是秒针走了 3600 次,因此,时间就转化为秒针所走的次数,也就是计数的次数。亦即,只要计数脉冲的间隔相等且其周期确定(称之为稳定的计数源),则其计数值就可代表时间。对单片机而言,作定时器用时,其稳定的计数源就是晶体振荡器经过 12 分频后获得的一个脉冲源(1 个机器周期等于 12 个时钟周期);亦即,加 1 计数器实际上是对单片机内部机器周期的脉冲在进行计数,计数值乘以单片机的机器周期就是定时时间(机器周期作为时间基准)。

作计数器用时,外部事件计数脉冲由 T0(P3.4)或 T1(P3.5)端输入到计数器。在每个

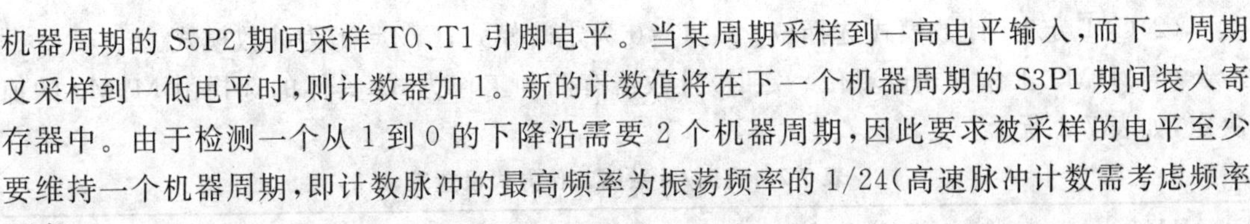
机器周期的 S5P2 期间采样 T0、T1 引脚电平。当某周期采样到一高电平输入，而下一周期又采样到一低电平时，则计数器加 1。新的计数值将在下一个机器周期的 S3P1 期间装入寄存器中。由于检测一个从 1 到 0 的下降沿需要 2 个机器周期，因此要求被采样的电平至少要维持一个机器周期，即计数脉冲的最高频率为振荡频率的 1/24(高速脉冲计数需考虑频率要求)。

总之，定时/计数器控制电路工作受脉冲和特殊功能寄存器有关数据位状态控制，而数据位状态由软件或定时/计数器工作机制实现设置、控制及切换；另外，定时/计数器能按设定工作方式独立运行，不再占用 CPU 的操作时间，除非定时器计满溢出，才可能中断 CPU 当前的操作，因此，提高了 CPU 的利用率和单片机应用系统的工作效率。

注意：MCS-52 系列增强型单片机(如 80C52)还有定时/计数器 T2，其应用参阅有关文献。

7.2　定时/计数器的控制

单片机定时/计数器是一种可编程部件，它不会自动开始工作，必须通过软件设定它的工作方式，并启动它才开始工作，所以 CPU 必须将一些命令(称为控制字)写入到定时/计数器有关特殊功能寄存器中，亦即需要通过初始化，来实现控制。

80C51 单片机定时/计数器的工作由两个特殊功能寄存器控制，TMOD 用于设置其工作方式；TCON 用于控制其启动和中断申请。编程时既可用 TMOD 和 TCON 名称，也能直接用它们的地址 89H 和 88H 指定(其实用名称也就是直接用地址，汇编软件实施了自动转换而已)，而且 TCON 中数据位还能进行位寻址。下面介绍控制寄存器的格式和各位的功能及怎样通过控制字的写入控制定时/计数器的工作，为后续定时/计数器的初始化编程奠定基础。

7.2.1　方式控制寄存器 TMOD

工作方式寄存器 TMOD 用于设置定时/计数器的工作方式，低四位用于 T0，高四位用于 T1，注意 TMOD 不可位寻址，只能通过字节传送指令设置定时/计数器的工作方式。定时/计数器 T0 和 T1 的功能几乎相同。TMOD 数据位分布格式及功能如表 7-1 所示。

表 7-1　TMOD 数据位分布格式及功能

TMOD 位	7	6	5	4	3	2	1	0
位名称	GATE	$C/\overline{T}$	M1	M0	GATE	$C/\overline{T}$	M1	M0
字节地址:89H	用于定时/计数器 T1				用于定时/计数器 T0			

(1)GATE 门控选通位。GATE＝0 时，只要用软件使 TCON 中的 TR0 或 TR1 为 1，就可以启动定时/计数器工作。GATA＝1 时，需要外部中断输入引脚 P3.2 或 P3.3 为高电平时才能启动定时器；即不仅要用软件使 TR0 或 TR1 为 1，同时外部中断引脚也要为高电平时，才能启动定时/计数器工作，即 P3.2/P3.3 与 TR0/TR1 组合有效后，再分别控制定时/计数器 T0 和 T1 的运行和停止。

(2)$C/\overline{T}$ 定时/计数模式选择位。$C/\overline{T}=0$ 为定时模式;$C/\overline{T}=1$ 为计数模式。

(3)M1M0 工作方式设置位。定时/计数器有四种工作方式,具体的选择由 M1M0 的值决定,如表 7-2 所示。

表 7-2 定时/计数器工作方式设置表

M1M0	工 作 方 式	简 要 说 明
0 0	方式 0	13 位定时/计数器
0 1	方式 1	16 位定时/计数器
1 0	方式 2	8 位自动重装定时/计数器
1 1	方式 3	T0 分成两个独立的 8 位定时/计数器,T1 停止

7.2.2 控制寄存器 TCON

特殊功能寄存器 TCON 的字节地址为 88H,可以按位地址操作,其中只有高 4 位与定时/计数器有关;而低 4 位用于两个外部中断控制 $\overline{INT0}$ 和 $\overline{INT1}$,已在前面介绍。TCON 的数据位格式及功能如表 7-3 所示。

表 7-3 TCON 的数据位格式及功能

TCON 位号	7	6	5	4	3	2	1	0
位地址	8FH	8EH	8DH	8CH	8BH	8AH	89H	88H
位名称	TF1	TR1	TF0	TR0	IE1	IT1	IE0	IT0

(1)TF1(TCON.7):定时/计数器 T1 溢出中断请求标志位。T1 计数溢出时由硬件自动置 TF1 为 1。CPU 响应中断后 TF1 由硬件自动清 0。T1 工作时,CPU 可随时查询 TF1 的状态。所以,采用查询方式工作时,TF1 可用作查询的标志。TF1 也可以用软件置 1 或清 0,同硬件置 1 或清 0 的效果一样。

(2)TR1(TCON.6):定时/计数器 T1 运行控制位。TR1 置 1 时,T1 开始工作;TR1 置 0 时,T1 停止工作。TR1 由软件置 1 或清 0,即用软件可控制定时/计数器的启动与停止。

(3)TF0(TCON.5):定时/计数器 T0 溢出中断请求标志位,其功能与 TF1 相同。

(4)TR0(TCON.4):定时/计数器 T1 运行控制位,其功能与 TR1 相同。

7.3 定时/计数器的工作方式

80C51 单片机中的每个定时/计数器都具有定时和计数功能,可通过设置 TMOD 来进行控制。TMOD 中的控制位 $C/\overline{T}$ 用来选择是计数器模式还是定时器模式,TMOD 中的控制位 M1M0 用来设置每种功能的四种方式。其实定时器也是通过计数方式来实现的,只不过加 1 计数器的计数脉冲由单片机内部时钟源提供,且其频率固定为时钟频率的 1/12 的机器周期而已。正是因为频率固定,时间间隔周期容易计算,可用来定时。80C51 定时/计数器 T0 有四种工作方式,而定时/计数器 T1 只有三种工作方式(方式 0、1、2)。前三种工作方式,T0 和 T1 除了所使用的寄存器、控制位、标志位不同外,两者的操作和特点完全相同。为

简化叙述，并考虑到定时比计数复杂，下面以定时/计数器 T0 的定时功能为主进行介绍。本节的重点是在掌握初始值和计数值概念、确定方法的基础上，为实现任意定时、计数奠定理论基础。

7.3.1　定时/计数器工作方式 0

当设置 TMOD 中的 M1、M0 为 00 时，定时/计数器工作在方式 0。工作方式 0 是 13 位计数结构的工作方式，其计数器由 TH 的全部 8 位和 TL 的低 5 位构成，TL 的高 3 位没有使用。TL0 的低 5 位溢出时向 TH0 进位，TH0 溢出时，置位 TCON 中的 TF0，向 CPU 发出中断请求。定时/计数器 T0 工作在方式 0 时，其逻辑关系结构示意如图 7-2 所示。有关功能部件及数据位状态工作关系说明如下：

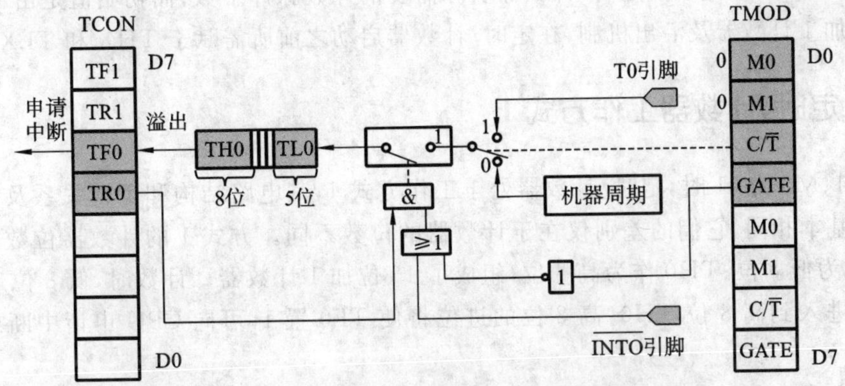

图 7-2　定时/计数器 T0 工作在方式 0 的逻辑关系结构

1. 定时/计数器选择位 C/$\overline{T}$

该位控制何种脉冲进入计数器。设置其为 0 时，时钟经过 12 分频后，机器周期进入计数器。计数器值即代表周期的个数，这时为定时功能。设置其为 1 时，由 T0 端输入的下降沿脉冲被送到计数器，这时计数器的功能是对外部脉冲的个数进行计数。

2. 门控位 GATE

该位控制定时/计数器启动的方法。设置其为 0 时，经反相后使或门输出为高电平 1，将屏蔽外部中断 0 引脚 P3.2 的作用，此时仅由 TR0 直接控制与门的开启，当与门输出高电平 1 时，控制开关闭合，计数器开始工作。即门控位 GATE＝0 时，仅需 TR 直接控制定时/计数器的启动和停止。

当门控位 GATE＝1 时，则由 $\overline{\text{INT0}}$ 控制或门的输出，此时与门由 $\overline{\text{INT0}}$ 和 TR0 共同控制。当 TR0＝1 时，外部中断 $\overline{\text{INT0}}$ 直接控制定时/计数器的启动和停止，即 $\overline{\text{INT0}}$ 变为高电平 1 时启动计数，$\overline{\text{INT0}}$ 变为低电平 0 时停止计数。这种方式常用来测量 $\overline{\text{INT0}}$ 引脚上正脉冲的宽度。

3. 启动控制位 TR0

在 GATE＝0 时，TR0＝1 将启动 T0，TR0＝0 使 T0 停止计数；在 GATE＝1 时，并且 TR0 也为 1 时，外部中断 0 的引脚 P3.2 可以控制 T0 的启动和停止，TR0＝0 使 T0 停止计数。

4. 初始值和定时时间

开始定时或计数之前,应赋初始值到 TH0 和 TL0,启动计数器后即从初始值开始进行加 1 计数,计数达到 2^n(初始值+计数值=2^n,此处的 $n=13$)时产生溢出,TF0 将为 1。从启动到溢出所需的脉冲个数称为计数值;如工作于定时方式,从启动到溢出所经历的时间为定时时间。根据定时/计数器工作机制,其定时时间是计数值与机器周期的乘积,即定时时间按以下公式计算:

$$定时时间=计数值\times机器周期=(2^{13}-初始值)\times机器周期$$

当初始值为 0 时,可以得到最大的定时时间。假如主频为 12 MHz,则机器周期为 1 μs,其最大定时时间为 8192 μs。另外,如工作于计数方式时,容易得到其最大计数脉冲值为 8192。方式 0 的最大定时时间较短,初始值难以计算,通常不使用方式 0 而使用方式 1。

注意:所谓计数值就是定时/计数器实际需要的计数脉冲个数;而初始值是由于定时/计数器采用加 1 计数器及溢出机制,在定时/计数器启动之前所需赋于 THX 和 TLX 中的值。

7.3.2 定时/计数器工作方式 1

当 M1、M0 为 01 时,定时/计数器处于工作方式 1,其电路结构和逻辑关系及操作方法与方式 0 基本相同,它们的差别仅在于计数器的位数不同。方式 1 的计数器位数为 16 位,由 TL0 作为低 8 位、TH0 作为高 8 位,组成了 16 位加 1 计数器。计数时,低 8 位逐步加 1,进位自动进入到高 8 位 TH0,高 8 位的进位将使 TF0 置 1,可向 CPU 申请中断或由软件查询。

比较方式 0 和方式 1,可知这两种方式的区别仅在于 TL0 的使用上,方式 0 使用 13 位计数器,方式 1 使用了 16 位计数器。

方式 1 定时时间的计算公式为:

$$定时时间=(2^{16}-初始值)\times机器周期$$

在与方式 0 相同条件时,方式 1 的最大定时时间为:

$$最大定时时间=(2^{16}-0)\times 1\ \mu s=65536\ \mu s$$

由于方式 1 的定时时间长,初始值计算比较方便,所以在应用 AT89S51 单片机系统的定时/计数功能时,基本上都是使用方式 1。

7.3.3 定时/计数器工作方式 2

当 M1、M0 为 10 时,定时/计数器处于工作方式 2,方式 2 为自动重装初值的 8 位计数器,其工作原理结构如图 7-3 所示。

工作方式 0 和工作方式 1 的最大特点就是计数溢出后,计数器为全 0。因而循环定时或循环计数应用时就存在反复设置初值的问题,否则工作周期会被改变。这样既给程序设计带来不便,同时也会影响定时精度。工作方式 2 就是针对此问题而设置的,它具有自动重装功能,即自动加载计数初值,所以是自动重加载工作方式。

工作方式 2 中,16 位计数器分为两部分,即以 TL0 作为 8 位加 1 计数器,TH0 作为 8 位初值预置寄存器。初始化时把计数初值分别加载至 TL0 和 TH0 中,当计数溢出时,硬件自

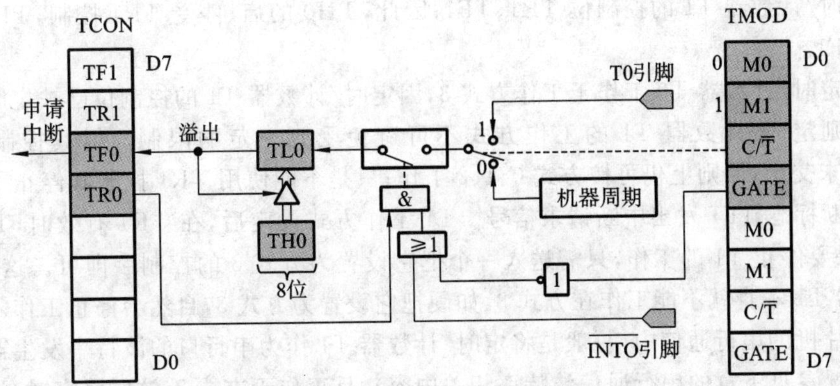

图 7-3　定时/计数器 0 方式 2 原理结构图

动置位 TF0 的同时，也把预置寄存器 TH0 中的初值加载给 TL0，TL0 重新计数。如此反复，这种工作方式不仅可以减轻 CPU 的负担，也消除了每次 CPU 送入初始值所带来的定时时间精度的误差。但这种方式也有不利的一面，作为 8 位计数器，计数值有限，最大只能到 255。所以此种工作方式很适合于那些重复计数、较精确的脉冲信号发生器或定时器等应用场合。

方式 2 定时时间的计算公式为：

$$定时时间=(2^8-初始值)\times机器周期$$

7.3.4　定时/计数器工作方式 3

当 M1、M0 为 11 时，定时/计数器处于工作方式 3，方式 3 只适用于定时/计数器 T0，定时/计数器 T1 处于方式 3 时相当于 TR1=0，停止计数。工作方式 3 时 T0 的工作原理结构如图 7-4 所示。

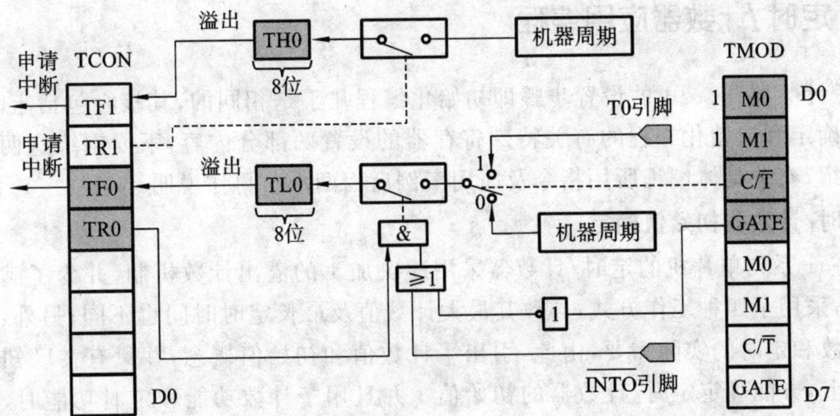

图 7-4　定时/计数器 0 方式 3 原理结构图

在工作方式 3 模式下，定时/计数器 T0 被拆成两个独立的 8 位计数器 TL0 和 TH0。其中 TL0 既可以作计数器用，也可以作定时器用，定时/计数器 T0 的各控制位和引脚信号全归 TL0 使用，其功能和操作与方式 0 或方式 1 完全相同。而 TH0 被固定为定时方式，并且借用了定时/计数器 T1 的控制位 TR1、TF1;因此,TH0 的启、停受 TR1 控制,TH0 的溢出将置位 TF1。

如果定时/计数器 T0 工作于工作方式 3,因定时/计数器 T1 的控制位已被定时/计数器 T0 借用,则定时/计数器 T1 的工作方式不可避免受到一定的限制。但其控制位 C/T、M1M0 并未交出,原则上仍可按方式 0、1、2 工作;只是不能使用 TR1 控制其停止了,也不能用溢出中断标志 TF1 发出中断请求信号。T1 工作方式设定后,在 TR1 有效时,T1 将自动运行;如果要停止 T1 的工作,只需送入一个把它设置为方式 3 的控制字即可。这是因为定时/计数器 T1 本身就不能工作在方式 3,如硬把它设置为方式 3,自然会停止工作。

在单片机的串行通信中,一般是将定时/计数器 T1 作为串行口的波特率发生器使用(有关具体情况参见下章的串行通信波特率相关内容),且工作于方式 2,这时将定时/计数器 T0 设置成方式 3,可以额外增加一个 8 位定时器。

7.4 定时/计数器的编程和应用

通过前几节内容的学习,在理解定时/计数器的基本概念和控制原理及可编程部件特点等知识基础上,只有通过应用才能体现其实用价值。定时/计数器的应用一般有定时、计数、测量脉冲宽度、扩展外部中断及定时/计数器 T1 用于串行口的波特率发生器等几种类型。

根据定时/计数器的工作机制,定时/计数器工作之前,应先用指令把方式控制字传送到 TMOD;还要把初始值送到 THx 和 TLx 中;如用到中断,还需开中断及设置优先级;最后,通过有关指令使 TCON 中 TRx 为 1 或为 0 来启动或停止定时/计数器;这些过程统称为定时/计数器初始化编程。

注意:所谓初始化编程,就是可编程器件使用前应对其内部的寄存器进行设置,即通过指令机器码及一系列微操作作用于功能部件,以对其实现控制和执行相应动作。

7.4.1 定时/计数器应用编程

定时/计数器 T0、T1 的设置步骤即初始化编程几乎是相同的,其核心包括定时/计数器的初始值确定和初始化编程的有关特殊寄存器的设置两部分内容,下面围绕这两方面进行规律性介绍,有关具体编程所用指令及应用案例后面两小节再作说明。

1. 定时/计数器初始值确定

MCS-51 系列单片机的定时/计数器采用逐次加 1 的溢出计数机制,并为了满足不同场合的需要,采用了四种工作方式,导致其最大计数值及最长定时时间也不同;另外,还要解决"任意"计数和定时的实际需要,由此,引出了计数值和初始值概念;并只有在已知所需计数值的基础上,方能确定定时/计数器的初始值。并且用于计数功能和定时功能时,两者初始值确定方法也不同,下面对这些问题分别进行介绍。

1)计数方式初值确定

当定时/计数器用作计数功能时,其所需的计数值设为 N,初始值 C 的计算公式如下:

$$C=2^n-N$$

上式中的 n 对应于工作方式中的位数(方式 0 为 13,方式 1 为 16,方式 2 为 8,方式 3 为

8)。由于初始值要分别预置到 8 位二进制寄存器 TH 和 TL 中，而 C 为十进制，尤其对于方式 0 和方式 1 还需对初始值 C 作如下处理，以实现数制的必要转换，即真正要存入的计数值应由下列关系式确定。方式 0 初始值存入 TH 和 TL 的计算关系式为：

$$TLx=(2^{13}-N)\text{除以 32 取其余数值}$$

$$THx=(2^{13}-N)\text{除以 32 取其商数值}$$

而方式 1 初始值存入 TH 和 TL 的计算关系式为：

$$TLx=(2^{16}-N)\text{除以 256 取其余数值}$$

$$THx=(2^{16}-N)\text{除以 256 取其商数值}$$

2)定时方式初值确定

定时/计数器用于定时功能时，其初值的确定方法与计数方式初值的确定方法基本相似。其区别仅在于定时功能的计数值 N 需作进一步分析计算。设所需定时时间为 t，单片机时钟频率为 f_{osc}，则 N、t、f_{osc} 三者的关系为：

$$N=12t/f_{osc}$$

注意：80C51 的定时/计数器，用于计数时所允许最快计数脉冲频率和用于定时所允许最长定时时间的限制。

2. 定时/计数器初始化步骤及内容

定时/计数器在使用之前，按照其工作机制和实际工作要求进行初始化编程，初始化程序是单片机应用系统主程序中重要的组成部分之一。综合上述分析，其初始化编程步骤及内容包括下述几部分。

(1)根据 T0 或 T1 所需工作方式，把工作方式控制字赋值给 TMOD 寄存器。

(2)根据定时时间要求或计数要求，计算计数器初值；并将计数初值的高 8 位和低 8 位写入 THx、TLx 寄存器中。

(3)采用中断方式时，则对 IE 赋值，开放中断；也可采用软件查询工作方式。

(4)使 TR0 或 TR1 置位，启动定时/计数器开始定时或计数。

7.4.2　定时功能应用举例

在定时器/计数器的 4 种工作方式中，方式 0 与方式 1 基本相同，只是计数器的计数位数不同。方式 0 为 13 位计数器，方式 1 为 16 位计数器。由于方式 0 是为兼容 MCS-48 而设，计数初值计算复杂，所以在实际应用中，一般不用方式 0，常采用方式 1。

【例 7-1】　在 80C51 单片机的 P1 口上接有 8 只 LED，原理电路如图 7-5所示。下面采用定时器 T0 的方式 1 的定时中断方式，使 P1 口外接的 8 只 LED 每 0.5 s 闪亮一次。

第 7 章　例 7-1 方式 1 定时中断控制 LED 闪亮

【解】

(1)设置 TMOD 寄存器。

定时器 T0 工作在方式 1，应使 TMOD 寄存器的 M1M0＝01；应设置 $C/\overline{T}=0$，为定时器工作模式；对 T0 的运行控制仅由 TR0 来控制，应使相应的 GATE 位为 0。定时器 T1 不使用，各相关位均设为 0。所以，TMOD 寄存器应初始化为 0x01。

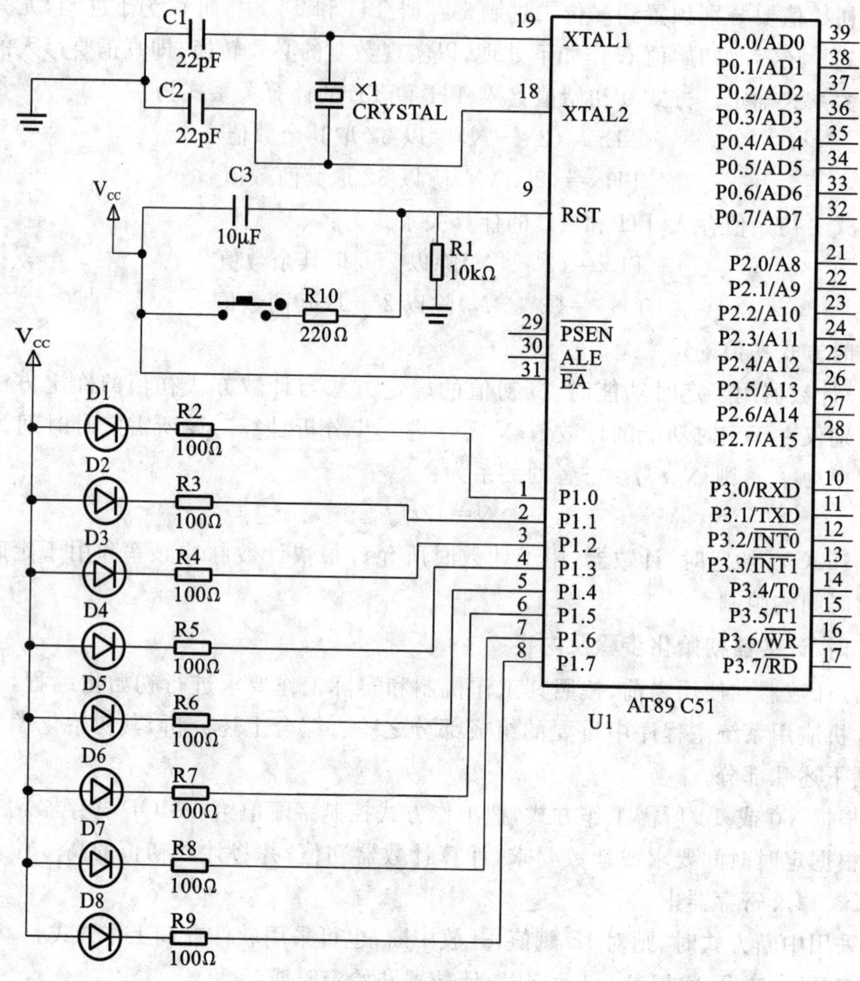

图 7-5　例 7-1 电路图

(2)计算定时器 T0 的计数初值。

设定时间为 5 ms(即 5000 μs),循环 100 次就是 0.5 s。设定时器 T0 的计数初值为 X,假设晶振的频率为 11.0592 MHz,则定时时间为

$$定时时间=(2^{16}-X)\times 12/晶振频率$$

则

$$5000=(2^{16}-X)\times 12/11.0592$$

得 $X=60928$。

转换成十六进制后为 0xee00,其中 0xee 装入 TH0,0x00 装入 TL0。

(3)设置 IE 寄存器。

本例由于采用定时器 T0 中断,因此需将 IE 寄存器中的 EA、ET0 位置 1。

(4)启动和停止定时器 T0。

定时器控制寄存器 TCON 中的 TR0=1,则启动定时器 T0 定时;TR0=0,则停止定时器 T0 定时。

参考程序如下:

```
#include<reg51.h>
char i=100;
void main()
{
    TMOD=0x01;                          //定时器 T0 为方式 1
    TH0=0xee;                           //设置定时器初值
    TL0=0x00;
    P1=0x00;                            //P1 口 8 个 LED 点亮
    EA=1;                               //开总中断
    ET0=1;                              //开定时器 T0 中断
    TR0=1;                              //启动定时器 T0
    while(1);                           //循环等待
    {
        ;
    }
}
void timer0()interrupt 1                //T0 中断程序
{
    TH0=0xee;                           //重新赋初值
    TL0=0x00;
    i--;                                //循环次数减 1
    if(i<=0)
    {
      P1=~P1;                           //P1 口按位取反
      i=100;                            //重置循环次数
    }
}
```

程序运行仿真图及原理图运行仿真图如图 7-6 和图 7-7 所示。

【例 7-2】 采用 T0 定时方式 2 在 P2.0 口输出周期为 0.5 ms 的方波。

第 7 章　例 7-2 T0 定时方式 2 在 P2.0 口输出周期为 0.5 ms 的方波

【解】

根据定时/计数器编程的步骤：

①设定 TMOD→TMOD＝0x02；

②确定计数初值→a＝0x06；

③若确定使用中断方式，则程序如下：

```
#include <reg51.h>
sbit P2_0=P2^0;

timer0 () interrupt 1 {                 //T0 中断函数
```

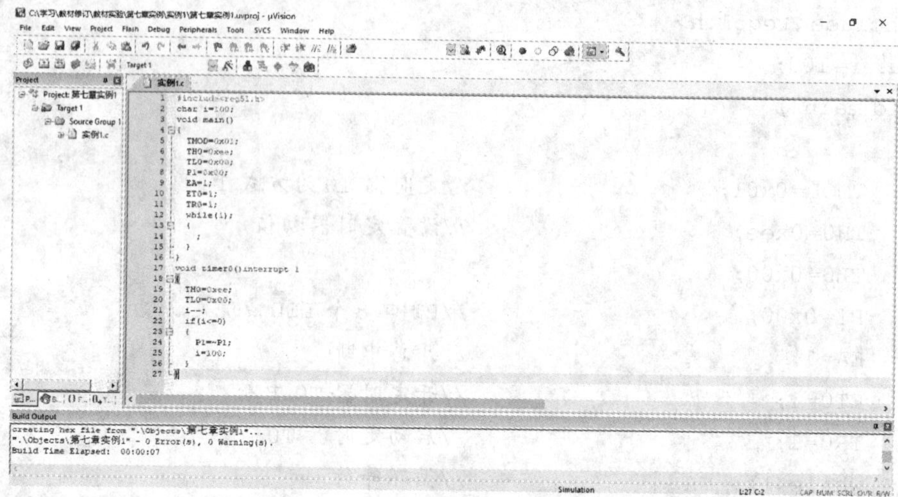

图 7-6　例 7-1 程序运行仿真图

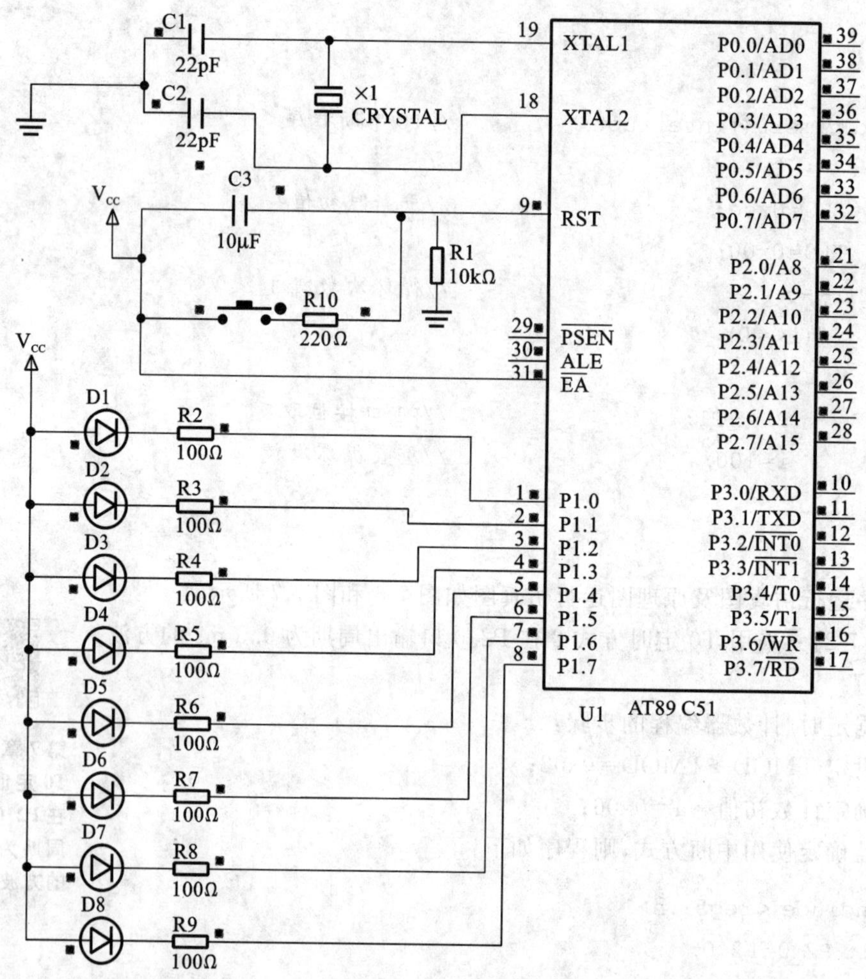

图 7-7　例 7-1 原理图运行仿真图

```
    P2_0 =! P2_0;                    //取反 P2_0
  }

  main(){
    TMOD = 0x02;                     //设置 T0 定时方式 2
    TH0 = TL0 = 0x06;                //计数初值 a=0x06
    EA=ET0 =1;                       //开总中断和 T0 中断
    TR0=1;                           //启动 T0 工作
    while(1);
  }
```

可以看出，由于计数初值只在程序初始化时进行过一次装载，其后都是自动重装载的，因而可使编程得以简化，更重要的是避免了计数初值在软件重装载过程造成的定时不连续问题，应用于波形发生时可得到更加精准的时序关系，例 7-2 的仿真波形图如图 7-8 所示。

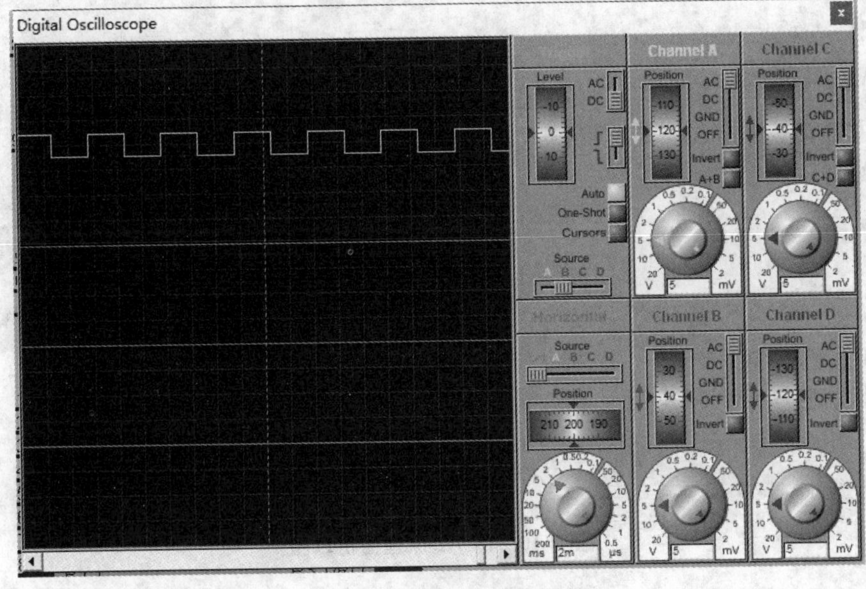

图 7-8　例 7-2 仿真波形图

程序运行仿真图及原理图仿真图如图 7-9 和图 7-10 所示。

7.4.3　计数功能应用举例

第 7 章　例 7-3 外部计数输入信号控制 LED 闪烁

【例 7-3】　如图 7-11 所示，定时器 T1 采用计数模式，方式 1 中断，计数输入引脚 T1(P3.5)上外接按钮开关，作为计数信号输入。按 10 次按钮开关后，P1 口的 8 只 LED 闪烁不停。

【解】

(1)设置 TMOD 寄存器。

定时器 T1 工作在方式 1，应使 TMOD 寄存器的 M1M0＝01；设置 $C/\overline{T}=1$，为计数器模

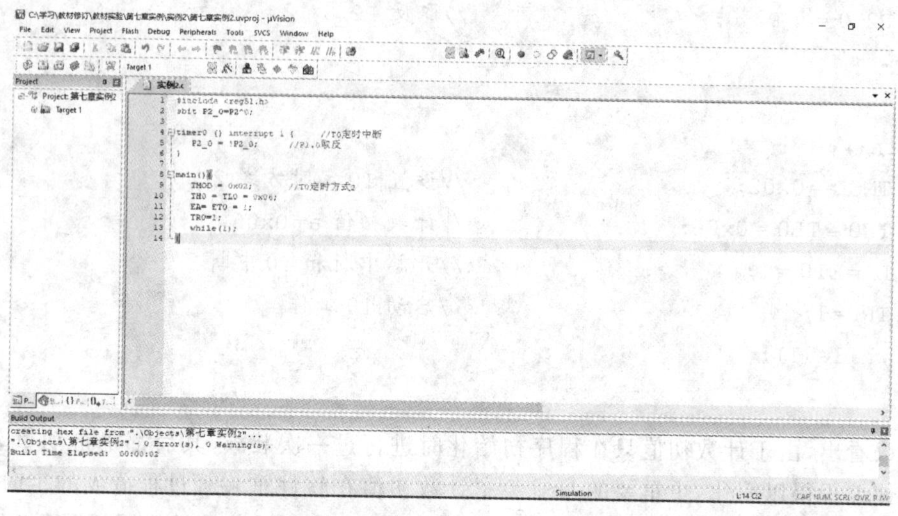

图 7-9　例 7-2 程序运行仿真图

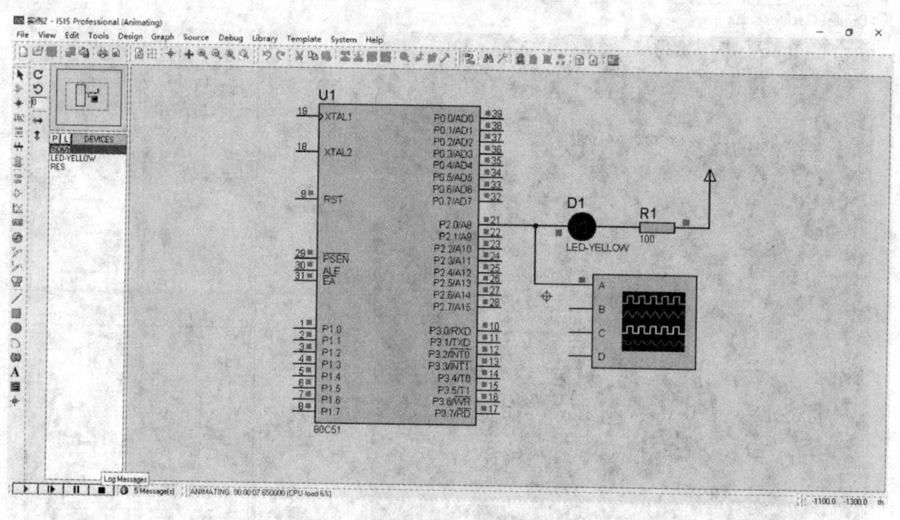

图 7-10　例 7-2 原理图仿真图

式，对 T0 的运行控制仅由 TR0 来控制，应使 GATE0＝0。定时器 T0 不使用，各相关位均设为 0。所以，TMOD 寄存器应初始化为 0x50。

(2)计算定时器 T1 的计数初值。

由于每按 1 次开关，计数器计数 1 次，按 10 次后，P1 口 8 只 LED 闪烁不停。因此计数器的初值为 65536－10＝65526，将其转换成十六进制后为 oxfff6，所以，TH0＝0xff，TL0＝0xf6。

(3)设置 IE 寄存器。

本例由于采用 T1 中断，因此需将 IE 寄存器中的 EA、ET1 位置 1。

(4)自动和停止定时器 T1。

定时器控制寄存器 TCON 中的 TR1＝1，则启动定时器 T1 计数；TRI＝0，则停止 T1 计数。参考程序如下：

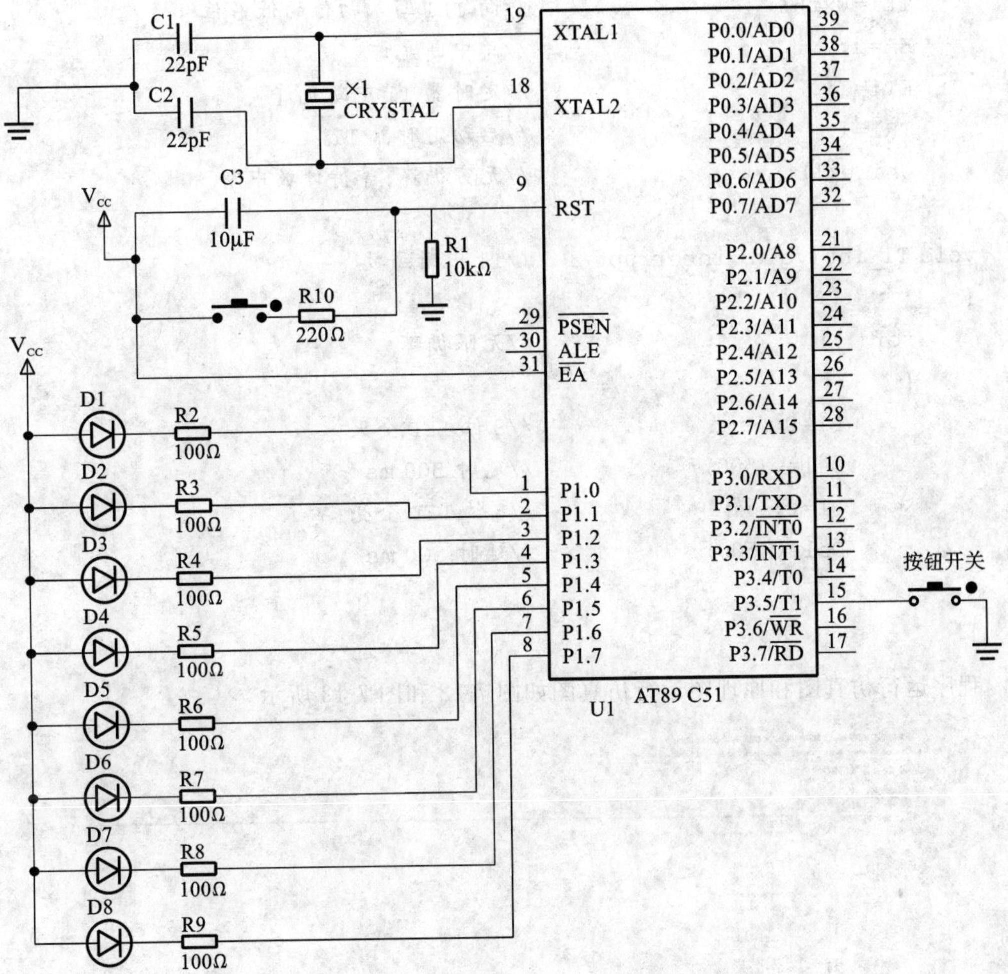

图 7-11　由外部计数输入信号控制 LED 闪烁

```
#include<reg51.h>
void Delay(unsigned int i)        //定义延时函数 Delay(),i 是形式参数,不能赋
                                    初值
{
    unsigned int j;
    for(;i>0;i--)                //变量 i 由实际参数传入一个值,因此 i 不能赋
                                    初值
    for(j=0;j<125;j++)
    {;}                          //空函数
    }
void main()                      //主函数
{
    TMOD=0x50;                   //设置定时器 T1 为方式 1 计数
    TH1=0xff;                    //向 TH1 写入初值的高 8 位
```

```
    TL1=0xf6;                       //向 TL1 写入初值的低 8 位
    EA=1;                           //总中断允许
    ET1=1;                          //定时器 T1 中断允许
    TR1=1;                          //启动定时器 T1
    while(1);                       //无穷循环,等待计数中断
}
void T1_int(void) interrupt 3       //T1 中断函数
{
    for(;;)                         //无限循环
    {
        P1=0xff;                    //8 位 LED 全灭
        Delay(500);                 //延时 500 ms
        P1=0;                       //8 位 LED 全亮
        Delay(500);                 //延时 500 ms
    }
}
```

程序运行仿真图和原理图运行仿真图如图 7-12 和图 7-13 所示。

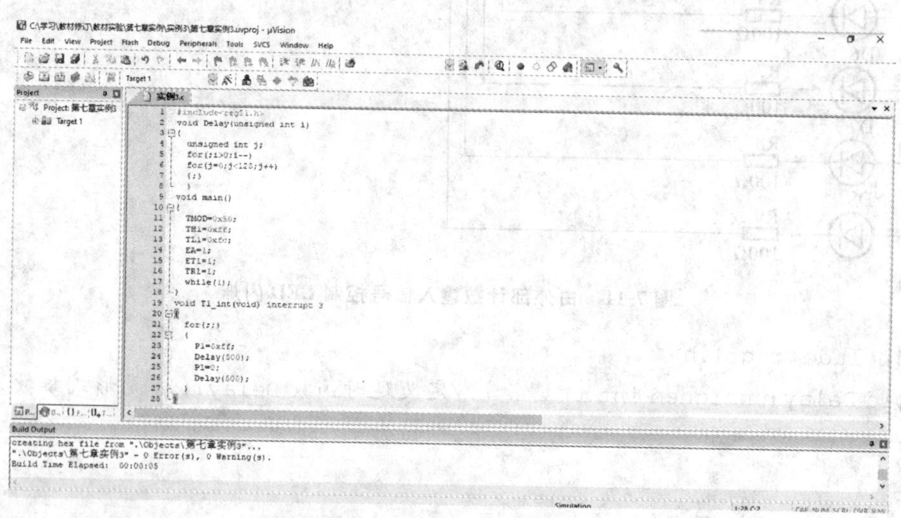

图 7-12　例 7-3 程序运行仿真图

第 7 章　例 7-4 T0 设置为计数器方式 2

【例 7-4】 将“计数显示器”中的软件查询按键检测改用 T0 计数器方式 2,并以中断方式编程。

【解】

原图中按键是由 I/O 口 P3.7 引脚接入的,本例需要将其改由 T0(P3.4)引脚接入,改进后的电路原理图如图 7-14 所示。

由图 7-14 可知,当 T0 工作在计数器方式时,计数器一旦因外部脉冲造成溢出,便可产生中断请求。这与利用外部脉冲产生外部中断请求的做法在使用效果上

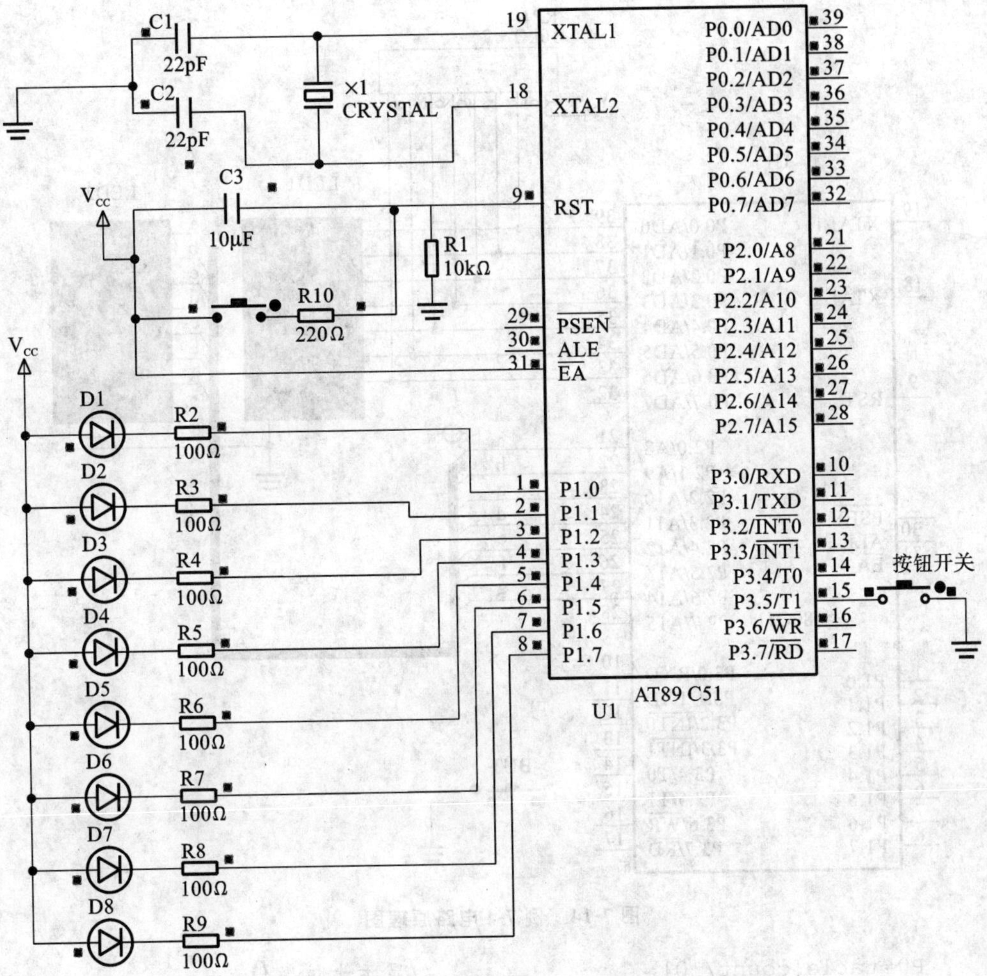

图 7-13　例 7-3 原理图运行仿真图

并无差异。换言之，利用计数器中断原理可以起到扩充外部中断源数量的作用。

编程分析：将 T0 设置为计数器方式 2，设法使其在一个外部脉冲到来时就能溢出（即计数溢出周次为 1）产生中断请求。故计数初值为

$$a=2^8-1=255=0\text{xff}$$

初始化 TMOD=0000 0110B=0x06。

参考程序如下：

```
#include <reg51.h>
unsigned char code table[]={0x3f,0x06,0x5b,0x4f,0x66,0x6d,0x7d,0x07,
0x7f,0x6f};
unsigned char count=0;                //计数器赋初值
int0_srv () interrupt 1{              //T0 中断函数
    count++;                          //计数器增 1
    if(++count==100) count=0;         //判断循环是否超限
```

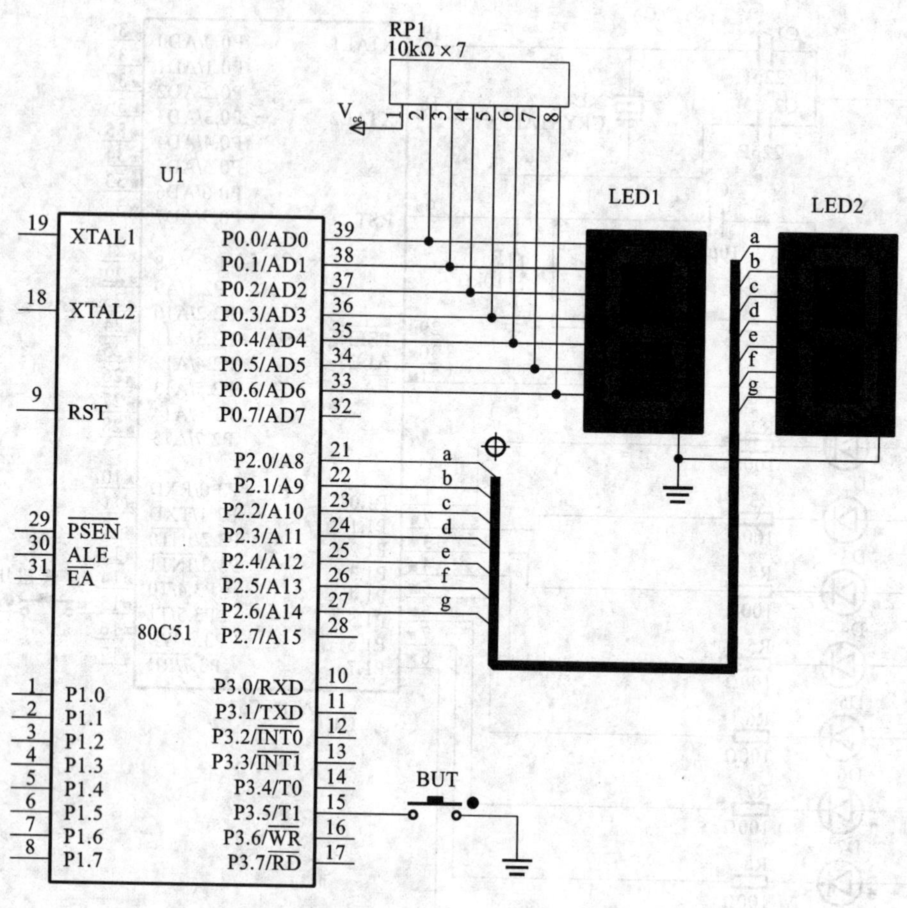

图 7-14　例 7-4 电路原理图

```
    P0=table[count/10];                    //显示十位数值
    P2=table[count% 10];                   //显示个位数值
 }

main(){
   P0=P2=table[0];                         //显示初值"00"
   TMOD=0x06;                              //设置 T0 计数方式 2
   TH0=TL0=0xff;                           //计数初值
   ET0=1;
   EA=1;                                   //开总中断
   TR0=1;                                  //启动 T0
   while(1);
}
```

程序运行仿真图及电路原理仿真图如图 7-15 和图 7-16 所示。

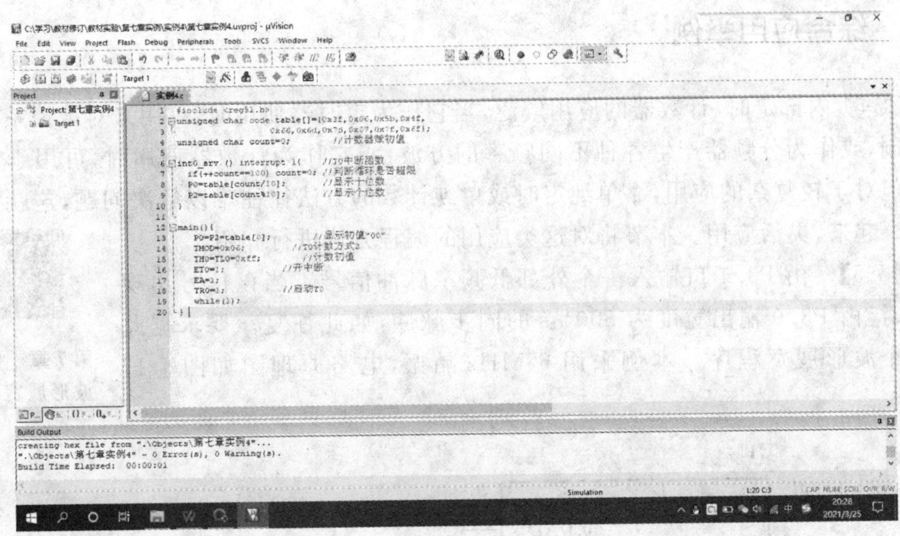

图 7-15　例 7-4 程序运行仿真图

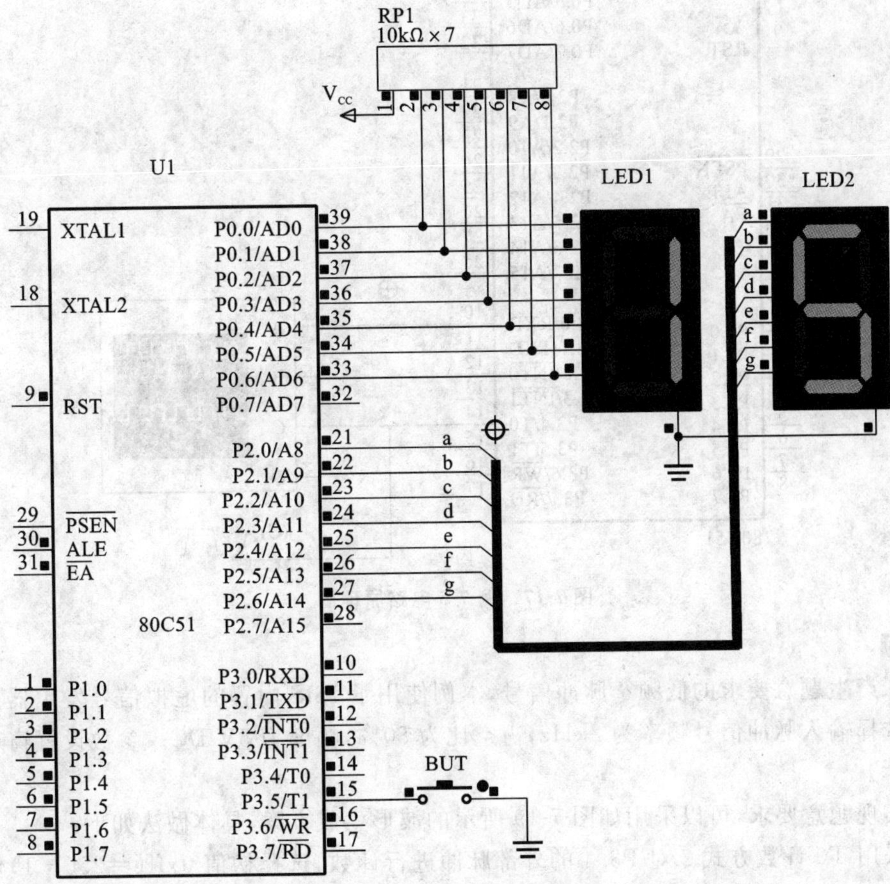

图 7-16　例 7-4 电路原理仿真图

7.4.4 综合应用举例

MCS-51 内部定时/计数器的应用广泛,当它作为定时器使用时,可用来对被控系统进行定时控制,或作为分频器产生各种不同频率的方波;当它作为计数器使用时,可用于计数统计等。但对于较复杂的应用,靠单纯定时或单纯计数的方法往往难以解决问题,这就需要将两者结合起来,灵活应用。本节将对这类应用的编程方法进行介绍。

【例 7-5】 由 P3.4 口输入一个外部低频窄脉冲信号。当该信号出现负跳变时,由 P3.0 输出宽度为 500 μs 的同步脉冲,如此往复。要求据此设计一个波形展宽程序。本例采用 6 MHz 晶振,电路原理图如图 7-17 所示。

第 7 章 例 7-5 波形展宽程序

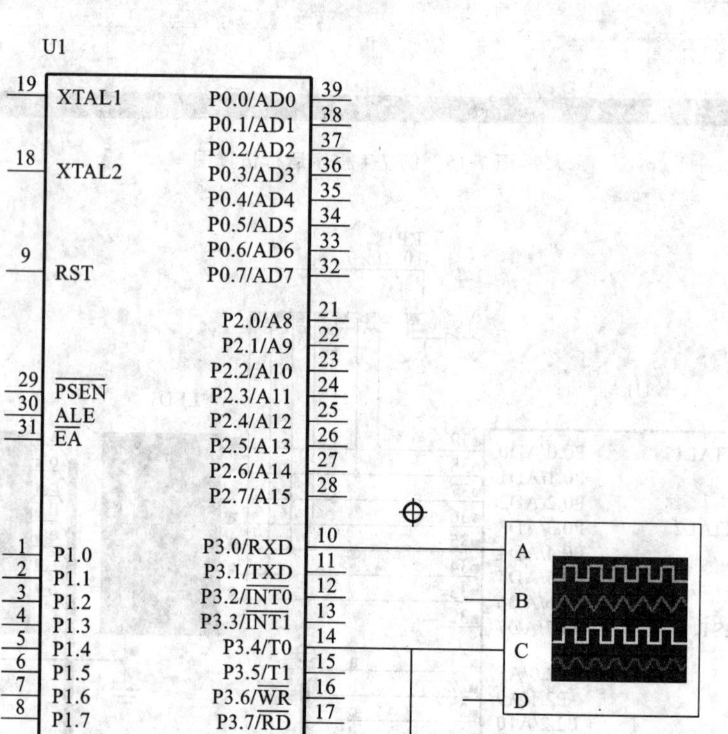

图 7-17 例 7-5 电路原理图

【解】

为了产生题意要求的低频窄脉冲信号,本例使用了 ISIS 内置的虚拟信号发生器。根据题意可选择输入脉冲信号频率为 2kHz,占空比为 80%,幅度为 5V DC。参数设置窗口如图 7-18 所示。

为实现题意要求,可以采用如图 7-19 所示的波形生成方案,具体做法如下:

①采用 T0 计数方式 2 对 P3.4 的外部脉冲进行计数,选择初值 0xff(=256−1)使其一次脉冲即产生 T0 溢出,如此监测 P3.4 引脚负脉冲的出现;

②当 TF0=1 时改用 T0 定时方式 2 进行定时操作,选择初值 0x06(=256−500×6/12)

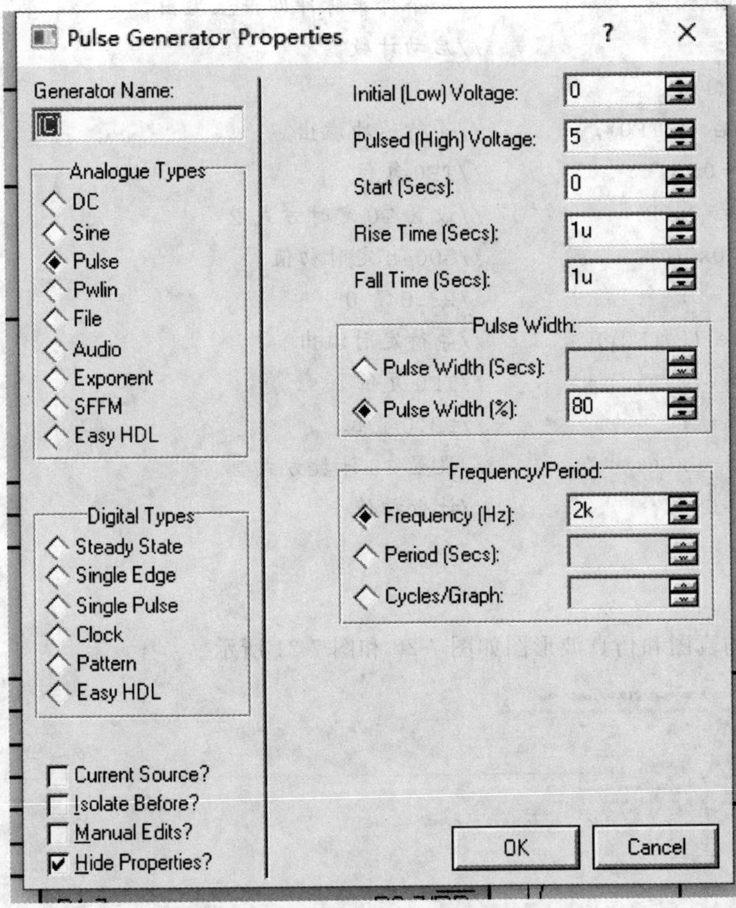

Pulse Generator Properties

Generator Name: C

Analogue Types: DC, Sine, Pulse, Pwlin, File, Audio, Exponent, SFFM, Easy HDL

Digital Types: Steady State, Single Edge, Single Pulse, Clock, Pattern, Easy HDL

Current Source? Isolate Before? Manual Edits? Hide Properties?

Initial (Low) Voltage: 0

Pulsed (High) Voltage: 5

Start (Secs): 0

Rise Time (Secs): 1u

Fall Time (Secs): 1u

Pulse Width: Pulse Width (Secs): ; Pulse Width (%): 80

Frequency/Period: Frequency (Hz): 2k; Period (Secs): ; Cycles/Graph:

OK　Cancel

图 7-18　脉冲信号参数的选择

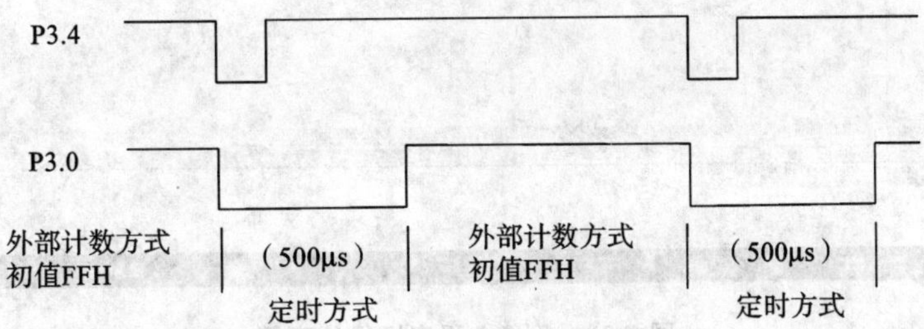

P3.4

P3.0

外部计数方式 初值FFH　(500μs) 定时方式　外部计数方式 初值FFH　(500μs) 定时方式

图 7-19　例 7-5 的波形生成方案

使其产生 500 μs 定时，同时使 P3.0 输出低电平；

③当 TF0 再次为 1 时，使 P3.0 输出高电平，再改用 T0 计数方式 2，如此往复进行。

据此可编写出如下程序：

```
#include <reg51.h>
sbit P3_0=P3^0;
void main (){
  TMOD =0x06;              //T0 计数器,方式 2
```

```
    TL0 =0xff;                  //一个外来脉冲即产生溢出
    TR0 =1;                     //启动计数器
    while (1){
      while (! TF0);            //等待脉冲溢出
      TF0 =0;                   //TF0 复位
      TMOD =0x02;               //设置 T0 定时方式 2
      TL0=0x06;                 //500μs 定时初值
      P3_0 =0;                  //P3.0 清 0
      while (! TF0);            //等待定时溢出
      TF0 =0;                   //TF0 复位
      P3_0 =1;                  //P3.0 置位
      TMOD =0x06;               //设置 T0 计数方式 2
      TL0 =0xff;                //计数初值
    }
}
```

程序运行仿真图和仿真波形图如图 7-20 和图 7-21 所示。

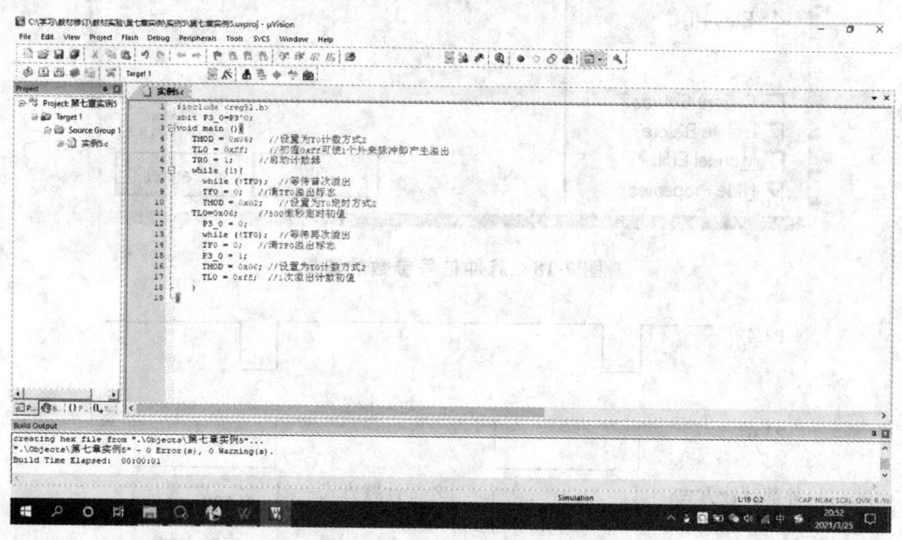

图 7-20　例 7-5 程序运行仿真图

【例 7-6】 使用定时/计数器来实现一个 LCD 显示的时钟。液晶显示器采用 LCD1602,以 AT89C52 单片机为核心的时钟,在 LCD 显示器上显示当前的时间。电路如图 7-22 所示,LCD 时钟仿真图如图 7-23 所示。

第 7 章　例 7-6 定时器计数/实现 LCD 时钟显示

时钟要求如下:

①使用字符型 LCD 显示器显示当前时间。

②显示格式为第一行显示:“AI Welcome You”,第二行显示:“时时:分分:秒秒”。

③用 4 个功能键操作来设置当前时间。功能键 K1～K4 功能如下:K1——进入设置现

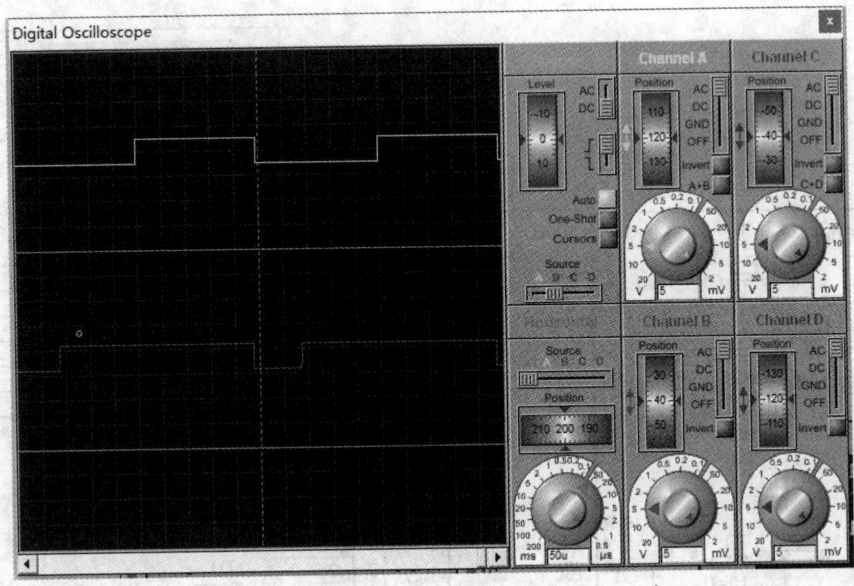

图 7-21 例 7-5 仿真波形图

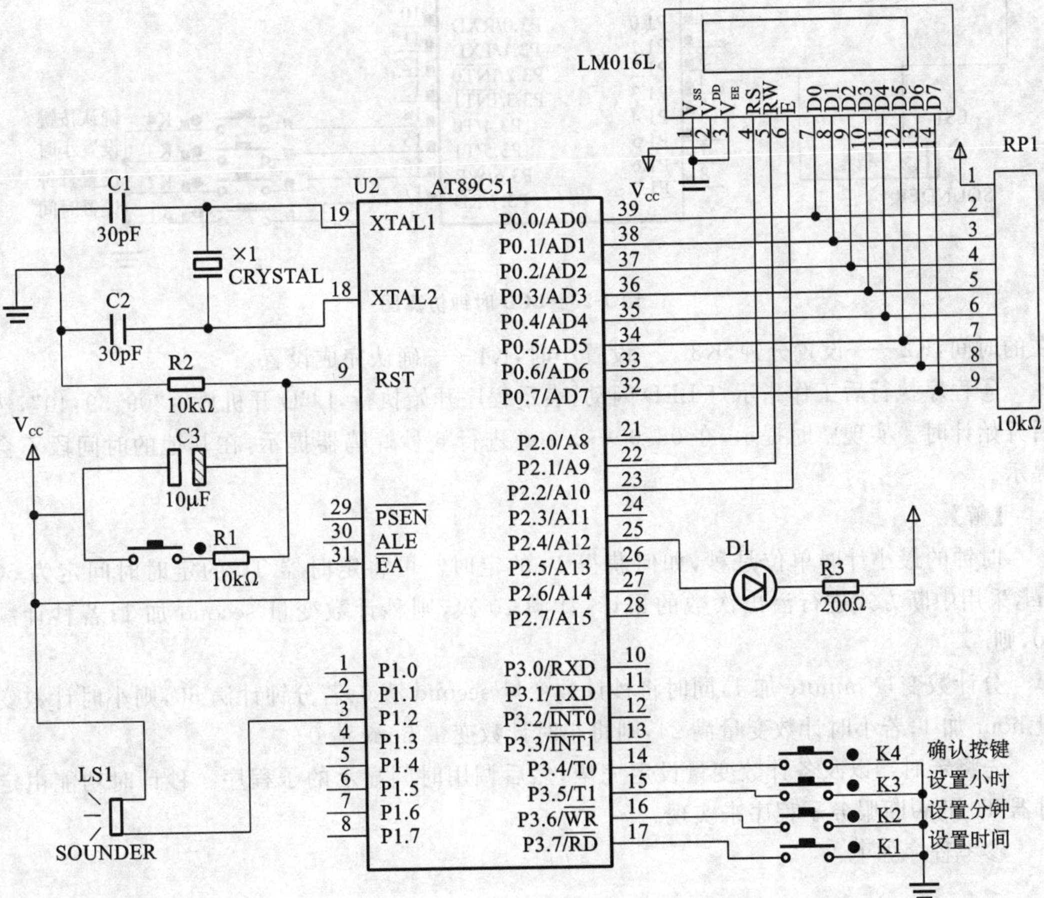

图 7-22 LCD 时钟原理图

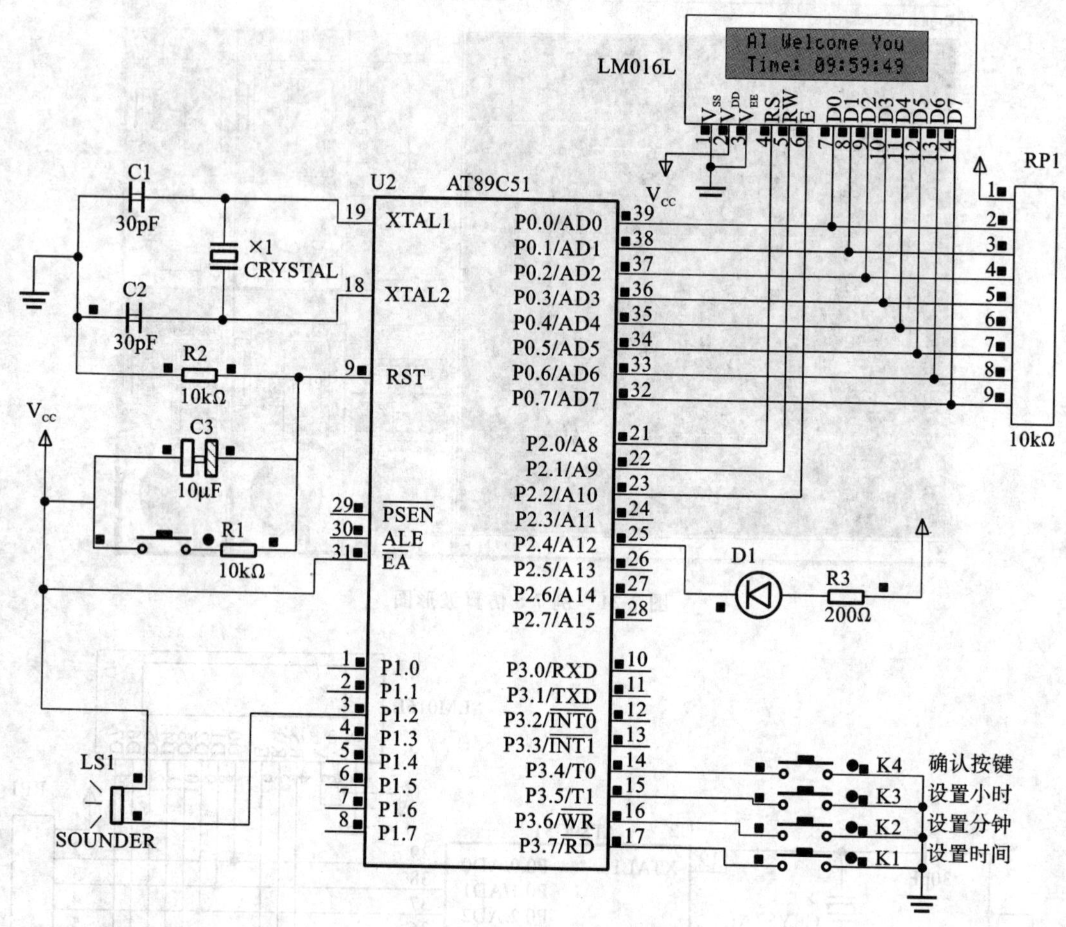

图 7-23　LCD 时钟仿真图

在的时间,K2——设置分钟,K3——设置小时,K4——确认完成设置。

④程序执行后工作指示灯 LED 闪动,表示程序开始执行,LCD 开机显示“09:59:40”,然后开始计时。实现整时提示,在 08:00—22:00 进行 6 秒蜂鸣器提示,在其他的时间段不会提示。

【解】

时钟的最小计时单位是秒,如何获得 1s 的定时?可将定时器 T0 的定时时间定为 50 ms,采用中断方式进行溢出次数的累计,计满 20 次,则秒计数变量 second 加 1;若秒计满 60,则

分计数变量 minute 加 1,同时将秒计数变量 second 清 0;若分钟计满 60,则小时计数变量 hour 加 1;若小时计数变量满 24,则将小时计数变量 hour 清 0。

先将定时器以及各计数变量设定完毕,然后调用时间显示的子程序。秒计时功能由定时器 T0 的中断服务子程序来实现。

参考程序如下:

```
#include<reg52.h>
#define uchar unsigned char
```

```
#define uint unsigned int
#define KEY_IO P3
#define LCD_IO P0

sbit LCD_RS =P2^0;
sbit LCD_RW =P2^1;
sbit LCD_EN =P2^2;

sbit SPK =P1^2;                         //定义蜂鸣器
sbit LED =P2^4;                         //定义 LED

bit new_s, modify =0;
char t0,sec =40,min=59, hour =9;

char code LCD_line1[] =" AI Welcome You ";
char code LCD_line2[] =" Time: 00:00:00 ";
char Timer_buf[] ="00:00:00";

void delay(uint z)                      //延时函数
{
    uint  x,y;
    for(x =z; x >0; x- - )
     for(y =100; y >0; y- - );
}

void W_LCD_Com(uchar com)               //写指令
{
    LCD_RS =0;
     LCD_IO =com;                       //RS 和 RW 都为低电平,写入指令
    LCD_EN =1;                          //用 EN 输入一个高脉冲
     delay(5);
     LCD_EN =0;
}

void W_LCD_Dat(uchar dat)               //写数据
{
    LCD_RS =1;
    LCD_IO =dat;                        //RS 为高电平和 RW 为低电平,写入数据
    LCD_EN =1;                          //用 EN 输入一个高脉冲
```

```
    delay(5);
    LCD_EN =0;
}

void W_LCD_STR(uchar * s)                       //写字符串
{
    while(* s)
           W_LCD_Dat(* s++);
}

void W_BUFF(void)                               //时、分、秒显示
{
    Timer_buf[7] =sec % 10 +48;
    Timer_buf[6] =sec / 10 +48;

    Timer_buf[4] =min % 10 +48;
    Timer_buf[3] =min / 10 +48;

    Timer_buf[1] =hour % 10 +48;
    Timer_buf[0] =hour / 10 +48;

    W_LCD_Com(0xc0 +7);
    W_LCD_STR(Timer_buf);
}
uchar read_key(void)
{
    uchar  x1,x2;
    KEY_IO =255;
    x1 =KEY_IO;
    if (x1 ! =255) {
      delay(100);
      x2 =KEY_IO;
      if (x1 ! =x2)  return 255;
      while(x2 ! =255) x2 =KEY_IO;
      if       (x1 ==0x7f)  return 0;
      else if (x1 ==0xbf)  return 1;
      else if (x1 ==0xdf)  return 2;
      else if (x1 ==0xef)  return 3;
      else if (x1 ==0xf7)  return 4;
```

```
    }
    return 255;
}

void Init()
{
    LCD_RW = 0;
    W_LCD_Com(0x38); delay(50);
    W_LCD_Com(0x0c);
    W_LCD_Com(0x06);
    W_LCD_Com(0x01);
    W_LCD_Com(0x80);
    W_LCD_STR(LCD_line1);
    W_LCD_Com(0xC0);
    W_LCD_STR(LCD_line2);

    TMOD = 0x01;                                //T0 定时方式 1
    TH0 = 0x4c;
    TR0 = 1;                                    //启动 T0
    ET0 = 1;
    EA = 1;
}

void main()
{
    uint i,j;
    uchar Key;
    Init();
    while(1)  {

      if (new_s) {                              //出现新的一秒,修改时间
        new_s = 0;    sec++; sec % = 60;
        if(! sec)  {  min++;  min % = 60;
          if(! min)  { hour++; hour % = 24;}
        }
        W_BUFF();

     if (! min) {if(hour>=8&&hour<=22&&sec<=6)  //在 08:00—20:00 之间整
                                                  点报时
```

```
            for (i =0; i <200;i++) {
              SPK =0; for (j =0; j<100; j++);
              SPK =1; for (j =0;j<100; j++);
          } }
        }

        Key =read_key();                   //读按键
        switch(Key) {
        case  0:modify =1;break;           //修改键
        case  1: if(modify) {min++;  min % =60; W_BUFF(); break;}
        case  2: if(modify) {hour++; hour % =24; W_BUFF(); break;}
        case  3: modify =0; break;         //确认键
      } }
}
void timer0(void) interrupt 1              //T0 中断,50 ms 执行一次
{
    TH0 =0x4c;
    t0++;t0 % =20;
    if(t0 ==0)                             //20 次一秒
    {new_s =1; LED =~ LED;}
    if(modify)  LED =0;
}
```

执行上述程序仿真运行,就会在 LCD 显示器上显示实时时间。

注意:AT89S51 的定时/计数器,初始化编程基本类似,但由于应用的多样性,其编程方案及具体内容存在一定的差异,而其中断服务更是变化多端,应注重消化吸收他人成果,服务于自身需要。

本章小结

(1)定时和计数工作是生产实践和日常生活应用最为广泛的功能之一,为满足需要及方便应用,80C51 单片机内部固化了定时/计数器 T0、T1 两个可编程功能部件。

(2)本章是在学习 80C51 中断系统后,对其内部可编程另一重要部件定时/计数器的结构、工作原理、控制编程和应用及计数值和初始值等有关知识进行了详细介绍。尤其使读者加深了可编程部件的应用理解,同时也强化了建立前后知识的衔接及综合应用的基本观念和方法,结合几个示例,对提升分析问题、解决问题及综合应用能力也有一定启发。

(3)80C51 内部的两个定时/计数器 T0 和 T1,它们实质上是特殊功能寄存器的两个 16 位寄存器 TH0、TL0 和 TH1、TL1。每个定时/计数器都可以通过 TMOD 中的 C/T 位设定为定时器或计数器;并可通过 TMOD 中的 M1M0 位设定为四种不同的工作方式,四种工作方式的区别主要在于所用数据位不同。

(4)定时/计数器的启动、停止既可由 TCON 中的 GATE、TRX 位控制(软件控制),也可增加外部中断引脚由输入的外部信号共同控制(硬件控制)。

(5)定时/计数器作为可编程功能部件,在使用之前,需要根据其工作机制和实际情况进行初始化编程,其计数值、定时时间及初始值利用有关公式计算确定。利用其中断标志,既可采用查询方式,也可采用中断方式,满足不同场合的需要。

思考与练习题 7

1. 单项选择题

(1)使 80C51 定时/计数器 T0 停止计数的 C51 命令为________。

A. IT0=0;　　B. TF0=0;　　C. IE0=0;　　D. TR0=0;

(2)80C51 单片机的定时器 T1 用作定时方式时是________,T0 用作定时方式时是________。

A. 由内部时钟频率定时,一个时钟周期加 1

B. 由内部时钟频率定时,一个机器周期加 1

C. 由外部时钟频率定时,一个时钟周期加 1

D. 由外部时钟频率定时,一个机器周期加 1

(3)80C51 单片机的定时器 T1 用作计数方式时是________,T0 用作计数方式时是________。

A. 外部计数脉冲由 T1(P3.5 引脚)输入

B. 外部计数脉冲由内部时钟频率提供

C. 由外部计数脉冲计数,一个脉冲加 1

D. 外部计数脉冲由 T0(P3.4 引脚)输入

(4)MCS-51 单片机定时器工作方式 0 是指________工作方式。

A. 8 位　　B. 8 位自动重装　　C. 13 位　　D. 16 位

(5)当晶振频率是 12 MHz 时,51 单片机的机器周期是________。

A. 1 μs　　B. 1 ms　　C. 2 μs　　D. 2 ms

(6)80C51 的定时器 T1 用作定时方式且选择模式 1 时,工作方式控制字为________;用作定时方式 2 时,工作方式控制字为________;用作定时方式 0 时,C51 初始化编程为________。

A. TMOD=0x20;　　B. TCON=0x0H;　　C. TMOD=0x10;　　D. TMOD=0x50;

(7)单片机时钟周期为 TO,则机器周期为________。

A. 2T0　　B. 4T0　　C. 8T0　　D. 12T0

(8)使用 80C51 的定时器 T0 时,若允许 TR0 启动计数器,应使 TMOD 中的________。

A. GATE 位置 1　　B. C/$\overline{T}$ 位置 1　　C. GATE 位清 0　　D. C/$\overline{T}$ 位清 0

(9)使用 80C51 的定时器 T0 时,若允许$\overline{INT0}$启动计数器,应使 TMOD 中的________。

A. GATE 位置 1　　B. C/$\overline{T}$ 位置 1　　C. GATE 位清 0　　D. C/$\overline{T}$ 位清 0

(10)若单片机的振荡频率为 6 MHz,设定时器工作在方式 1 需要定时 1 ms,则定时器初值应为________。

A. 500　　B. 1000　　C. $2^{16}-500$　　D. $2^{16}-1000$

(11)定时/计数器工作于模式 2,在计数溢出时________。

A. 计数从零重新开始　　B. 计数从初值重新开始

C. 计数停止　　D. 计数器复位

(12)启动定时器 0 开始计数的指令是使 TCON 的________。

A. TF0 位置 1　　B. TR0 位置 1　　C. TF0 位清 0　　D. TF1 位清 0

(13)启动定时器 1 开始定时的 C51 指令是________。

A. TR0=0;　　B. TR1=0;　　C. TR0=1;　　D. TR1=1;

(14)定时器若工作在循环定时或循环计数场合,应选用________。

A. 工作方式 0　　B. 工作方式 1　　C. 工作方式 2　　D. 工作方式 3

(15)80C51 单片机的定时/计数器在工作方式 1 时的最大计数值 M 为________。

A. $M=2^{13}=8192$　　B. $M=2^{8}=256$　　C. $M=2^{4}=16$　　D. $M=2^{16}=65536$

(16)TO 设置成计数方式时,外部引脚计数脉冲的最高频率应是晶振频率的________。

A. 1/12　　B. 1/24　　C. 1/32　　D. 1/48

(17)使 80C51 的定时器 T0 停止计数的 C51 命令是________,使 80C51 的定时器 T1 停止定时的 C51 命令是________。

A. TR0=0;　　B. TR1=0;　　C. TR0=1;　　D. TR1=1;

(18)采用 80C51 的 T0 定时方式 2 时应________。

A. 启动 T0 前先向 TH0 置入计数初值,TL0 置 0,以后每次重新计数前都要重新置入计数初值

B. 启动 T0 前先向 TH0、TL0 置入计数初值,以后每次重新计数前都要重新置入计数初值

C. 启动 T0 前先向 TH0、TL0 置入不同的计数初值,以后不再置入

D. 启动 T0 前先向 TH0、TL0 置入相同的计数初值,以后不再置入

(19)80C51 采用 T0 计数方式 1 时的 C51 命令是________。

A. TCON=0x01;　　B. TMOD=0x01;　　C. TCON=0x05;　　D. TMOD=0x05;

(20)定时/计数器工作方式 3 是________。

A. 8 位计数器结构　　B. 2 个 8 位计数器结构

C. 13 位计数器结构　　D. 16 位计数器结构

2. 问答思考题

(1)定时/计数器工作于定时方式和计数方式有何异同?

(2)定时/计数器的 4 种工作方式各有何特点?

(3)简单叙述 80C51 单片机定时/计数器有关专用寄存器的作用。

(4)定时/计数器用作定时方式时,其定时时间与哪些因素有关?作计数时,对计数脉冲频率有何限制?

(5)当 T0 工作于方式 3 时,由于 TR1 被 T0 占用,如何控制 T1 的启动和停止?

(6)在 80C51 系统中,已知振荡频率为 12 MHz,用定时/计数器 T0,实现从 P1.0 产生周期为 2 ms 的方波。要求用 C 语言进行编程。

(7)在 80C51 系统中,已知振荡频率为 6 MHz,用定时/计数器 T1,实现从 P1.1 产生周期为 2s 的方波。要求用 C 语言进行编程。

(8)在 80C51 系统中,已知振荡频率为 12 MHz,用定时/计数器 T1,实现从 P1.1 产生高电平宽度为 10 ms,低电平宽度为 20 ms 的矩形波。要求用 C 语言进行编程。

(9)利用 80C51 中定时/计数器 T1 产生定时时钟,由 P1 口控制 5 个指示灯(低电平灯亮)。编一个程序,使 5 个指示灯依次一个一个闪动,闪动频率为 5 次/s(5 个灯依次亮一遍为一个周期),工作 10 个周期后灯全部灭(10 个周期要求用 T0 计数及中断机制实现)。

(10)考虑在 80C51 中如何编程同时实现 5 ms、10 ms、100 ms 三个定时工作段。

第8章 单片机的串行通信技术

在计算机控制与网络技术不断推广和普及的今天，对控制系统中参与的设备提出了可相互连接、构成网络及远程通信的要求，因此，通信功能显得越来越重要。80C51单片机具有一个采用通用异步接收器/发送器(UART)工作方式的全双工串行通信接口，可以同时发送和接收数据。单片机可方便地与其他计算机或具有串行接口的外围设备实现双机、多机通信。

本章所述是80C51单片机片上集成的最后一个基本可编程功能部件子系统，所涉及的知识和应用较中断系统、定时器/计数器可编程功能部件更为复杂。本章主要介绍串行口的概念、控制和工作方式及有关通信的基本概念，使读者在理论上对串行口有了具体的认识，并通过介绍串行口的编程和通信实例，为读者在今后的具体电路设计和编程应用奠定基础。

8.1 串行通信概述

8.1.1 数据通信

计算机通信是计算机技术和通信技术的有机结合，完成计算机与外部设备或计算机与计算机之间的信息交换。计算机通信可以分为两大类：并行通信与串行通信。并行通信是将数据字节的各位用多条数据线同时进行传送；串行通信是将数据字节分成一位一位的形式在一条传输线上逐个传送。图8-1为这两种通信方式的示意图。

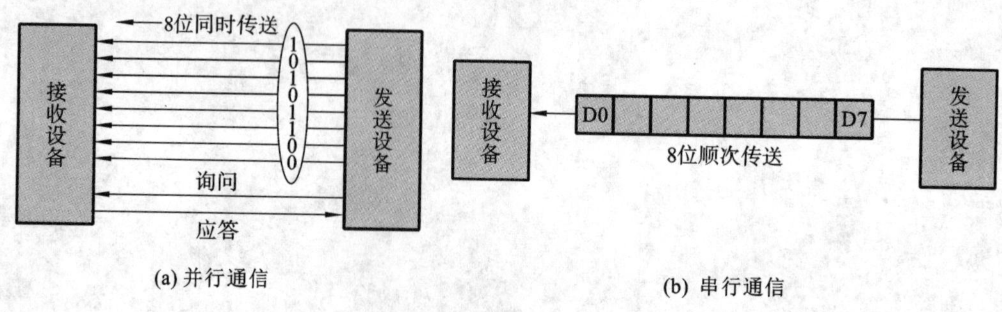

图8-1 两种通信方式示意图

并行通信的特点是控制简单、传输速度快，但由于传输线较多，长距离传送时成本高且接收方的各位同时接收存在困难；串行通信的特点是传输线少，长距离传送时成本低，且可以利用电话网等现成的设备，但数据的传送控制比并行通信复杂。在多微机系统以及现代测控系统中信息的交换多采用串行通信方式，要使用串行通信还涉及通信协议、通信接口标准和通信校验等问题。

所谓数据通信协议(data communication protocol)亦称数据通信控制协议，是为保证数据通信网中通信双方能有效、可靠通信而规定的一系列约定。这些约定包括数据的格式、顺序和速率、数据传输的确认或拒收、差错检测、重传控制和询问等操作。简单来说，就是确保通信双方能够识别和处理的格式、语法及语义的一系列约定。

通信接口标准规定了通信设备之间信号传送的机械特性、信号功能、电气特性、过程特性、连接方式等方面的统一要求，亦即双方应共同遵循的标准。通信接口标准的制定，便于不同厂家同一系列产品具有通用性、互换性。常用串行通信接口标准有 RS-232C、RS-422A、RS-485 等。

由于串行通信可能处于复杂的环境中，不可避免会受到干扰，从而可能出现数据传送错误，为此，需要在通信过程中引入校验机制。常用的错误校验方法有奇偶校验、代码和校验、循环冗余校验等。

有关通信接口标准和错误校验原理请参考有关资料。

8.1.2 异步通信和同步通信

在串行通信中信息传输在一个方向上只占用一根通信线，这根线既作为数据线又要作为联络线。因此，必须对这根线上串行传送的信息是属于联络信号还是数据信号进行约定及判断，具体由串行数据的时钟控制方式及信息格式来实施。根据时钟的控制方式，以及信息在格式上的区别，串行通信分为异步和同步信息两类，通常说的串行通信指的是串行异步通信。

1. 异步通信(asynchronous communication)

1)概况

异步通信是指通信的发送与接收设备使用各自的时钟控制数据的发送和接收过程。为使双方的收发协调，要求发送和接收设备的时钟尽可能一致。在异步通信中，传送的数据是不连续的，它是以字符为单位来传送的，不需要同步字符，也不需要发送设备保持数据块的连续性。异步通信的工作过程示意如图 8-2 所示。

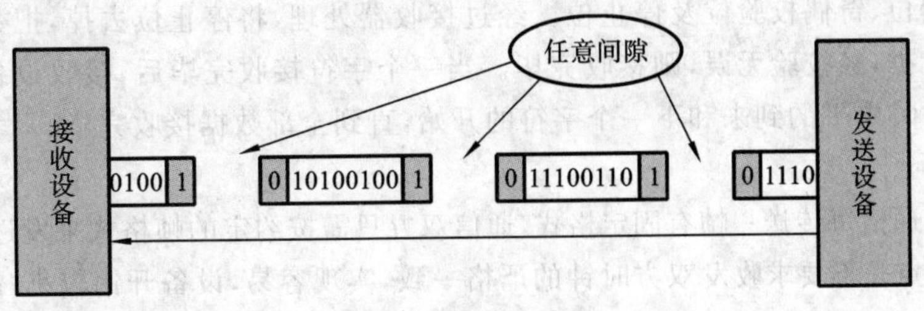

图 8-2 异步通信的工作过程示意图

异步通信是以字符(构成的帧)为单位进行传输的,字符与字符之间的间隙(时间间隔)是任意的,但每个字符中的各位是以固定的时间传送的,即字符之间是异步的(字符之间不一定有"位间隔"的整数倍的关系),但同一字符内的各位是同步的(各位的宽度及位之间的距离是相同的,位之间的距离均为"位间隔"的整数倍)。

2)格式

异步通信工作时可以准备好一个数据,就发送一个数据;但要发送的每一个数据,都必须经过事先格式化处理,即在其前后分别加上起始位、停止位及校验位,用于指示每一数据等待开始和结束及实施校验。因此,异步通信的每一个字符由起始位、数据位、校验位和停止位构成,称为数据帧。异步通信的数据帧格式如图 8-3 所示。

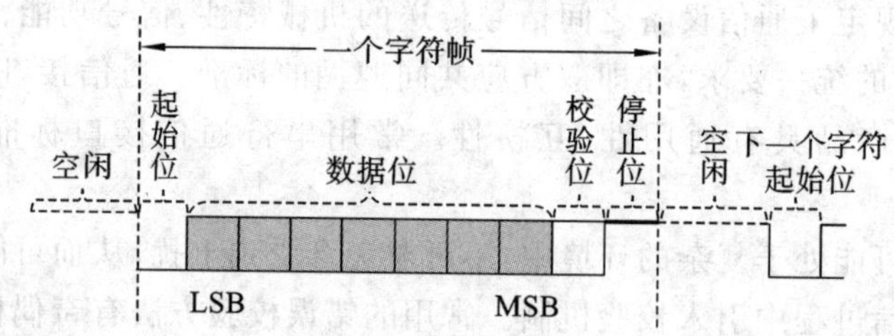

图 8-3 异步通信的数据帧格式

起始位(start bit):它是一帧数据的开始标志,占一位,低电平有效。

数据位(data bit):数据位紧接着起始位。数据可以是 5 位、6 位、7 位或 8 位,由所选格式及初始化编程设定,数据排列方式是低位在前、高位在后。

奇偶校验位(parity bit):占 1 位,可以有也可以没有,也由初始化编程设定。当采用奇校验时,发送设备自动检测发送数据中所包含"1"的个数,如果是奇数,则校验位自动写"0";如果是偶数,则校验位自动写"1"。当采用偶校验时,若发送数据中所包含"1"的个数是奇数,则校验位自动写"1";如果是偶数,则校验位自动写"0"。接收设备按照约定的奇偶校验方式,校验接收到的数据正确与否。

停止位(stop bit):根据字符数据的编码位数,可以选择 1 位、1.5 位或 2 位,由初始化编程设定。接收端接收到停止位,就表征这一字符结束。若停止位以后不是紧接着传送下一个字符,则让线路保持为 1,使线路处于等待状态。

3)工作原理

异步通信的工作原理是:传送开始后,接收设备不断检测传输线是否有起始位到来,当接收到一系列的"1"(空闲或停止位)之后,检测到第一个"0",说明起始位出现,就开始接收所规定的数据位、奇偶校验位及停止位。经过接收器处理,将停止位去掉,把数据位拼装成为一个字节数据,经校验无误,则接收完毕。当一个字符接收完毕后,接收设备又继续测试传输线,监视"0"电平的到来和下一个字符的开始,直到全部数据接收完毕。

4)特点

由于异步通信每传送一帧有固定格式,通信双方只需按约定的帧格式来发送和接收数据。异步通信的特点是不要求收发双方时钟的严格一致,实现容易,设备开销较小,但每个字符要附加 2～3 位用于起止位,各帧之间还有间隔,因此,传输效率不高。尽管异步通信相比同步通信效率要低,但由于其硬件结构较同步通信方式简单,因而异步通信方式应用广泛。

注:通信数据帧格式是 AT89S51 单片机串行口工作方式学习和应用编程的理论基础,也是通信协议中最为重要的内容。

2. 同步通信(synchronous communication)

串行异步通信由于要在每个字符前后附加起始位、停止位,有约 20% 的附加数据,因此传输效率较低。串行同步通信方式所用的数据格式中,不需要每一个字符分别设置起始位和停止位,因此,传输效率较高。在传送前,先按照设定的数据格式,将各种信息装配成一个数据包(一帧数据)。数据包中包括一个或两个同步字符,其后是需要传送的 n 个字符(数据块,n 的大小由用户设定),最后是两个校验字符。串行同步通信常见的数据格式如图 8-4 所示。

SYN	SYN	SOH	标题	STX	数据块	ETB/ETX	块校验

图 8-4　串行同步通信常见的数据格式

图 8-4 所示的串行同步通信常见的数据格式,传送的数据和控制信息都必须由规定的字符集(如 ASCⅡ码)中的字符所组成。图中帧头为 1 个或 2 个同步字符 SYN(ASCⅡ码为 16H)。SOH 为序始字符(ASCⅡ码为 01H),表示标题的开始,标题中包含源地址、目标地址和路由指示等信息。STX 为文始字符(ASCⅡ码为 02H),表示传送的数据块开始。数据块是传送的正文内容,由多个字符组成。数据块后面是组终字符 ETB(ASCⅡ码为 17H)或文终字符 ETX(ASCⅡ码为 03H);最后是块校验码。

同步字符作为数据块的起始标志,在双方通信中起联络作用,当对方接收到同步字符后,就可以开始接收数据。在通信协议中,通信双方约定同步字符的编码格式和同步字符的个数。在传送过程中,接收设备首先搜索同步字符,与事先约定的同步字符进行比较,如比较结果相同,则说明同步字符已经到来,接收方就开始接收数据,并按规定的数据长度拼装成一个个数据字节,直至整个数据块接收完毕,经校验无传送错误时,结束一帧信息的传送。

在进行串行同步通信时,为保持发送设备和接收设备的完全同步,要求接收设备和发送设备必须使用同一时钟。在近距离通信时,收发双方可以使用同一时钟发生器,在通信线路中增加一条时钟信号线;在远距离通信时,可采用锁相技术,通过调制解调器从数据流中提取同步信号,使接收方得到和发送方时钟频率完全相同的接收时钟信号。

8.1.3　波特率的概念和串行通信的传输方向

1. 波特率(baud rate)

通信的双方,除了遵循通信协议格式、通信接口标准外,还需要考虑双方发送和接收速度的协调问题,为此,双方在通信时还要规定好相同的传输速度。在串行异步通信中,数据传送的速率用波特率来表示,它的含义是指每秒钟传送二进制数的位数,单位用 bps 或波特表示。亦即,数据传送的波特率决定了通信过程中,每位二进制数据占用的传输时间;如波特率为 300 bps 时,其位时间为:$T=1/300\ \text{bps}=3.33\ \text{ms}$。

另外,波特率也可表示单位时间内可传送的字符个数。例如,如果定义传送的一个字符信息为 10 位(7 位数据、1 位起始位、1 位奇偶校验位、1 位停止位),传送波特率为 1200 bps,则每秒钟可传送的字符个数为 1200/10=120。

在微机通信中,常用的波特率标准有 110 bps、300 bps、600 bps、1200 bps、2400 bps、4800 bps、9600 bps、19200 bps 等,波特率越高,传送速度越快。

串行接口或终端直接传送串行信息位流的最大距离与传输速率及传输线的电气特性有关,这是因为传输线路的阻抗等因素会导致信号衰减;因此,传输距离受到限制。例如,当传输线使用每 0.3m 有 50 pF 电容的非平衡屏蔽双绞线时,传输距离随传输速率的增加而减小,尤其是当比特率超过 1000 bps 时,最大传输距离迅速下降,如 9600 bps 时最大传输距离下降到只有 76 m。

2. 串行通信传输方向

在串行通信中,数据是在两个站之间进行传送的,根据通信线路的数据传送方向,串行通信可分为单工、半双工和全双工三种通信方式。图 8-5 为三种传输方向示意图。

1)单工通信方式(simplex)

单工通信方式如图 8-5(a)所示。其特点是通信双方,一方为发送设备,另一方为接收设备,传输线只有一条,数据只能按一个固定的方向传送。简单来说,单工是指数据传输仅能沿一个方向,不能实现反向传输的串行通信方式。

2)半双工通信方式(half duplex)

半双工通信方式如图 8-5(b)所示。其特点是通信双方既有发送设备,也有接收设备,传输线只有一条,只允许一方发送,另一方接收。通过发送和接收开关,可以控制通信线路上数据的传送方向。简单来说,半双工是指数据传输可以沿两个方向进行,但需要分时处理。

3)全双工通信方式(full duplex)

全双工通信方式如图 8-5(c)所示。其特点是通信双方既有发送设备,也有接收设备,并且允许双方同时在两条传输线上进行发送和接收数据。简单来说,全双工是指数据可以同时进行双向传输。

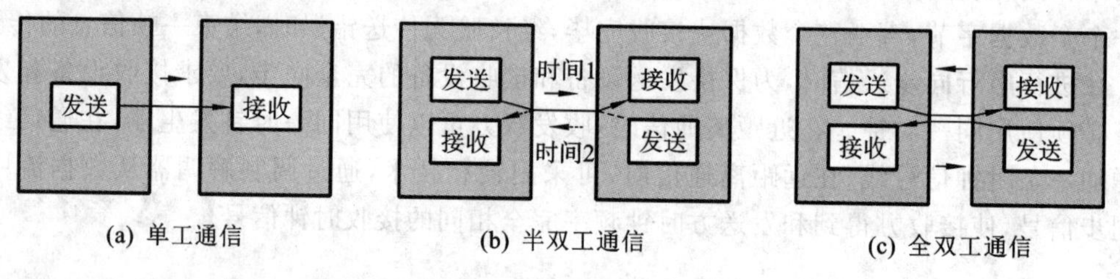

图 8-5　串行通信三种传送方向示意图

目前,在微机通信系统中,单工通信方式很少采用,多数是采用半双工或全双工通信方式。例如,常用串行通信接口标准 RS-232C、RS-422A、RS-485 以及 AT89S51 单片机所集成的串行接口均为半双工或全双工通信方式。

注:AT89S51 单片机有两根串行通信线 RXD 和 TXD,内部有全双工接口,但 CPU 不可能同时执行接收和发送指令,因此,全双工是对串行接口而言的。

8.2　80C51 串行口结构组成及控制寄存器

MCS-51 系列单片机中有一个可编程的全双工的串行通信接口,结合控制寄存器及有关

程序可以设置为异步或同步通信方式，可方便地进行双机、多机的串行通信。下面分别介绍串行口接口和控制寄存器的有关内容。

8.2.1　80C51 串行口结构组成

80C51 串行通信接口，既可作为 UART(异步通信方式)，也可作同步移位寄存器。其帧格式可为 8 位、10 位或 11 位，并可以设置各种不同的波特率。通过引脚 RXD(P3.0，串行数据接收端)和引脚 TXD(P3.1，串行数据发送端)与外界进行通信。其内部简化结构示意图如图 8-6 所示。

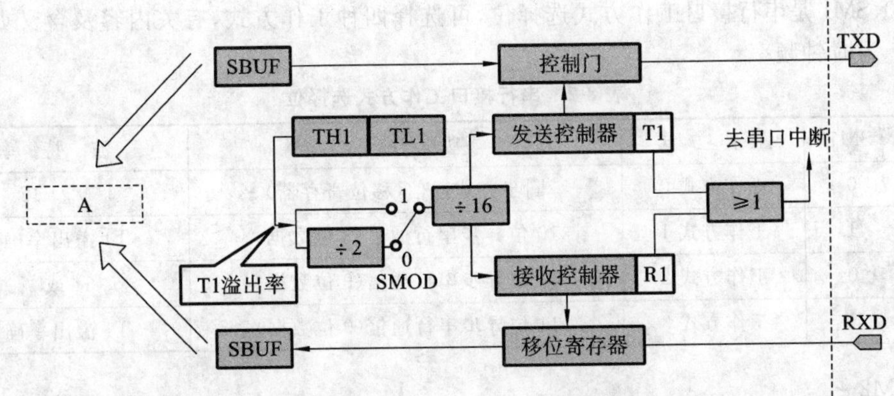

图 8-6　串行口内部简化结构示意图

图 8-6 中有两个物理上独立的接收、发送缓冲器 SBUF，它们占用同一地址 99H，可同时发送、接收数据。发送缓冲器只能写入，不能读出；接收缓冲器只能读出，不能写入。

串行发送与接收的速率与移位时钟同步，移位时钟的速率即波特率。除定时器 T1 作为串行通信的波特率发生器外(T1 溢出率经 2 分频/不分频，又经 16 分频作为串行发送或接收的移位时钟，即波特率)，还可直接由 f_{osc} 确定波特率。移位时钟通过发送/接收控制器使数据位逐一经移位寄存器/控制门实现收、发操作。

串行口的发送和接收都是以特殊功能寄存器 SBUF 的名义进行读或写的，当向 SBUF 发出"写"命令时(执行 MOV SBUF，A 指令)，即向发送缓冲器 SBUF 装载并按异步通信格式开始由 TXD 引脚向外发送一帧数据，发送完毕则使发送中断标志 TI＝1。接收数据时，只要把 REN 位置 1，串行口即开始从 RXD 端接收数据，收到 1 帧数据后，存入 SBUF，并置标志位 RI 为 1，这时可以从 SBUF 取走收到的数据。当执行读 SBUF 的命令时(执行 MOV A，SBUF 指令)，即是由接收缓冲器 SBUF 取出信息通过内部总线送 CPU。

8.2.2　80C51 串行口的控制寄存器

80C51 单片机串行口是可编程接口，需要将控制字写入到 SCON 和 PCON 两个特殊功能寄存器中，亦即需要通过初始化编程，来实现有关控制。SCON 用以设定串行口的工作方式、接收/发送控制以及设置状态标志；PCON 用于控制波特率是否倍增，掌握它们数据位的功能为应用编程提供依据。

1. 串行接口控制寄存器 SCON

特殊功能寄存器 SCON 的字节地址是 98H,其中的 8 位分别作为串行口的控制位和状态位。SCON 允许进行位寻址,8 个位地址分别为 9FH～98H,其数据位分布格式如表 8-1 所示。下面分别介绍有关数据位的功能。

表 8-1 特殊功能寄存器 SCON 数据位分布

SCON 位地址	9FH	9EH	9DH	9CH	9BH	9AH	99H	98H
位名称	SM0	SM1	SM2	REN	TB8	RB8	TI	RI

1)SM0、SM1

SM0、SM1 是串行接口工作方式选择位,可选择四种工作方式,有关内容及含义如表 8-2 所示,f_{osc}为时钟频率。

表 8-2 串行接口工作方式选择位

SM0	SM1	工作方式	功能说明	波特率
0	0	工作方式 0	同步方式通信(移位寄存器)	$f_{osc}/12$
0	1	工作方式 1	10 位异步串行通信(8 位数据)	T1 溢出率确定
1	0	工作方式 2	11 位异步串行通信(9 位数据)	$f_{osc}/64$ 或 $f_{osc}/32$
1	1	工作方式 3	11 位异步串行通信(9 位数据)	T1 溢出率确定

2)SM2

SM2 是多机通信控制位,主要用于方式 2 和方式 3。若 SM2＝1,则允许多机通信,并按照串行口多机通信协议要求实现通信。若 SM2＝0,则不属于多机通信,接收到一帧数据后,不论第 9 位数据是 0 还是 1,都置 RI＝1,接收到的数据装入 SBUF 中。

在方式 1 时,若 SM2＝1,则只有接收到有效停止位时,RI 才置 1,以便接收下一帧数据。在方式 0 时,SM2 必须为 0,才能正常工作。

3)REN

该位为接收允许控制位。由软件置位以允许接收,即启动串行口接收数据;又可以由软件清 0 来禁止接收。

4)TB8

在方式 2 或方式 3 时,该位是发送数据的第九位,可以用软件规定其作用。既可用作数据的奇偶校验位;也可在多机通信中,作为地址帧/数据帧的标志位。在方式 0 和方式 1 时,该位未用。

5)RB8

在方式 2 或方式 3 时,该位是接收到数据的第九位,作为奇偶校验位或地址帧/数据帧的标志位。在方式 1 时,若 SM2＝0,则 RB8 是接收到的停止位。

6)TI

该位是发送中断标志位。在方式 0 时,当串行发送第 8 位数据结束时,或在其他方式下,串行发送停止位的开始时,由串行口内部硬件使 TI 置 1。TI 置位既表示一帧信息发送结束,同时也表明中断申请标志有效。可根据需要,用软件查询的办法获得数据已发送完毕的信息,或用中断的方式来发送下一个数据。不论采用哪一种方式,为了发送下一个数据,

TI 必须用软件清 0。

7)RI

该位是接收中断标志位。在方式 0 时,当接收完第 8 位数据后,由串行口内部硬件置位 RI。在其他方式时,在接收到停止位的中间时刻由硬件置位(例外情况见 SM2 的说明)。RI 置位表示一帧数据接收完毕,可用查询的办法或者用中断的办法对所接收的数据进行处理。为了使串行口继续接收下一个数据,RI 也必须用软件清 0。

2. 电源控制寄存器 PCON(97H)

PCON 是为了在 CHMOS 的 80C51 单片机上实现电源控制而附加的。PCON 中只有一位 SMOD 与串行口工作有关。SMOD(PCON. 7)为波特率倍增位。在串行口方式 1、方式 2、方式 3 时,波特率与 SMOD 有关,当 SMOD=1 时,波特率提高一倍。复位时,SMOD=0。

8.3　80C51 串行通信工作方式

为了满足不同场合的需要,80C51 单片机串行口提供了不同的通信工作方式。工作方式由特殊功能寄存器 SCON 中的 SM0、SM1 和 SM2 数据位所决定,SM2 为 1 的状态仅用于多机通信;用指令改变 SM0、SM1 的内容时,可以改变串行口的工作方式。

8.3.1　方式 0(8 位同步移位寄存器方式)及其应用

方式 0 时,串行口为同步移位寄存器的输入/输出方式,主要用于串行接口外接移位寄存器以扩展 I/O 口。数据由 RXD(P3. 0)引脚输入或输出,同步移位脉冲由 TXD(P3. 1)引脚输出。发送和接收均为 8 位数据,低位在前,高位在后。波特率固定为 $f_{osc}/12$。

1. 方式 0 输出

串行接口以方式 0 发送时,数据由 RXD 端输出,TXD 端输出同步信号。串行口可以外接串行输入并行输出的移位寄存器,如 74LS164、CD4094 等,其接口逻辑如图 8-7 所示,TXD 端输出的移位脉冲将 RXD 端输出的数据逐位移入 74LS164。

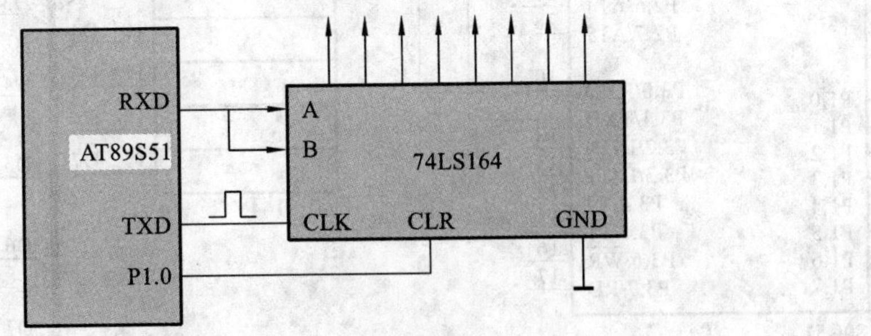

图 8-7　方式 0 发送电路逻辑图

CPU 把一个数据写入串行接口发送缓冲器 SBUF 后,就启动串行口的发送过程,串行接口在 TXD 端输出移位脉冲的控制下,其 8 位数据按 $f_{osc}/12$ 的波特率从 RXD 端串行输出。发送完一个字节后,自动置中断标志 TI 为 1。如要再发送,必须用指令将 TI 清 0。方式 0 输出的工作时序如图 8-8 所示。

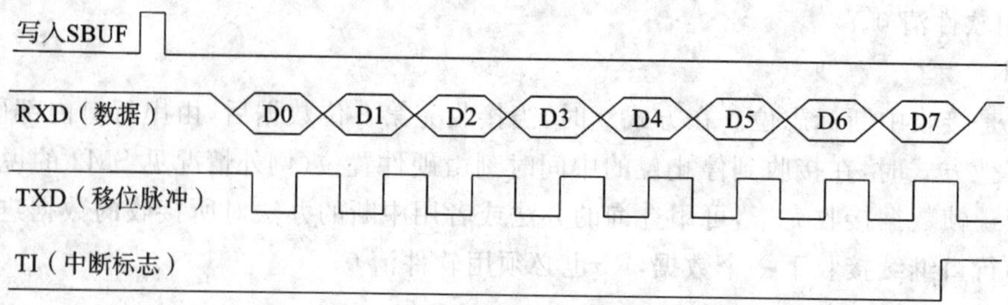

图 8-8　串行口方式 0 发送时序

【例 8-1】 采用图 8-9 所示电路，在电路分析和程序分析的基础上，编程实现发光二极管的自上而下循环显示功能。

第 8 章　例 8-1 发光二极管的自上而下循环显示

电路分析：图 8-9 中使用的 74LS164 是一种 8 位串入并出移位寄存器，其引脚与内部结构如图 8-10 所示。

图 8-10 中，A、B 为两路数据输入端，经与门后接 D 触发器输入端 D；CP 为移位时钟输入端；$\overline{MR}$为清 0 端，$\overline{MR}$为低电平时可使 D 触发器输出端清 0；Q0～Q7 为数据输出端（也是各级 D 触发器的 Q 输出端）；带圈数字表示芯片引脚编号。

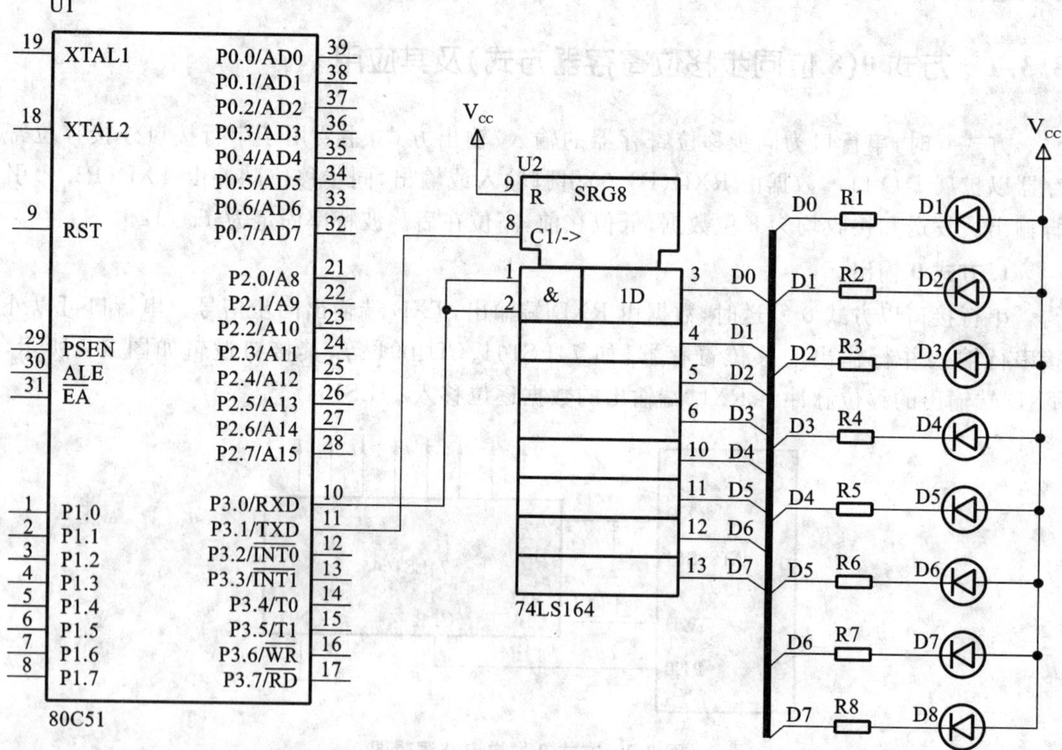

图 8-9　例 8-1 电路原理图

74LS164 的移位过程是借助 D 触发器的工作原理实现的。74LS164 的工作原理是：每出现一次时钟脉冲信号，前级 D 触发器锁存的电平便会被后级 D 触发器锁存起来。如此经过 8 个时钟脉冲后，最先接收到的数据位将被最高位 D 触发器锁存，并到达 Q7 端。其次接

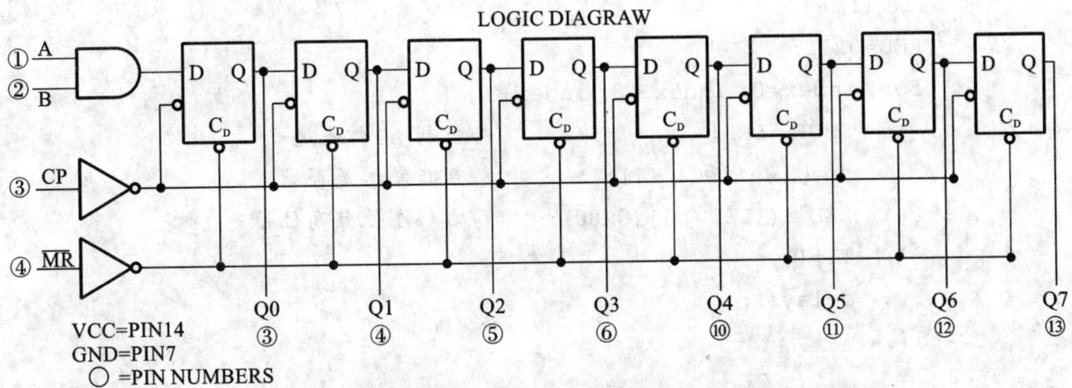

图 8-10　74LS164 的逻辑方框图

收到的数据位将被次高位 D 触发器锁存，并到达 Q6 端，以此类推。换言之，逐位输入的串行数据将同时出现在 Q0～Q7 端，从而实现了串行数据转为并行数据的功能。

基于上述分析，可以很容易地理解图 8-9 中 74LS164 与 51 单片机的接线原理：A 与 B 端并联在单片机的 RXD(P3.0)端——串行方式 0 的数据发送/接收端；CP 端接在单片机的 TXD(P3.1)端——串行方式 0 的时钟输出端；$\overline{MR}$接 V_{cc}——本实例无须清 0 控制；Q0～Q7 端接发光二极管并行电路(参见图 8-9)。

编程分析：

①编程设计中，首先要对串行口的工作方式进行设置(串口初始化)。本实例程序中，可利用语句“SCON＝0”设置串口方式 0(SM0 SM1＝00)，并同时实现串口中断请求标志位清 0(R1＝T1＝0)和禁止接收数据(REN＝0)的串口初始化设置。

②被发送的字节数据只需赋值给寄存器 $SBUF_{发}$，其余工作都将由硬件自动完成。但在发送下一字节数据前需要了解 $SBUF_{发}$ 是否已为空，以免造成数据重叠。为此可采用中断或软件查询进行判别。

③根据图 8-9 所示电路，使二极管 D1 点亮、D2～D8 灯灭的 Q0～Q7 输出码应为 1111 1110B(0xfe)，但考虑到串行数据发送时低位数据在前的原则，故送交 $SBUF_{发}$ 的输出码应为 0111 111B(0x7f)。为实现发光二极管由 Q0 向 Q7 方向点亮，$SBUF_{发}$ 的输出码应循环右移，同时最高位用 1 填充，这些功能可通过 C51 语句(LED＞＞1)| 0x80 实现。

例 8-1 的参考程序如下：

```
#include<reg51.h>
void delay() {                          //延时
    unsigned int i;
    for (i=0; i<20000; i++) {}
}

void main() {
    unsigned char index, LED;           //定义 LED 指针和显示子模
    SCON =0;                            //设置串行模块工作在方式 0
```

```
    while (1) {
      LED=0x7f;
      for (index=0; index<8; index++) {
          SBUF=LED;                     //控制 L0 灯点亮
          do {} while(! TI);            //判断发送是否结束
          LED=((LED>>1)|0x80);          //右移 1 位且高位填充 1
          TI=0;
          delay();
      }
    }
}
```

程序运行仿真图及电路运行仿真图如图 8-11、图 8-12 所示。

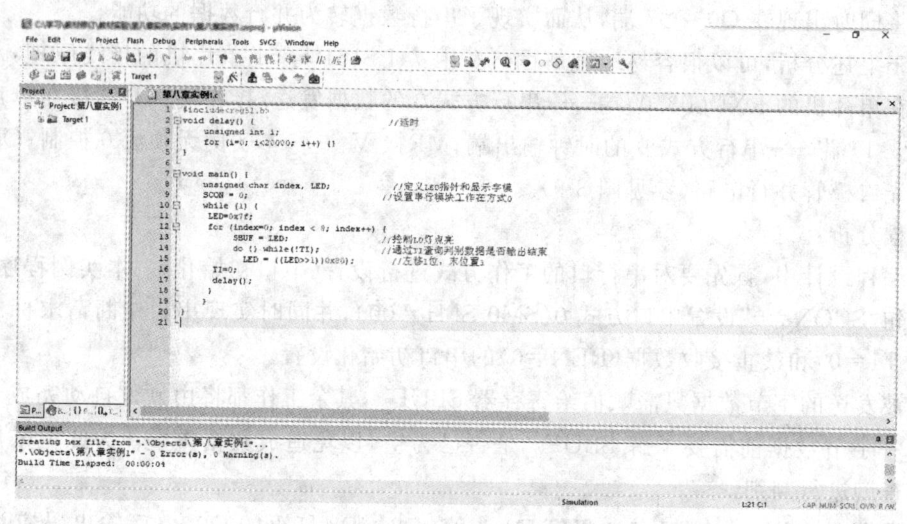

图 8-11　例 8-1 程序运行仿真图

2. 方式 0 输入

方式 0 输入时，串行口外接并行输入串行输出的移位寄存器，如 74LS165，其接口逻辑如图 8-13 所示。

当串行接口定义为工作方式 0，并使 REN 置 1 后，启动串行口以方式 0 接收数据，此时 RXD 为数据输入端，TXD 为同步脉冲信号输出端。接收器以 $f_{osc}/12$ 的波特率接收 RXD 端的输入数据，8 位数据低位在前。当接收完 8 位数据后，置中断标志 RI 为 1，其工作时序如图 8-14 所示。

【例 8-2】 图 8-15 所示为串行口外接一片 8 位并行输入、串行输出的同步移位寄存器 74LS165，扩展一个 8 位并行输入口的电路，可将接在 74LS165 的 8 个开关 S0～S7 的状态通过串行口的方式 0 读入到单片机内。74LS165 的 SH/$\overline{LD}$端(1 脚)为控制端，由单片机的 P1.1 脚控制。若 SH/$\overline{LD}$=0，则 74LS165 可以并行输入数据，且串行输出端关闭；当 SH/$\overline{LD}$=1，

第 8 章　例 8-2
8 位并行输入

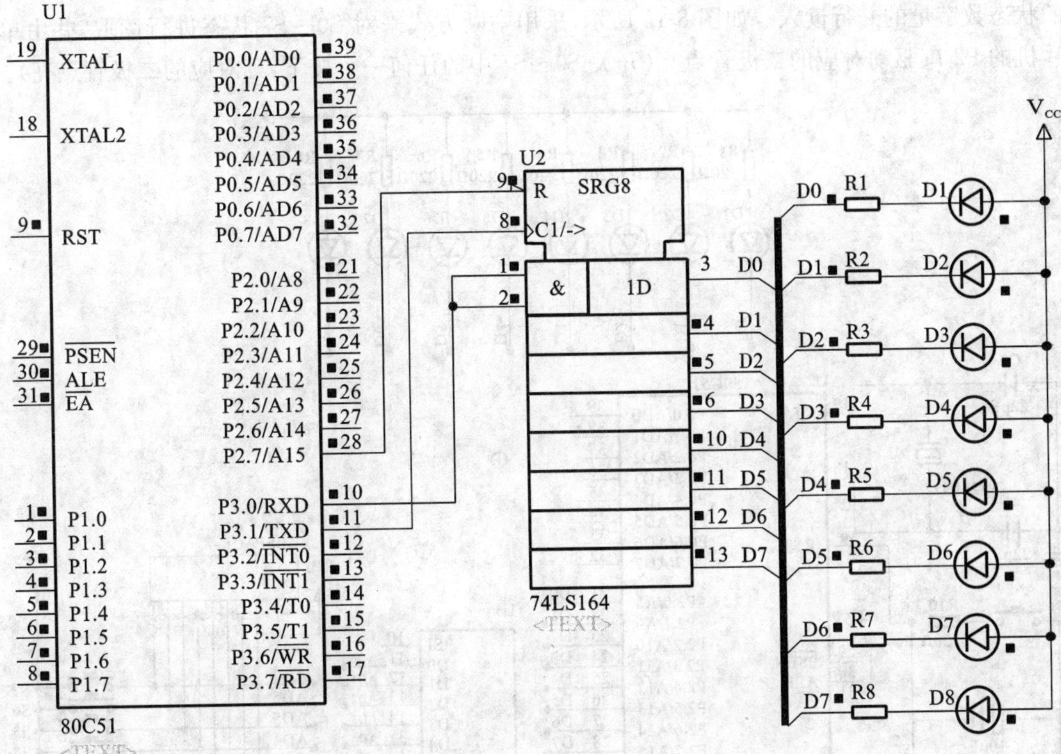

图 8-12　例 8-1 电路运行仿真图

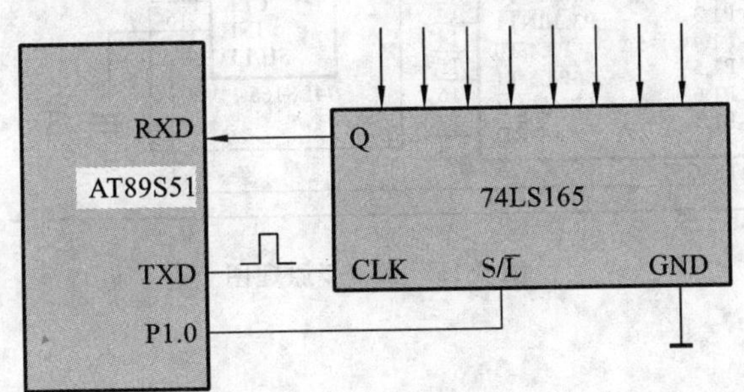

图 8-13　方式 0 接收电路

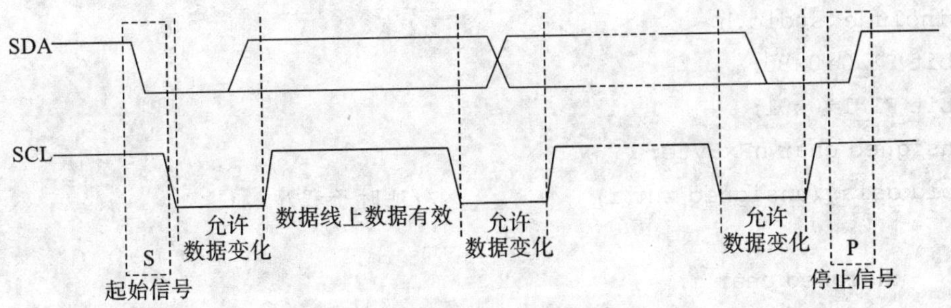

图 8-14　串行口方式 0 接收时序

则并行输入关断,可以向单片机串行传送。当 P1.0 连接的开关 K 合上时,可进行开关 S0～S7 的状态数字量的并行读入。如图 8-15 所示,采用中断方式来对 S0～S7 状态进行读取,并由单片机的 P2 口驱动对应的二极管点亮(开关 S0～S7 中的任何一个按下,则对应的二极管点亮)。

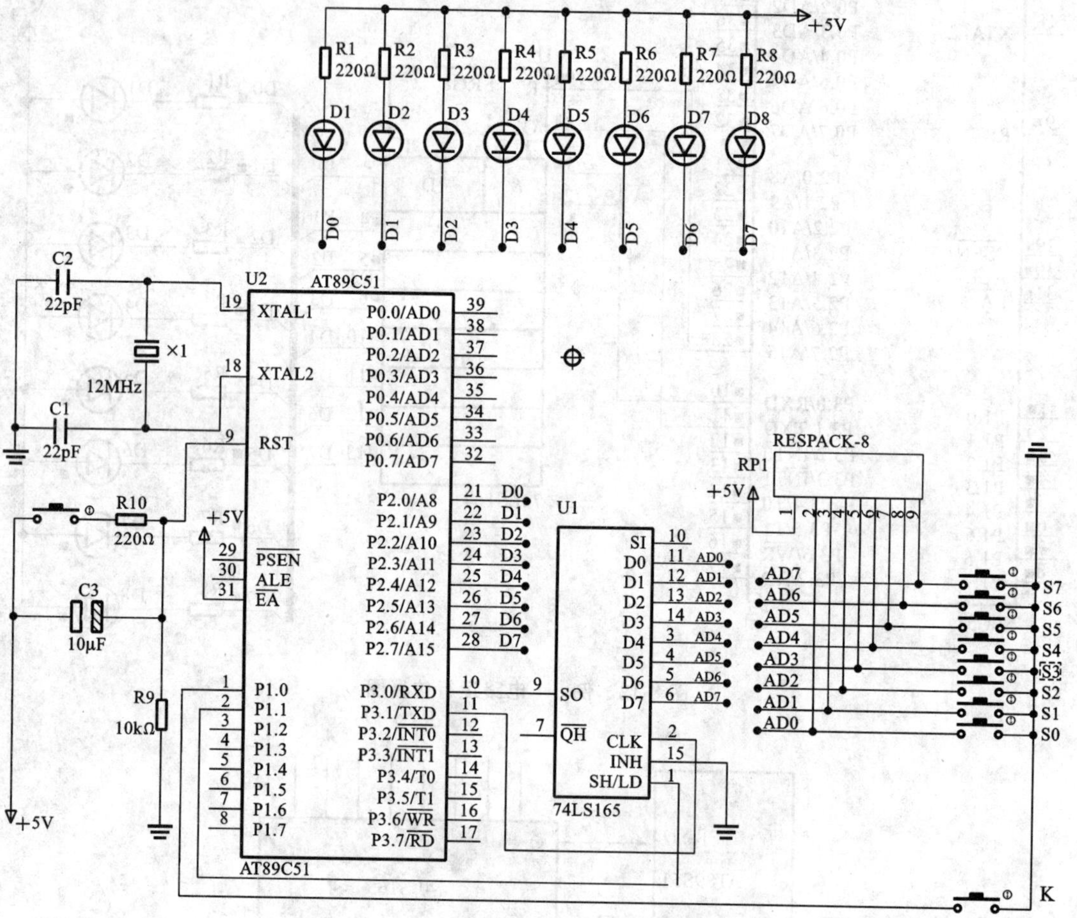

图 8-15　例 8-2 原理图

参考程序如下:

```
#include <reg51.h>
#include "intrins.h"
#include<stdio.h>
sbit P1_0=0x90;
sbit P1_1=0x91;
unsigned char nRxByte;
void delay(unsigned int i)                    //延时子程序
{
    unsigned char j;
    for(;i>0;i- - )                           //变量 i 由实际参数传入一个值,因此 i
                                                不能赋初值
```

```
        for(j=0;j<125;j++);
    }
    main()
    {
        SCON=0x10;                         // 串行口初始化为方式 0
        ES=1;                              // 允许串行口中断
        EA=1;                              // 允许全局中断
        for(;;);
    }
void Serial_Port() interrupt 4 using 0     // 串行口中断服务子程序
    {
        if(P1_0==0)                        // 如果 P1_0=0 表示开关 K 按下,可以读
                                              开关 S0~ S7 的状态
        {
        P1_1=0;                            // P1_1=0 并行读入开关的状态
        delay(1);
        P1_1=1;                            // P1_1=1 将开关的状态串行读入到串
                                              口中
        RI=0;                              //接收中断标志 RI 清 0
        nRxByte=SBUF;                      //接收的开关状态数据从 SBUF 读入到
                                              nRxByte 单元中
        P2=nRxByte;                        /开关状态数据送到 P2 口,驱动发光二极
                                             管发光
        }
    }
```

程序说明：当 P1.0 为 0，即开关 K 按下，表示允许并行读入开关 S0～S7 的状态数字量，通过 P1.1 把 SH/$\overline{\text{LD}}$置 0，则并行读入开关 S0～S7 的状态。再让 P1.1＝1，即 SH/$\overline{\text{LD}}$置 1，74LS165 将刚才读入的 S0～S7 状态通过 QH 端（RXD 脚）串行发送到单片机的 SBUF 中，在中断服务程序中把 SBUF 中的数据读入 nRxByte 单元，并送到 P2 口驱动 8 个发光二极管。

程序运行仿真图及电路运行仿真图如图 8-16、图 8-17 所示。

8.3.2　方式 1(10 位异步收发通信模式)及其应用

方式 1 和方式 0 是截然不同的，方式 1 属于标准的通信模式，当波特率定义相同时，可以方便地与其他 PC 系统或设备连接，实现一对一的通信。方式 1 是 10 位数据的异步通信口，其发送/接收移位脉冲时钟或波特率由定时器 T1 送来的溢出信号经过 16 或 32 分频而取得。TXD 为数据发送引脚，RXD 为数据接收引脚，传送一帧数据的格式如图 8-18 所示。其中 1 位起始位，8 位数据位，1 位停止位。

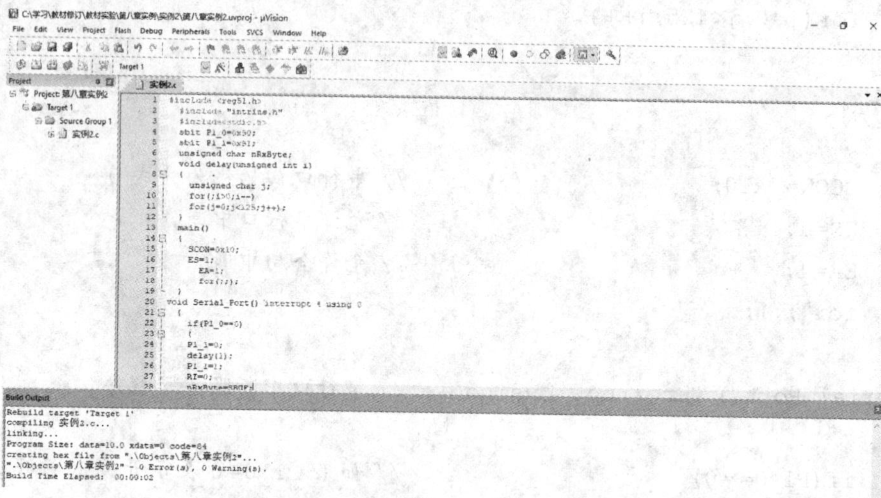

图 8-16　例 8-2 程序运行仿真图

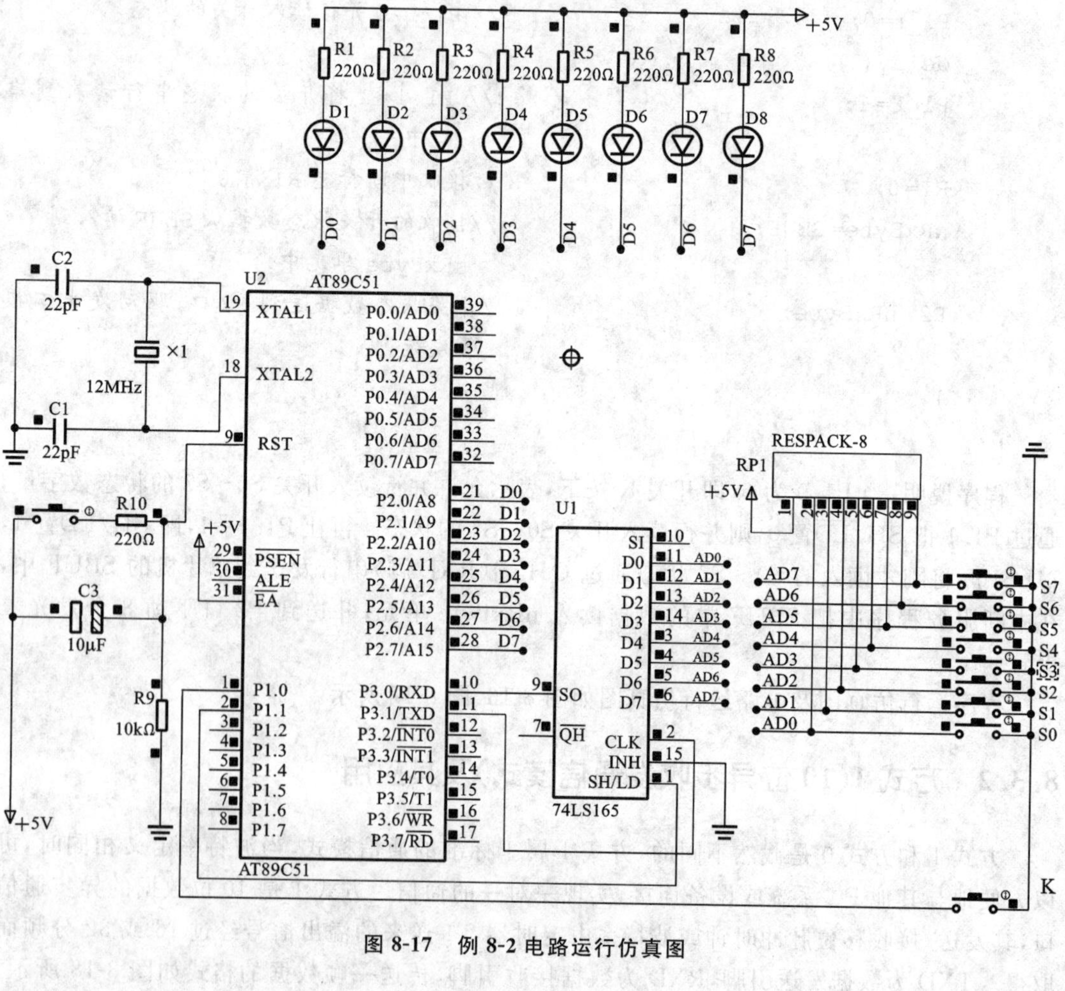

图 8-17　例 8-2 电路运行仿真图

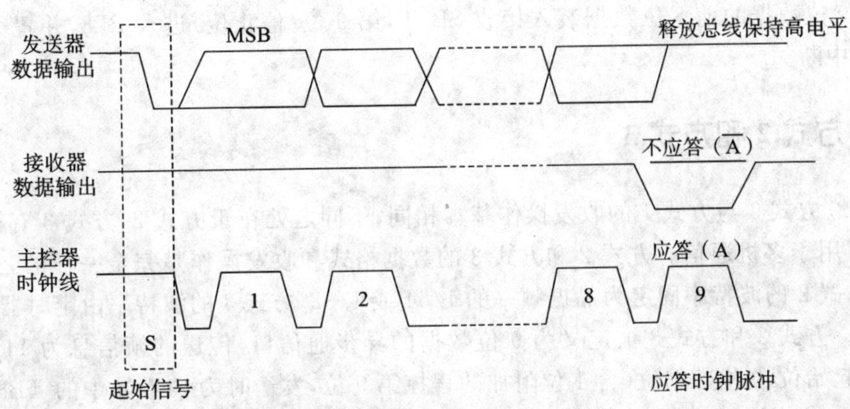

图 8-18　串行口方式 1 数据格式

1. 方式 1 输出

以工作方式 1 发送时，只要把 8 位数据写入发送缓冲器 SBUF，启动串行口发送器即可发送。启动发送后，串行口能自动地在数据的前后分别插入 1 位起始位（为 0）和 1 位停止位（为 1），以构成一帧信息。然后在发送移位脉冲的作用下，依次由 TXD 端按设置的波特率一一发出各位数据。在 8 位数据发出之后，也就是在停止位开始时，使 TI 置 1，用以通知 CPU 可以送出下一个数据。当一帧信息发完以后，自动保持 TXD 端的信号为 1。其工作时序如图 8-19 所示。

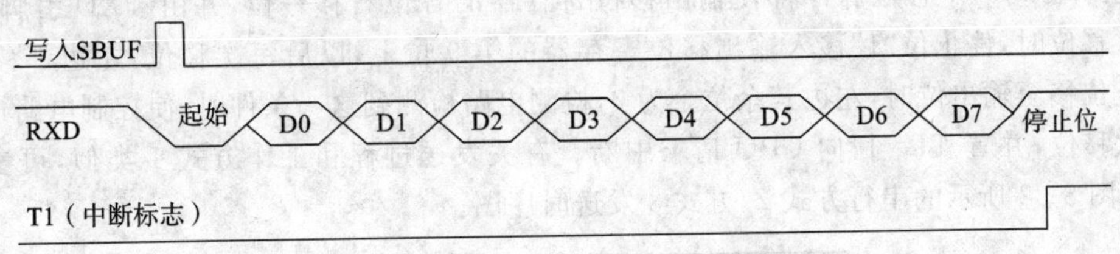

图 8-19　方式 1 发送时序

2. 方式 1 输入

以工作方式 1 接收时，在 REN 置 1 以后，就允许接收器接收，在没有信号时，RXD 端状态为 1，当检测到存在由 1 至 0 的变化时，就确认了一帧信息的起始位，便开始接收一帧数据。在接收移位脉冲的控制下（按所设置的波特率），把收到的数据一位一位地移入接收移位寄存器，直到 9 位数据全部接收完毕（其中包括 1 位停止位）。其接收工作时序如图 8-20 所示。

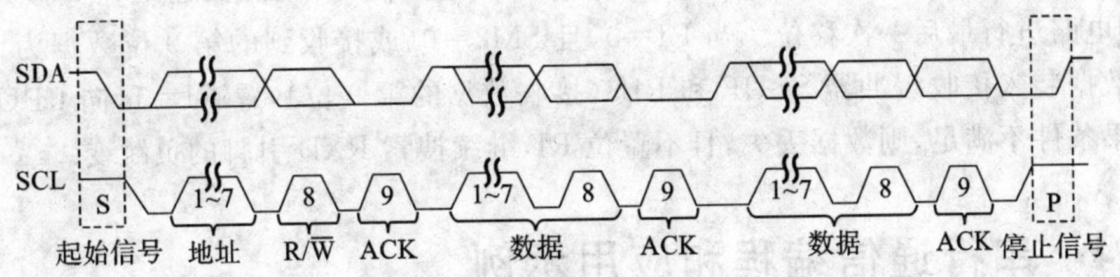

图 8-20　方式 1 接收时序

图 8-20 中位采样脉冲对每个数据位进行了三次采样，其接收的值是三次采样中至少有两次相同的值，这样可以防止外界的干扰。当 RI＝0，且 SM2＝0（或接收到的停止位为 1）时，将

接收到的 9 位数据的前 8 位数据装入接收 SBUF,第 9 位(停止位)进入 RB8,并置 RI=1,向 CPU 请求中断。

8.3.3 方式 2 和方式 3

方式 2/方式 3 与方式 1 的收发操作基本相同,不同之处在于方式 2/方式 3 有第 9 个数据位,并可用于多机通信。方式 2 和方式 3 的数据格式和收发操作是完全一样的,只是波特率不同,方式 2 的波特率固定为晶振频率的 1/64 或 1/32,方式 3 的波特率由定时器 T1 的溢出率决定。方式 2 和方式 3 被定义为 9 位数据的异步通信口,传送的帧信息为 11 位,其中包括 1 位起始位、9 位数据位(含 1 位附加的程控第 9 位,发送时为 SCON 中的 TB8,接收时为 RB8)和 1 位停止位,其数据格式如图 8-21 所示。

S	从机地址	0	A	数据	A	数据	A/$\overline{A}$	P

图 8-21　方式 2、方式 3 的数据格式

1. 方式 2 和方式 3 输出

当 CPU 向发送 SBUF 写入一个数据时,串行口发送过程就被启动了。TB8 写入输出移位寄存器的第 9 位,8 位数据装入 SBUF。

发送开始时,先把起始位 0 输出到 TXD 引脚,然后发送移位寄存器的输出位(D0)到 TXD 引脚。每一个移位脉冲都使输出移位寄存器的各位右移一位,并由 TXD 引脚输出。第一次移位时,停止位"1"移入输出移位寄存器的第 9 位上,以后每次移位,左边都移入 0。当停止位移至输出位时,左边其余位全为 0,检测电路检测到这一条件时,使控制电路进行最后一次移位,并置 TI=1,向 CPU 请求中断。有关发送过程和工作方式 1 类似,可参考图 8-19及图 8-22 所示的串行方式 2/方式 3 发送时序图。

S	从机地址	1	A	数据	A	数据	$\overline{A}$	P

图 8-22　方式 2、方式 3 发送时序

2. 方式 2 和方式 3 输入

方式 2 和方式 3 接收过程与方式 1 也基本相同,不同之处是方式 2/方式 3 存在真正的第 9 位数据,需要接收 9 位有效数据,而方式 1 只是把停止位当作第 9 位数据来处理。在 REN=1 时,允许接收。接收时,数据从右边移入输入移位寄存器,在起始位 0 移到最左边时,控制电路进行最后一次移位。当 RI=0,且 SM2=0(或接收到的第 9 位数据为 1)时,接收到的数据装入接收缓冲器 SBUF 和 RB8(接收数据的第 9 位),置 RI=1,向 CPU 请求中断。如果条件不满足,则数据丢失,且不置位 RI,继续搜索 RXD 引脚的负跳变。

8.4 串行通信编程和应用示例

通过本章前面几节内容的学习,读者对 AT89S51 单片机可编程串行口通信有了全面的认识,为编程和具体应用奠定了良好的基础。根据串行口通信的工作机制,串行口通信工作

之前，应先用指令把控制字传送到 SCON 中；还要根据波特率的要求，把控制字传送到 PCON 中；如由 T1 的溢出率确定波特率，还需把初值传送到 T1 的特殊寄存器中。这些过程统称为串行口初始化编程。下面将分别介绍波特率的确定、初始化编程内容和其他几个应用示例。

8.4.1　串行通信编程概况

1. 波特率的确定

在串行通信中，收发双方对发送或接收数据的速率要约定一致。通过软件可对单片机串行口编程为四种工作方式，其中方式 0 和方式 2 的波特率是固定的，而方式 1 和方式 3 的波特率是可变的，由定时器 T1 的溢出率来决定。由于输入的移位时钟的来源不同，所以，各种方式的波特率计算公式也不相同，如下所示：

$$方式\ 0\ 的波特率 = f_{osc}/12$$

$$方式\ 2\ 的波特率 = (2^{SMOD}/64) \cdot f_{osc}$$

$$方式\ 1\ 的波特率 = (2^{SMOD}/32) \cdot (T1\ 溢出率)$$

$$方式\ 3\ 的波特率 = (2^{SMOD}/32) \cdot (T1\ 溢出率)$$

用定时器 T1 作为波特率发生器时，最典型的用法是使 T1 工作在自动重装入的 8 位定时器工作方式 2。但要禁止 T1 中断，以免 T1 溢出时产生不必要的中断。先设 TH1 和 TL1 的初值为 X，那么每过 2^8-X 个机器周期，T1 就会产生一次溢出，溢出周期为 $12/f_{osc}(2^8-X)$，即溢出率 $=f_{osc}/[12\times(256-X)]$，所以方式 1 和方式 3 的波特率计算公式为

$$波特率 = (2^{SMOD}/32) \cdot f_{osc}/[12\times(256-X)]$$

在单片机的应用中，常用的时钟频率为 12 MHz 和 11.0592 MHz。由于选用的波特率相对固定，因此，T1 的初值也相对固定。为了方便使用，表 8-3 给出了常用的串行口工作方式 1 和方式 3 的波特率与有关参数的关系表。

表 8-3　常用波特率与定时器 T1 的参数关系

波特率/bps	f_{osc}/MHz	SMOD	定时器 T1		
			C/T	工作方式	初值
62500	12	1	0	2	FFH
19200	11.0592	1	0	2	FDH
9600	11.0592	0	0	2	FDH
4800	11.0592	0	0	2	FAH
2400	11.0592	0	0	2	F4H
1200	11.0592	0	0	2	E8H

2. 串行口初始化编程

串行口工作之前，应对其进行初始化，主要是设置与波特率有关的定时器 T1 有关内容、串行口控制和中断控制。串行通信的编程步骤如下。

(1)确定所需波特率。串行接口的波特率有两种方式：固定的波特率和可变的波特率。

(2)当使用可变的波特率时,首先设置 T1 为定时工作方式 2(编程 TMOD 寄存器);然后计算 T1 的初值,并装载到 TH1、TL1 中;最后启动 T1(把 TCON 中的 TR1 置位)。

(3)确定串行口控制(编程 SCON 寄存器)。如果是双工通信方式,需要接收数据时,置 REN=1,并将数据位 TI、RI 清 0。

(4)串行通信可采用两种方式:查询方式和中断方式。TI 和 RI 是一帧数据是否发送完毕或一帧数据是否接收完毕的标志位,可用于查询;在中断方式工作时,要进行中断设置(编程 IE、IP 寄存器),引起中断,并进行中断处理。两种方式中,发送或接收数据后都要注意将 TI 或 RI 清 0。

为保证接收、发送双方的协调,除两边的波特率要一致外,双方可以约定以某个标志字符作为发送数据的起始位置,发送方先发送这个标志字符,待对方收到字符并给予回应后再正式发送数据,以确保通信的可靠性。以上是针对点对点的通信,如果是多机通信,标志字符就是各个从机的地址。

8.4.2 单片机与单片机的通信

由于单片机具有体积小、功耗低、控制功能强、系统构成灵活、抗干扰能力强等优点,广泛应用于多片单片机组成的多机系统与网络中,成为中、大型现代工程系统(如测控系统、机器人、综合实验系统、CIMS 等)中的主要应用形式。在多机与网络分布式系统中,经常要利用串行通信进行数据传输。MCS-51 单片机自备串行接口,为计算机间的通信提供了极为便利的条件,下面分别介绍几个典型应用示例。

1. 点对点的通信实例

点对点的通信又称为双机通信,用于单片机和单片机之间交换信息,也可用于单片机与通用微机间交换信息。前面通信示例程序采用奇偶校验,本例引入累加和校验机制。

1)硬件连接

如果采用单片机自身的 TTL 电平直接传输信息,其传输距离一般不应超过 5 m。为此,通常采用 RS-232C 标准电平进行点对点的通信连接,图 8-23 为两个单片机间的连接方法,信号采用 RS-232C 电平转换,电平转换芯片为 MAX232(有关电气特性和应用可查阅有关资料)。

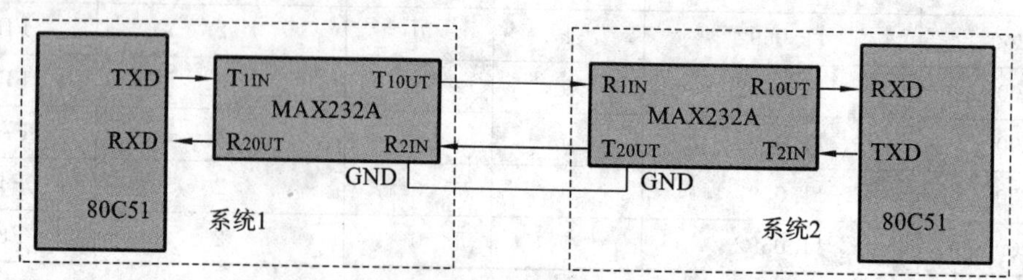

图 8-23 单片机与单片机的通信转换电路

2)通信功能要求和通信机制约定

设 1 号机是发送方,2 号机是接收方。当 1 号机发送时,先发送一个“E1”联络信号,2 号机收到后回答一个“E2”应答信号,表示同意接收。当 1 号机收到应答信号“E2”后,开始发送数据，每发送一个数据字节都要计算"校验和"，假定数据块长度为 16 个字节，起始地址为 40H，一个数据块发送完毕后立即发送"校验和"。2 号机接收数据并转存到数据缓冲区，起始地址也为 40H，每接收到一个数据字节便计算一次"校验和"，当收到一个数据块后，再接收 1 号机发来的"校验和"，并将它与 2 号机求出的校验和进行比较。若两者相等，说明接收正确，2 号机回答 00H；若两者不相等，说明接收不正确，2 号机回答 0FFH，请求重发。1 号机接到 00H 后结束发送。若收到的答复非零，则重新发送数据一次。

双方约定采用查询机制和串行口方式 1 进行通信，一帧信息为 10 位，其中有 1 个起始位、8 个数据位和 1 个停止位；波特率为 2400 bps，T1 工作在定时器方式 2，时钟频率为 11.0592 MHz，查表 8-3 可得 TH1＝TL1＝0F4H，PCON 寄存器的 SMOD 位为 0。

第 8 章　例 8-3 两只 51 单片机进行串口方式 1 通信

【例 8-3】　两只 51 单片机进行串口方式 1 通信，其中两机 f_{osc} 约为 12 MHz，波特率为 2.4 kbps。甲机循环发送数字 0～F，并根据乙机的返回值决定发送新数（返回值与发送值相同时）或重复发送当前数（返回值与发送值不同时）；乙机接收数据后直接返回接收值；双机都将当前值以十进制数形式显示在各机的共阴极数码管上。电路原理图如图 8-24 所示。

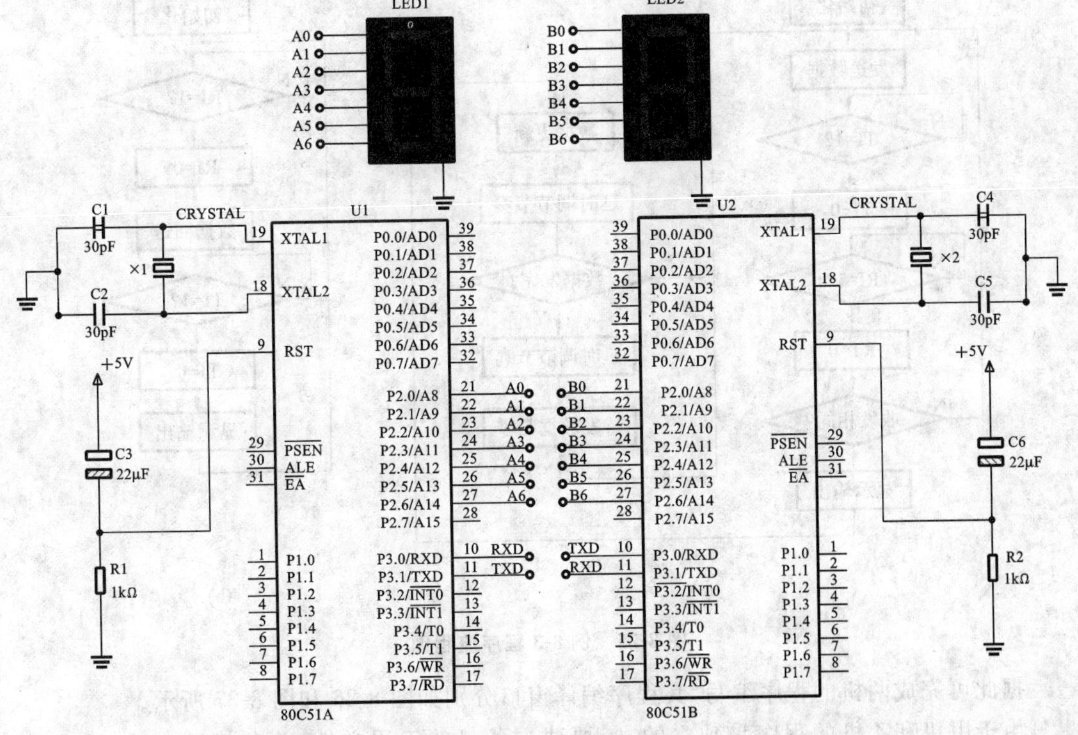

图 8-24　例 8-3 电路原理图

编程分析如下：

①初始化工作包括设置串口工作方式、定时器工作方式，定时计数初值等。如前所述，51 单片机串口波特率已限定由 T1 提供，但定时工作方式并无限定。由于定时方式 2 具有自动重装载计数初值的优点，定时精度较高，故一般多以方式 2 为准。表 8-4 给出晶振频率为 11.0592 MHz、定时方式 2 时的标准波特率参数设置。

表 8-4　定时方式 2 时的标准波特率参数表

序　号	波特率/bps	SMOD	a
1	62500	1	0xff
2	19200	1	0xfd
3	9600	0	0xfd
4	4800	0	0xfa
5	2400	0	0xf4
6	1200	0	0xe8

可见，按题意要求，2.4 kbps 波特率的对应参数可取为 SMOD＝0、TH1＝TL1＝0xf4。

②例 8-3 对通信的实时性要求不高，故双机都可采用软件查询 TI 和 RI 的做法。程序流程图如图 8-25 所示。

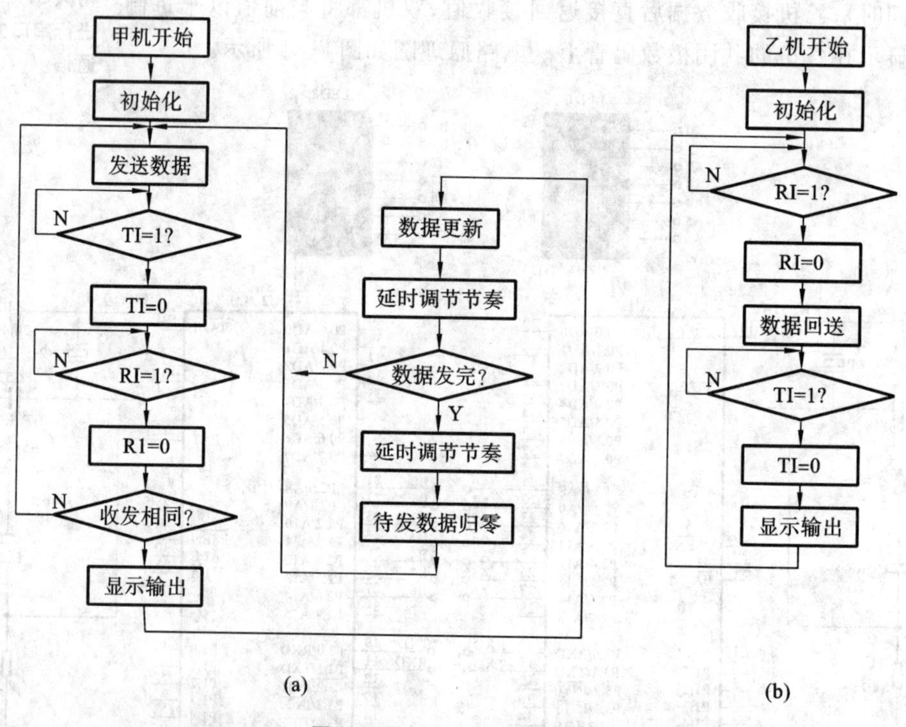

图 8-25　例 8-3 程序流程图

据此可完成两机的程序编写，其程序编译窗口分别如图 8-26 和图 8-27 所示。

由于甲机和乙机的程序是独立的，需要建立各自的工程文件，并在其中完成相应程序的编辑和编译。形成的两个 HEX 文件可以分别加载到同一 Proteus 文件里的两个 80C51 中，运行后的效果如图 8-28 所示。

第 8 章　例 8-4 甲乙两单片机进行方式 3(或方式 2)串行通信

【例 8-4】　如图 8-29 所示，甲、乙两单片机进行方式 3(或方式 2)串行通信。甲机把控制 8 个流水灯点亮的数据发送给乙机并点亮其 P1 口的 8 个 LED。方式 3 比方式 1 多了 1 个可编程位 TB8，该位一般作奇偶校验位。乙机接收到的 8 位二进制数据有可能出错，需进行奇偶校验，其方法是

```
/*发送程序*/
#include<reg51.h>
#define uchar unsigned char
char code map[]={0x3F,0x06,0x5B,0x4F,0x66,0x6D,0x7D,0x07,0x7F,0x6F};//'0'~'9'

void delay(unsigned int time){
  unsigned int j = 0;
  for(;time>0;time--)
    for(j=0;j<125;j++);
}
void main(void){
    uchar counter=0;    //定义计数器
    TMOD=0x20;          //T1定时方式2
    TH1 = TL1 = 0xf4;   //2400b/s
    PCON=0;             //波特率不加倍
    SCON = 0x50;        //串口方式1,TI和RI清零,允许接收;
  TR1=1;                //启动T1
  while(1){
      SBUF = counter;     //发送联络信号
      while(TI==0);       //等待发送完成
      TI = 0;             //清TI标志位
      while(RI==0);       //等待乙机回答
      RI = 0;
    if(SBUF ==counter){  //若返回值与发送值相同,组织新数据
      P2 = map[counter];        //显示已发送值
      if(++counter>9) counter=0;//修正计数器值
      delay(500);
    }
  }
}
```

```
creating hex file from ".\Objects\第八章实例3"...
".\Objects\第八章实例3" - 0 Error(s), 0 Warning(s).
```

图 8-26　例 8-3 甲机程序编译窗口

```
/*接收程序*/
#include<reg51.h>
#define uchar unsigned char
char code map[]={0x3F,0x06,0x5B,0x4F,0x66,0x6D,0x7D,0x07,0x7F,0x6F};//'0'~'9'

void main(void){
    uchar receiv;       //定义接收缓冲
    TMOD=0x20;          //T1定时方式2
    TH1=TL1=0xf4;       //2400b/s
    PCON=0;             //波特率不加倍
    SCON=0x50;          //串口方式1,TI和RI清零,允许接收;
  TR1=1;                //启动T1
    while(1){
    while(RI==1){    //等待接收完成
        RI = 0;         //清RI标志位
        receiv = SBUF;  //取得接收值
      SBUF = receiv;  //结果返送主机
      while(TI==0);   //等待发送结束
      TI = 0;         //清TI标志位
      P2 = map[receiv];//显示接收值
      }
    }
}
```

```
    MODULE:  .\Objects\实例3乙.obj (____3__)
Program Size: data=9.0 xdata=0 code=116
creating hex file from ".\Objects\第八章实例3"...
".\Objects\第八章实例3" - 0 Error(s), 1 Warning(s).
Build Time Elapsed:  00:00:02
```

图 8-27　例 8-3 乙机程序编译窗口

将乙机的 RB8 和 PSW 的奇偶校验位 P 进行比较,如果相同,接收数据;否则拒绝接收。

本例使用了一个虚拟终端来观察甲机串口发出的数据。

参考程序如下：

```
//甲机发送程序
#include <reg51.h>
sbit p=PSW^0;                    //p位定义为PSW寄存器的第0位,即奇偶校
                                   验位
unsigned char Tab[8]={0xfe, 0xfd,0xfb, 0xf7, 0xef,0xdf,
                    0xbf,0x7f};      //控制流水灯显示数据数组

void main(void) //主函数
{
```

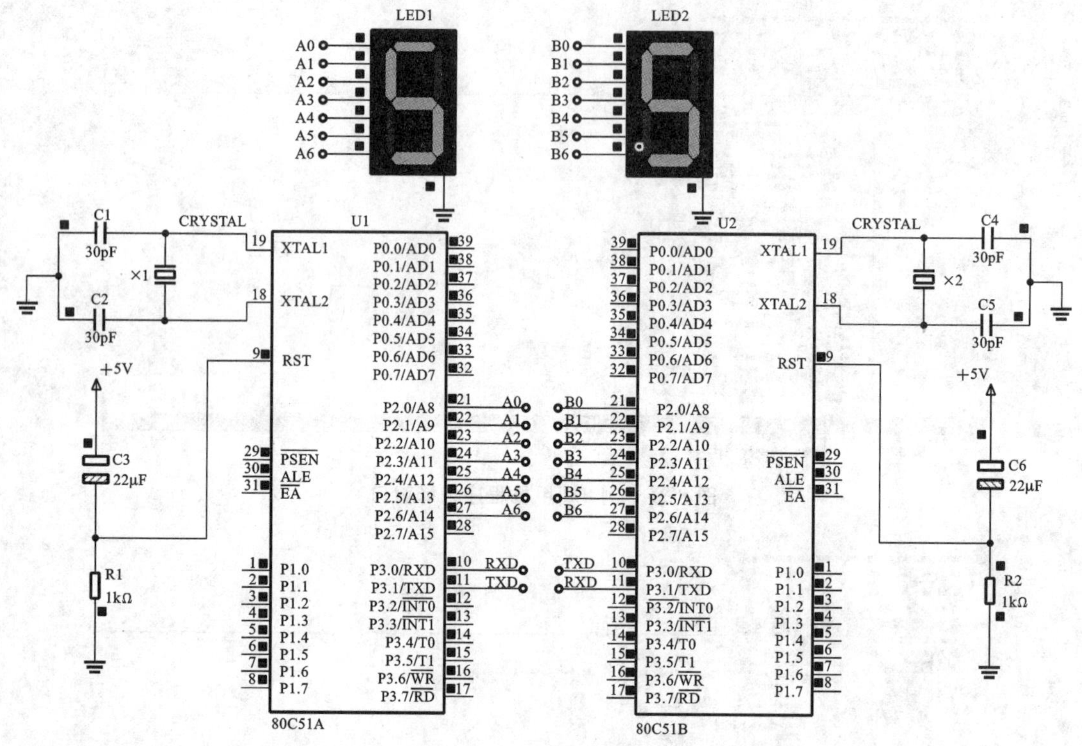
图 8-28　例 8-3 程序运行效果图

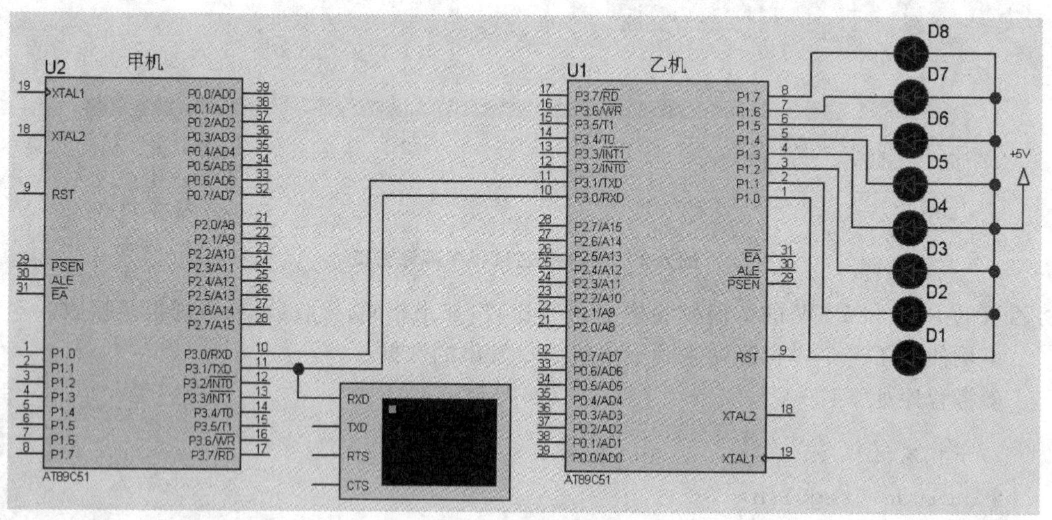
图 8-29　例 8-4 的电路原理图

```
unsigned char i;
TMOD=0x20;                          //设置定时器 T1 为方式 2
SCON=0xc0;                          //设置串口为方式 3
PCON=0x00;                          //SMOD=0
   TH1=0xfd;                        //给定时器 T1 赋初值,波特率设置为 9600
```

```
  TL1=0xfd;
  TR1=;                              //启动定时器 T1
  while(1)
  {
  for(i=0;i<8;i++)
        {
             Send(Tab[i]);
             delay( );               //大约 200 ms 发送一次数据
        }
  }
  }
  void Send(unsigned char dat)       // 发送 1 字节数据的函数
  {
  TB8=P;                             // 将奇偶校验位作为第 9 位数据发送,采用偶
                                        校验
  SBUF=dat;
  while(TI==0);                      // 检测发送标志位 TI,TI=0,未发送完
        ;                            // 空操作
  TI=0;                              // 1 字节发送完,TI 清 0
  }
void delay (void)                    // 延时约 200ms 的函数
  {
  unsigned char m,n;
  for(m=0;m<250;m++)
  for(n=0;n<250;n++);
  }
  //乙机接收程序
#include <reg51.h>
  sbit p=PSW^0;                      // p 位为 PSW 寄存器的第 0 位,即奇偶校验位

  void main(void)                    //主函数
  {
  TMOD=0x20;                         //设置定时器 T1 为方式 2
  SCON=0xd0;                         //设置串口为方式 3,允许接收 REN=1
  PCON=0x00;                         // SMOD=0
  TH1=0xfd;                          //给定时器 T1 赋初值,波特率为 9600
  TL1=0xfd;;
  TR1=1;                             //接通定时器 T1
```

```
REN=1;                          //允许接收 while(1)
{
P1=Receive( );                  //将接收到的数据送 P1 口显示
   }
}
unsigned char Receive(void)     //接收 1 字节数据的函数
{
unsigned char dat;
while(RI==0);                   //检测接收中断标志 RI,RI=0,未接收完,则循
                                  环等待
    ;
RI=0;                           //已接收一帧数据,将 RI 清 0
ACC=SBUF;                       //将接收缓冲器的数据存于 ACC
if(RB8==P)                      //只有奇偶校验成功才能往下执行,接收数据
{
dat=ACC;                        //将接收缓冲器的数据存于 dat
return dat;                     //将接收的数据返回
}
}
```

甲、乙两机的程序运行效果图如图 8-30 所示。图 8-31 所示为原理图运行效果图。

2. 多机主从通信

MCS-51 系列单片机串行口的方式 2 和方式 3 有一个专门的应用领域,即用于多机通信。单片机构成的多机系统常采用总线型主从式结构,所谓主从式,即在数个单片机中,有一个是主机,其余的是从机,从机要服从主机的调度、支配。主机发送的信息可以传送到各个从机或指定的从机,各从机发送的信息只能被主机接收,从机与从机之间不能直接进行通信。下面分别介绍主从通信的硬件连接、通信协议和软件编程。

1)硬件连接

主从式多机通信系统由一台主机和多台从机组成。实际应用时,可采用不同的通信标准,为此,需进行相应的电平转换,有时还要对信号进行光电隔离。在实际的多机应用系统中,常采用 RS-485 串行标准总线进行数据传输,为此在 80C51 单片机串行口引脚外围扩充 MAX-485 芯片。图 8-32 是多机通信硬件连接示意图。

2)通信协议

多机通信的实现,主要是依靠主、从机之间通信协议的正确设置,其中的重点在于 SCON 寄存器的 SM2 位和 TB8 及 RB8 位上的设置。另外,多机通信与双机通信最大的差异是多了一个地址传送码。即在多机通信时,每一个从机都有其特定的编号,称之为地址码,为此,在编程前,首先要为各从机定义地址编号;为区别于数据帧,通常把地址码又称为地址帧。

```c
#include <reg51.h>
sbit p=PSW^0;
unsigned char Tab[8]= {0xfe, 0xfd, 0xfb, 0xf7, 0xef, 0xdf,
                      0xbf, 0x7f};
void Send(unsigned char dat);
void delay (void);

  void main(void)
  {
  unsigned char i;
  TMOD=0x20;
  SCON=0xc0;
PCON=0x00;
TH1=0xfd;
  TL1=0xfd;
  TR1=1;
  while(1)
  {
  for(i=0;i<8;i++)
        {
        Send(Tab[i]);
          delay( );
        }
  }
  }
  void Send(unsigned char dat)
  {
  TB8=P;
```

```
creating hex file from ".\Objects\第八章实例4甲"...
".\Objects\第八章实例4甲" - 0 Error(s), 0 Warning(s).
Build Time Elapsed:  00:00:01
```

```c
#include <reg51.h>
  sbit p= PSW^0;
 unsigned char Receive(void);
  void main(void)
  {
  TMOD=0x20;
  SCON=0xd0;
  PCON=0x00;
  TH1=0xfd;
  TL1=0xfd;
  TR1=1;
  REN=1;
  {
  P1= Receive( );
    }
  }
  unsigned char Receive(void)
  {
  unsigned char dat;
  while(RI==0);

  RI=0;
  ACC=SBUF;
  if(RB8==P)
  {
  dat=ACC;
  return dat;
  }
```

```
creating hex file from ".\Objects\第八章实例4乙机"...
".\Objects\第八章实例4乙机" - 0 Error(s), 1 Warning(s).
Build Time Elapsed:  00:00:01
```

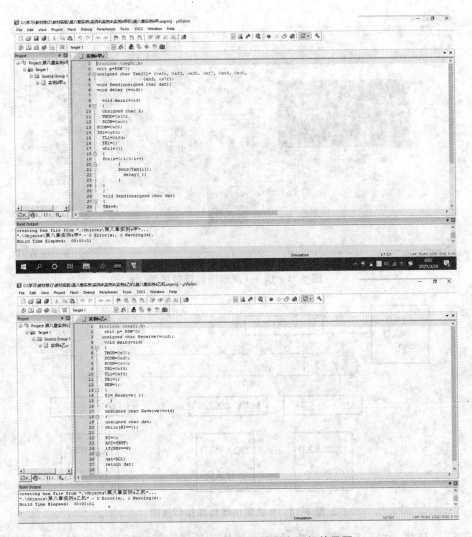

图 8-30　例 8-4 甲、乙两机的程序运行效果图

数据帧与地址帧的区分方法为：主机发送时，利用 TB8 位，如 TB8＝1 时代表正传送一个地址值，该地址值有 8 位宽，所以理论上可连接 256 个 CPU 在同一个通信系统上，而 TB8＝0 时代表正在传送一个数值。从机接收时，利用 RB8 位，只在 RB8＝1 时才产生中断请求，并在中断服务程序中，把 SBUF 读回的地址值与从机所定义的地址值比较；若一致，则执行相关程序操作；若不同，则不做任何事，结束中断服务程序返回主程序。

根据 80C51 串行口方式 2 和方式 3 工作机制及上述分析，主从式多机通信协议及编程过程归纳如下。

(1)主机发送一地址帧，与所需的从机联络。其中 8 位是地址编号，TB8 位置 1 表示发送的是地址帧。

(2)所有从机的 SM2 位置 1，处于接收地址帧状态。

(3)所有从机收到地址帧后，因为 RB8＝1，则置位中断标志 RI。中断后，首先判断所接收的地址信息与本机的地址是否相符。对于地址相符的从机，使自己的 SM2 位置 0，则进入

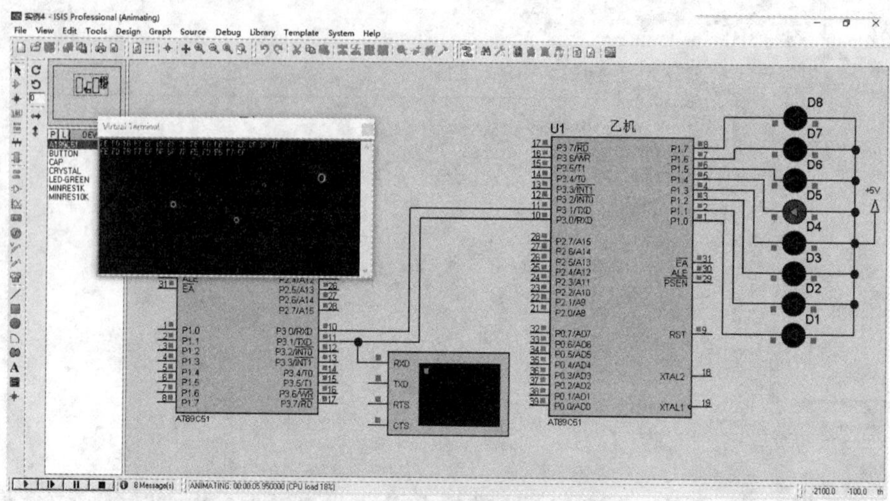

图 8-31　例 8-4 原理图运行效果图

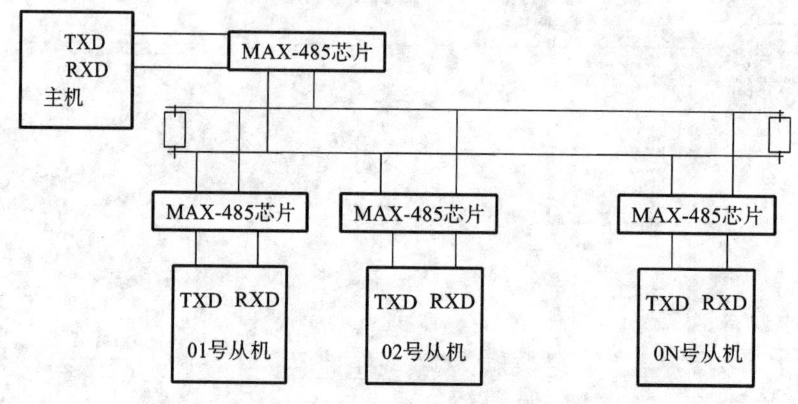

图 8-32　多机通信硬件连接示意图

接收模式,以接收主机随后发来的数据帧,并把本站地址发回主机作为应答。对于地址不符的从机,仍保持 SM2=1,即处于接收地址模式,对主机随后发来的数据帧不予理睬,直到发送新的地址信息。

(4)主机发送控制指令和数据信息给被寻址的从机。其中,主机置 TB8 为 0,表示发送的是数据或控制指令。对于没选中的从机,因为 SM2=1,RB8=0,所以不会产生中断,对主机所发送的信息不接收。

(5)从机发送数据结束后,要发送一帧校验和,并置第 9 位(TB8)为 1,作为从机数据传送结束的标志。

(6)主机接收数据时先判断数据接收标志(RB8),若 RB8=1,表示数据传送结束,并比较此帧校验和,若正确则回送正确信号 00H,此信号命令该从机复位(即重新等待地址帧);若校验和出错,则发送 0FFH,命令该从机重发数据。若接收帧的 RB8=0,则存数据到缓冲区,并准备接收下帧信息。

(7)主机收到从机应答地址后,确认地址是否相符,如果地址不符,发复位信号(数据帧

中 TB8=1)；如果地址相符，则置位 TB8，开始发送数据。

(8)从机收到复位命令后回到监听地址状态(SM2=1)。否则开始接收数据和命令。

3)软件编程

根据上面的分析，需对串口工作方式、波特率、从机地址、主机控制命令、校验方式及从机状态作相应约定，以便于编程。例如，主机给从机发送的地址编码设为：00H，01H，02H……(即从机设备地址)，地址 FFH 为命令各从机复位，即恢复 SM2=1，从机地址号存于 40H 单元。主机控制命令编码为：01H—主机命令从机接收数据；02H—主机命令从机发送数据；其他都按 02H 对待；主机的命令存于 41H 单元。从机的发送命令存于 41H 单元，其接收命令存于 42H 单元。从机状态字节格式如下：

位	7	6	5	4	3	2	1	1
	ERR	0	0	0	0	0	TRDY	RRDY

RRDY=1：表示从机准备好接收；TRDY=1：表示从机准备好发送；ERR=1：表示从机接收的命令是非法的。

8.4.3　单片机与计算机的通信

在工控系统(尤其是多点现场工控系统)设计实践中，单片机与 IPC(industrial personal computer，工控机)组合构成分布式控制系统是一个重要的发展方向，分布式监控系统以计算机作为上位机，以单片机为核心的测控仪作为下位机。分布式系统实现主从管理，层层控制。主控计算机监督管理各子系统分机的运行状况。子系统与子系统可以平等交换信息，也可以有主从关系。分布式系统最明显的特点是可靠性高，某个子系统的故障不会影响其他子系统的正常工作。

分布式系统硬件布局

80C51 单片机提供与计算机或其他串行设备连接的异步通信口，单片机与 PC 机通信时，其硬件接口技术主要涉及电平转换、控制接口设计和远近通信接口的不同处理技术。由于计算机所提供的 RS-232 串行通信口只能实现双机通信，不能满足分布式系统的需要，又由于 RS-485 通信网络具有众多优点。为此，在计算机的 RS-232 端口加一块 MODEL1102 RS232/RS-485 接口转换模块(亦可用 USB 转 RS-485 模块)；而下位机利用 80C51 的串行通信口及 MAX485 芯片的接口电路就能实现与计算机通信，组成 RS-485 网络分布式监控系统(NDCS)。其分布式系统结构如图 8-33 所示。

工业现场测控系统中，常用单片机进行监测点的数据采集，然后单片机通过串口与 PC 通信，把采集的数据串行传送到 PC 机上，再在 PC 机上进行数据处理。PC 机配置都是 RS-232 标准串口，为 9 针“D”型插座，输入/输出为 RS-232 电平。“D”型 9 针插头引脚定义如图 8-34 所示。

表 8-5 为 RS-232C“D”型 9 针插头引脚定义。由于两者电平不匹配，因此必须把单片机输出的 TTL 电平转换为 RS-232 电平。单片机与 PC 机接口方案如图 8-35 所示。图中电平转换芯片为 MAX232，接口连接只用了 3 条线，即 RS-232 插座中的 2 脚、3 脚与 5 脚。

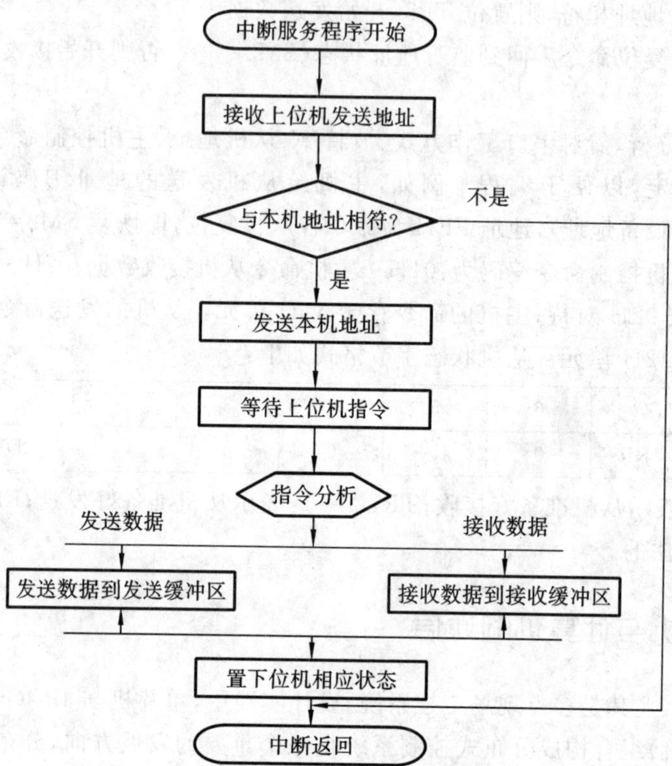

图 8-33　分布式监控系统结构图

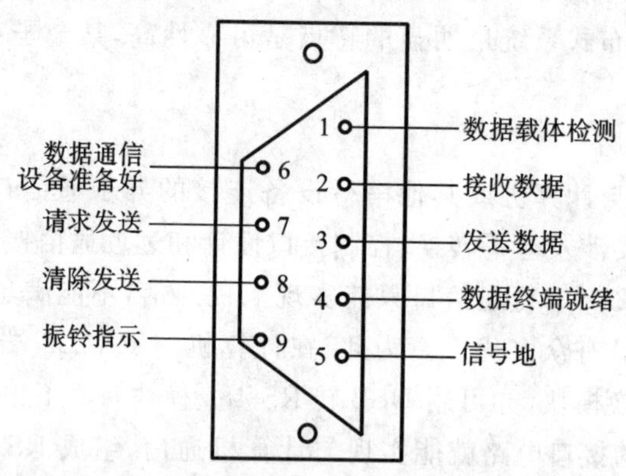

图 8-34　"D"型 9 针插头引脚定义

表 8-5　RS-232C "D"型 9 针插头引脚定义

引 脚 号	功　能	符　号	方　向
1	数据载体检测	DCD	输入
2	接收数据	TXD	输出
3	发送数据	RXD	输入
4	数据终端就绪	DTR	输出
5	信号地	GND	

续表

引 脚 号	功 能	符 号	方 向
6	数据通信设备准备好	DSR	输入
7	请求发送	RTS	输出
8	清除发送	CTS	输入
9	振铃指示	RI	输入

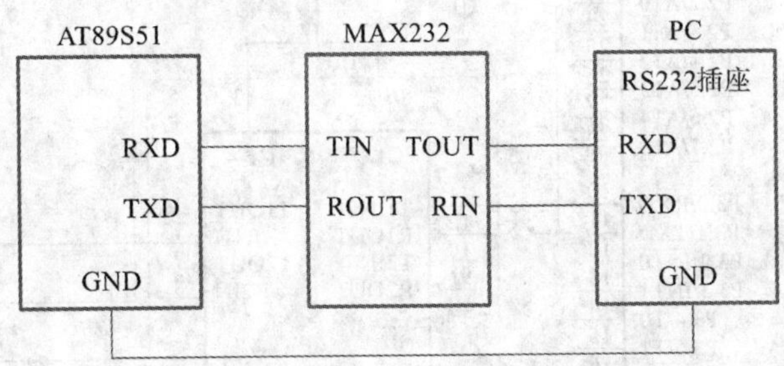

图 8-35　单片机与 PC 的 RS-232 串行通信接口

【例 8-5】　单片机向计算机发送数据的 Proteus 仿真电路如图 8-36 所示。要求单片机通过串行口的 TXD 脚向计算机串行发送 8 个字节数据。本例使用两个串口虚拟终端，观察串行口线上出现的串行传输数据。

第 8 章　例 8-5 单片机向计算机发送数据

允许弹出两个虚拟终端窗口，如图 8-37 所示。VT1 窗口显示的数据表示单片机串口发给 PC 机的数据，VT2 窗口显示的数据表示由 PC 机经 RS232 串口模型 COMPIM 接收到的数据，由于使用了串口模型 COMPIM，从而省去 PC 机模型，解决了单片机与 PC 机串行通信的虚拟仿真问题。

实际上单片机向计算机发送数据和单片机向单片机发送数据的方法是完全一样的。

参考程序如下：

```
#include <reg51.h>
    code Tab[ ]={ 0xfe,0xfd,0xfb,0xf7,0xef,0xdf, 0xbf, 0x7f };
    void send(unsigned char dat )
    {
        SBUF=dat;                    //待发送数据写入发送缓冲寄存器
        while(TI==0);                //串口未发完,等待
        ;                            //空操作
        TI=0;                        //1 字节发送完,软件将 TI 标志清 0
    }
    void delay(void )                //延时约 200ms 函数
    {   unsigned char m,n;
        for(m=0;m<250;m++)
        for(n=0;n<250;n++);}
void main(void)                      //主函数
```

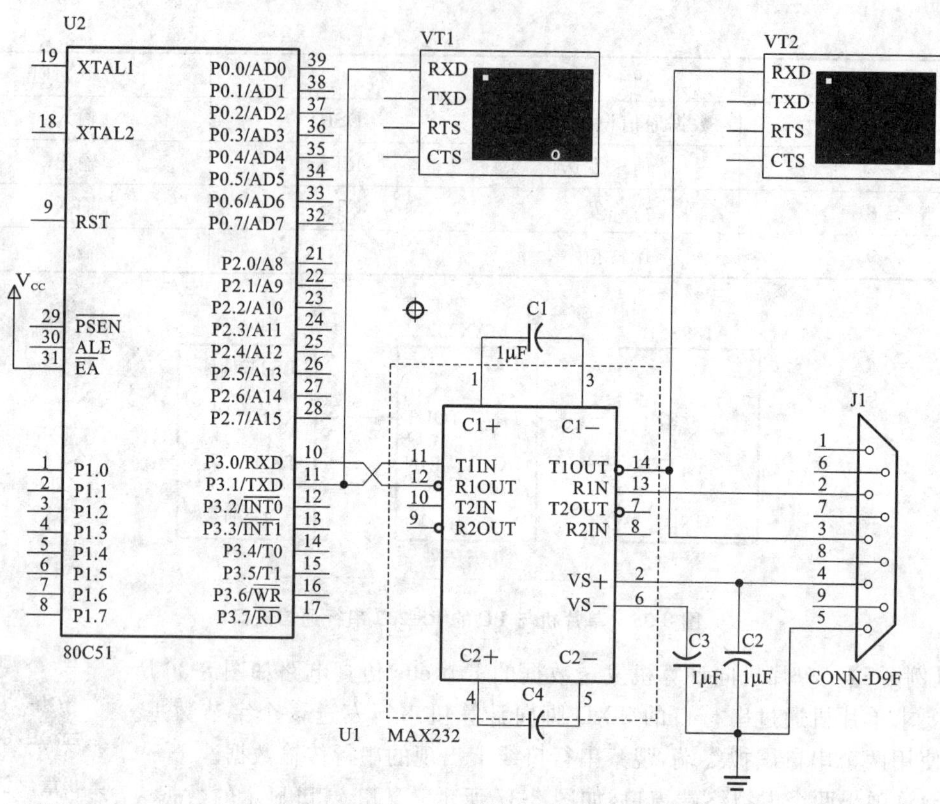

图 8-36　例 8-5 电路原理图

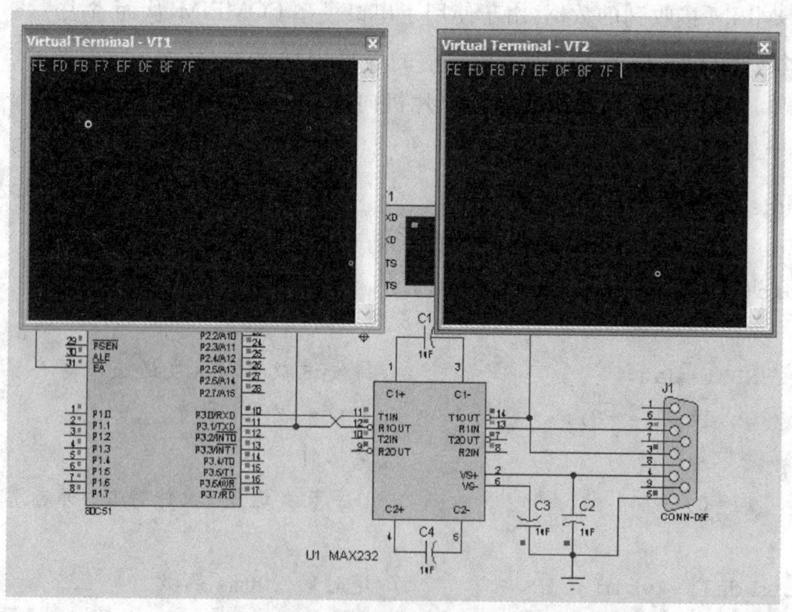

图 8-37　从两个虚拟终端窗口观察到的串行通信数据

```
{   unsigned char i;
    TMOD=0x20;                    //设置 T1 为定时器方式 2
```

```
    SCON=0x40;                    //串行口方式 1,TB8=1
     PCON=0x00;
      TH1=0xfd;
      TL1=0xfd;                   //波特率为 9600 bps
      TR1=1;                      //启动 T1
    while(1)                      //循环
    {    for(i=0;i<8;i++)         //发送 8 次流水灯控制码
         {    send(Tab[i]);       //发送数据
         delay();                 //每隔 200ms 发送一次数据
         while(1);
    }
}
```

程序仿真运行图和电路原理图仿真图如图 8-38 和图 8-39 所示。

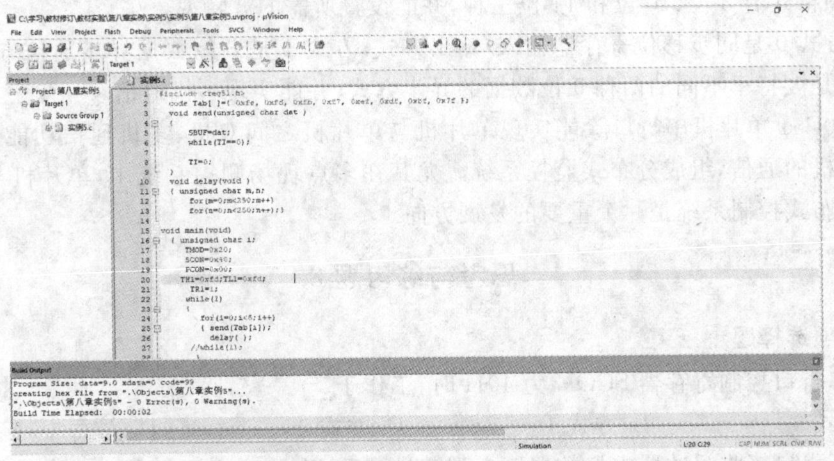

图 8-38　例 8-5 程序仿真运行图

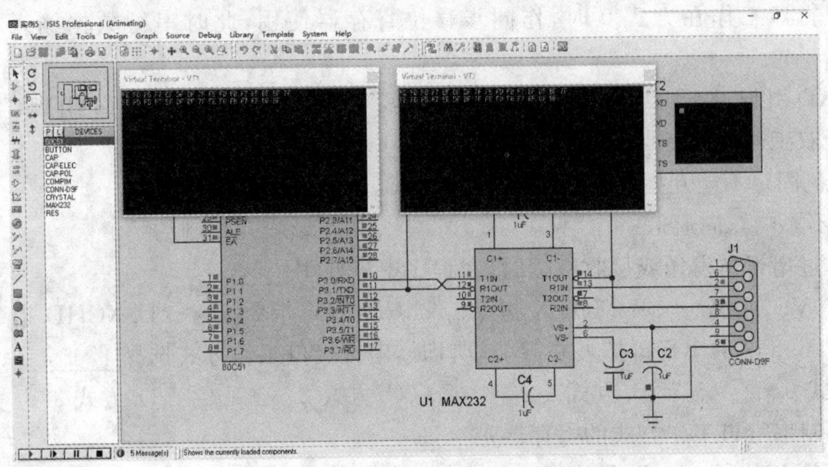

图 8-39　例 8-5 电路原理图仿真图

本章小结

(1)分布式监控系统和多微机系统中信息的交换经常采用串行通信方式,以数据帧的形式实现通信,80C51 集成了功能强大、方便而实用的串行口。串行通信有异步通信和同步通信两种类型,异步通信传输效率较低,同步通信传输效率较高,但硬件比较复杂,在大部分场合多用异步通信。

(2)串行通信根据数据传送方向分为单工、半双工、全双工三种模式。串行通信根据电气特性和组网模式的不同,有 RS-232、RS-422 和 RS-485 三种常用的接口标准。

(3)本章介绍了 80C51 单片机串行接口的结构、原理和应用。串行口占用了 P3.0 和 P3.1 引脚;利用 SCON 及 PCON 有关数据位对串行口功能实现控制;利用 SBUF 实现数据发送和接收。

(4)串行口是一个全双工串行通信接口,通过软件编程它可以作通用异步收发器 UART 用,也可作同步移位寄存器使用。80C51 单片机串行口可以用软件设置成 4 种不同的工作方式,其帧格式有 8 位、10 位和 11 位三种,并能设置所需的波特率。

(5)方式 0 是同步移位寄存器输入/输出方式;方式 1 是 8 位数据异步通信方式;方式 2 和方式 3 是波特率不同的两种 9 位数据的异步方式,并能实现多机通信。

(6)80C51 单片机串行口除能实现单片机与单片机之间双机、多机通信功能外,还能实现与计算机的通信,组成分布式监控系统。尤其在多点现场测控系统中,单片机与 PC 机组合构成分布式控制系统是一个重要的发展方向。

思考与练习题 8

1. 单项选择题

(1)串行口控制寄存器 SCON 为 40H 时,工作于________。

A 方式 0　　B. 方式 1　　C. 方式 2　　D. 方式 3

(2)从串口接收缓冲器中将数据读入到变量 temp 中的 C51 语句是________。

A. temp=SCON　　B. temp=TCON　　C. temp=DPTR　　D. temp=SBUF

(3)串行口工作在方式 0 时,作同步移位寄存器使用,此时串行数据输入/输出端为________。

A. RXD 引脚　　B. TXD 引脚　　C. T0 引脚　　D. T1 引脚

(4)全双工通信的特点是,收发双方________。

A. 角色固定不能互换　　B. 角色可换但需切换

C. 互不影响双向通信　　D. 相互影响互相制约

(5)通过串行口发送或接收数据时,在程序中应使用________。

A. MOVC 指令　　B. MOVX 指令　　C. MOV 指令　　D. XCHD 指令

(6)AT89S52 的串行口扩展并行 I/O 口时,串行接口工作方式选择________。

A. 方式 0　　B. 方式 1　　C. 方式 2　　D. 方式 3

(7)控制串行口工作方式的寄存器是________。

A. TCON　　B. PCON　　C. TMOD　　D. SCON

(8)80C51 串行口接收数据的次序是下述的顺序________;发送数据的次序是下述的顺

序________。

①接收完一帧数据后，硬件自动将 SCON 的 RI 置 1

②用软件将 RI 清 0

③接收到的数据由 SBUF 读出

④置 SCON 的 REN 为 1，外部数据由 RXD(P3.0)输入

A. ①②③④　　B. ④①②③　　C. ④③①②　　D. ③④①②

(9)在用接口传送信息时，如果用一帧来表示一个字符，且每帧中有一个起始位、一个结束位和若干个数据位，该传送属于________。

A. 异步串行传送　　B. 异步并行传送　　C. 同步串行传送　　D. 同步并行传送

(10)80C51 的串口工作方式中适合多机通信的是________。

A. 工作方式 0　　B. 工作方式 1　　C. 工作方式 2　　D. 工作方式 3

(11)在异步通信中每个字符由 9 位组成，串行口每分钟传 25000 个字符，则对应的波特率为________ b/s。

A. 2500　　B. 2750　　C. 3000　　D. 3750

(12)根据信息的传送方向，51 单片机的串口属________类。

A. 半双工　　B. 全双工　　C. 半单工　　D. 单工

(13)80C51 有关串口数据缓冲器的描述中________是不正确的。

A. 串行口中有两个数据缓冲器 SUBF

B. 两个数据缓冲器在物理上是相互独立的，具有不同的地址

C. $SUBF_{发}$ 只能写入数据，不能读出数据

D. $SUBF_{收}$ 只能读出数据，不能发送数据

(14)下列论述哪一项是错误的？________

A. RS-232 是同步传输数据的

B. RS-232 编码协议是传输距离短的主要原因

C. RS-422、RS-485 的电路原理与 RS-232 基本相同

D. RS-232 广泛用于计算机接口

(15)当进行点对点通信时，通信距离为 3 m，则可以优先考虑下列哪种通信方式？________

A. 串行口直接相连　B. RS-232　　C. RS-422A　　D. RS-485

(16)80C51 串口收发过程中下列关于定时器 T1 的描述中________是不正确的。

A. T1 的作用是产生用以串行收发节拍控制的通信时钟脉冲，也可用 T0 进行替换

B. 发送数据时，该时钟脉冲的下降沿对应于数据的移位输出

C. 接收数据时，该时钟脉冲的上升沿对应于数据位采样

D. 通信波特率取决于 T1 的工作方式和计数初值，也取决于 PCON 的设定值

(17)假设异步串行接口按方式 1 每分钟传输 6000 个字符，则其波特率应为________ bit/s。

A. 800　　B. 900　　C. 1000　　D. 1100

(18)在一采用串口方式 1 的通信系统中，已知 $f_{osc}=6$ MHz，波特率＝2400 bit/s，SMOD＝1，则定时器 T1 在方式 2 时的计数初值应为________。

A. 0xe6　　　B. 0xf3　　　C. 0x1fe6　　　D. 0xffe6

(19)甲乙双方采用串行口模式 1 进行通信,采用定时器 T1 工作在模式 2 做波特率发生器,波特率为 2400bit/s,当系统晶振为 6 MHz、SMOD=1 时,计数初值为______。

A. F3H　　　B. F6H　　　C. FEH　　　D. E3H

(20)下列关于多机串行异步通信的工作原理描述中______是错误的。

A. 多机异步通信系统中各机初始化时都应设置为相同波特率

B. 各从机都应设置为串口方式 2 或方式 3,SM2=REN=1,并禁止串口中断

C. 主机先发送一条包含 TB8=1 的地址信息,所有从机都能在中断响应中对此地址进行查证,但只有目标从机将 SM2 改为 0

D. 主机随后发送包含 TB8=0 的数据或命令信息,此时只有目标从机能响应中断,并接收到此条信息

2. 问答思考题

(1)串行通信与并行通信有何不同?它们各有什么特点?

(2)在异步串行通信中,接收方是如何知道发送方开始发送数据的?

(3)AT89S51 单片机的串行口有几种工作方式?有几种帧格式?各种工作方式的波特率如何确定?

(4)89C51 中 SCON 的 SM2、TB8、RB8 有何作用?

(5)试编程实现将甲机 40H 开始的 10 个数据发送到乙机,存入乙机 30H 开始的单元,同时乙机将收到的数据高位置位后,反发送到甲机,甲机将数据再转存入 30H 开始单元。假定双机的晶振皆为 12 MHz,要求波特率为 2400 bps,数据位为 8 位。

(6)简述 MCS-51 串行口在四种工作方式下的字符格式。

(7)请用中断法编写出串行口在方式 1 下的接收程序。设单片机主频为 12 MHz,波特率为 1200 bps,接收数据缓冲区在外部 RAM,起始地址为 BLOCK,接收数据区长度为 100,采用奇校验,假设数据块长度要发送。

(8)51 单片机内置 UART 的全称是什么?它有哪些基本用途?

(9)假定串行口串行发送的字符格式为 1 个起始位、8 个数据位、1 个奇校验位、1 个停止位,请画出传送字符“B”的帧格式。

(10)异步串行通信的数据帧中,自动插入或过滤起始位、可编程位、停止位的工作是如何实现的?

第9章　单片机系统的扩展

随着单片机的广泛应用和深入发展，单片机的功能越来越强，内部集成的功能部件越来越多，使得许多智能仪器、仪表、家用电器、小型测试系统和测控装置中只需要一个单片机芯片，无须扩展外围器件就能实现必需的功能，给应用系统的设计带来很大的便利，降低了成本，提高了系统的稳定性和可靠性。但是，对于一些大型的智能应用系统，例如需要大存储量、多I/O端口或高精度A/D转换器、D/A转换器等场合，单靠单片机内部所包含的功能部件有时达不到设计要求，这时就需要在单片机的外围连接些集成芯片，以满足系统的设计要求。单片机系统扩展除并行扩展外，串行扩展技术也得到了广泛应用。与并行扩展比，串口器件与单片机相连的I/O口线少(仅需1～4条)，极大简化器件间连接，进而提高可靠性；串口器件体积小，占用电路板空间小，减小了电路板空间和降低了成本。除上述优点外，串口器件还有工作电压宽、抗干扰能力强、功耗低、数据不易丢失等特点。目前串行扩展技术在单片机系统中已得到广泛应用，因此本章对传统并行扩展芯片不做论述，以单总线接口和I^2C总线为例讲述单片机系统的串行扩展。

9.1　单片机系统总线的构成

9.1.1　单片机系统总线

计算机系统是由众多功能部件组成的，每个功能部件分别完成系统整体功能中的一部分，所以各功能部件与CPU之间就存在相互连接并实现信息流通的问题。如果所需连接线的数量非常多，将造成计算机组成结构的复杂化。为了减少连接线，简化组成结构，把具有共性的连线归并成一组公共连线，就形成了总线。例如，专门用于传输数据的公用连线称为数据总线(data bus,DB)；专门用于传输地址的公用连线称为地址总线(address bus,AB)；专门用于实施控制的公用连线称为控制总线(control bus,CB)。它们统称为“三总线”。

51单片机属于总线型结构，片内各功能部件都是按总线关系设计并集成为整体的。51单片机与外部设备的连接既可采用I/O口方式(即非总线方式，如以前各章中采用的单片机外接指示灯、按钮、数码管等应用系统)，也可采用总线方式。一般微机的CPU外部都有单独的三总线引脚，而51单片机由于受引脚数量的限制，数据总线与地址总线采用复用P0口方案。为了将它们分开,需要在单片机外部增加接口芯片才能构成与一般 CPU 类似的片外三总线,如图 9-1 所示。

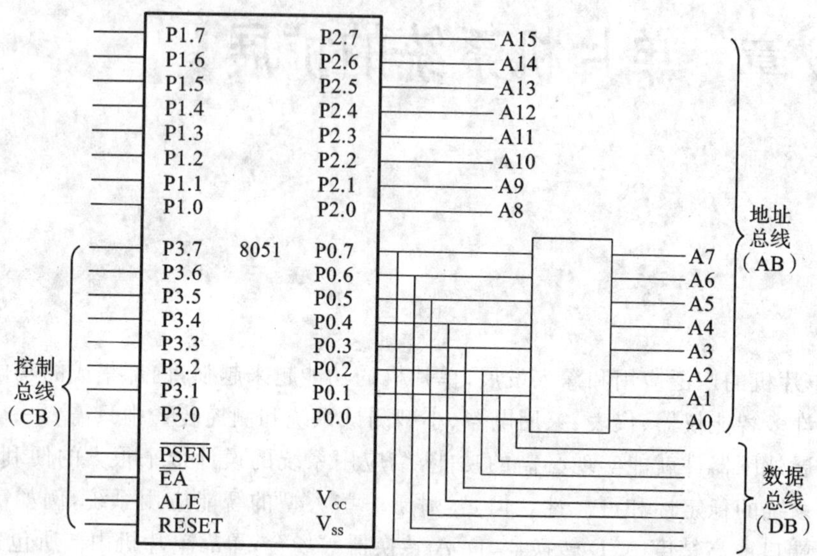

图 9-1 51 单片机片外三总线的构成

可以看出,8 位数据总线由 P0 口组成,16 位地址总线由 P0 和 P2 口组成,控制总线则由 P3 口及相关引脚组成。采用片外三总线连接外设可以充分发挥 51 单片机的总线结构特点,简化编程,节省 I/O 口线,便于外设扩展,如图 9-2 所示。为了能与 51 单片机片外总线兼容,各国公司设计开发了许多标准外围芯片,便于扩展已成为 51 系列单片机的突出优点之一。

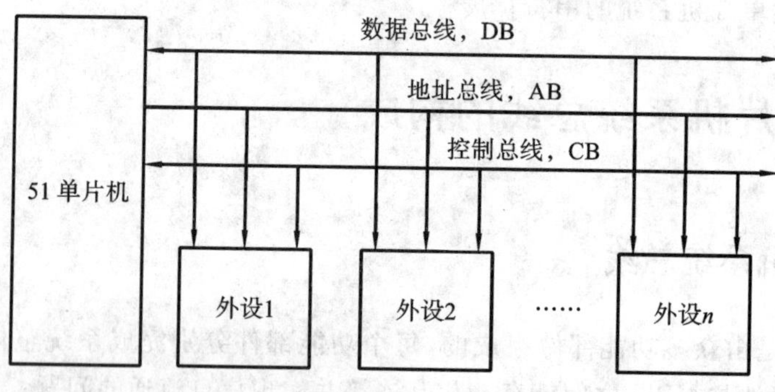

图 9-2 单片机的片外三总线结构

9.1.2 单片机系统扩展要求及地址分配

1. 系统扩展要求

(1)能够区分不同的地址空间,每个存储单元或端口都各有一个地址。

(2)能够控制不同的芯片,读、写操作时不会相互干扰。

(3)系统的地址编址不重叠,避免发生数据冲突。

2. 地址分配方法

完成单片机的外部器件扩展后，必须给予分配确定的地址才能被单片机访问。常用的地址分配方法有下面两种。

1)线选法

线选法是指直接利用单片机系统的地址线信号作为扩展芯片的片选信号。在使用这种方法的情况下，系统扩展了多少个芯片，就需要多少根地址线。其优点是电路简单，不需要译码器电路，体积小，成本低。但缺点是能够扩展的芯片少，地址空间不连续，同一单元占用多个地址。

2)译码法

译码法是指单片机的地址线不直接连接芯片的片选信号，而是先把地址用译码器进行译码，然后将译码器的输出信号作为扩展芯片的片选信号。这样能够更有效地利用存储器空间，适用于扩展大容量、多芯片的存储器。能够用作译码器的电路有 74LS139(2-4 译码器)、74LS138(3-8 译码器)、74LS154(4-16 译码器)。若全部高位地址线都参加译码，称为全译码；若只有部分地址线参加译码，称为部分译码。部分译码也会存在地址空间不连续，同一存储单元占用多个地址的情况。

9.1.3　地址空间的分配与编址

用并行三总线扩展存储器或 I/O 端口时，数据线、地址线从低位开始一一对应连接，片选线一般从最高位地址线开始依次连接到各个芯片上。如果扩展的是数据存储器(SRAM)，则其器件的读、写信号($\overline{OE}$、$\overline{WE}$引脚)应分别与单片机的$\overline{RD}$、$\overline{WR}$信号连接。而扩展的程序存储器(EPROM)要求只能读、不能随意写，其芯片的$\overline{OE}$与单片机的$\overline{RD}$信号连接，芯片的$\overline{PGM}$引脚平时悬空，只有在编程时才连接单片机的$\overline{PROG}$编程脉冲信号脚。

在地址空间分配时，按器件芯片上的地址线和片选线来计算地址空间，编址方法如下。

(1)基本地址计算：把连接到芯片地址端上的地址线从小到大计算出基本地址范围。计算地址时从 0 开始编址，一直编到最大(即全 1)。若芯片地址线有 n 根，则最大编址数为 2^n 个地址，编址范围为 0～(2^n－1)。

(2)加权地址计算：把连接到器件片选端上的片选地址线作为加权地址，其值根据引脚功能固定为 0 或 1(存储器片选地址一般为 0 有效)。

(3)空地址线处理：未使用的地址线悬空，其值可以任意(全为 0 或 1)设定，即成为固定地址。

(4)将加权地址＋固定地址，再叠加到基本地址的高位上，得出器件的地址范围。

有了这些规则后，就很容易计算出外部扩展器件的地址空间。

【例 9-1】　假定扩展了两个芯片(IC1、IC2)，其连接关系如图 9-3 所示，其中“·”表示未用地址线，“×”表示连接了芯片的基本地址线，最高两位是固定信号，即芯片的片选信号。设 IC1 片选端连接 P2.7、IC2 的片选端连接 P2.6，片选线的有效值分别为 1 和 0。要求计算这两个芯片的地址范围。

【解】

要计算此地址的范围，需要了解的是单片机一次只能访问一个芯片。因此，当 IC1 有效

A15															A0
P2.7	P2.6	P2.5	P2.4	P2.3	P2.2	P2.1	P2.0	P0.7	P0.6	P0.5	P0.4	P0.3	P0.2	P0.1	P0.0
1	0	·	·	×	×	×	×	×	×	×	×	×	×	×	×

图 9-3　扩展存储器地址连接图

时(P2.7=1),IC2 应无效(P2.6=1);当 IC2 有效时(P2.6=0),IC1 应无效(P2.7=0)。同时,P2.5、P2.4 是未用地址,可以作为 0 或 1 计算;基本地址线 12 根,则基本地址为 0000～0FFFH,加权地址线 4 根(在高 4 位),只要把加权地址叠加到基本地址上就能够计算出芯片地址。所以,分配给 IC1、IC2 的地址空间如表 9-1 所示。

表 9-1　IC1 和 IC2 的地址空间

IC1 的地址空间					IC2 的地址空间				
P2.7	P2.6	P2.5	P2.4	地 址 范 围	P2.7	P2.6	P2.5	P2.4	地 址 范 围
1	1	0	0	C000H～CFFFH	0	0	0	0	0000H～0FFFH
1	1	0	1	D000H～DFFFH	0	0	1	1	1000H～1FFFH
1	1	1	0	E000H～EFFFH	0	0	1	0	2000H～2FFFH
1	1	1	1	F000H～FFFFH	0	0	1	1	3000H～3FFFH

9.2　单总线的串行扩展

单片机系统扩展除并行扩展外,串行扩展技术也得到广泛应用。常用的串行扩展接口有单总线(1-wire bus)接口、I²C(inter integrated circuit)接口、串行总线接口以及 SPI 串行外设接口等。本节介绍单总线(1-wire bus)接口的工作原理、特点以及典型设计案例。

单总线(1-wire bus)是由美国 DALLAS 公司推出的外围串行扩展总线,只有一条数据输入/输出线 DQ,总线上所有器件都挂在 DQ 上,电源也通过这条信号线供给。单总线系统中配置的各种器件,由 DALLAS 公司提供的专用芯片实现。每个芯片都有 64 位 ROM,厂家对每一个芯片都用激光烧写编码,其中存有 16 位十进制编码序列号,它是器件的地址编号,确保它挂在总线上后,可以唯一被确定。除了器件的地址编码外,芯片内还包含收发控制和电源存储电路,如图9-4所示。这些芯片耗电功率都很小(空闲时几微瓦,工作时几毫瓦),工作时从总线上馈送电能到大电容中就可以工作,故一般不需另加电源。

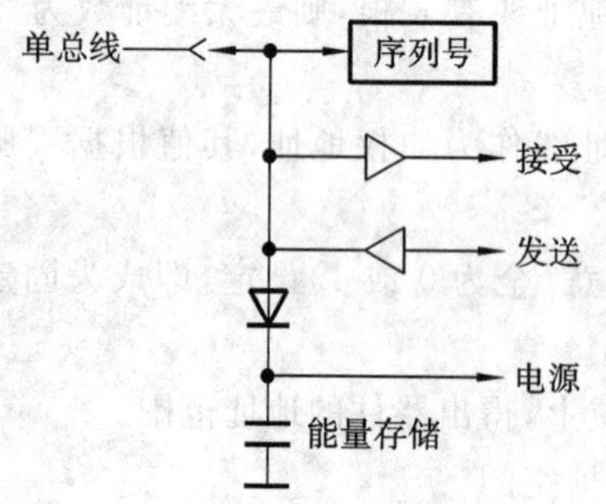

图 9-4　单总线芯片内部结构示意图

9.2.1　单总线器件温度传感器 DS18B20 简介

单总线应用典型案例是采用单总线温度传感器 DS18B20 的温度测量系统。DS18B20 是美国 DALLAS 公司生产的数字温度传感器,体积小、低功耗、抗干扰能力强。可直接将温度转化成数字信号传送给单片机处理，因而可省去传统的信号放大、A/D 转换等外围电路。

1. DS18B20 的特性

DS18B20 测量温度范围为－55～＋128 ℃，在－10～＋85 ℃范围内，测量精度可达±0.5 ℃，非常适合于恶劣环境的现场温度测量，也可用于各种狭小空间内设备的测温，如环境控制、过程监测、测温类消费电子产品以及多点温度测控系统。图 9-5 为单片机与多个带有单总线接口的数字温度传感器 DS18B20 芯片组成的分布式温度监测系统，图 9-5 中多个 DS18B20 都挂在单片机的 1 根 I/O 口线(即 DQ 线)上。单片机对每个 DS18B20 通过总线 DQ 寻址。DQ 为漏极开路，须加上拉电阻。

DS18B20 的一种封装形式见图 9-5。除 DS18B20 外，在该数字温度传感器系列中还有 DS1820、DS18S20、DS1822 等其他型号，工作原理与特性基本相同。

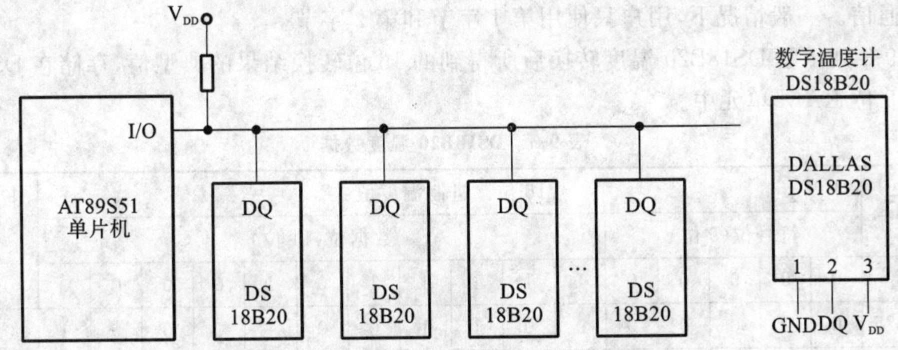

图 9-5　单总线构成的分布式温度监测系统

DS18B20 每个芯片都有唯一 64 位光刻 ROM 编码，它是 DS18B20 地址序列码，目的是使每个 DS18B20 地址都不相同，这样可实现在一根总线上挂接多个 DS18B20。

DS18B20 片内非易失性温度报警触发器 TH 和 TL 可由软件写入用户报警的上下限值。高速暂存器中第 5 个字节为配置寄存器，可对其更改 DS18B20 的测温分辨率。配置寄存器的各位定义如下：

TM	R1	R0	1	1	1	1	1

其中，TM 位出厂时已被写入 0，用户不能改变；低 5 位都为 1；R1 和 R0 用来设置分辨率。表 9-2 所示为 R1、R0 与分辨率和转换时间的关系。用户可通过修改 R1、R0 位的编码，获得合适的分辨率。

表 9-2　R1、R0 与分辨率和转换时间的关系

R1	R0	分辨率/位	最大转换时间/ms
0	0	9	93.75
0	1	10	187.5
1	0	11	375
1	1	12	750

由表 9-2 可知，DS18B20 转换时间与分辨率有关。当设定为 9 位时，转换时间为 93.75 ms；

设定为 10 位时，转换时间为 187.5 ms；当设定为 11 位时，转换时间为 375 ms；当设定为 12 位时，转换时间为 750 ms。

非易失性温度报警触发器 TH、TL 以及配置寄存器由 9 字节的 E^2PROM 高速暂存器组成。高速暂存器各字节分配如下：

温度低位	温度高位	TH	TL	配置	—	—	—	8 位 CRC
第 1 字节	第 2 字节							第 9 字节

当单片机发给 DS18B20 温度转换命令后，经转换所得温度值以两字节补码形式存放在高速暂存器的第 1 字节和第 2 字节。单片机通过单总线接口读得该数据，读取时低位在前，高位在后，第 3、4、5 字节分别是 TH、TL 以及配置寄存器的临时副本，每一次上电复位时被刷新。第 6、7、8 字节未用，为全 1。读出的第 9 字节是前面所有 8 个字节的 CRC 码，用来保证正确通信。一般情况下，用户只使用第 1 字节和第 2 字节。

表 9-3 列出了 DS18B20 温度转换后所得到的 16 位转换结果的典型值，存储在 DS18B20 的两个 8 位 RAM 单元中。

表 9-3　DS18B20 温度数据

温度/℃	16 位二进制温度值																十六进制温度值
	符号位(5 位)					数据位(11 位)											
+125	0	0	0	0	0	1	1	1	1	1	0	1	0	0	0	0	0x07d0
+25.0625	0	0	0	0	0	0	0	1	1	0	0	1	0	0	0	1	0x0191
−25.0625	1	1	1	1	1	1	1	0	0	1	1	0	1	1	1	1	0xfe6f
−55	1	1	1	1	1	1	0	0	1	0	0	1	0	0	0	0	0xfc90

下面介绍温度转换的计算方法。

当 DS18B20 采集的温度为+125 ℃时，输出为 0x07d0，则：

$$\text{实际温度}=(0x07d0)/16=(0\times16^3+7\times16^2+13\times16^1+0\times16^0)/16=125(℃)$$

当 DS18B20 采集的温度为−55 ℃时，输出为 0xfc90，由于是补码，则先将 11 位数据取反加 1 得 0x0370，注意符号位不变，也不参加运算，则

$$\text{实际温度}=(0x0370)/6=(0\times16^3+3\times16^2+7\times16^1+0\times16^0)/16=55\ ℃$$

注意，若出现负号则需对采集的温度进行判断后，再予以显示。

2. DS18B20 的工作时序

DS18B20 对工作时序要求严格，延时时间需准确，否则容易出错。DS18B20 的工作时序包括初始化时序、写时序和读时序。

1)初始化时序

单片机将数据线电平拉低 480～960 μs 后释放，等待 15～60 μs，单总线器件即可输出一持续 60～240 μs 的低电平，单片机收到此应答后即可进行操作。

2)写时序

当单片机将数据线电平从高拉到低时，产生写时序，有写"0"和写"1"两种时序。写时序开始后，DS18B20 在 15～60 μs 期间从数据线上采样。如果采样到低电平，则向 DS18B20 写的是"0"；如果采样到高电平，则向 DS18B20 写的是"1"。这两个独立时序间至少需拉高总

线电平 1 μs 的时间。

3)读时序

当单片机从 DS18B20 读取数据时，产生读时序。此时单片机将数据线电平从高拉到低，使读时序被初始化。如果在此后 15 μs 内，单片机在数据线上采样到低电平，则从 DS18B20 读的是“0”；如果在此后的 15 μs 内，单片机在数据线上采样到高电平，则从 DS18B20 读的是“1”。

3. DS18B20 的命令

DS18B20 的所有命令均为 8 位长，常用的命令代码如表 9-4 所示。

表 9-4　DS18B20 命令

命令的功能	命令代码
启动温度转换	0x44
读取暂存器内容	0xbe
读 DS18B20 的序列号(总线上仅有 1 个 DS18B20 时使用)	0x33
跳过读序列号的操作(总线上仅有 1 个 DS18B20 时使用)	0xcc
将数据写入暂存器的第 2、3 字节中	0x4e
匹配 ROM(总线上有多个 DS18B20 时使用)	0x55
搜索 ROM(单片机识别所有的 DS18B20 的 64 位编码)	0xf0
报警搜索(仅在温度测量报警时使用)	0xec
读电源供给方式，0 为寄生电源，1 为外部电源	0xb4

9.2.2　单总线 DS18B20 温度测量系统的应用

【例 9-2】　利用 DS18B20 和 LED 数码管实现单总线温度测量系统，原理电路如图 9-6 所示。本例 MAX7219 作为 LED 数码管的驱动部件，要求测温范围为－55～128 ℃。通过本例读者应掌握 DS18B20 特性及单片机 I/O 实现单总线协议的方法。

第 9 章　例 9-2 DS18B20 测量温度

在 Proteus 仿真时，用手动方式，即用鼠标单击 DS18B20 图标上的“↑”或“↓”来改变温度，注意手动调节温度的同时，LED 数码管会显示出与 DS18B20 窗口相同的两位温度数值。

DS18B20 遵循单总线协议，每次测温时都必须有 4 个过程：①初始化；②传送 ROMA 命令；③传送 RAM 命令；④数据交换。在这 4 个过程中要注意时序。通过这 4 个过程，将获取的采样数据进行处理，然后由 MAX7219 传送给 LED 数码管即可。

参考程序如下：

```
#include <reg51.h>
#include <DS18B20.h>
#include <MAX7219.h>
```

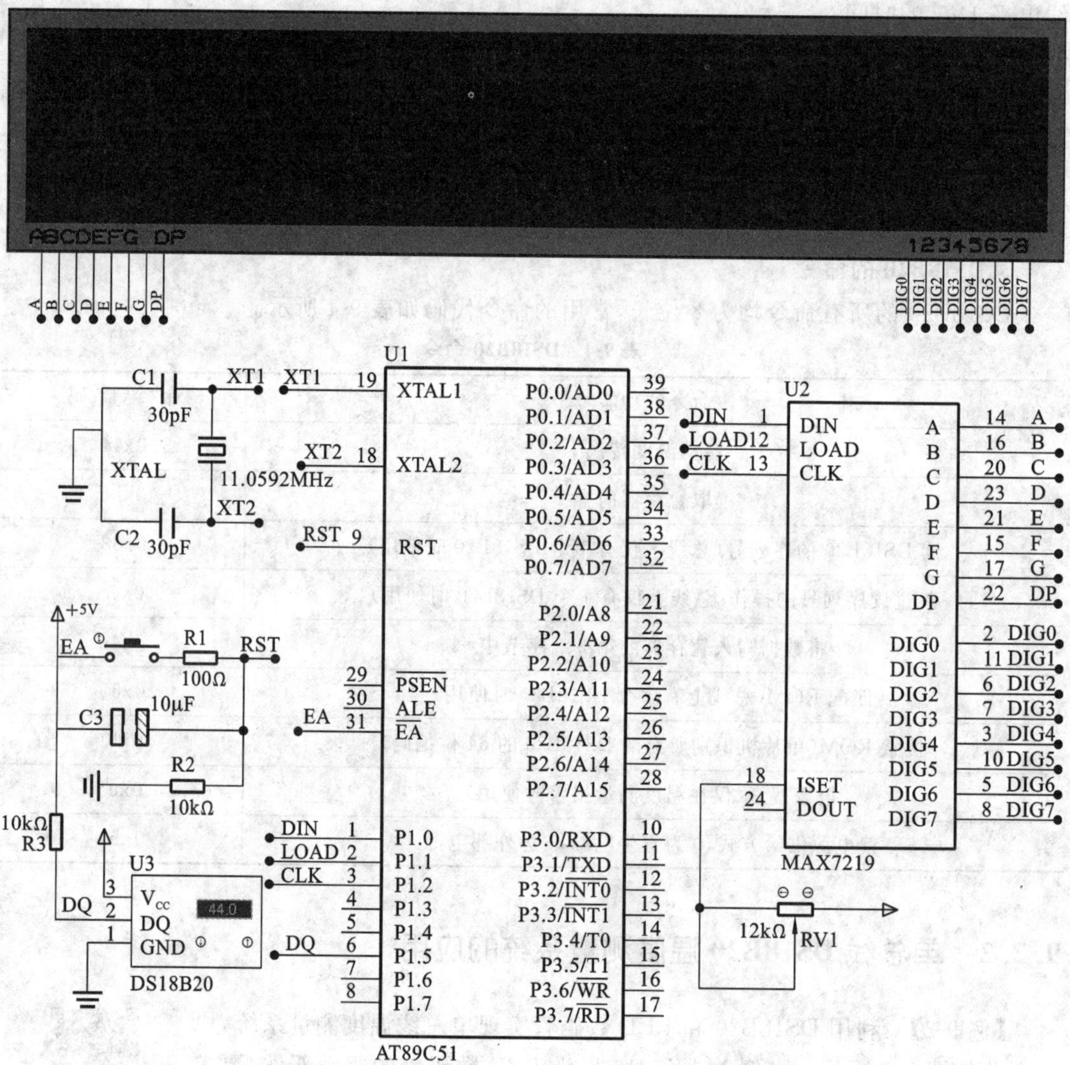

图 9-6　单总线 DS18B20 温度测量与显示系统

```
#define uchar unsigned char
#define uint unsigned int
uchar dig;
uchar code tab[]={0x7e,0x30,0x6d,0x79,0x33,0x5b,0x5f,
                  0x70,0x7f,0x7b,0x4E,0x63,0x01,0x00};

void main()
{
    init_7219();
    while(1)
    {
```

```
        Temperature_trans();
        Read_Temperature();
        if(list_flag==0)
          {
           disp_Max7219(1,tab[display[5]]);
           disp_Max7219(2,tab[display[3]]);
           disp_Max7219(3,tab[display[2]]);
           disp_Max7219(4,tab[display[1]]|0x80);
           disp_Max7219(5,tab[display[0]]);
           disp_Max7219(7,tab[11]);
           disp_Max7219(8,tab[10]);
          }
      }
}
```

MAX7219. h 程序如下：

```
#include <reg51.h>
#define uchar unsigned char
#define uint unsigned int
sbit din=P1^0;                          //MAX7219 数据串行输入端
sbit cs=P1^1;                           //MAX7219 数据输入允许端
sbit clk=P1^2;                          //MAX7219 时钟信号
uchar dig;
void write_7219(uchar add,uchar date)   //add 为接收 MAX7219 地址；date 为
                                          要写的数据
{
     uchar i;
     cs=0;
     for(i=0;i<8;i++)
     {
        clk=0;
        din=add&0x80;                   //按照高位在前，低位在后的顺序发送
        add<<=1;                        //先发送地址
        clk=1;
     }
     for(i=0;i<8;i++)                   //时钟上升沿写入一位
     {
        clk=0;
        din=date&0x80;
```

```
        date<<=1;                              //再发送数据
        clk=1;
      }
      cs=1;
  }
  void init_7219()
  {
      write_7219(0x0c,0x01);                   //0x0c为关断模式寄存器;0x01表示
                                                 显示器处于工作状态
      write_7219(0x0a,0x0f);                   //0x0a为亮度调节寄存器;0x0f使数
                                                 码管显示亮度为最亮
      write_7219(0x09,0x00);                   //0x09为译码模式选择寄存器;0x00
                                                 为非译码方式
      write_7219(0x0b,0x07);                   //0x0b为扫描限制寄存器;0x07表示
                                                 可扫描8个LED数码管
  }
  void disp_Max7219(uchar dig,uchar dat)     //指定位,显示某一数
  {
      write_7219(dig,dat);
  }
```

DS18B20.h 程序如下:

```
#include <reg51.h>
#include <intrins.h>
#define uchar unsigned char
#define uint unsigned int
sbit DQ=P1^5;                                  //DS18B20端口DQ
sbit DIN =P0^7;                                //小数点
bit  list_flag=0;                              //显示开关标记
uchar data  temp_data[2] ={0x00,0x00};
unsigned char data  display[]={0x00,0x00,0x00,0x00,0x00,0x00},
unsigned char code  ditab[] ={0x00,0x01,0x01,0x02,0x03,0x03,0x04,0x04,
                              0x05,0x06,0x06,0x07,0x08,0x08,0x09,0x09};
void Delay(uint ms)                            //延时函数
{
  while( ms- - ),
}
uchar Init_DS18B20(void)                       //初始化DS18B20
{
```

```
    uchar status;
    DQ =1;                              //DQ复位
    Delay(8);                           //稍作延时
    DQ =0;                              //单片机将DQ拉低
    Delay(90);
    DQ =1;                              //拉高总线
    Delay(8);
    status=DQ;                          //如果为0则初始化成功,为1则初始
                                          化失败
    Delay(100);
    DQ =1;
    return(status);
}
uchar ReadOneByte(void)                 //读一个字节
{
   uchar i =0;
   uchar dat =0;
   for(i=8;i>0;i--)
     {
       DQ=0;                            //给脉冲信号
       dat >>=1;
       DQ=1;                            //给脉冲信号
       _nop_();
       _nop_();
       if(DQ)
         {  dat |=0x80;  }
       Delay(4);
       DQ=1;
     }
    return (dat);
}
void WriteOneByte(uchar dat)            //写一个字节
{
   uchar i=0;
   for(i=8;i>0;i--)
    {
     DQ =0;
     DQ =dat&0x01;
     Delay(5);
```

```
    DQ =1;
    dat>>=1;
   }
 }
void Read_Temperature(void)                          //读取温度
{
  if(Init_DS18B20()==1)
    {
      list_flag=1;                                   //DS18B20不正常
    }
  else
    {
      list_flag=0;
      WriteOneByte(0xCC);                            // 跳过读序列号的操作
      WriteOneByte(0x44);                            // 启动温度转换
      Init_DS18B20();
      WriteOneByte(0xCC);                            //跳过读序列号的操作
      WriteOneByte(0xBE);                            //读取温度寄存器
      temp_data[0]=ReadOneByte();                    //温度低8位
      temp_data[1]=ReadOneByte();                    //温度高8位
    }
}
void Temperature_trans()                             //温度值处理
{
  uchar  ng=0;;
  if((temp_data[1]&0xF8)==0xF8)
  {
    temp_data[1]=~ temp_data[1];
    temp_data[0]=~ temp_data[0]+1;
    if(temp_data[0]==0x00)
     {
       temp_data[1]++;
     }
     ng=1;
  }
  display[4]=temp_data[0]&0x0f;
  display[0]=ditab[display[4]];                      //查表得小数位的值
  display[4]=((temp_data[0]&0xf0)>>4)|((temp_data[1]&0x0f)<<4);
```

```
display[3]=display[4]/100;
display[1]=display[4]% 100;
display[2]=display[1]/10;
display[1]=display[1]% 10;
if(ng==1)                              //温度为零度以下时
  {
   display[5]=12;                      //显示"- "
  }
 else
  {
   display[5]=13;                      //不显示"- "
  }
 if(! display[3])                      //高位为 0,不显示
 {
  display[3]=13;
  if(! display[2])                     //次高位为 0,不显示
   display[2]=13;
 }
}
```

程序仿真效果图和原理图仿真效果图分别如图 9-7 和图 9-8 所示。

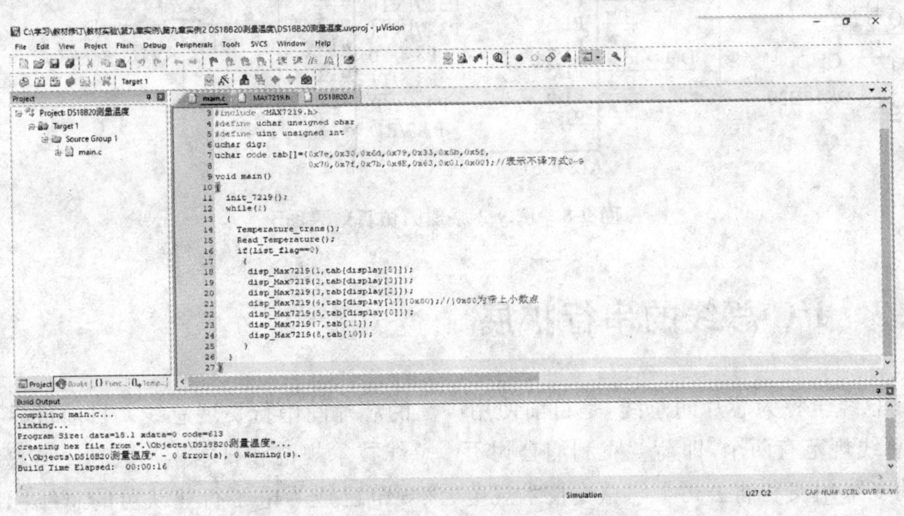

图 9-7　例 9-2 程序仿真效果图

DS18B20 体积小、适用电压范围宽,是世界上第一个支持单总线接口的温度传感器。现场温度测量直接以单总线 数字方式传输,大大提高了系统的抗干扰性。所以单总线系统特别适合用于测控点多、分布面广、环境恶劣以及狭小空间内设备的测温以及现场温度测量,如环境控制、设备或过程控制、测温类消费电子产品等。

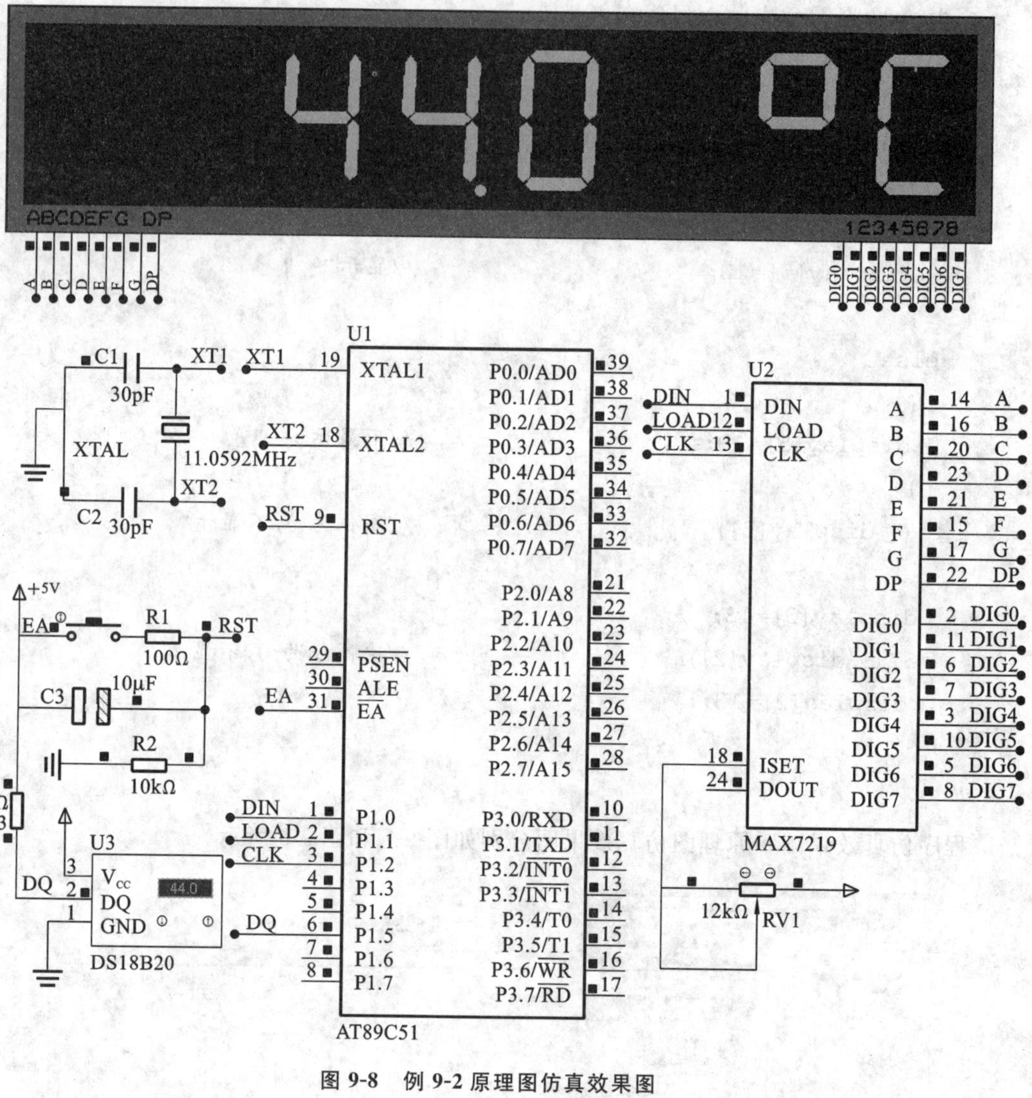

图 9-8　例 9-2 原理图仿真效果图

9.3　I²C 总线的串行扩展

I²C 总线全称为芯片间总线,是目前使用广泛的芯片间串行扩展总线。目前世界上采用的 I²C 总线规范有两个,即荷兰飞利浦公司 I²C 总线技术规范和日本索尼公司 I²C 总线技术规范,现多采用飞利浦公司 I²C 总线技术规范,该规范已成为电子行业认可的总线标准。采用 I²C 技术的单片机以及外围器件种类很多,已广泛用于各类电子产品、家用电器及通信设备中。

9.3.1　I²C 总线简介

I²C 总线是一种由飞利浦公司开发的两线式串行总线,用于连接微控制器及其外围设

备。I^2C 总线产生于在 20 世纪 80 年代，最初为音频和视频设备开发，之后又经过多次的修改，I^2C 总线技术规范已成为近年来在微电子通信控制领域广泛采用的一种总线标准。它是同步通信的一种特殊形式，具有接口线少、控制方式简单、器件封装体积小、通信速率较高等优点。在主从通信中，可以有多个 I^2C 总线器件同时接到 I^2C 总线上，通过地址来识别对象。I^2C 总线的另一个优点是，它支持多主控，其中任何能够进行发送和接收的设备都可以成为主控制器。一个主控能够控制信号的传输和时钟频率。当然，在任何时间点上只能有一个主控。I^2C 总线有以下基本特征。

(1)只要求两条总线线路：一条串行数据线(SDA)，一条串行时钟线(SCL)。

(2)每个连接到总线的器件都可以通过唯一的地址和一直存在的简单的主控/从控关系软件设定地址；主控可以作为主机发送器或主机接收器。

(3)如果两个或更多主控同时初始化数据传输，可以通过冲突检测和仲裁防止数据被破坏。

(4)串行的 8 位双向数据传输位速率在标准模式下可达 100 Kbit/s，快速模式下可达 400 Kbit/s，高速模式下可达 3.4 Mbit/s。

(5)片上的滤波器可以滤去总线数据线上的毛刺波，以保证数据的完整性。

(6)连接到相同总线的 I^2C 数量只受到总线的最大电容 400 pF 的限制。

I^2C 总线通过两线——串行数据线(SDA)和串行时钟线(SCL)在连接到总线的器件间传递信息。系统中所有的单片机、外围器件都将 SDA 和 SCL 的同名端相连在一起，但就像电话机只有拨通各自号码才能工作一样，每个电路和模块都分配有唯一的地址。I^2C 总线系统的基本结构如图 9-9 所示。

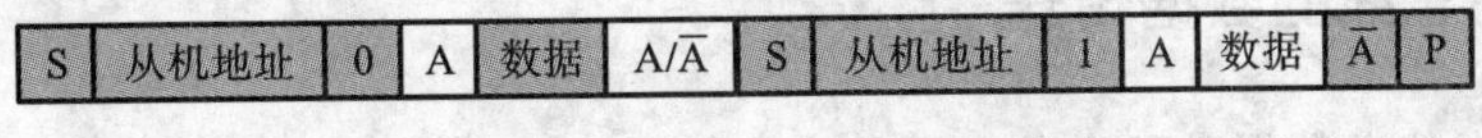

图 9-9　I^2C 总线系统的基本结构

由于 I^2C 总线接口是开漏或开集电极输出结构，使用时必须在芯片外部加上上拉电阻，如图 9-10 所示。上拉电阻 R_p 的取值与 I^2C 总线上所挂器件数量及 I^2C 总线的速率有关，一般标准模式下 R_p 选择 10 kΩ，快速模式下 R_p 选取 1 kΩ，I^2C 总线上挂的器件越多，就要求 I^2C 的驱动能力越强，R_p 的取值就要越小。实际设计中，一般是先选取 4.7 kΩ 的上拉电阻，

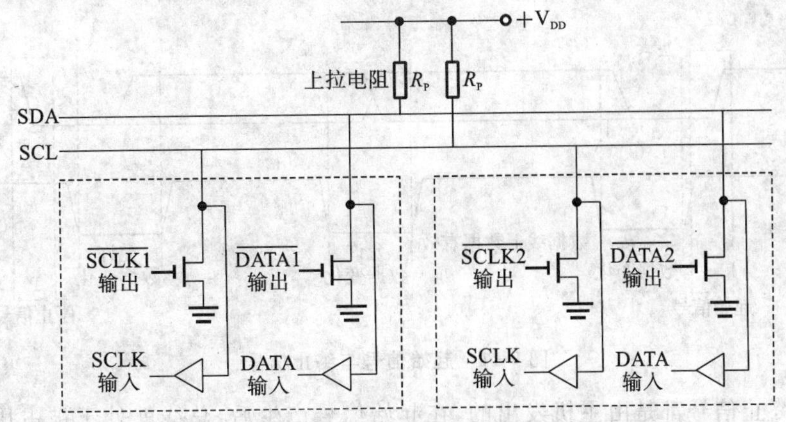

图 9-10　I^2C 总线的器件连接

然后在调试的时候根据实测的波形再调整 R_p 的值。

在信息的传输过程中，I^2C 总线上并联的每个模块电路既是主控制器(或被控制器)，又是发送器(或接收器)，这取决于它所要完成的功能，各术语说明如表 9-5 所示。主控制器发出的控制信号分为地址码和控制量两部分。地址码用来选址，即接通需要控制的电路，确定控制的种类；控制量决定该调整的类别及需要调整的量。这样，各个控制电路虽然挂在同一条总线上，但却彼此独立，互不相关。在 80C51 单片机应用系统的串行总线扩展中，通常以 80C51 单片机为主控制器(主机)，其他接口器件为从控制器(从机)。

表 9-5　术语说明

术　语	描　述
发送器	发送数据到总线的器件
接收器	从总线接收数据的器件
主控制器	初始化发送，产生时钟信号和终止发送的器件
从控制器	被主控制器寻址的器件
多主控制器	同时有多于一个的主控制器尝试控制总线，但不破坏报文
仲裁	这是一个在有多个主控制器同时尝试控制总线，但只允许其中一个控制总线并使信息不被破坏的过程
同步	两个或多个器件同步时钟信号的过程

9.3.2　I^2C 总线的数据传送

I^2C 总线在传送数据过程中共有三种类型信号，它们分别是起始信号 S、终止信号 P 和应答信号 ACK。I^2C 总线进行数据传送时，时钟信号为高电平期间，数据线上的数据必须保持稳定，只有在时钟线上的信号为低电平期间，数据线上的高电平或低电平状态才允许变化。SCL 线为高电平期间，SDA 线由高电平向低电平的变化表示起始信号；SCL 线为高电平期间，SDA 线由低电平向高电平的变化表示终止信号。起始信号和终止信号如图 9-11 所示。

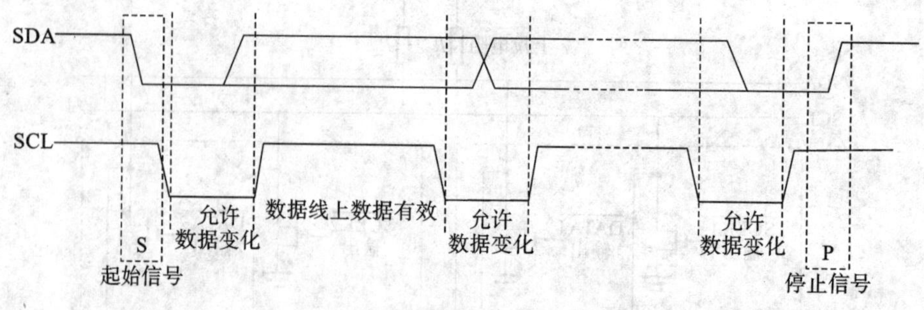

图 9-11　起始信号与终止信号

起始和终止信号都是由主机发出的，在起始信号产生后，总线就处于被占用的状态；在终止信号产生后，总线就处于空闲状态。连接到 I^2C 总线上的器件，若具有 I^2C 总线的硬件接口，则很容易检测到起始和终止信号。对于不具备 I^2C 总线硬件接口的某些单片机来说，为了检测起始和终止信号，必须保证在每个时钟周期内对数据线 SDA 采样两次。接收器件收到一个完整的数据字节后，有可能需要完成一些其他工作，如处理内部中断服务等，可能无法立刻接收下一个字节，这时接收器件可以将 SCL 线拉成低电平，从而使主机处于等待状态。直到接收器件准备好接收下一个字节时，再释放 SCL 线使之为高电平，从而使数据传送可以继续进行。

I^2C 总线进行数据传输时，传送的数据帧没有限制，但必须保证每个字节是八位长度，且先传送最高位(MSB)，每一个被传送的字节后面都必须跟随一位应答位(即一帧共有 9 位)。传输完毕后等待接收端的应答信号 ACK，收到应答信号后再传输下一字节。若得不到应答信号 ACK，则传输终止。空闲情况下，SCL 和 SDA 都处于高电平状态，如图 9-12 所示。

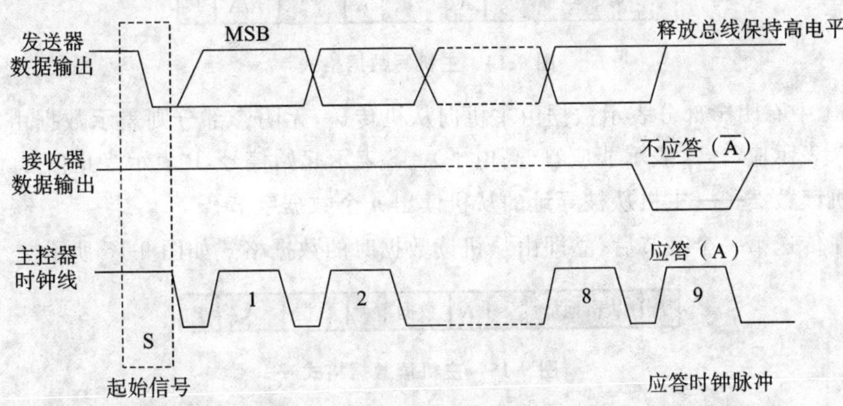

图 9-12　I^2C 总线上的数据传送形式

由于某种原因从机不对主机寻址信号应答时(如从机正在进行实时性的处理工作而无法接收总线上的数据)，它必须将数据线置于高电平，而由主机产生一个终止信号以结束总线的数据传送。如果从机对主机进行了应答，但在数据传送一段时间后无法继续接收更多的数据时，从机可以通过对无法接收的第一个数据字节的"非应答"通知主机，主机则应发出终止信号以结束数据的继续传送。当主机接收数据时，它收到最后一个数据字节后，必须向从机发出一个结束传送的信号。这个信号是由对从机的"非应答"来实现的。然后，从机释放 SDA 线，以允许主机产生终止信号。

I^2C 总线上传送的数据信号是广义的，既包括地址信号，又包括真正的数据信号，在传输数据时必须遵循规定的数据传输格式。I^2C 总线一次完整的数据传输格式如图 9-13 所示。以起始信号表明一次数据传送的开始，之后为从机的地址字节(高位在前，低位在后)。地址

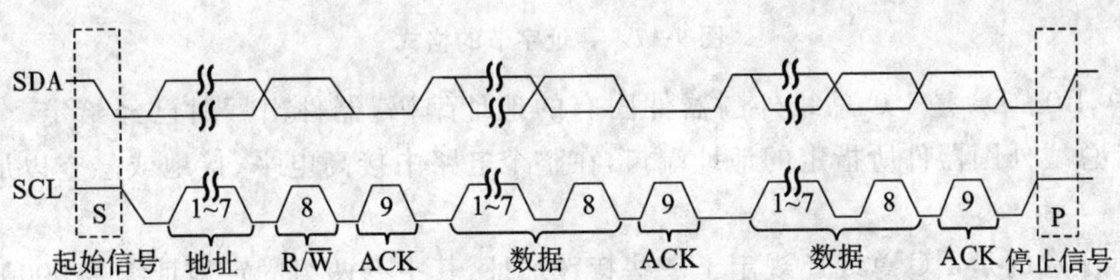

图 9-13　I^2C 总线一次完整的数据传输格式

字节后面是数据的传送方向位(R/$\overline{W}$),用“0”表示主机发送数据,“1”表示主机接收数据。传送方向位之后是从机发出的应答位 ACK,其后是数据字节、应答位。数据字节全部传送完后,从机发回一个非应答信号,主机据此发送停止信号 P,以结束这次数据的传输。每次数据传送总是由主机产生的终止信号结束。但是,若主机希望继续占用总线进行新的数据传送,则可以不产生终止信号,马上再次发出起始信号对另一从机进行寻址。

在总线的一次数据传送过程中,可以有以下几种组合方式。

1. 主机写数据——主机向被寻址的从机写入 *n* 个数据字节

主机向从机发送数据时,数据传送方向在整个传送过程中将保持不变,数据格式如图 9-14所示。

S	从机地址	0	A	数据	A	数据	A/$\overline{A}$	P

图 9-14 主机写数据格式

图 9-14 中有阴影部分表示数据由主机向从机传送,无阴影部分则表示数据由从机向主机传送。A 表示应答,$\overline{A}$ 表示非应答(高电平)。S 表示起始信号,P 表示终止信号。

2. 主机读数据——主机从被寻址的从机读出 *n* 个数据字节

主机在传送第一个字节后,立即由从机读数据时的数据格式如图 9-15 所示。

S	从机地址	1	A	数据	A	数据	$\overline{A}$	P

图 9-15 主机读数据格式

3. 主机读/写数据——主机在一段时间内为读操作,在另一段时间内为写操作

数据在传送过程中传送方向发生改变时,起始信号和从机地址都被重复产生一次,但两次方向位(R/$\overline{W}$)正好反相,其格式如图 9-16 所示。

S	从机地址	0	A	数据	A/$\overline{A}$	S	从机地址	1	A	数据	$\overline{A}$	P

图 9-16 主机读/写数据格式

I^2C 总线所有扩展器件都有规定的器件地址。器件地址由 7 位二进制数组成,这 7 位数再加上传送方向位(R/$\overline{W}$)共同构成了 I^2C 总线器件的寻址字节。寻址字节的格式如图 9-17 所示。

D3	D2	D1	D0	A2	A1	A0	R/$\overline{W}$
器件地址				引脚地址			方向位

图 9-17 寻址字节的格式

其中,D0～D3 是 I^2C 总线外围器件固有的地址编码,器件出厂时已经给定。A0～A2 是由 I^2C 总线外围器件所指定的地址端口,在整个电路中接高电平、接地或悬空以形成地址编码。

值得注意的是 I^2C 总线还规定了一些特殊地址,其中有两组固定地址编号 0000 和 1111 就已经被保留作为特殊用途,如表 9-6 所示。

表 9-6　I^2C 总线特殊地址说明

地址位							R/$\overline{W}$	意义
0	0	0	0	0	0	0	0	通用呼叫地址
0	0	0	0	0	0	0	1	起始字节
0	0	0	0	0	0	1	×	CBUS 地址
0	0	0	0	0	1	0	×	不同总线的保留地址
0	0	0	0	0	1	1	×	保留
0	0	0	0	1	×	×	×	
1	1	1	1	1	×	×	×	
1	1	1	1	0	×	×	×	十位从机地址

起始信号后的第一字节的 8 位为“0000 0000”时，称为通用呼叫地址。通用呼叫地址的用意在第二字节中加以说明。格式如图 9-18 所示。

第一字节（通用呼叫地址）									第二字节							LSB	
0	0	0	0	0	0	0	0	A	×	×	×	×	×	×	×	B	A

图 9-18　通用呼叫地址格式

当第二字节为 06H 时，所有能响应通用呼叫地址的从机器件复位，并由硬件装入从机地址的可编程部分。能响应命令的从机器件复位时不拉低 SDA 和 SCL 线，以免堵塞总线。

当第二字节为 04H 时，所有能响应通用呼叫地址并通过硬件来定义其可编程地址的从机器件将锁定地址中的可编程位，但不进行复位。

如果第二字节的方向位 B 为“1”，则这两个字节命令称为硬件通用呼叫命令。在第二字节的高 7 位说明自己的地址。接在总线上的智能器件，如单片机或其他微处理器能识别这个地址，并与之传送数据。硬件主器件作为从机使用时，也用这个地址作为从机地址。格式如图 9-19 所示。

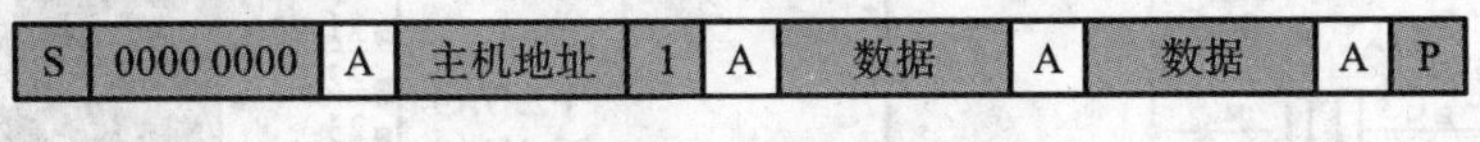

图 9-19　硬件通用呼叫命令格式

另一种选择可能是系统复位时硬件主机器件工作在从机接收器方式，这时由系统中的主机先告诉硬件主机器件数据应送往的从机器件地址，当硬件主机器件要发送数据时就可以直接向指定从机器件发送数据了。

不具备 I^2C 总线接口的单片机，则必须通过软件不断地检测总线，以便及时地响应总线的请求。由于单片机的速度与硬件接口器件的速度存在较大的差别，所以 I^2C 总线上的数据传送要由一个较长的起始过程加以引导。引导过程由起始信号、起始字节、应答位、重复起始信号(Sr)组成。即请求访问总线的主机发出起始信号后，发送起始字节(0000 0001)，另一个单片机可以用一个比较低的速率采样 SDA 线，直到检测到起始字节中的 7 个“0”中的一个为止。在检测到 SDA 线上的高电平后，单片机就可以用较高的采样速率，以便寻找作为同步信号使用的第二个起始信号 Sr。在起始信号后的应答时钟脉冲仅仅是为了和总线所使用的格式一致,并不要求器件在这个脉冲期间作应答。

9.3.3 I²C 总线的应用实例

【例 9-3】 使用 24C04 存储单片机开启次数统计,要求单片机每次上电时,开启次数加 1,LED 数码管显示次数。当开启次数超过 9 次时,蜂鸣器发出一声报警声音;当开启次数超过 20 次时,开启次数清 0,LED 数码管显示为 00。

第 9 章 例 9-3 24C04 开启次数统计

【解】

打开 Proteus ISIS,在 Proteus ISIS 编辑窗口中单击元器件列表之上的“P”按钮,添加如表 9-7 所列元器件。添加完元器件后,按图 9-20 所示绘制电路图。

表 9-7 24C04 开启次数统计所用元器件

添加的元器件			
单片机 AT89C51	瓷片电容 CAP(22 pF)	晶振 CRYSTAL(11.0592 MHz)	电解电容 CAP-ELEC
电阻 RES	排阻 RESPACK-8	数码管 7SEG-MPX2-CA-BLUE	按钮 BUTTON
三极管 NPN	存储器 24C04A	蜂鸣器 SOUNDER	

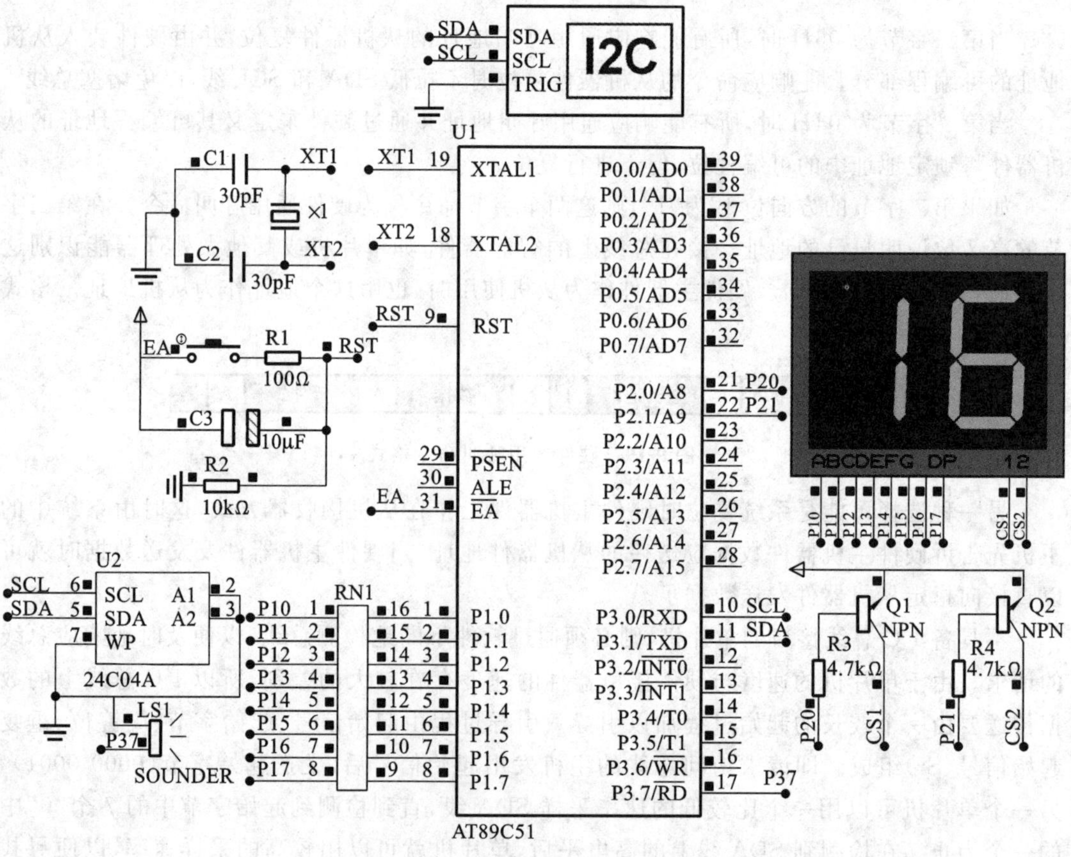

图 9-20 24C04 开启次数统计电路图

单片机每次开启时,首先从 24C04 中 0xa0 地址读出开启次数,并将该数据加 1 后,重新写入 0xa0 地址,同时 LED 数码管显示该数据。将数据加 1 前,应该判断当前值是否大于 10,若是,则将该数据清 0;否则,继续加 1。如果开启次数为 5 次及以上时,蜂鸣器发出一声报警声音。蜂鸣器的报警声音,实质上是 P3.7 输出方波。该方波的占空比及频率决定P3.7 输出的声音类型。采用 C 语言编写的程序如下:

```
#include<reg52.h>
#include <intrins.h>
#define uint unsigned int
#define uchar unsigned char
#define LED   P1
#define CS    P2
sbit sda=P3^1;
sbit scl=P3^0;
sbit beep=P3^7;
uchar temp=0;
uchar data_h,data_l;
uchar state;
const uchar tab[ ]={0xc0,0xf9,0xa4,0xb0,0x99,
                  0x92,0x82,0xf8,0x80,0x90};
void delayic(uint i)
{
    uchar j;
    while(i- - )
    {
    for(j=0;j<120;j++);
    }
}
void delaym(uchar t)
{
    uchar i;
    for(i=0;i<t;i++);
}
void Start_I2c()                         //启动 I²C 总线,即发送 I²C 起始条件
{
  sda=1;                                 //发送起始条件的数据信号
  _nop_();
  scl=1;
  _nop_();                               //起始条件建立时间大于 4.7s?,延时
```

```
  _nop_();
  _nop_();
  _nop_();
  _nop_();
  sda=0;                          //发送起始信号
  _nop_();                        //起始条件锁定时间大于 4s?
  _nop_();
  _nop_();
  _nop_();
  _nop_();
  scl=0;                          //锁住 I²C 总线,准备发送或接收数据
  _nop_();
  _nop_();
}
void Stop_I2c()                   //结束 I²C 总线传输,即发送 I²C 结束条件
{
  sda=0;                          //发送结束条件的数据信号
  _nop_();                        //发送结束条件的时钟信号
  scl=1;                          //结束条件建立时间大于 4s?
  _nop_();
  _nop_();
  _nop_();
  _nop_();
  _nop_();
  sda=1;                          //发送 I²C 总线结束信号
  _nop_();
  _nop_();
  _nop_();
  _nop_();
}
void cack(void)                   //应答
{
    sda=0;
    _nop_();
    _nop_();
    _nop_();
    scl=1;                        //时钟低电平周期大于 4s?
    _nop_();
    _nop_();
```

```
    _nop_();
    _nop_();
    _nop_();
    scl=0;                          //清时钟线,锁住 I²C 总线以便继续接收
    _nop_();
    _nop_();
}
void mnack (void)                   //非应答
{
    sda=1;
    _nop_();
    _nop_();
    _nop_();
    scl=1;                          //时钟低电平周期大于 4s?
    _nop_();
    _nop_();
    _nop_();
    _nop_();
    _nop_();
    scl=0;                          //清时钟线,锁住 I²C 总线以便继续接收
    sda=0;
    _nop_();
    _nop_();
}
void wrbyt(uchar date)              //写一字节
{
    uchar i,j;
    j=0x80;
    for(i=0;i<8;i++)
    {
        if((date&j)==0)
        {
            sda=0;
            scl=1;
            delaym(1);
            scl=0;
        }
        else
```

```
        {
            sda=1;
            scl=1;
            delaym(1);
            scl=0;
            sda=0;
        }
        j=j>>1;
    }
}
uchar rdbyt(void)                          //读一字节
{
    uchar a,c;
    scl=0;
    delaym(1);
    sda=1;
    delaym(1);
    for(c=0;c<8;c++)
    {
      scl=1;
      delaym(1);
      a=(a<<1)|sda;
      scl=0;
      delaym(1);
    }
    return a;
}
void read_data()                           //数据读出
{
    Start_I2c();
    wrbyt(0xa0);
    cack();
    wrbyt(1);
    cack();
    Start_I2c();
    wrbyt(0xa1);
    cack();
    temp=rdbyt();                          //数据读出后,送显示
```

```
        mnack();
        Stop_I2c();
        delayic(50);
  }
  void write_data()                    //写入一数据
  {
    if(temp<=20)                       //如果小于或等于10,数据写入到E²PROM中
       {
          state=temp;
          state++;                     //每次通电后加1写入
          Start_I2c();
          wrbyt(0xa0);
          cack();
          wrbyt(1);
          cack();
          wrbyt(state);
          cack();
          Stop_I2c();
          delayic(50);
       }
      else
      {
          temp=0;
          state=temp;
          Start_I2c();
          wrbyt(0xa0);
          cack();
          wrbyt(1);
          cack();
          wrbyt(state);
          cack();
          Stop_I2c();
          delayic(50);
      }
  }
  void sounder(void)                   //蜂鸣器报警
  {
    uchar i;
```

```
    for(i=200;i>0;i- - )
      {
        beep=~ beep;
        delayic(1);
      }
    for(i=200;i>0;i- - )
      {
        beep=~ beep;
        delayic(1);
      }
}
void dispaly(uchar count)
{
      uchar num;
      num=count;
      data_l=num% 10;
      data_h=num/10;
      CS=0x01;
      LED=tab[data_h];
      delayic(2);
      CS=0x02;
      LED=tab[data_l];
      delayic(2);
}
void main()
{
      read_data();
      write_data();
      if(temp>9)                              //若开启次数大于 9 次,则蜂鸣器报警一声
        {
         sounder();
        }
      while(1)
        {
         dispaly(temp);
        }
}
```

24C04 开启次数统计程序仿真效果如图 9-21 所示。

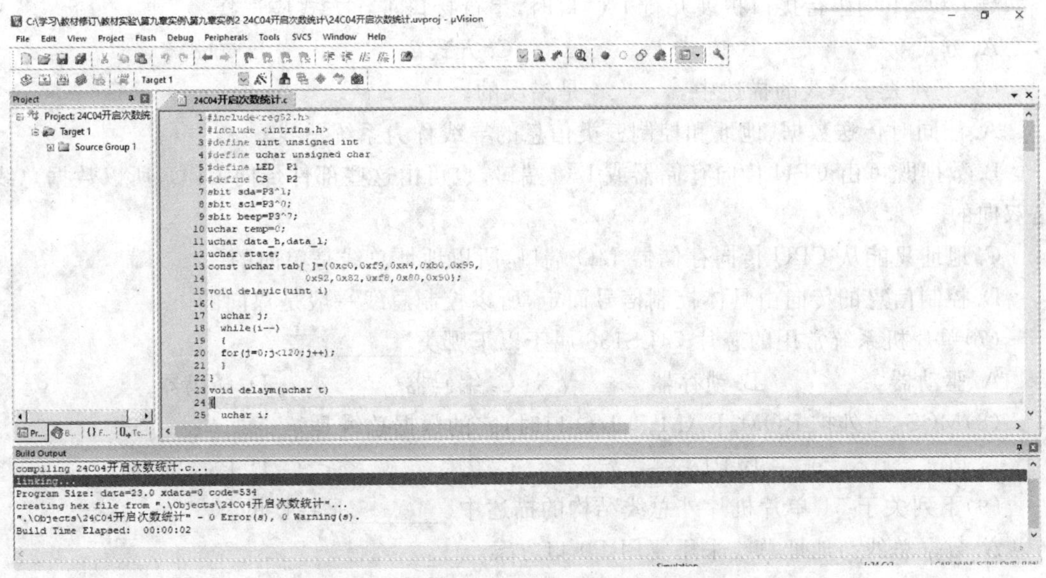

图 9-21　24C04 开启次数统计程序仿真效果

本 章 小 结

(1)总线(BUS)是一组传送信息的公共通道,包括地址总线(AB)、数据总线(DB)、控制总线(CB),其特点是结构简单、形式规范、易于扩展。

(2)80C51 单片机 8 位数据总线由 P0 口组成,16 位地址总线由 P0 和 P2 口组成,控制总线则由 P3 口及相关引脚组成。

(3)80C51 单片机系统扩展地址分配方法有线选法和译码法两种。

(4)单片机系统串行扩展单总线(1-wire)接口、I^2C(inter interface circuit,内部接口电路)接口的工作原理、特点以及典型设计案例。

思考与练习题 9

1. 单项选择题

(1)MCS-51 单片机外扩存储器芯片时,4 个 I/O 口中用作地址总线的是________。

A. P0 口和 P2 口　　B. P0 口　　C. P1 口和 P3 口　　D. P2 口

(2)下面的话描述错误的是________。

A. 1602 是字符型点阵式液晶显示器

B. TLC549 是 8 位逐次逼近型 A/D 转换器

C. MAX517 是 8 位电压输出型 DAC 数模转换器

D. AT24C02 内部含有 2k 字节的存储空间

(3)有一位共阴极 LED 显示器,要使它显示“5”,它的字段码为________。

A. 6DH　　B. 92H　　C. FFH　　D. 00H

(4)下面哪一个器件是同相 OC 门电路________。

A. 74LS04　　B. 74LS14　　C. 74LS07　　D. 74LS06

(5)80C51 用串行接口扩展并行 I/O 口时,串行接口工作方式应选择________。

A. 方式 0　　B. 方式 1　　C. 方式 2　　D. 方式 3

(6)下列关于总线的描述中________是错误的。

A. 能同时传送数据、地址和控制三类信息的导线称为系统总线

B. 数据既可由 CPU 传向存储器或 I/O 端口,也可由这些部件传向 CPU,所以数据总线是双向的

C. 地址只能从 CPU 传向存储器 I/O 端口,所以地址总线是单向的

D. 控制信息的传向由具体控制信号而定,所以控制总线一般是双向的

(7)单片机系统常用的芯片 74LS138 属于以下哪类________?

A. 驱动器　　B. 锁存器　　C. 编码器　　D. 译码器

(8)MCS-51 外扩 ROM、RAM 和 I/O 口时,它的数据总线是________。

A. P0　　B. P1　　C. P2　　D. P3

(9)下列关于 51 单片机片外总线结构的描述中________是错误的。

A. 数据总线与地址总线采用复用 P0 口方案

B. 8 位数据总线由 P0 口组成

C. 16 位地址总线由 P0 和 P1 口组成

D. 控制总线由 P3 口和相关引脚组成

(10)51 的并行 I/O 口信息有两种读取方法:一种是读引脚,还有一种是________。

A. 读锁存器　　B. 读数据库　　C. 读 A 累加器　　D. 读 CPU

(11)I^2C 总线在读或写时,开始的信号为________。

A. SCL 为高电平期间,SDA 从低变高　　B. SCL 为高电平期间,SDA 从高变低

C. SCL 为低电平期间,SDA 从低变高　　D. SCL 为低电平期间,SDA 从高变低

(12)单总线中主机怎样启动一个写时序________。

A. 将单总线 DQ 从逻辑高拉为逻辑低　　B. 将单总线 DQ 从逻辑低拉为逻辑高

C. 先将单总线 DQ 拉低再拉高　　D. 先将单总线 DQ 拉高再拉低

(13)下列关于 I/O 口扩展端口的描述中________是错误的。

A. 51 单片机 I/O 扩展端口占用的是片外 RAM 的地址空间

B. 访问 I/O 扩展端口只能通过片外总线方式进行

C. 使用 MOVX 指令读取 I/O 扩展端口的数据时,CPU 时序中含有$\overline{RD}$负脉冲信号

D. 使用 C51 指针读取 I/O 扩展端口的数据时,CPU 时序中没有$\overline{RD}$负脉冲信号

(14)假设 80C51 的$\overline{WR}$引脚和 P2.5 引脚并联在一个或门输入端上,或门输出端则连到 74273 的时钟端上。若 80C51 执行一条写端口指令后 74273 可以被触发,则该端口的地址(假定无关地址位都为 1)是 ________。

A. 0xfeff　　B. 0xdfff　　C. 0x7fff　　D. 0xefff

2. 问答思考题

(1)何为总线?与非总线方式相比总线方式有什么优点?

(2)当单片机应用系统中数据存储器 RAM 地址和程序存储器 EPROM 地址重叠时,它们内容的读取是否会发生冲突,为什么?

(3)I/O 数据传送有哪几种传送方式?分别在哪些场合下使用?

(4)51 单片机的扩展端口占用哪个存储空间？读/写这些端口使用的汇编语言指令属于什么类型？读/写指令中的哪些时序信号可以用于地址选通？

(5)访问单片机的扩展端口可以使用哪些软件方法？简述其中的 C51 方法。

(6)利用 51 单片机的串行接口扩展 8 位并行输出端口的工作原理是什么？这种扩展需要什么外部硬件条件？

(7)在一个以 LED 指示灯为输出负载(假定发光电流为 600 μA)的 80C51 应用系统中，如果不便采用 I/O 口功率驱动方案，则应采取什么措施？

(8)假设有一 20A 直流开关量输出控制的 80C51 应用系统，请选择驱动方案并进行必要分析。

第10章 单片机系统综合应用

单片机本身只是一个微控制器，内部无任何程序，只有当它和其他器件、设备有机地组合在一起，并配置适当的工作程序后，才能构成一个单片机应用系统，完成规定的操作，具有特定的功能。单片机本身不具备自主开发能力，必须借助开发工具编制、调试、下载程序或对器件编程。开发工具的优劣，直接影响开发工作效率。本章介绍 MCS-51 单片机系统开发的基本步骤及方法。

10.1 单片机应用系统开发的基本方法

10.1.1 系统需求分析

在开发新的单片机应用系统时，首先需要做的是，要根据用户的需要进行现场调查及分析，或者来自市场的用户群的调查，明确所要设计单片机应用系统具有的功能及要达到的技术性能，也就是确定出单片机应用系统的设计目标。

系统功能需求分析主要是针对用户提出的要求，对将要设计的系统进行功能模块的对应划分，如信号采集、信号处理、输出控制、状态显示和数据传送等功能模块。每一个大的功能模块还可以细分为若干个子功能模块。例如，信号采样可分为模拟信号采样和数字信号采样，两种信号采样在硬件支持与软件实现上有明显的差异。信号处理可分为预处理、功能性处理、抗干扰处理等，而功能性处理还可以继续划分为各种信号处理等。输出控制可分为各种控制功能，如开关控制、D/A 转换控制、数码管显示控制等。数据传送也可分为有线和无线传送、并行和串行传送等。图 10-1 是一个典型单片机应用系统的结构框图。

在明确单片机应用系统的全部需求功能后，还需要确定每种功能的实现方法，确定出由硬件完成哪些功能，由软件完成哪些功能，也就是系统软、硬件功能的划分。

系统功能需要用系统要达到的技术性能指标进行衡量。设计时，需要综合考虑系统控制精度、速度、功耗、体积、重量、价格、可靠性等技术指标要求并定量化。根据这些定量指标，对整个系统的硬件和软件功能进行设计。在满足系统性能指标的前提下，用软件功能尽可能地代替硬件功能。最后，需要形成一份需求文档，便于指导设计。

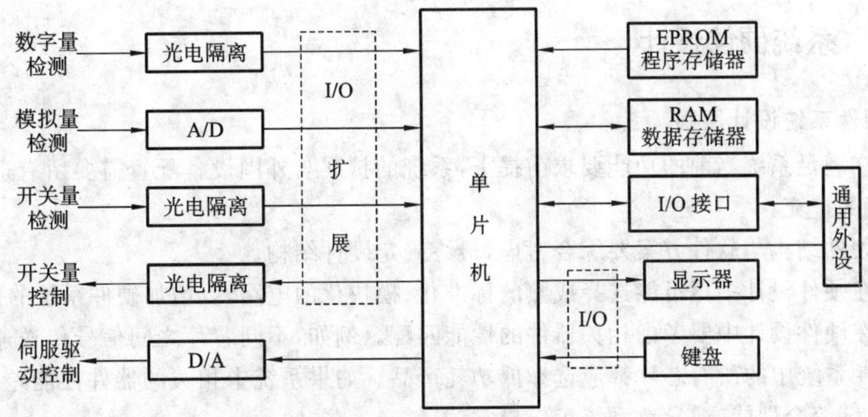

图 10-1　典型单片机应用系统结构框图

10.1.2　系统总体结构设计

单片机应用系统是以单片机为核心，根据功能要求扩展相应功能的芯片，配置相应通道接口和外部设备而构成的。因此需要从系统中单片机的选型、存储空间分配、通道划分、输入/输出方式及系统中硬件、软件功能划分等方面进行考虑。

1. 单片机的选型

选择单片机应考虑以下几个主要因素。

(1)性能价格比高。在满足系统的功能和技术指标要求的前提下选择价格相对便宜的单片机。

(2)开发周期短。在满足系统性能的前提下，优先考虑选用技术成熟、技术资源丰富的机型。

总之，单片机芯片的选择关系到单片机应用系统的整体方案、技术指标、功耗、可靠性、外设接口、通信方式、产品价格等。原则是在最恰当的地方使用最恰当的技术。

2. 存储空间分配

单片机系统的存储资源的合理分配对系统的设计有很大的影响，因此在系统设计时就要合理地为系统中的各种部件分配有效的地址空间，以便简化硬件电路，提高单片机的访问效率。

3. I/O 通道划分

根据系统中被控对象所要求的输入/输出信号的类型及数目，确定整个应用系统的通道结构。还需要根据具体的外设工作情况和应用系统的性能技术指标综合考虑采用的输入/输出方式。常用的 I/O 数据传送方式主要有无条件传送方式、查询方式和中断方式，三种方式对系统的硬件和软件要求各不相同。

4. 软、硬件功能划分

具有相同功能的单片机应用系统，其软、硬件功能可以在较大的范围内变化。一些硬件电路的功能和软件功能之间可以互换实现。因此在总体设计时，需仔细划分应用系统中的硬件和软件的功能，求得最佳的系统配置。

10.1.3 系统硬件设计

1. 硬件系统设计原则

(1)在满足系统当前的功能要求前提下,系统的扩展与外围设备配置需要留有适当余地进行功能的扩充。

(2)硬件结构与软件方案要综合考虑,最终确定硬件结构。

(3)在硬件设计中尽可能选择成熟的标准化、模块化的电路,以增加硬件系统的可靠性。

(4)在硬件设计中要考虑相关器件的性能匹配。例如,不同芯片之间信号传送速度的匹配;低功耗系统中的所有芯片都应选择低功耗产品。如果系统中相关的器件性能差异大,就会降低系统综合性能,或导致系统工作异常。

(5)考虑单片机总线驱动能力。单片机外扩芯片较多时,需要增加总线驱动器或者减少芯片功耗,降低总线负载。否则会由于驱动能力不足,使系统工作不可靠。

(6)抗干扰设计。这方面的设计包括芯片选择、器件选择、去耦合滤波、印制电路板布线、通道隔离等。如果设计中只注重功能实现,而忽略抗干扰设计,最后会导致系统在实际运行中,信号无法正确传送,达不到功能要求。

2. 硬件设计

硬件设计的主要工作是以单片机为核心,进行功能扩展和外围设备配置及其接口设计。在设计中,要充分利用单片机的片内资源,简化外扩电路,提高系统的稳定性和可靠性。要考虑的设计包括下列几部分。

1)存储器设计

存储器的扩展分为程序存储器和数据存储器两部分。存储器的设计原则是:在满足系统存储容量要求的前提下,选择容量大的存储芯片减少所用芯片的数量。

2)I/O 接口设计

输入/输出通道是单片机应用系统功能最重要的体现部分。接口外设多种多样,使得单片机与外设之间的接口电路也各不相同。I/O 接口大致可归类为开关量输入/输出通道、模拟量输入/输出通道、并行接口、串行接口等。在系统设计时,可以优先选择集成所需接口的单片机,简化 I/O 接口的设计。

3)译码电路设计

当系统扩展多个接口芯片时,可能需要译码电路。在设计时,需要合理分配存储空间和接口地址,选择恰当的译码方式,简化译码电路。译码电路除可以使用常规的门电路、译码器实现外,还可以利用只读存储器与可编程门阵列来实现,以便修改与加密。

4)总线驱动器设计

当单片机外扩器件众多时,就要考虑设计总线驱动器。常用的有双向数据总线驱动器(如 74LS245)和单向数据总线驱动器(如 74LS244)。

5)抗干扰电路设计

针对系统运行中可能出现的各种干扰,需设计相应的抗干扰电路。抗干扰设计的基本原则是:抑制干扰源,切断干扰传播路径,提高敏感器件的抗干扰性能。在设计中要考虑:系统地线、电源线的布线;数字、模拟地的分开;每个数字元件在地与电源之间都要接旁路电

容;为防 I/O 口的串扰,可将 I/O 口隔离,方法有二极管隔离、门电路隔离、光耦隔离、电磁隔离等;选择一个抗干扰能力强的器件比任何方法都有效;多层板的抗干扰肯定好过单面板等。

硬件设计后,应绘制硬件电路原理图并编写相应的硬件设计说明书。

10.1.4　系统软件设计

1. 软件设计要求

(1)软件结构清晰,流程合理,代码规范,执行高效。

(2)功能程序模块化。便于调试、移植、修改和维护。

(3)合理规划程序存储区和数据存储区。充分利用系统资源。

(4)运行状态标志化管理。各功能程序通过状态标志去设置和控制程序的转移与运行。

(5)软件抗干扰处理功能。采用软件程序剔除采集信号中的噪声,提高系统抗干扰的能力。

(6)系统自诊断功能。在系统运行前先运行自诊断程序,检查系统各部分状态是否正常。

(7)看门狗处理。防止系统出现意外情况。

2. 软件设计

单片机的软件设计是与硬件紧密联系的,其软件设计具有比较强的针对性。在进行单片机应用系统总体设计时,软件设计和硬件设计必须结合起来统一考虑。系统的硬件设计定型后,针对该硬件平台的软件设计任务也就确定了。

首先,要设计出软件的总体方案。就是根据系统功能要求,将系统软件分成若干个相对独立的功能模块,理清各模块之间的调用关系及与主模块的关系,设计出合理的软件总体架构。其次,根据功能模块输入和输出变量建立起正确的数学模型,还有结合硬件对系统资源做具体的分配和说明,再绘制功能实现程序流程框图。最后,根据确定好的流程图,编写程序实现代码。编制程序时,一般采用自顶向下的程序设计技术,先设计主控程序再设计各子功能模块程序。

单片机的软件一般是由主控程序和各子功能程序两部分构成。主控程序是负责组织调度各子功能程序模块,完成系统自检、初始化、处理接口信号、实时显示和数据传送等功能,控制系统按设计操作方式运行的程序。此外,主程序还监视系统的正常运行与否。各子功能程序完成诸如采集、数据处理、显示、打印、输出控制等各种相对独立实质性功能的程序。单片机应用系统中的程序编写常常与输入、输出接口设计和存储器扩展交织在一起。因此,软件设计中需要注意单片机片内和片外硬件资源合理分配,单片机存储器中的特殊地址单元的使用,特殊功能寄存器的正确应用,扩展芯片的端口地址识别。软件的设计直接关系到实现系统的功能和性能。

10.1.5　系统调试

单片机应用系统的调试是系统开发的重要环节。调试的目的是查出系统硬件设计与软件设计中存在的不完善地方及潜在的错误,便于修改设计,最终使系统能正确地工作。调试包括硬件调试、软件调试及系统联调。

1. 硬件调试

硬件调试是利用开发系统、基本测试仪器,通过执行开发系统有关命令或运行适当的测试程序(也可以是与硬件有关的部分用户程序段),检查用户系统硬件中存在的故障。

硬件调试可分静态调试与动态调试两步进行。

1)静态调试

静态调试是在用户系统未工作时的一种硬件检查。

静态调试第1步是目测印刷电路板和器件。印刷电路板主要检查表面质量,如印制线、焊盘、过孔是否完好、焊点是否达到质量要求等。对所选用的器件与设备,要认真核对型号,检查它们的连线引脚是否完好。

第2步是万用表测试。检查连接点的通断状态是否与设计规定相符。再检查各种电源线与地线之间是否有短路。短路问题必须要在器件安装及加电前查出。如有集成芯片性能测试仪器,应尽可能地将要使用的芯片进行测试筛选,其他的器件、设备在购买或使用前也应当尽可能做必要的测试。

第3步是加电检查。主要检查插座或器件的电源端和接地端的电压值是否符合设计要求。先在未插入芯片的情况下加电检查,然后断电,一块芯片、一块芯片逐步插入加电检查。测试中注意观察芯片是否出现打火、过热、异味、冒烟等现象,如出现,应立即断电,仔细检查电源加载等情况,找出原因并加以解决。

第4步是联机检查。主要检查单片机仿真系统或程序下载电缆连接是否正确、是否通信正常、可靠。

2)动态调试

动态调试是在联机仿真调试下发现和排除用户系统硬件中存在的器件内部故障、器件间连接逻辑错误等的一种硬件检查。动态调试的常用方法是采用依信号处理流向,按功能由分到合分步分层调试。

以信号处理的流向为线索,按逻辑功能将系统硬件电路分为若干块。将信号流经的各器件按照距离单片机的逻辑距离进行由远及近的分步分层调试。分块独立调试各子电路,无故障后,再对各块电路及电路间可能存在的相互联系进行试验。此时测试相互信息联络是否正确,时序是否达到要求等。直到所有电路加入系统后各部分电路仍能正确工作为止。调试中,常用示波器、万用表等仪器检查被调试电路测试点的状态,是否是预期的工作状态,判断工作是否正常。

2. 软件调试

软件调试是发现程序中存在的语法错误与逻辑错误,并加以排除纠正的过程。常用的调试方法有:断点跟踪、中间状态输出、环境模拟等。

软件调试分为单元模块调试与模块综合调试。

1)单元模块调试

可以将完成不同功能的软件模块,分别进行调试。可以借助软件开发平台,或直接在设计的单片机应用系统中进行调试,保证各模块程序运行的正确性,调试中需要模拟可能出现的异常情况,验证程序的容错性。

2)模块综合调试

单元模块调试完后,需要进行相互关联的模块之间接口的调试,排除在程序模块连接中出现的逻辑错误。

3. 系统联调

系统联调就是将设计的软件在相应的硬件中运行,进一步排除硬件故障错误或软硬件设计错误。主要验证三方面的问题:系统运行中软件与硬件能否完成设计功能;系统运行中是否有未预料的潜在错误;系统的动态性能指标是否满足设计要求。

10.1.6　现场测试

经过系统联调的系统,就可以按照设计目标正常工作了。但由于用户使用的环境较为复杂(如环境干扰较为严重、工作现场有腐蚀性气体等),环境对系统的影响无法预料,还需要通过现场运行调试验证系统是否能正常工作。另外,有时系统的调试是在模拟环境替代实际环境的条件下进行的,系统运行的正确性就更需要进行现场调试验证。只有经过现场调试的用户系统才能保证可靠地工作。

10.1.7　用户使用说明

系统交付时,还需要提供用户使用说明,这包括:系统的使用环境要求;对外部设备的要求;正确操作步骤说明及注意事项;故障处理方式及日常维护等。

10.2　交通信号灯模拟控制

设计一个由单片机控制的交通信号灯系统,使其模拟城市“十字”路口交通信号灯的功能,并能进行某些特殊的控制。所谓模拟,就是以绿、黄、红色三只共两组(因为东、西方向信号灯的变化情况相同,用一组发光二极管;南、北方向信号灯的变化情况相同,用一组发光二极管)发光二极管(LED)表示交通信号灯,以按动按键表示车辆的到达。

根据难易程度和控制要求的不同,把城市交通信号灯的控制分为四种类型。

10.2.1　定时交通信号灯控制

在双干线的“十字”路口上,交通信号灯的变化是定时的,其基本变化规律如下:

第 10 章　定时交通信号灯控制

A:放行线。绿灯亮放行 25 s,黄灯亮警告 5 s,然后红灯亮禁止通行。

B:禁行线。红灯亮禁止 30 s,然后绿灯亮放行。

1. 具体设计要求

(1)该设计能控制东、西、南、北四个路口的红、黄、绿信号灯正常工作。

(2)当东西方向放行、南北方向禁行时,东西方向绿灯亮 25 s,然后黄灯亮 5 s;南北方向红灯亮 30 s。

(3)当南北方向放行、东西方向禁行时,南北方向绿灯亮 25 s,然后黄灯亮 5 s;东西方向红灯亮 30 s。

当使两条路线交替地成为放行线和禁行线时,就可以实现定时交通控制。

2. 设计方案

1)芯片选择

为了实现上述设计要求,可以用 AT89C51 单片机芯片。用 AT89C51 芯片的 P1 口(P1.0~P1.5)分别接上两组六位信号灯。

2)延时的实现

延时的实现可以通过软件实现;也可利用定时/计数器的定时工作方式实现延时。本系统使用软件延时。

3. 硬件设计

1)电路原理图

交通信号灯的控制电路中的核心是 AT89C51 单片机,其内部带有 4KB 的 FLASH,无须扩展程序存储器;交通灯的控制简单,没有大量的运算和中间数据暂存,AT89C51 芯片内的 128 B RAM 已能满足要求,所以也不必外扩 RAM,电路原理图如图 10-2 所示,程序设计界面及仿真如图 10-3 和图 10-4 所示。

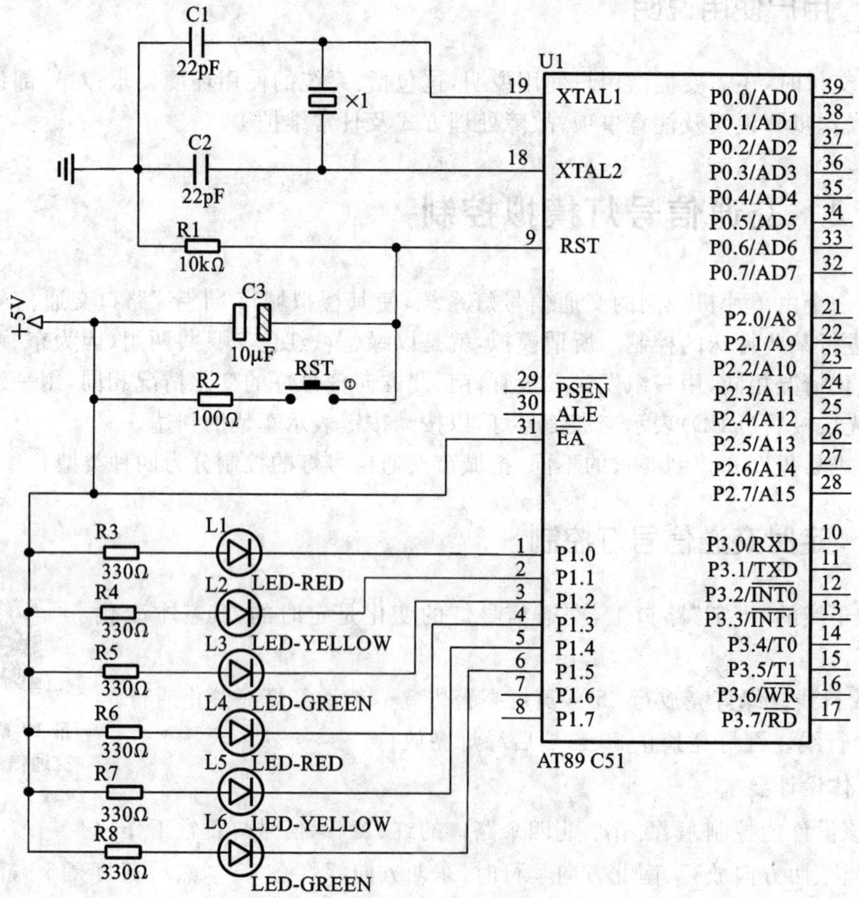

图 10-2　定时交通信号灯控制电路原理图

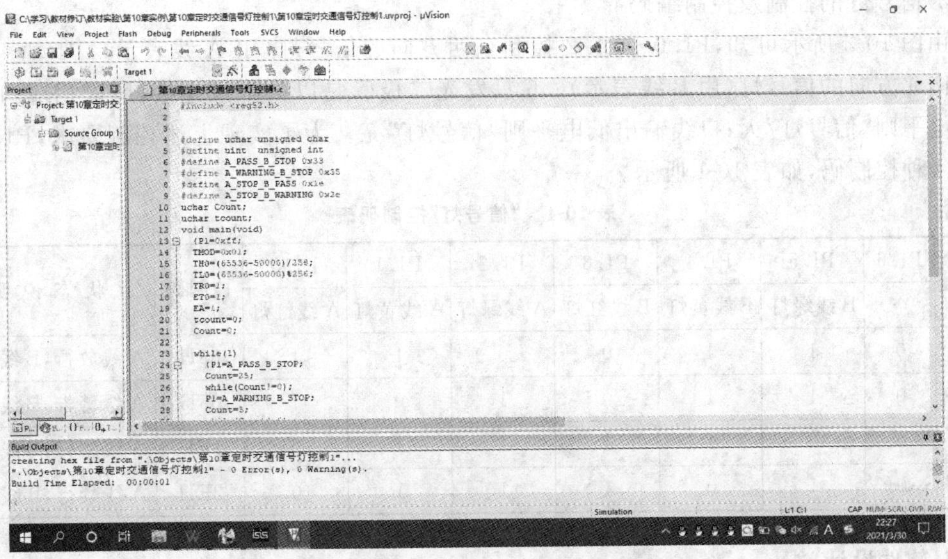

图 10-3　定时交通信号灯控制程序运行图

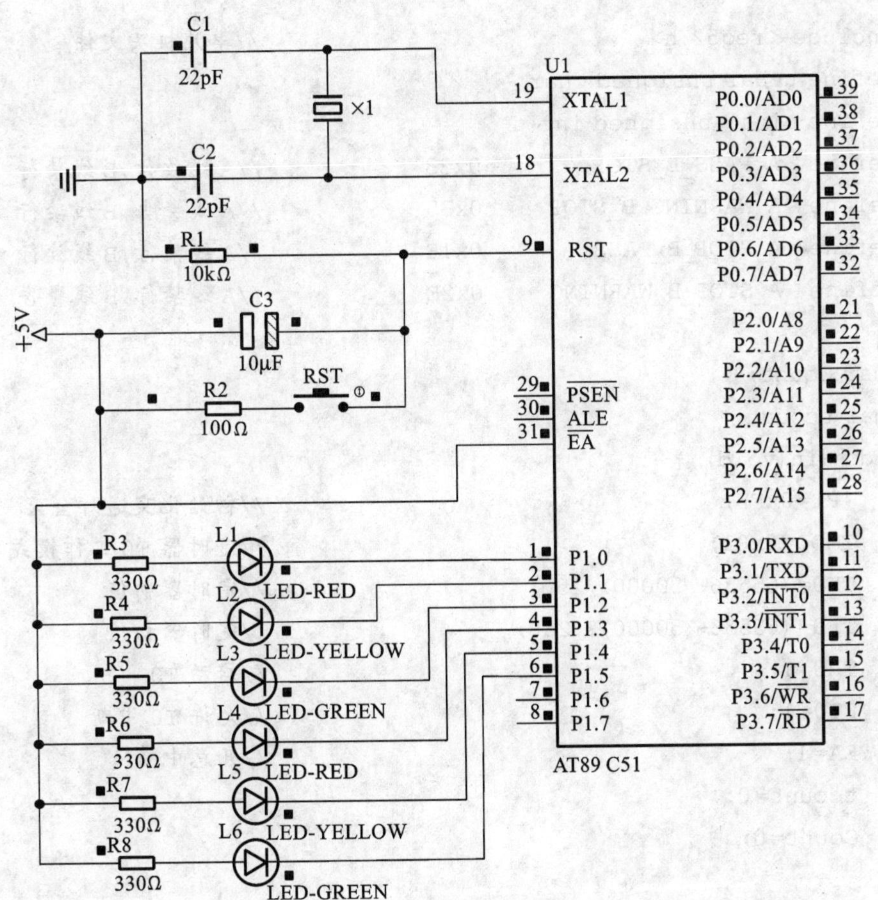

图 10-4　定时交通信号灯控制原理图运行仿真图

2)信号灯的控制及控制编码

由图 10-2 所示可知,P1.0～P1.2 控制东西方向的信号灯(用 A 线表示);P1.3～P1.5 控制南北方向的信号灯(用 B 线表示)。6 只发光二极管是以共阳极连接,所以相应口线输出高电平则“信号灯”灭;口线输出低电平则“信号灯”亮。为了实现上述控制要求,P1 口共输出 4 种控制码,如表 10-1 所示。

表 10-1 “信号灯”控制码表

P1.7	P1.6	P1.5	P1.4	P1.3	P1.2	P1.1	P1.0	控制码	状态说明
(空)	(空)	B 线绿灯	B 线黄灯	B 线红灯	A 线绿灯	A 线黄灯	A 线红灯		
0	0	1	1	0	0	1	1	33H	A 线放行,B 线禁行
0	0	1	1	0	1	0	1	35H	A 线警告,B 线禁行
0	0	0	1	1	1	1	0	1EH	A 线禁行,B 线放行
0	0	1	0	1	1	1	0	2EH	A 线禁行,B 线警告

4. 软件设计

参考源程序如下:

```
#include <reg52.h>                                      //单片机头文件
#define uchar unsigned char
#define uint  unsigned int
#define  A_PASS_B_STOP         0x33                     //A线放行,B线禁行
#define  A_WARNING_B_STOP      0x35                     //A线警告,B线禁行
#define  A_STOP_B_PASS         0x1E                     //A线禁行,B线放行
#define  A_STOP_B_WARNING      0x2E                     //A线禁行,B线警告

uchar Count;
uchar tcount;
void main(void)
    {P1=0xFF;                                           //初始化交通灯全灭
    TMOD=0x01;                                          //定时器T0工作模式1
    TH0=(65536- 50000)/256;                             //定时器初值
    TL0=(65536- 50000)% 256;                            //定时器初值
    TR0=1;                                              //启动T0
    ET0=1;                                              //允许T0中断
    EA=1;                                               //开总中断
    tcount=0;
    Count=0;

    while(1)
        {P1=A_PASS_B_STOP;                              //A线放行,B线禁行
```

```
        Count=25;                            //延时 25s
        while(Count! =0);
        P1=A_WARNING_B_STOP;                 //A线警告,B线禁行
        Count=5;                             //延时 5s
        while(Count! =0);
        P1=A_STOP_B_PASS;
        Count=25;
        while(Count! =0);
        P1=A_STOP_B_WARNING;
        Count=5;
        while(Count! =0);
        }
    }

void t0(void) interrupt 1 using 1            //定时器 T0 中断服务程序,定
                                               时 50 ms
    {TH0=(65535- 50000)/256;
     TL0=(65536- 50000)% 256;
     tcount++;
     if(tcount==20)
        {tcount=0;
        if(Count! =0)
        {Count- - ;}
        }

    }
```

10. 2. 2　有时间显示的定时交通信号灯控制

1. 具体设计要求

第 10 章　有时间显示的定时交通信号灯控制

“信号灯”的变化规律用定时交通信号灯控制，同时用 2 位数码管进行 30 s 递减时间显示。

2. 设计方案

1)芯片选择

为了实现上述设计要求，可以用 AT89C51 单片机芯片。用 AT89C51 芯片的 P1 口(P1. 0～P1. 5)分别接上两组两只信号灯。

2)显示方案

P0 口和 P2 口各接一个 LED 显示器。

3)延时的实现

延时可以通过软件实现,也可利用定时/计数器的定时工作方式实现。本系统使用定时/计数器 T0 的模式 1 实现 100 ms 定时。系统时钟脉冲的频率为 6 MHz。

3. 硬件设计

1)电路原理图

交通信号灯的控制电路的核心是 AT89C51 单片机,其内部带有 4KB 的 FLASH,无须扩展程序存储器;交通灯的控制没有大量的运算和暂存数据,AT89C51 芯片内的 128 B RAM 已能满足要求,所以也不必外扩 RAM。LED 显示器通过 P0 口和 P2 口连接。一个 LED 显示器的段选端口与 P0 口连接,另一个 LED 显示器与 P2 口相连。LED 显示器以共阴极接法连接,电路原理图如图 10-5 所示,程序设计界面及仿真如图 10-6 和图 10-7 所示。

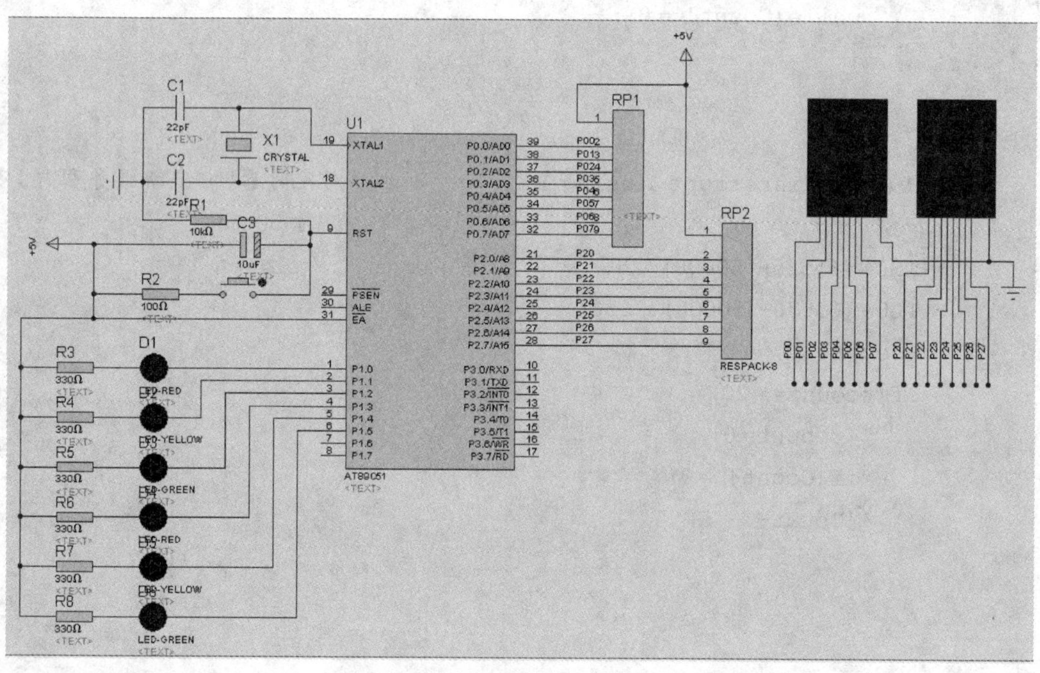

图 10-5　有时间显示的定时交通信号灯控制的电路原理图

2)信号灯的控制及控制编码

由图 10-5 可知,信号灯的控制及控制编码与定时交通信号灯控制相同。

3)时间显示

秒显示计数器设为 Count 单元。

4. 软件设计

1)程序中使用的工作单元定义

Count——秒计数器;

Tcount——50 ms 计数器。

2)定时/计数器的参数计算

设系统时钟脉冲频率为 6 MHz,定时器 TO 实现 100 ms 定时,计数器的初始值为

(THO)=3CH,(TL0)=0B0H

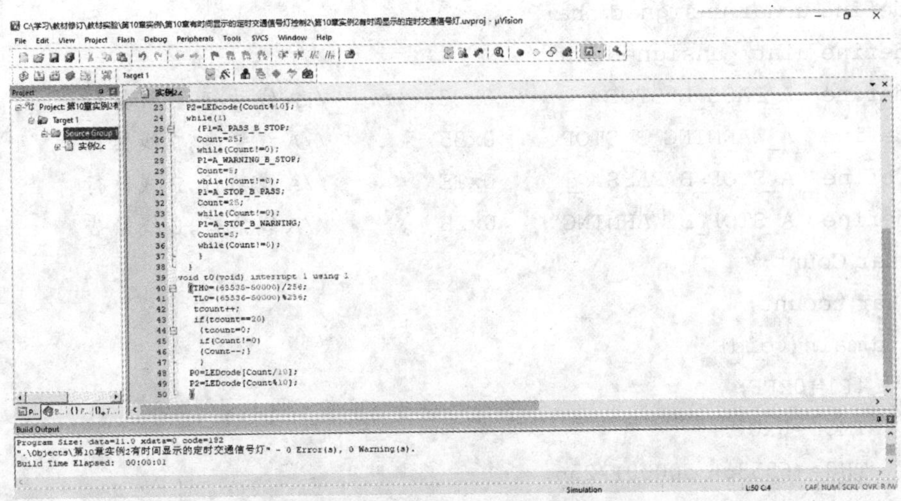

图 10-6　有时间显示的定时交通信号灯控制的程序运行图

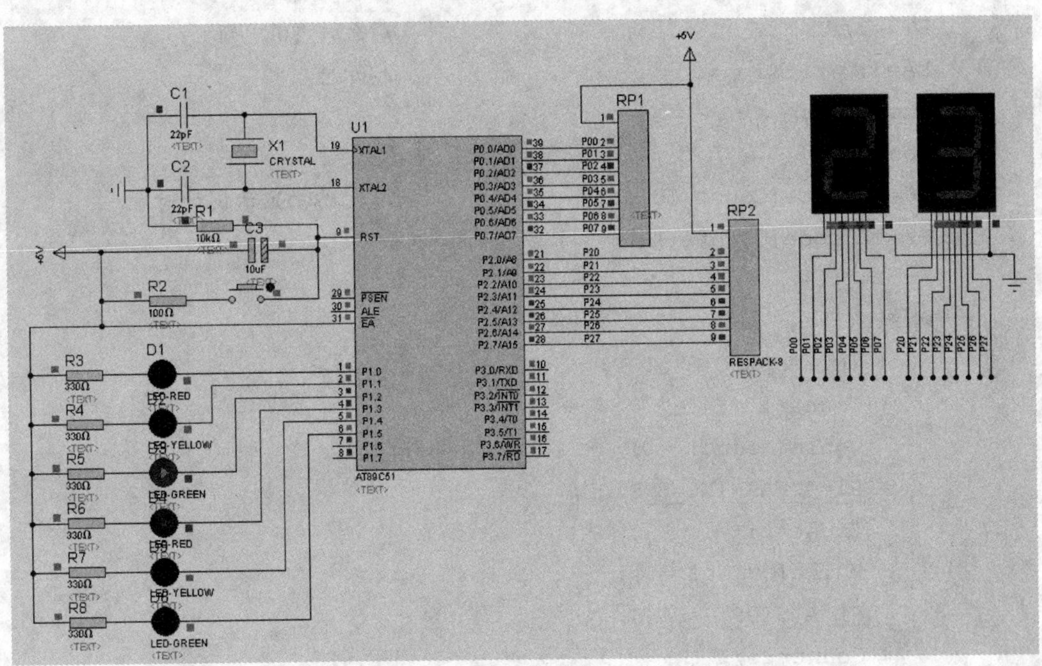

图 10-7　有时间显示的定时交通信号灯控制的电路原理图运行仿真图

模式控制寄存器 TMOD 中的控制字为

$$(TMOD)=01H$$

3)参考源程序

参考源程度如下：

```
#include <reg52.h>                                          //单片机头文件
unsigned char code LEDcode[]=
{0x3f,0x06,0x5b,0x4f,0x66,0x6d,0x7d,0x07,0x7f,0x6f};  //数码管显示段码
```

```
#define uchar unsigned char
#define uint  unsigned int
#define  A_PASS_B_STOP         0x33          //A 线放行,B 线禁行
#define  A_WARNING_B_STOP      0x35          //A 线警告,B 线禁行
#define  A_STOP_B_PASS         0x1E          //A 线禁行,B 线放行
#define  A_STOP_B_WARNING      0x2E          //A 线禁行,B 线警告
uchar Count;
uchar tcount;
void main(void)
    {P1=0xFF;
    TMOD=0x01;
    TH0=(65536- 50000)/256;
    TL0=(65536- 50000)% 256;
    TR0=1;                                   //启动 T0
    ET0=1;                                   //允许 T0 中断
    EA=1;                                    //开总中断
    tcount=0;
    Count=0;
    P0=LEDcode[Count/10];                    //数码管显示倒计时
    P2=LEDcode[Count% 10];

    while(1)
        {P1=A_PASS_B_STOP;
        Count=25;
        while(Count! =0);
        P1=A_WARNING_B_STOP;
        Count=5;
        while(Count! =0);
        P1=A_STOP_B_PASS;
        Count=25;
        while(Count! =0);
        P1=A_STOP_B_WARNING;
        Count=5;
        while(Count! =0);
    }
  }
void t0(void) interrupt 1 using 1
      {TH0=(65535- 50000)/256;
      TL0=(65536- 50000)% 256;
```

```
        tcount++;
        if(tcount==20)
            {tcount=0;
            if(Count! =0)
            {Count- - ;}
            }
      P0=LEDcode[Count/10];
      P2=LEDcode[Count% 10];
}
```

10.2.3　有特殊车辆优先的定时交通信号灯控制

第 10 章　有特殊车辆优先的定时交通信号灯控制

在有时间显示的定时交通信号灯控制的基础上，增加允许特殊车辆优先通过的要求。当有特殊车辆到达时，路口的信号灯全部变红，以便让特殊车辆通过。假定特殊车辆通过时间为 10 s，特殊车辆通过后，交通灯恢复先前状态。

设定以按键 K 代表有特殊车辆到来，并以中断方式进行处理。在 P3.2 连接按键 K。当按键 K 按下，表示特殊车辆到来，此信号申请中断，各路口的状态均为红灯，显示时间为 10 s。

1. 硬件方面

在有时间显示的定时交通信号灯控制电路的基础上，在 P3.2 端连接按键 K(或开关)。原理图如图 10-8 所示，程序设计界面及仿真如图 10-9 和图 10-10 所示。

2. 软件方面

在有时间显示的定时交通信号灯控制的源程序的基础上，在主程序开始部分增加开中断的控制；另外整个程序的后面再增加一个中断服务程序。这里只把要添加的内容写出，请参看下面的源程序。

3. 参考源程序

参考源程度如下：

```
#include <reg52.h>                                          //单片机头文件
unsigned char code LEDcode[]=
{0x3f,0x06,0x5b,0x4f,0x66,0x6d,0x7d,0x07,0x7f,0x6f};  //数码管显示段码
#define uchar unsigned char
#define uint  unsigned int
#define  A_PASS_B_STOP        0x33          //A 线放行,B 线禁行
#define  A_WARNING_B_STOP     0x35          //A 线警告,B 线禁行
#define  A_STOP_B_PASS        0x1E          //A 线禁行,B 线放行
#define  A_STOP_B_WARNING     0x2E          //A 线禁行,B 线警告
uchar Count;
```

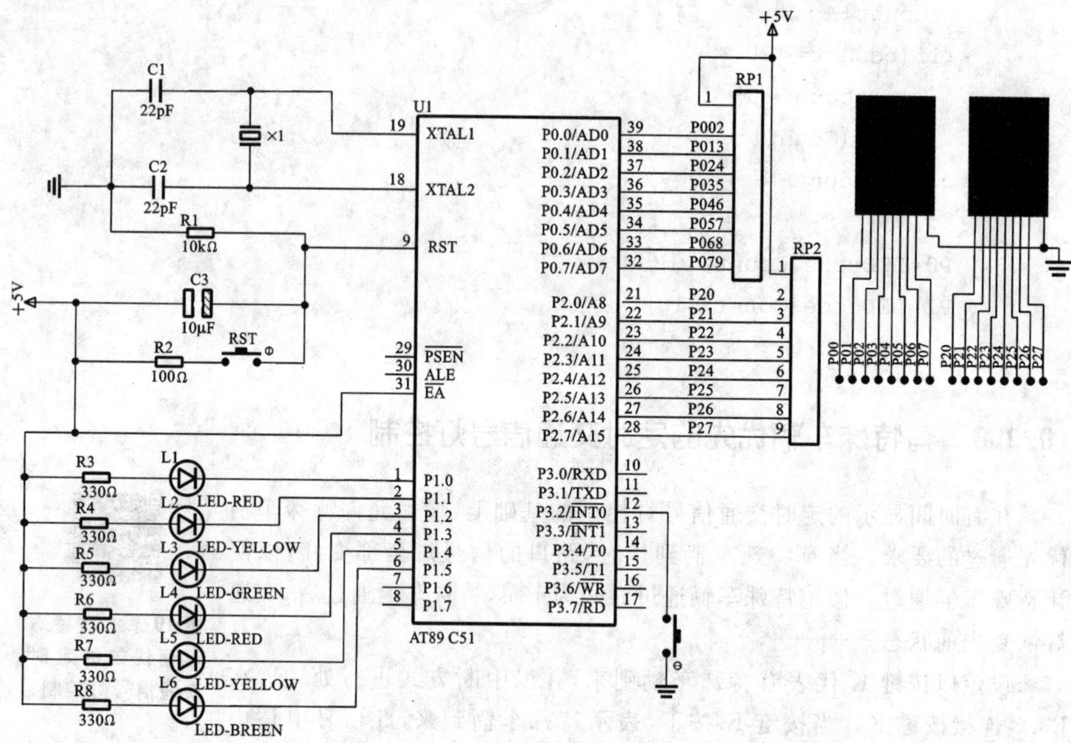

图 10-8　有特殊车辆优先的定时交通信号灯控制的原理图

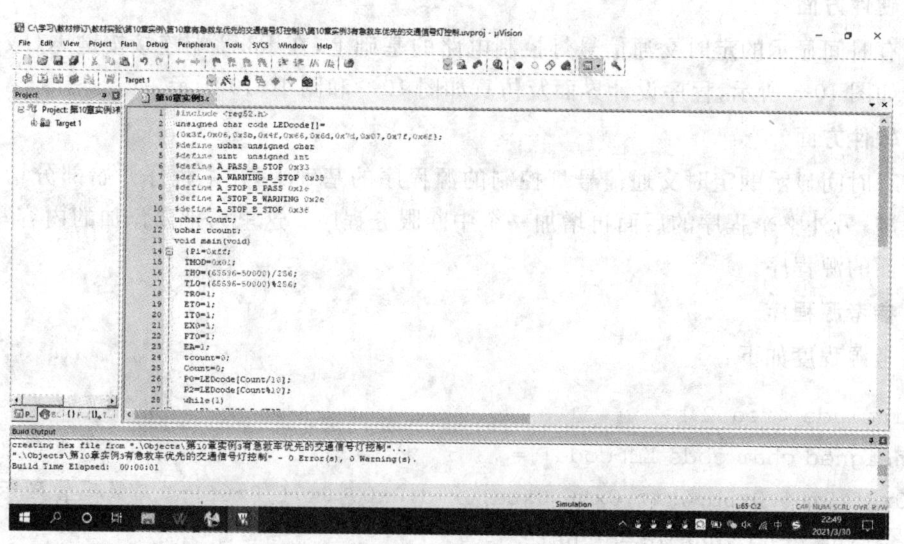

图 10-9　有特殊车辆优先的定时交通信号灯控制的程序运行图

```
uchar tcount;
void main(void)
    {P1=0xff;
    TMOD=0x01;
    TH0=(65536- 50000)/256;
```

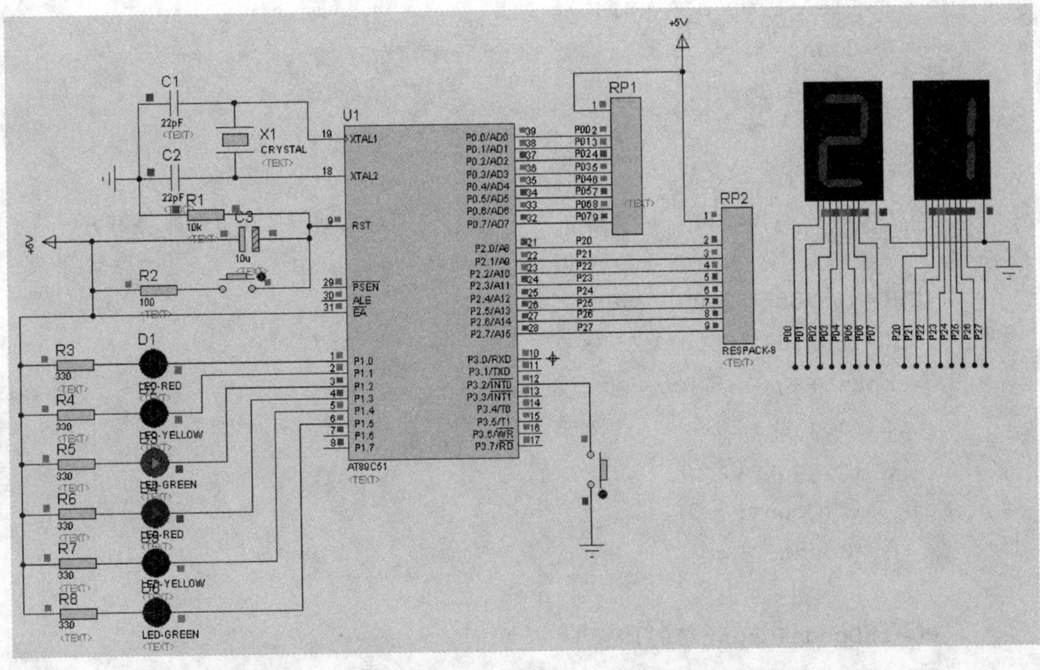

图 10-10　有特殊车辆优先的定时交通信号灯控制的原理图运行仿真图

```
TL0=(65536- 50000)% 256;
TR0=1;                                     //启动 T0
ET0=1;                                     //允许 T0 中断
IT0=1;                                     //外部中断 0 下降沿有效
EX0=1;                                     //允许外部中断 0
PT0=1;                                     //允许 T0 中断
EA=1;                                      //开总中断
tcount=0;
Count=0;
P0=LEDcode[Count/10];
P2=LEDcode[Count% 10];
while(1)
    {P1=A_PASS_B_STOP;
    Count=25;
    while(Count! =0);
    P1=A_WARNING_B_STOP;
    Count=5;
    while(Count! =0);
    P1=A_STOP_B_PASS;
    Count=25;
    while(Count! =0);
```

```
            P1=A_STOP_B_WARNING;
            Count=5;
            while(Count! =0);
            }
        }
    void t0(void) interrupt 1 using 1                        //定时器 T0 中断服务程序

        {TH0=(65535- 50000)/256;
         TL0=(65536- 50000)% 256;
          tcount++;
          if(tcount==20)
             {tcount=0;
             if(Count! =0)
             {Count- - ;}
             }
        P0=LEDcode[Count/10];
        P2=LEDcode[Count% 10];
        }

    void int0() interrupt 0 using 0                          //外部中断 0 服务程序

        {uchar Count_temp=0;
        uchar P1_temp=0;
        Count_temp=Count;
        P1_temp=P1_temp|P1;
        P1=A_STOP_B_STOP;
        Count=10;                                            //延时 10 s
        while(Count! =0);
        Count=Count_temp;
        P1=P1_temp;
    }
```

10.2.4 功能较全的交通信号灯控制

第 10 章　功能较全的交通信号灯控制

在有特殊车辆优先的交通信号灯控制的基础上，增加了左行指灯、人行道红绿灯、修改延时时间，24C02 串行 EEPROM 保存时间参数，当停电后再来电时不用重新输入延时时间参数，控制器从 24C02 中读取运行参数。电路原理图及灯分布图如图 10-11 所示，程序设计界面及仿真如图10-12和图 10-13 所示。

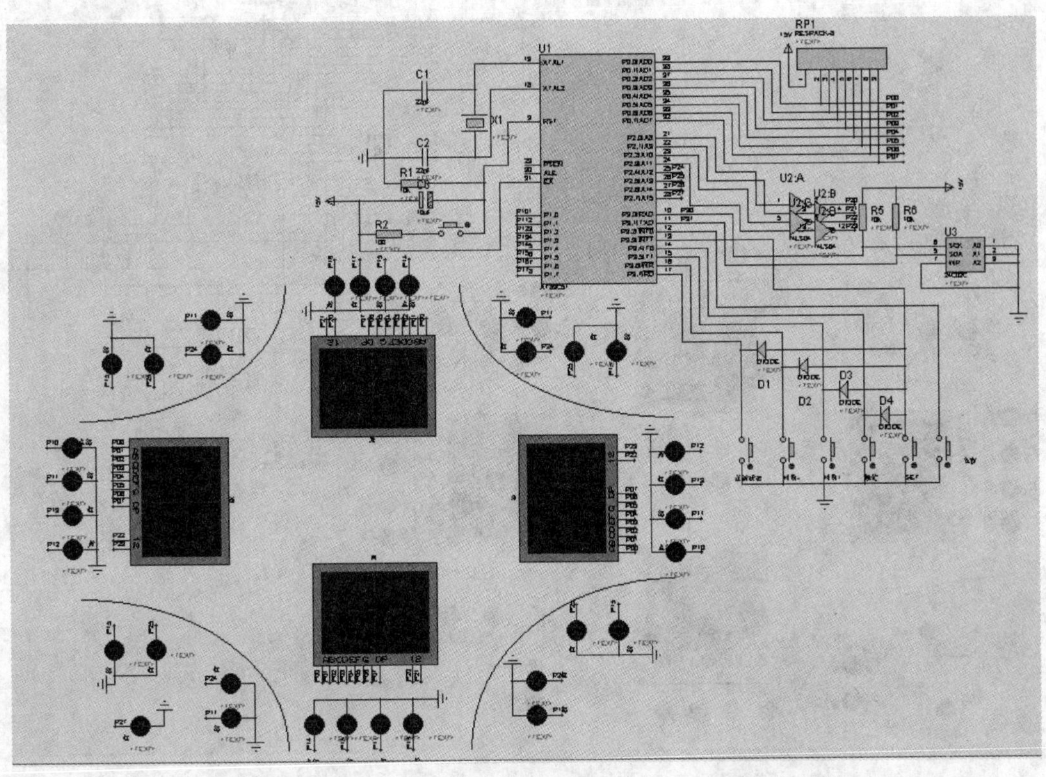

图 10-11　功能较全的交通信号灯控制系统电路原理图及灯分布图

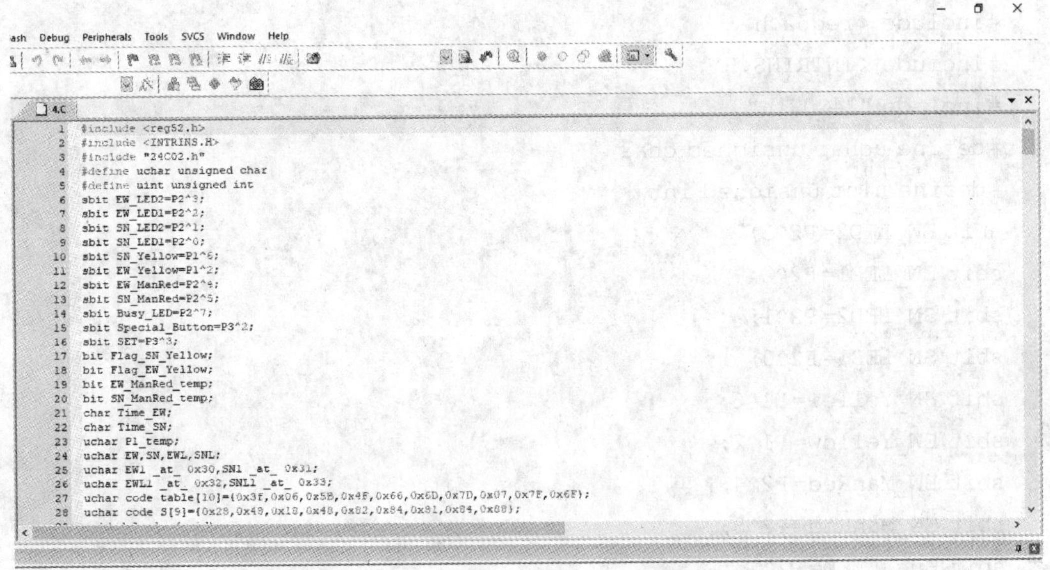

ash Debug Peripherals Tools SVCS Window Help
4.C
#include <reg52.h>
#include <INTRINS.H>
#include "24C02.h"
#define uchar unsigned char
#define uint unsigned int
sbit EW_LED2=P2^3;
sbit EW_LED1=P2^2;
sbit SN_LED2=P2^1;
sbit SN_LED1=P2^0;
sbit SN_Yellow=P1^6;
sbit EW_Yellow=P1^2;
sbit EW_ManRed=P2^4;
sbit SN_ManRed=P2^5;
sbit Busy_LED=P2^7;
sbit Special_Button=P3^2;
sbit SET=P3^3;
bit Flag_SN_Yellow;
bit Flag_EW_Yellow;
bit EW_ManRed_temp;
bit SN_ManRed_temp;
char Time_EW;
char Time_SN;
uchar P1_temp;
uchar EW,SN,EWL,SNL;
uchar EW1 _at_ 0x30,SN1 _at_ 0x31;
uchar EWL1 _at_ 0x32,SNL1 _at_ 0x33;
uchar code table[10]={0x3f,0x06,0x5B,0x4F,0x66,0x6D,0x7D,0x07,0x7F,0x6F};
uchar code S[9]={0x28,0x48,0x18,0x48,0x82,0x84,0x81,0x84,0x88};

图 10-12　功能较全的交通信号灯控制的程序运行图

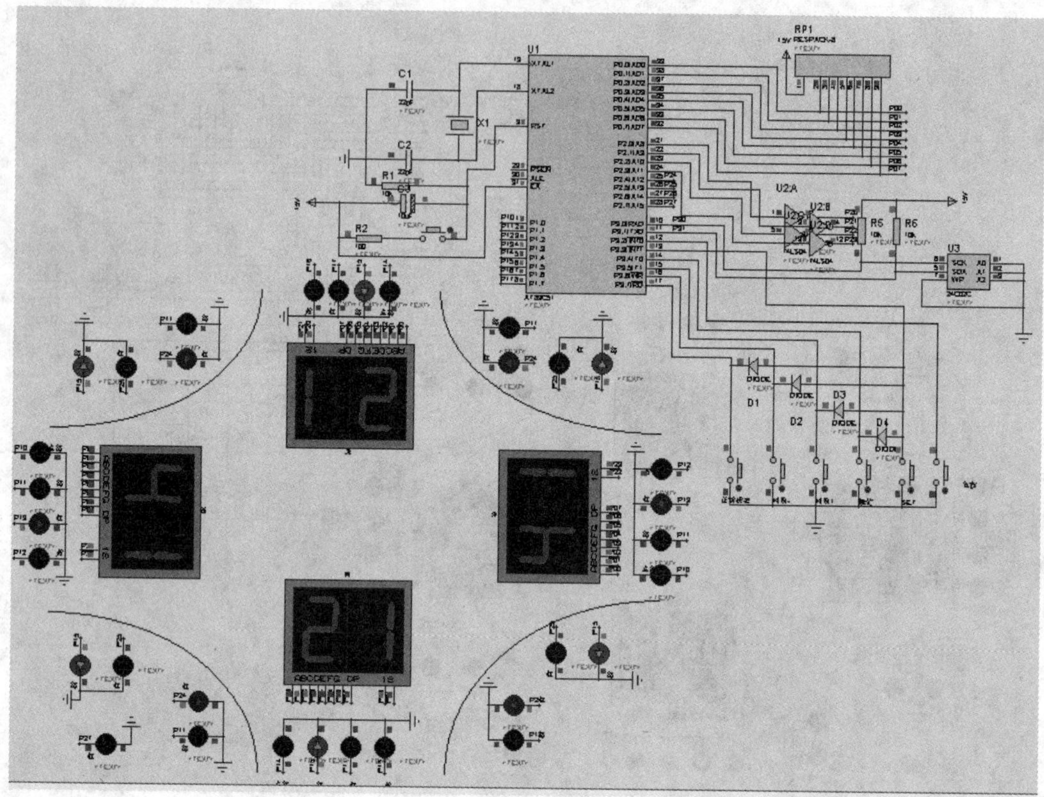

图 10-13　功能较全的交通信号灯控制的原理图运行仿真图

参考源程序如下：

```
#include <reg52.h>
#include <INTRINS.H>
#include "24C02.h"
#define uchar unsigned char
#define uint unsigned int
sbit EW_LED2=P2^3;
sbit EW_LED1=P2^2;
sbit SN_LED2=P2^1;
sbit SN_LED1=P2^0;
sbit SN_Yellow=P1^6;
sbit EW_Yellow=P1^2;
sbit EW_ManRed=P2^4;
sbit SN_ManRed=P2^5;
sbit Busy_LED=P2^7;
sbit Special_Button=P3^2;
sbit SET=P3^3;
```

```
bit Flag_SN_Yellow;
bit Flag_EW_Yellow;
bit EW_ManRed_temp;
bit SN_ManRed_temp;
char Time_EW;
char Time_SN;
uchar P1_temp;
uchar EW,SN,EWL,SNL;
uchar EW1 _at_ 0x30,SN1 _at_ 0x31;
uchar EWL1 _at_ 0x32,SNL1 _at_ 0x33;
uchar code table[10]={0x3f,0x06,0x5B,0x4F,0x66,0x6D,0x7D,0x07,0x7F,
0x6F};//显示码
uchar code S[9]={0x28,0x48,0x18,0x48,0x82,0x84,0x81,0x84,0x88};//交通灯
控制码

void delay1ms(void)                                //1ms 延时函数
    {unsigned char i,j;
    for (i=2;i>0;i--)
    for(j=248;j>0;j--);
    }

void delay5ms(void)                                //5ms 延时函数
    {unsigned char i,j;
    for (i=10;i>0;i--)
    for(j=248;j>0;j--);
    }

void Display(void)                                 //显示函数
{P0=table[Time_EW% 10];
EW_LED2=1;
delay1ms();
EW_LED2=0;
P0=table[Time_EW/10];
EW_LED1=1;
delay1ms();
EW_LED1=0;
P0=table[Time_SN% 10];
SN_LED2=1;
delay1ms();
```

```
SN_LED2=0;
P0=table[Time_SN/10];
SN_LED1=1;
delay1ms();
SN_LED1=0;
}

void int0(void) interrupt 0 using 0          //外部中断 0 函数
{uchar Time_EW_temp=0;
uchar Time_SN_temp=0;
bit Flag_SN_Yellow_temp=0;
bit Flag_EW_Yellow_temp=0;
Flag_SN_Yellow_temp=Flag_SN_Yellow_temp;
Flag_EW_Yellow_temp=Flag_EW_Yellow_temp;
Time_EW_temp=Time_EW;
Time_SN_temp=Time_SN;
Time_EW=10;
Time_SN=10;
P1=S[8];
SN_ManRed=1;
EW_ManRed=1;
Flag_EW_Yellow=0;
Flag_SN_Yellow=0;
do{Display();}
while(Time_SN! =0);
P1=P1_temp;
Time_SN=Time_SN_temp;
Time_EW=Time_EW_temp;
SN_ManRed=SN_ManRed_temp;
EW_ManRed=EW_ManRed_temp;
Flag_EW_Yellow=Flag_EW_Yellow_temp;
Flag_SN_Yellow=Flag_SN_Yellow_temp;
}

void int1(void) interrupt 2 using 0          //外部中断 1 函数
{static uchar Key;
uchar int_count_1;
uint int_count_2;
EX1=0;
```

```
Key=P3&0xf8;
if(Key! =0xf8)
  {delay5ms();
   Key=P3&0xf8;
  if(Key! =0xf8)
   {if(Key==0xe0)
   {EW1=45;
   SN1=30;
   EWL1=14;
   SNL1=14;
   Busy_LED=1;
   }
   if(Key==0xd0)
   {EW1+=5;
   SN1+=5;
   if(EW1>=100)
   {EW1=99;
   SN1=79;
   EWL1=19;
   SNL1=19;
   }
   Write_Flash(&EW1,0x00,4);
   }
   if(Key==0xb0)
   {EW1- =5;
   SN1- =5;
   if (EW1<=40)
   {EW1=40;
   SN1=20;
   EWL1=19;
   SNL1=19;
   }
    Write_Flash(&EW1,0x00,4);
    }
    if(Key==0x70)
    {Read_Flash (&EW1,0x00,4);
    Busy_LED=0;
    }
  if(Key==0xf0)
```

```
    {for(int_count_1=10;int_count_1>0;int_count_1--)
    {for(int_count_2=0xffff;int_count_2>0;int_count_2--)
    {if(SET)
    {EA=1;
    EX1=1;
    return;
    }
    }
    }
EW1=60;
SN1=40;
EWL1=19;
SNL1=19;
EW=60;
SN=40;
EWL=19;
SNL=19;
EA=0;
Write_Flash(&EW1,0x00,4);
EA=1;
}
}
}
EX1=1;
}

void timer0(void) interrupt 1 using 2     //T0 中断函数
{ static uchar count;
TH0=(65536- 50000)/256;
TL0=(65536- 50000)% 256;
count++;
if(count==10)
{if(Flag_SN_Yellow==1)
     {SN_Yellow=~ SN_Yellow;}
  if(Flag_EW_Yellow==1)
     {EW_Yellow=~ EW_Yellow;}
     }
  if(count==20)
  {Time_EW- - ;
```

```
Time_SN- - ;
if(Flag_SN_Yellow==1)
{SN_Yellow=~ SN_Yellow;}
if(Flag_EW_Yellow==1)
{EW_Yellow=~ EW_Yellow;}
count=0;
}
}

void main(void)                                  //主程序
{Busy_LED=0;
Read_Flash(&EW1,0x00,4);
EW=EW1;
SN=SN1;
EWL=EWL1;
SNL=SNL1;
IT0=1;
IT1=1;
TMOD=0x01;
TH0=(65536- 50000)/256;
TL0=(65536- 50000)% 256;
EA=1;
ET0=1;
EX0=1;
EX1=1;
PT0=1;
TR0=1;
while(1)
{EW_ManRed=1;
EW_ManRed_temp=1;
SN_ManRed=0;
SN_ManRed_temp=1;
Flag_EW_Yellow=0;
Time_EW=EW;
Time_SN=SN;
P1=S[0];
P1_temp=S[0];
do{Display();}
while(Time_SN>=4);
```

```
SN_ManRed=1;
SN_ManRed_temp=1;
P1=S[1];
P1_temp=S[1];
Flag_SN_Yellow=1;
do{Display();}
while(Time_SN>=0);
Flag_SN_Yellow=0;
Time_SN=SNL;
P1=S[2];
P1_temp=S[2];
do{Display();}
while(Time_SN>=4);
P1=S[3];
P1_temp=S[3];
Flag_SN_Yellow=1;
do{Display();}
while(Time_SN>=0);
EW=EW1;
SN=SN1;
EWL=EWL1;
SNL=SNL1;
SN_ManRed=1;
SN_ManRed_temp=1;
EW_ManRed=0;
EW_ManRed_temp=0;
Flag_SN_Yellow=0;
Time_EW=SN;
Time_SN=EW;
P1=S[4];
P1_temp=S[4];
do{Display();}
while(Time_EW>=4);
EW_ManRed=1;
EW_ManRed_temp=1;
P1=S[5];
P1_temp=S[5];
Flag_EW_Yellow=1;
do{Display();}
```

```
while(Time_EW>=0);
Flag_EW_Yellow=0;
Time_EW=EWL;
P1=S[6];
P1_temp=S[6];
do{Display();}
while(Time_EW>=4);
P1=S[7];
P1_temp=S[7];
Flag_EW_Yellow=1;
do{Display();}
while(Time_EW>=0);
EW=EW1;
SN=SN1;
EWL=EWL1;
SNL=SNL1;
}
}

#ifndef __24c02_H__
#define __24c02_H__
#include <reg52.h>
#include <intrins.h>
#define uint unsigned int
#define uchar unsigned char
#define WriteDeviceAddress 0xa0
#define ReadDeviceAddress 0xa1

sbit SDA=P3^1;
sbit SCK=P3^0;

void delay10ms(void)
{unsigned char i,j;
for(i=20;i>0;i--)
for(j=248;j>0;j--);
}

void DelayWait()
{  _nop_();
```

```
    _nop_();
    _nop_();
    _nop_();
    _nop_();
    _nop_();
    _nop_();
}

void Start_Cond()
{SDA=1;
 DelayWait();
 SCK=1;
 DelayWait();
 SDA=0;
 DelayWait();
 SCK=0;
}

void Stop_Cond()
{SDA=0;
 DelayWait();
 SCK=1;
 DelayWait();
 SDA=1;
 DelayWait();
 SCK=0;
}

void Ack()
{SDA=0;
 SCK=1;
 DelayWait();
 SCK=0;
 DelayWait();
}

void NoAck()
{uchar i;
 SDA=1;
```

```
    _nop_();
    SCK=1;
    DelayWait();
    while((SDA==1)&&(i<250))i++;
    SCK=0;
    DelayWait();
   }

bit Write8Bit(unsigned char input)
 {unsigned char i;
  for (i=0;i<8;i++)
  { SCK=0;
    input<<=1;
    SDA=CY;
    DelayWait();
    SCK=1;
    DelayWait();
    SCK=0;
  }
  SCK=0;
  DelayWait();
  SDA=1;
  DelayWait();
  return(CY);
 }

 unsigned char Read8Bit()
 { unsigned char i,j=0;
    SCK=0;
    DelayWait();
    SDA=1;
    DelayWait();
    for(i=8;i!=0;i--)
    { SCK=1;
      DelayWait();
      j=(j<<1) | SDA;
      SCK=0;
      DelayWait();
    }
```

```
    return j;
  }

  uchar Read_one_Flash (unsigned char nAddr)
  { unsigned char Data;
    Start_Cond();
    Write8Bit(WriteDeviceAddress);
    NoAck();
    Write8Bit(nAddr);
    NoAck();
    Start_Cond();
    DelayWait();
    Write8Bit(ReadDeviceAddress);
    NoAck();
    Data=Read8Bit();
    Stop_Cond();
    return(Data);
  }

  void Write_one_Flash(uchar nAddr,unsigned char Data)
  { Start_Cond();
    Write8Bit(WriteDeviceAddress);
    NoAck();
    Write8Bit(nAddr);
    NoAck();
    Write8Bit(Data);
    NoAck();
    Stop_Cond();
  }

  void Read_Flash(unsigned char* nContent,unsigned char nAddr,unsigned
char nLen)
  {unsigned char count;
   for(count=0;count<nLen;count++)
    { * (nContent+count)=Read_one_Flash (nAddr+count);
    }
  }

  void Write_Flash(unsigned char* nContent,unsigned char nAddr,unsigned
```

```
char nLen)
   { unsigned char temp;
    unsigned char count;
    for(count=0;count<nLen;count++)
     { temp=* (nContent+count);
       Write_one_Flash ((nAddr+count),temp);
       delay10ms();
       delay10ms();
     }
   }

   #endif
```

10.3　A/D 和 D/A 综合应用系统设计

系统要求实现的功能:①采集两路不同的电压信号并显示;②控制一路电压输出;③可以通过键盘设定一路电压值的报警上、下限,并实现报警;④通过上位机发送不同指令,传送不同通道的采样值。

10.3.1　系统需求分析

根据以上功能要求分析如下。

(1)要实现两路模拟采集,需要扩展具有多路输入的 A/D 接口芯片。

(2)要实现电压控制,需要扩展一片 D/A 芯片。

(3)要实现报警上、下限及报警开关的设置,需要扩展键盘。

(4)要实现采集电压值的显示,需要扩展显示器。

(5)要实现单片机发送不同通道采集值,需要串口功能。

10.3.2　系统设计

1. A/D 和 D/A 硬件设计

系统采用 AT89C51 为主控芯片,扩展具有 8 路输入的 A/D 接口芯片 ADC0808 完成两路电压采样,扩展一片 I^2C 总线的 D/A 芯片 MAX517 控制输出电压值,扩展 LCD1602 用于电压值显示,扩展三个独立按键用于报警上下限、报警开关以及系统工作模式的设定。利用 AT89C51 单片机的串行接口连接 RS232 转换接口实现远程串行数据传送。可用串行工具实现与单片机通信,接收字符“0”,单片机发送 0 通道值;接收字符“1”,单片机发送 1 通道值。详细原理如图 10-14 所示。

2. A/D 和 D/A 系统软件设计

系统软件主要包括:主程序;A/D 转换函数 adc0808;LCD 相关的显示函数:LCD 初始

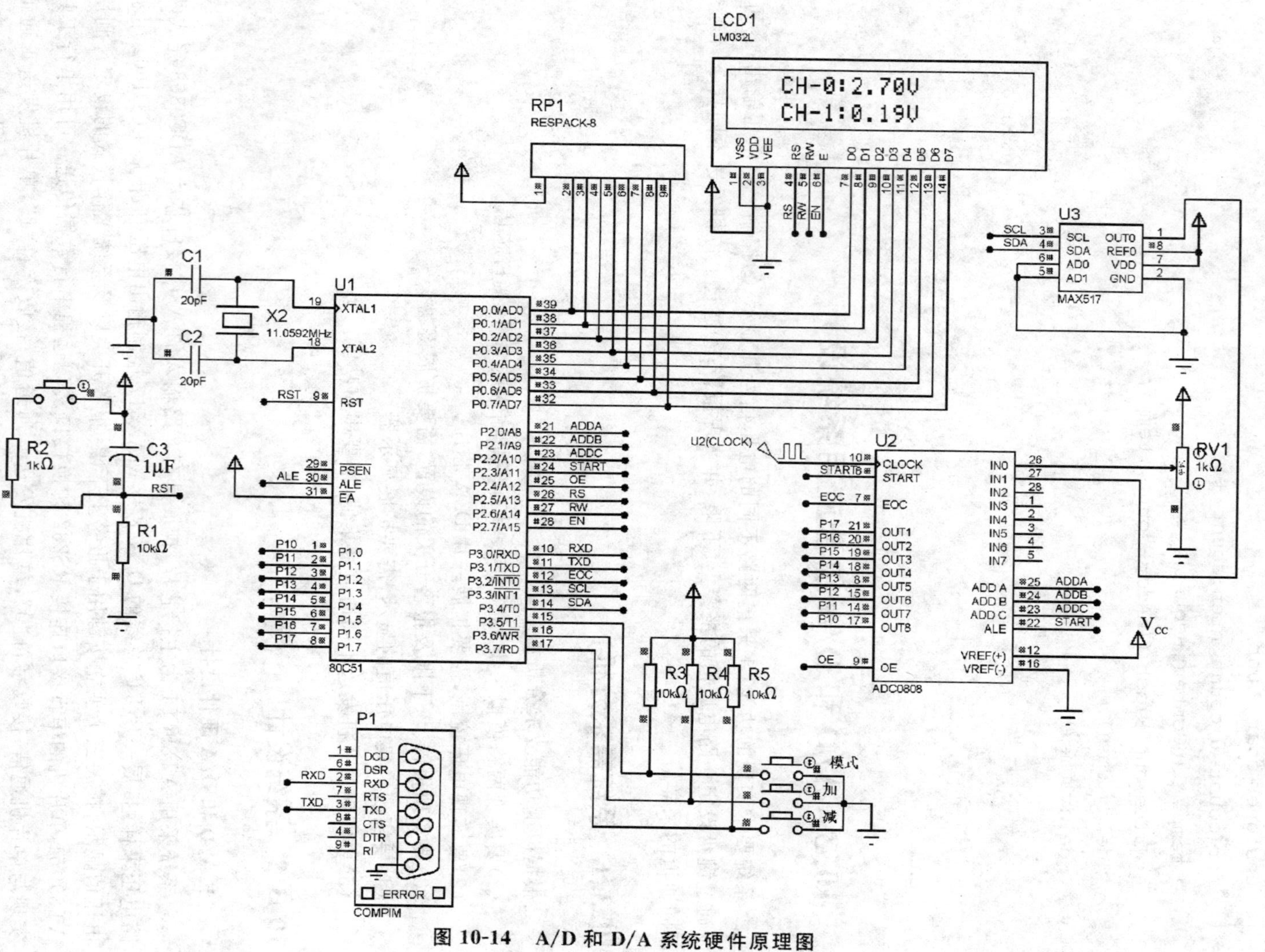

图 10-14 A/D和D/A系统硬件原理图

化函数 lcd_init，LCD 写命令函数 write_lcd_command，LCD 写数据函数 write_lcd_data，报警开关状态转换显示字符串函数 alarmonoff_to_string，报警数据设置转换显示字符串函数 alarmdata_to_string，采样数据转换显示字符串函数 data_to_string，LCD 显示字符串函数 string；MAX517 相关的 D/A 转换函数：I^2C 总线启动、应答和停止函数 I^2C_start、I^2C_ack 和 I^2C_stop，I^2C 数据发送函数 I^2C_send，D/A 转换函数 dac_out；键盘扫描函数 button_scan；串口通信函数 com_send；系统初始化程序 sys_init 和延时程序 delay。主程序实现系统状态监视并调用不同的功能，具体实现过程如图 10-15 所示。系统串行通信采用中断方式实现。软件的详细实现，请阅读下面完整的源代码。

系统完整的源代码如下：

```
//=================================================================
//    双通道监测系统实例
//    ADC0808+MAX517+LCD1602+232 COM
//    采样两路模拟信号，同时显示在 1602 上；
//    通道 0 采集电压值，可用按键设定上、下限及报警开关
//    通道 1 采集 D/A 芯片产生的电压值；
//    由串口接收命令，单片机发送不同通道采集值；
//    可用串行工具实现与单片机通信
//    接收字符"0"，单片机发送 0 通道值
//    接收字符"1"，单片机发送 1 通道值
//=================================================================
#include<reg52.h>
#include<math.h>
#include <stdio.h>
#include <intrins.h>
#include<absacc.h>

#define uchar unsigned char
#define uint unsigned int

//======================ADC0808 定义======================

#define AD_PORT P1;                          //数据口 P1

//通道选择位
sbit ADD_A=P2^0;
sbit ADD_B=P2^1;
sbit ADD_C=P2^2;
//启动和地址锁存
```

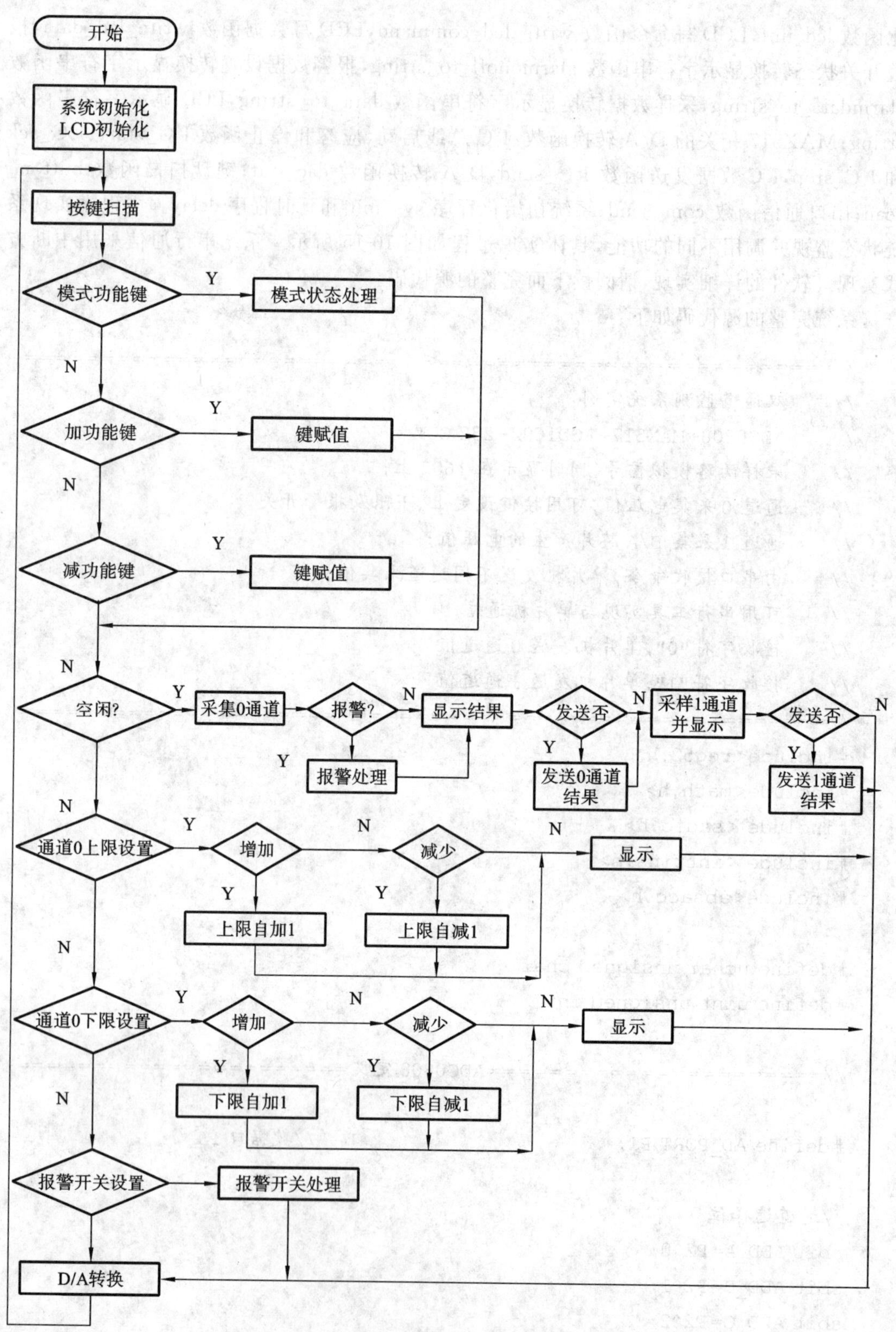

图 10-15　A/D 和 D/A 系统主流程图

```
sbit START =P2^3;
sbit OE =P2^4;
//转换结束
sbit EOC=P3^2;
//报警上下限初值
uint ch0_uplim =260;
uint ch0_downlim =50;
//报警标志位
bit bitalarmflag =0;
//通道号
uchar chno;

//A/D 转换函数
uchar adc0808(uchar ch);

//=====================LCD1602 定义=====================
#define DATA_BUS P0                           //定义数据端口 P0

sbit LCD_RS =P2^5;                            //LCD 数据/命令选择信号
sbit LCD_RW =P2^6;                            //LCD 读写选择控制
sbit LCD_EN =P2^7;                            //LCD 使能信号
//LCD 显示缓存
uchar dispbuff[16] ="CH- 0:0.00V";

void lcd_init();                              //LCD 初始化函数
void write_lcd_command(uchar);                //写命令函数
void write_lcd_data(uchar);                   //写数据函数

//报警开关状态转换显示字符串
void alarmonoff_to_string(uchar chno,bit alarmflag);
//报警数据设置转换显示字符串
void alarmdata_to_string(uchar chno,uint value,bit bitset);
//采样数据转换显示字符串
void data_to_string(uchar chno,uint value,uchar status);

void string(uchar ad, uchar * s);             //显示字符串

//=====================MAX517 定义 D/A=====================
//I2C 总线
```

```
sbit SCL =P3^3;
sbit SDA =P3^4;

//I²C总线启动、应答和停止
void I2C_start(void);
void I2C_ack(void);
void I2C_stop(void);
//I²C数据发送
void I2C_send(uchar dat);
//D/A转换函数
void dac_out(uchar dat);

//========================键盘定义========================
//按键定义
sbit MODEKEY =P3^5;                                 //模式键
sbit ADDKEY   =P3^6;                                //加键
sbit MINUSKEY =P3^7;                                //减键

//键盘扫描函数
uchar button_scan(void);

//========================串口通信========================
void com_send(uchar * str);
//======================== 系统 ========================
//系统模式
#define IDLE 0x01                                   //空闲
#define CH0UPLIM 0x02                               //通道0上限设置
#define CH0DOWNLIM 0x03                             //通道0下限设置
#define CH0ALARM 0x04                               //通道0报警开关设置

void sys_init();                                    //系统初始化

void delay(uint n); //延时程序

/* * * * * * * * * * * * * * * * * * * * * * * * * * * * * * * * * * * * /
//程序名:main 主程序
//功能: 扫描键盘,根据系统模式分别实现采样、
//        设置上下限、报警开关、数据传送、D/A输出
//输入参数:无
```

```
//输出参数:无
/*****************************************************************/
void main(void)
{
    uchar temp;
    uint voltage;
    uchar keyvalue;
    uchar mode =IDLE;
    uchar i;
    chno =0;
    sys_init();                                  //初始化系统
    lcd_init();                                  //初始化液晶

    while(1)
    {

        switch(button_scan())
        {
            case 0x01:
                if(mode ==IDLE)
                    mode =CH0UPLIM;
                else if(mode ==CH0UPLIM)
                    mode =CH0DOWNLIM;
                else if(mode ==CH0DOWNLIM)
                    mode =CH0ALARM;
                else if(mode ==CH0ALARM)
                    mode =IDLE;

                write_lcd_command(0x01);          //清屏
                break;
            case 0x02:
                keyvalue =0x02;
                break;
            case 0x03:
                keyvalue =0x03;
                break;
            default:
                break;
        }
```

```
switch(mode)
{
    case IDLE:

        temp = adc0808(0);
        voltage = temp* 100/51;     // temp * 5.0/255 * 100

        if(bitalarmflag)
        {
            if(voltage > ch0_uplim)
                data_to_string(0,voltage,1);
            else if(voltage < ch0_downlim)
                data_to_string(0,voltage,2);
        }
        else
            data_to_string(0,voltage,0);

        string(0x83,dispbuff);

        if(chno == 0)
            com_send(dispbuff); //发送 CH0 数据

        temp = adc0808(1);
        voltage = temp* 100/51;     // temp * 5.0/255 * 100

        data_to_string(1,voltage,0);
        string(0xC3,dispbuff);

        if(chno == 1)
            com_send(dispbuff); //发送 CH1 数据
    break;

    case CH0UPLIM:
        if(keyvalue == 0x02)
        {
            ch0_uplim++;
            if(ch0_uplim >= 500)
```

```
            ch0_uplim =500;
        }
        else if(keyvalue ==0x03)
        {
           ch0_uplim--;
           if(ch0_uplim <=250)
                ch0_uplim =250;
        }
        alarmdata_to_string(0,ch0_uplim,1);
        string(0x83,dispbuff);
        keyvalue =0;
        break;
     case CH0DOWNLIM:

        if(keyvalue ==0x02)
        {
           ch0_downlim++;
           if(ch0_downlim >=250)
               ch0_downlim =250;
        }
        else if(keyvalue ==0x03)
        {
           ch0_downlim--;
           if(ch0_downlim <=10)
               ch0_downlim =10;
        }
        alarmdata_to_string(0,ch0_downlim,0);
        string(0x83,dispbuff);
        keyvalue =0;
        break;

     case CH0ALARM:
        if((keyvalue ==0x02)|| (keyvalue ==0x03))
        {
           bitalarmflag =~ bitalarmflag;
        }
        alarmonoff_to_string(0,bitalarmflag);
        string(0x83,dispbuff);
        keyvalue =0;
```

```
                break;
            default:
                break;

        }

        i++;
        dac_out(i); //D/A 输出

    }
}

/* * * * * * * * * * * * * * * * * * * * * * * * * * * * * * * * * * * * * * /
//程序名:sys_int
//功能:对串口和中断进行初始化
//输入参数:无
//输出参数:无
/* * * * * * * * * * * * * * * * * * * * * * * * * * * * * * * * * * * * * * /
void sys_init()                                   //初始化系统
{
    SM0 =0;
    SM1 =1;                                       //设置为方式 1 模式,10 位异步
                                                    收发,波特率可变

    REN =1;                                       //REN 串行口接收控制位,为 1
                                                    允许接收,为 0 禁止接收

    TI =0;                                        //发送中断标志
    RI =0;                                        //接收中断标志
    PCON =0;                                      //置 SMOD 为 0
    TH1 =0xF4;
    TL1 =0xF4;
    TMOD =0x21;                                   //设置定时器 1 为方式 2 模式,
                                                    设置定时器 0 为方式 1 模式

    ET1 =0;                                       //关闭定时器 1 中断
    ES =1;                                        //允许串口中断
    TR1 =1;                                       //启动定时器 1
    EA =1;                                        //开总中断

}
```

```
/* * * * * * * * * * * * * * * * * * * * * * * * * * * * * * * * * * * * /
//程序名:com_send
//功能: 采用查询方式发送
//输入参数:* str 待发送的字符串指针
//输出参数:无
/* * * * * * * * * * * * * * * * * * * * * * * * * * * * * * * * * * * * /

void com_send(uchar * str)                              //单片机发送
{
    while(* str >0)
    {
        TI =0;
        SBUF =* str++;
        while(! TI);
        TI =0;
        delay(10);
    }
    TI=0;
}

/* * * * * * * * * * * * * * * * * * * * * * * * * * * * * * * * * * * * /
//程序名:srieal_interrupt
//功能: 串口接收中断,接收上位机发送的传送通道号
//输入参数:无
//输出参数:chno 发送通道号改变
/* * * * * * * * * * * * * * * * * * * * * * * * * * * * * * * * * * * * /
void srieal_interrupt() interrupt 4using 1
{
    uchar temp;
    temp =SBUF;
    RI =0;
    chno =temp- '0';
    if((chno <0)||(chno >1))
        chno =0;
}

/* * * * * * * * * * * * * * * * * * * * * * * * * * * * * * * * * * * * /
//程序名:delay
```

```
//功能：延时函数
//输入参数:k 延时长度
//输出参数:无
/******************************************************************/
void delay(uint k)
{
    uchar i;
    while(k--)
    {
        for(i=0; i<40;i++);
    }
}

/******************************************************************/
//程序名:adc0808
//功能：转换指定通道号的模拟量
//输入参数:chno 通道号
//输出参数:返回转换的数字量
/******************************************************************/
uchar adc0808(uchar ch)
{
    uchar dat;

    //通道设置
    switch(ch)
    {
        case 0: ADD_A=0;ADD_B=0;ADD_C=0; break; //IN0
        case 1: ADD_A=1;ADD_B=0;ADD_C=0; break; //IN1
        case 2: ADD_A=0;ADD_B=1;ADD_C=0; break; //IN2
        case 3: ADD_A=1;ADD_B=1;ADD_C=0; break; //IN3
        case 4: ADD_A=0;ADD_B=0;ADD_C=1; break; //IN4
        case 5: ADD_A=1;ADD_B=0;ADD_C=1; break; //IN5
        case 6: ADD_A=0;ADD_B=1;ADD_C=1; break; //IN6
        case 7: ADD_A=1;ADD_B=1;ADD_C=1; break; //IN7
        default: ADD_A=0;ADD_B=0;ADD_C=0; break; //其他情况
    }

    START =1;
    START =0;
```

```
    delay(20);                                      //等待转换完成
//  while(EOC)
    OE =1;                                          //允许数据输出
    dat =AD_PORT;
    delay(20);
    OE =0;
    START =0;
    return dat;
}

/* * * * * * * * * * * * * * * * * * * * * * * * * * * * * * * * * * * * /
//程序名:data_to_string
//功能:将 A/D 转换值变成显示字符串
//输入参数:chno 通道号
//         value 采样值
//         status 是否超限状态
//输出参数:无
/* * * * * * * * * * * * * * * * * * * * * * * * * * * * * * * * * * * * /
void data_to_string(uchar chno,uint value,uchar status)
{
    dispbuff[0] ='C';
    dispbuff[1] ='H';
    dispbuff[2] ='- ';
    dispbuff[3] ='0' +chno;
    dispbuff[4] =':';
    dispbuff[5] ='0' +value/100;                    //整数位
    dispbuff[6] ='.';
    dispbuff[7] ='0' +(value% 100)/10;              //小数点后第一位
    dispbuff[8] ='0' +value% 10;                    //小数点后第二位
    dispbuff[9] ='V';
    dispbuff[10] =' ';
    if(status ==1)                                  //超上限
    {
        dispbuff[11] ='U';
        dispbuff[12] ='P';
    }
    else if(status ==2 )                            //超下限
    {
        dispbuff[11] ='D';
```

```
        dispbuff[12] ='N';
    }
    else                                           //正常
    {
        dispbuff[11] =' ';
        dispbuff[12] =' ';
    }
    dispbuff[13] =0x00;                            //串结束标志

}
/*************************************************************/
//程序名:alarmdata_to_string
//功能:将设定报警值变成显示字符串
//输入参数:chno 通道号
//          value 设定报警值
//          bitset 上下限标志位
//输出参数:无
/*************************************************************/
void alarmdata_to_string(uchar chno,uint value,bit bitset)
{
    dispbuff[0] ='A';
    dispbuff[1] ='l';
    dispbuff[2] ='m';
    dispbuff[3] ='0' +chno;
    dispbuff[4] =':';
    if(bitset)
    {
        dispbuff[5] ='U';
        dispbuff[6] ='p';
    }
    else
    {
        dispbuff[5] ='D';
        dispbuff[6] ='n';
    }
    dispbuff[7] =' ';
    dispbuff[8] ='0' +value/100;                   //整数位
    dispbuff[9] ='.';
    dispbuff[10] ='0' +(value% 100)/10;            //小数点后第一位
```

```
    dispbuff[11] ='0' +value% 10;              //小数点后第二位 0x00;
    dispbuff[12] ='V';
    dispbuff[13] =0x00;
}

//==================== 报警标志设定 ====================
/* * * * * * * * * * * * * * * * * * * * * * * * * * * * * * * * * * * * /
//程序名:alarmonoff_to_string
//功能:将设定报警开关变成显示字符串
//输入参数:chno 通道号
//          alarmflag 报警开关标志位
//输出参数:无
/* * * * * * * * * * * * * * * * * * * * * * * * * * * * * * * * * * * * /
void alarmonoff_to_string(uchar chno,bit alarmflag)
{

     dispbuff[0] ='C';
     dispbuff[1] ='H';
     dispbuff[2] ='- ';
     dispbuff[3] ='0' +chno;
     dispbuff[4] =':';
     dispbuff[5] ='A';
     dispbuff[6] ='l';
     dispbuff[7] ='m';
     dispbuff[8] =' ';

     if(alarmflag)                                  //报警开
     {
         dispbuff[9] ='O';
         dispbuff[10] ='N';
         dispbuff[11] =' ';
     }
     else                                           //报警关
     {
         dispbuff[9] ='O';
         dispbuff[10] ='F';
         dispbuff[11] ='F';
     }
     dispbuff[12] =0;
```

```
 }

 /*************************************/
 //程序名:lcd_int
 //功能: 对 lcd显示初始化
 //输入参数:无
 //输出参数:无
 /*************************************/
 void lcd_init()
 {

     write_lcd_command(0x38);            //设置显示模式:16×2,5×7,8
                                           位数据接口
     write_lcd_command(0x08);            //关显示
     write_lcd_command(0x01);            //清屏
     write_lcd_command(0x0C);            //开显示,显示光标,光标闪烁
     write_lcd_command(0x06);            //读写一个字符后,地址指针及
                                           光标加一,且光标加一整屏显
                                           示不移动
     write_lcd_command(0x80);            //设置光标指针
     string(0x83,"Welcom to you!");
     delay(100);
     write_lcd_command(0x01);            //清屏

 }

/*************************************/
//程序名:check_lcd_busy
//功能: 检查 lcd 忙位
//输入参数:无
//输出参数:无
/*************************************/
void check_lcd_busy(void)
{
    do
    {
        DATA_BUS =0xff;
        LCD_EN =0;
        LCD_RS =0;
```

```
        LCD_RW = 1;
        LCD_EN = 1;
        _nop_();
    } while(DATA_BUS & 0x80);
    LCD_EN = 0;
}

/* * * * * * * * * * * * * * * * * * * * * * * * * * * * * * * * * * * * /
//程序名:write_lcd_command
//功能: 写命令函数
//输入参数:com 写入命令
//输出参数:无
/* * * * * * * * * * * * * * * * * * * * * * * * * * * * * * * * * * * * /
void write_lcd_command(uchar com)
{
    check_lcd_busy();
    LCD_EN = 0;
    LCD_RS = 0;                                  //低电平写命令
    LCD_RW = 0;
    DATA_BUS = com;                              //写入命令,DATA_Bus 为数据端
                                                   口

    LCD_EN = 1;                                  //LCD 使能端置高电平
    _nop_();                                     //延时约 5ms
    LCD_EN = 0;                                  //LCD 使能端拉低电平
    _nop_();
}

/* * * * * * * * * * * * * * * * * * * * * * * * * * * * * * * * * * * * /
//程序名:write_lcd_data
//功能: 写数据函数
//输入参数:dat 写入数据
//输出参数:无
/* * * * * * * * * * * * * * * * * * * * * * * * * * * * * * * * * * * * /
void write_lcd_data(uchar dat)
{
    check_lcd_busy();
    LCD_EN = 0;
    LCD_RS = 1;                                  //高电平写数据
```

```
    LCD_RW =0;
    DATA_BUS =dat;                              //写入数据,DATA_BUS 为数据端
                                                  口
    LCD_EN =1;                                  //LCD 使能端置高电平
    _nop_();                                    //延时约 5ms
    LCD_EN =0;                                  //LCD 使能端拉低电平
    _nop_();
 }

/* * * * * * * * * * * * * * * * * * * * * * * * * * * * * * * * * * * * * /
//程序名:string
//功能: 在指定开始地址显示字符串
//输入参数:ad 显示开始地址
//           *s 显示字符串指针
//输出参数:无
/* * * * * * * * * * * * * * * * * * * * * * * * * * * * * * * * * * * * * /
void string(uchar ad, uchar * s)
{
   write_lcd_command(ad);                       //写地址
   while(* s >0)
   {
      write_lcd_data(* s++);                    //写数据
      delay(100);
   }
}

/* * * * * * * * * * * * * * * * * * * * * * * * * * * * * * * * * * * * * /
//程序名:button_scan
//功能: 键扫描,获取键值
//输入参数:无
//输出参数:键值 模式 0x01 加 0x02 减 0x03 无效 0xFF
/* * * * * * * * * * * * * * * * * * * * * * * * * * * * * * * * * * * * * /
uchar button_scan(void)
{
    uchar keyvalue =0xFF;
    if(! MODEKEY)
    {
       //delay(10);
```

```
        while(! MODEKEY)
        keyvalue =0x01;
    }

    if(! ADDKEY)
    {
        //delay(10);
        while(! ADDKEY)
        keyvalue =0x02;
    }

    if(! MINUSKEY)
    {
        //delay(10);
        while(! MINUSKEY)
        keyvalue =0x03;
    }

    return keyvalue;
}

//=========================MAX517========================
/* * * * * * * * * * * * * * * * * * * * * * * * * * * * * * * * * * * /
//程序名:dac_out  D/A 转换函数
//功能:根据输入数字值转化为对应电压值
//输入参数:dat 数字值
//输出参数:无
/* * * * * * * * * * * * * * * * * * * * * * * * * * * * * * * * * * * * /
void dac_out(uchar dat)
{
    I2C_start();                                  //启动 I²C
    I2C_send(0x58);                               // 发送地址
    I2C_ack();                                    //应答
    I2C_send(0x00);                               //发送命令
    I2C_ack();                                    //应答
    I2C_send(dat);                                //发送数据
    I2C_ack();                                    //应答
    I2C_stop();                                   //结束一次转换
}
```

```
/* * * * * * * * * * * * * * * * * * * * * * * * * * * * * * * * * * * * * /
//程序名:I²C_start
//功能: I²C启动函数
//输入参数:无
//输出参数:无
/* * * * * * * * * * * * * * * * * * * * * * * * * * * * * * * * * * * * * /
void I2C_start(void)
{
     SDA =1;
     SCL =1;
     _nop_();
     SDA =0;
     _nop_();
}

/* * * * * * * * * * * * * * * * * * * * * * * * * * * * * * * * * * * * * /
//程序名:I²C_stop
//功能: I²C停止函数
//输入参数:无
//输出参数:无
/* * * * * * * * * * * * * * * * * * * * * * * * * * * * * * * * * * * * * /
void I2C_stop(void)
{
     SDA =0;
     SCL =1;
     _nop_();
     SDA =1;
     _nop_();
}

/* * * * * * * * * * * * * * * * * * * * * * * * * * * * * * * * * * * * * /
//程序名:I²C_ack
//功能: I²C应答函数
//输入参数:无
//输出参数:无
/* * * * * * * * * * * * * * * * * * * * * * * * * * * * * * * * * * * * * /
void I2C_ack(void)
{
```

```
    SDA = 0;
    _nop_();
    SCL = 1;
    _nop_();
    SCL = 0;
}

/************************************/
//程序名:I²C_send
//功能: I²C 数据发送函数
//输入参数:无
//输出参数:无
/************************************/
void I2C_send(uchar dat)
{
    uchar i;
    for( i = 0;i < 8;i++)
    {
        SCL = 0;
        if((dat & 0x80) == 0x80)
            SDA = 1;
        else
            SDA = 0;
        SCL = 1;
        dat = dat << 1;
    }
    SCL = 0;
}
```

本章小结

本章主要讲解了单片机应用系统设计的基本方法和步骤。通过交通信号灯控制系统的设计和 A/D 与 D/A 综合应用系统设计两个实例,对单片机在系统设计中的综合应用进行了讲解,两个实例具有比较强的实用性,可以转换为实际应用。

思考与练习题 10

1. 单项选择题

(1)下列关于 80C51 单片机最小系统的描述中 ________ 是错误的。

A. 它是由单片机、时钟电路、复位电路和电源构成的基本应用系统

B. 它不具有定时中断功能

C. 它不具有模数或数模转换功能

D. 它不具有开关量功率驱动功能

(2)下列关于单片机应用系统一般开发过程的描述中下列顺序________是正确的。

①在进行可行性分析的基础上进行总体论证

②在软件总体结构设计后进行功能程序模块化设计和分配系统资源

③进行系统功能的分配、确定软硬件的分工及相互关系

④在电路原理图设计的基础上进行硬件开发、电路调试和 PCB 制板

⑤采用通用开发装置或软件模拟开发系统进行软硬件联机调试

A. ①③④②⑤　　B. ①②③④⑤　　C. ①④③②⑤　　D. ③④①②⑤

(3)利用 Proteus 进行单片机系统开发的描述中下列顺序 ________是正确的。

①制作真实单片机系统电路,进行运行、调试,直至成功

②利用目标代码进行实时交互和协同仿真

③进行电路绘图设计、选择元件、连接电路和电器检测等

④源程序设计、编程、汇编编译、调试、生成目标代码文件

A. ①③②④　　B. ①②③④　　C. ①④③②　　D. ③④②①

(4)在一串行 E^2PROM 存储器的电路中,若已知 AT24CXX 的寻址信息 SLA＝1010011xB,则该器件的片选地址 A2、A1、A0 应为 ________。

A. 1、0、1　　B. 0、1、1　　C. 1、0、0　　D. 0、0、1

(5)若已知 E^2PROM 存储器 AT24C01A 的器件类型识别符为 1010B,A0、A1、A2 引脚分别接 V_{cc}、V_{cc}和 GND 时,则该器件的寻址信息 SLA 应为 ________。

A. 1101010xB　　B. 1010011xB　　C. 1010110xB　　D. 0111010xB

(6)关于 LM1602 的下列描述中 ________是错误的。

A. 它是一款有 16×2 个显示位的字符型液晶显示模块

B. 每个显示位都有一个 RAM 单元(显示缓冲区)与之对应

C. 显示缓冲区具有只能写入不能读取的特点

D. 指令写入寄存器与数据写入缓冲区的控制信号时序是不同的

(7)关于串行 D/A 转换器 LTC145X 工作时序的描述中下列顺序________是正确的。

①使片选端$\overline{CS}$/LD 拉低,DIN 端加载 MSB 位数据

②连续发 12 个移位脉冲后待转换的 12bit 数据全部送入内部 DAC 寄存器

③CLK 端发出一移位脉冲,上升沿时位数据被写入移位寄存器

④D/A 转换结束后,使片选端$\overline{CS}$/LD 拉高,为下轮转换做好准备

A. ①③②④　　B. ①②③④　　C. ①④③②　　D. ③①②④

(8)下列接口芯片中具有串入并出移位寄存器功能的是 ________。

A. MAX124X　　B. LTC145X　　C. AT24CXX　　D. 74LS164

2. 问答思考题

(1)单片机典型应用系统包括哪些组成部分？各部分的功能是什么？

(2)简述单片机应用系统的开发过程,着重指出各阶段应实现的目标。

(3)单片机系统开发时,采用软件模拟开发和在线仿真器开发各有什么优缺点？

(4)影响单片机系统可靠性的因素有哪些？软硬件设计时应注意哪些问题？

(5)在“一主多从”结构的 I^2C 总线系统中，主器件怎样与特定的从器件进行通信？简述其工作过程。

(6)80C51 没有 I^2C 总线接口，怎样才能实现与 I^2C 总线器件的通信？

(7)多路模拟开关的选择要注意什么？

参 考 文 献

[1] 徐汉斌,熊才高.单片机原理及应用[M].武汉:华中科技大学出版社,2012.

[2] 林立,张俊亮.单片机原理及应用——基于 Proteus 和 Keil C[M].4 版.北京:电子工业出版社,2018.

[3] 谢维成,杨加国.单片机原理与应用及 C51 程序设计[M].3 版.北京:清华大学出版社,2018.

[4] 何宾.STC 单片机原理及应用——从器件、汇编、C 到操作系统的分析和设计[M].2 版.北京:清华大学出版社,2019.

[5] 陈忠平.基于 Proteus 的 51 系列单片机设计与仿真[M].4 版.北京:电子工业出版社,2020.

[6] 赵全利.单片机原理及应用教程[M].3 版.北京:机械工业出版社,2017.

[7] 皮大能.单片机课程设计指导书[M].2 版.北京:北京理工大学出版社,2014.

[8] 李全利.单片机原理及应用技术[M].4 版.北京:高等教育出版社,2014.

[9] 张俊谟.单片机中级教程——原理与应用[M].2 版.北京:北京航空航天大学出版社,2017.

[10] 张齐.单片机原理与应用[M].3 版.北京:电子工业出版社,2018.

[11] 张毅刚.单片机原理与应用——C51 编程+Proteus 仿真[M].北京:高等教育出版社,2014.

[12] 于海生.计算机控制技术[M].2 版.北京:机械工业出版社,2019.

[13] 刘建昌,关守平,周玮.计算机控制系统[M].2 版.北京:科学出版社,2018.

[14] 姜学军.计算机控制技术[M].2 版.北京:清华大学出版社,2019.

[15] 陈志旺,陈志如,阎巍山,等.51 系列单片机系统设计与实践[M].北京:电子工业出版社,2010.

[16] 陈海宴.51 单片机原理及应用:基于 Keil C 与 Proteus[M].北京:北京航空航天大学出版社,2010.